电力系统不确定性
理论与测度

DIANLI XITONG BUQUEDINGXING
LILUN YU CEDU

主编　肖先勇
编写　马愿谦　杨晓梅　汪　颖

中国电力出版社
CHINA ELECTRIC POWER PRESS

内 容 提 要

本书系统、全面地介绍了不确定性理论和方法，以及测度概念和测度理论。同时，从电气工程实际需要出发，以现有公理化随机性、模糊性和粗糙性理论，经典测度理论和不确定性测度理论等为主要理论线索，在阐述清楚基本概念、基本数学原理和方法的基础上，结合作者所在团队二十余年在电能质量与优质供电、智能电网、电网连锁故障风险、负荷预测等领域的研究成果，给出了若干在电力系统不同领域应用的案例。

本书可作为普通高等院校电气工程、自动化相关专业研究生教材，也可作为相关领域工程技术人员的参考书。

图书在版编目（CIP）数据

电力系统不确定性理论与测度/肖先勇主编．—北京：中国电力出版社，2018.8
ISBN 978-7-5198-2251-4

Ⅰ．①电…　Ⅱ．①肖…　Ⅲ．①电力系统—不确定系统—测度（数学）—研究
Ⅳ．①TM7

中国版本图书馆 CIP 数据核字（2018）第 160099 号

出版发行：中国电力出版社
地　　址：北京市东城区北京站西街 19 号（邮政编码 100005）
网　　址：http：//www.cepp.sgcc.com.cn
责任编辑：陈　硕　（010-63412532）
责任校对：黄　蓓　朱丽芳
装帧设计：王英磊　郝晓燕
责任印制：吴　迪

印　　刷：北京雁林吉兆印刷有限公司
版　　次：2018 年 8 月第一版
印　　次：2018 年 8 月北京第一次印刷
开　　本：787 毫米×1092 毫米　16 开本
印　　张：16.5
字　　数：406 千字
定　　价：68.00 元

前　言

Preface

电力系统是人造的庞大复杂系统，包含诸多不确定、不完全和不精确的现象、事件和信息，并大量存在于系统优化、规划、预测、控制与评估等领域，在数学上均可抽象为不确定性。因此，学习和掌握电力系统不确定性理论，已成为电力系统科研人员和高级工程技术人员的重要能力。

本书针对国内外电气工程乃至所有工程学科缺少一本比较系统、全面地介绍各种不确定性理论和方法，以及缺少对测度概念和测度理论及不确定性测度进行较系统介绍的教材的不足，从电气工程，尤其是电力系统工程实际需要出发，以现有公理化随机性、模糊性和粗糙性理论，经典测度论和针对实际中经典测度概念的存在条件的不同而提出的不确定性测度理论等为主要理论线索，在阐述清楚基本概念、基本数学原理和方法的基础上，结合作者所在团队 20 余年在电能质量与优质供电、智能电网、电网连锁故障风险、负荷预测等领域的研究成果及国内外同行的研究成果，给出若干在电力系统不同领域应用的案例。

本书中多数内容是国家自然科学基金“敏感负荷电压凹陷敏感度区间模糊概率评估法及应用”和教育部博士点基金（博导类）“工业敏感过程电压暂降危害程度格序化评估”的研究成果，研究成果曾荣获四川电力科学技术进步奖一等奖、四川省科技进步奖三等奖。本书在内容编排上具有如下几方面的特点：

（1）全书从电力系统的本质特征出发，揭示了电力系统存在的不确定性现象，问题的定量刻画、特征与信息提取、知识表达方法。

（2）以单一不确定性理论与测度方法的基本概念、基本数学原理和方法为基础，深入阐述双重、多重、混合不确定性理论与测度方法，可以满足不同层次、不同教学要求的需要。

（3）强调理论联系实际，提出电力系统中诸多不确定性问题的研究思路与解决方法，以启迪创新思维，培养学生创新能力，提升学生科研水平为目标。

（4）结合电力系统的发展，阐述了新能源、电动汽车、不同类型负荷给电力系统带来的不确定性问题及解决方法。

本书内容包含不确定性理论与测度方法、在电力系统中的应用与案例分析，共 6 章。第 1 章概述，主要揭示电力系统中存在的不确定性和对不确定性与测度分析的要求。第 2 章以公理化方法为基础，介绍公理化测度与不确定性测度。第 3 章介绍电力系统中不确定性事件的概率、模糊、粗糙等单一不确定性分析方法，包括概率论、区间分析理论、灰色系统理论等经典概率测度和不确定测度的原理与方法；第 4 章针对电力系统中存在的诸多复杂不确定性事件，介绍了双重、多重和混合不确定性理论和分析方法，以及复杂不确定性测度方法。为了使读者能够将理论方法应用于实际问题，第 5 章和第 6 章分别介绍了不确定性理论和不确定性测度在电力系统中的应用，包括在电力负荷预测、智能电网、电网安全稳定运行、电能质量与优质供电中的应用。本书提供了不确定性理论与测度在电网规划运行、电能质量、电网连锁故障风险评估、可再生能源并网适应性等领域的多个案例，读者可扫描二维码了解案例的详细内容。

本书第 1～3 章及数字资源由肖先勇编写，第 4 章由马愿谦编写，第 5 章由杨晓梅编写，第 6 章由汪颖编写。由肖先勇、杨晓梅和马愿谦负责全书的统稿和定稿。

限于编者水平，书中难免有错误和不妥当之处，敬请使用本书的读者提出改进意见，以便今后加以修订完善。

编者

2018 年 7 月

目　录

Contents

1 概　　述

1.1 不确定性理论与测度的基本概念

1.1.1 不确定性理论

电力系统是人造的复杂动力学系统，也是复杂的物理—信息系统，运载的除了电能量外，还有运行信息、状态信息、电能与电量信息、电力市场信息、统计信息、管理信息、决策信息、预测信息和控制信息等，这些信息从不同角度反映了系统结构状态、运行状态、安全性、稳定性和经济性，同时还反映了与环境、社会等的和谐关系。电力系统的各种信息来自于观测和感知数据，有时是确定性的，但更多是不确定性的，可以说，不确定性在系统内无处不在，无时不在。电力系统物理量和信息量具有复杂不确定性，如随机性、模糊性、粗糙性、模糊随机性、双重随机性、双重模糊性等，这些不确定性可抽象为由内涵、外延、边界引起的不确定性，或由排中律、因果律、定义域等缺失引起的单一随机性、模糊性和粗糙性，但更多时候表现为由单一不确定性按不同时空组合而成的复杂不确定性。因此，理解和认识电力系统的不确定性，应采用公理化方法。

自然科学中，一般认为，科学规律是指用纯粹数学的概念及其判断、推理来刻画和描述的规律，并认为，这些概念、判断和推理具有绝对正确性、严密性和精确性。但现实世界是复杂的，很难确保这样的正确性、严密性和精确性。自然抽象出来的数学刻画能否真实反映客观现实，途径是将其应用到感性活动中去，这就决定了自然科学不可能仅停留于确定的数学概念、判断和推理。正如数学概念的构造和判断、推理，必须从客观存在体的精致性出发，通过人类感觉的模糊性和粗糙性，过渡到纯粹思想存在的绝对精确性一样，当数学被用于感性活动时，必须将数学上的绝对精确性，通过感性的模糊性、随机性和粗糙性，返回到客观存在体的客观精致性上。在此过程中，数学构造类概念：点、直线、平面、平行、垂直，以及数字 1、2、3 等；数学判断关系：相同、相等、大于、小于等，以及具有绝对意义的数学推理等，具有绝对精确性，通过感性活动回到客观世界时，这些绝对精确性很可能不复存在。因此，在人类认识和改造自然的过程中，绝对正确、严密和精确的确定性认识，与随机、模糊、粗糙的不确定性认识，总是相伴而行，相互依承的，两者相互作用，不断推动人类进步和发展。

人类对不确定性的认识由来已久。在亚里士多德时模糊理论由 L. A. Zadeh 教授于 1965 年创立；粗糙集理论于 1982 年由数学家 Pawlak 提出。这些理论均基于测度概念，采用公理化方法，并形成了经典的单一不确定性理论。随着软计算、边缘计算、大数据等研究的兴起，对不确定性理论和测度论提出了更高的要求。

电力系统是地球上人造的庞大复杂系统，包含诸多定性的、不精确的、不完全的和不确定的现象、事件和信息，并大量存在于系统优化、规划、预测、控制与评估等领域，在数学上，均可抽象为不确定性。因此，学习和掌握电力系统不确定性理论，已成为电力系统博硕士研究生、科研人员和高级工程技术人员的重要能力。

不确定性理论也可被认为是概率论、可信性理论和信耐性理论的统称，包括模糊随机理论、随机模糊理论、双重随机理论、双重模糊理论、双重粗糙理论、模糊粗糙理论等双重不确定性理论，以及多重和混合不确定性理论，如图 1-1 所示。理论分支虽然较多，但这些理论均从不确定变量的定义出发，基于期望值、独立性、序列收敛性、测度概念等，形成其理论体系和方法。具体理论将在第 3、4 章阐述。

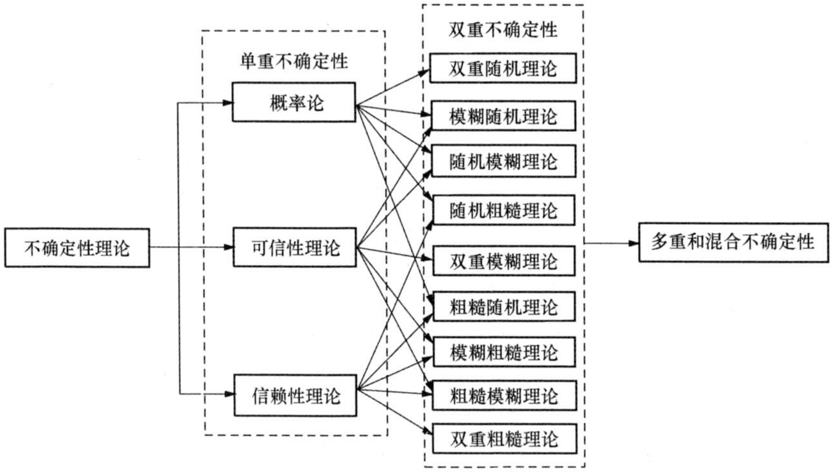

图 1-1 不确定理论框架

1.1.2 测度

1. 测度概念

定义 1.1： 设 $\boldsymbol{\Omega}$ 是一非空集合，$\boldsymbol{\mathcal{A}}$ 是由 $\boldsymbol{\Omega}$ 的一些子集构成的集类。如果下列条件成立：

(1) $\boldsymbol{\Omega} \in \boldsymbol{\mathcal{A}}$。

(2) 若 $A \in \boldsymbol{\mathcal{A}}$，则 $A^C \in \boldsymbol{\mathcal{A}}$。

(3) 若 $A_i \in \boldsymbol{\mathcal{A}}(i=1, 2, \cdots, n)$，则 $\bigcup_{i=1}^{n} A_i \in \boldsymbol{\mathcal{A}}$。

则称 $\boldsymbol{\mathcal{A}}$ 是一个代数。如果将条件（3）改为可数并运算封闭，则称 $\boldsymbol{\mathcal{A}}$ 为一个 σ-代数（或称 σ 域）。

定理 1.1： σ-代数的交仍然是一个 σ-代数。进一步地，对任何非空类 $\boldsymbol{C}$，存在唯一一个包含 C 的最小 σ-代数。

定理 1.2： 一个 σ-代数 $\boldsymbol{\mathcal{A}}$ 对称差运算、可数并、可数交、极限、上极限和下极限是封闭的，即

$$A_2 \oplus A_1 \in \boldsymbol{\mathcal{A}};\ \bigcup_{i=1}^{\infty} A_i \in \boldsymbol{\mathcal{A}};\ \bigcap_{i=1}^{\infty} A_i \in \boldsymbol{\mathcal{A}};\ \lim_{i\to\infty} A_i \in \boldsymbol{\mathcal{A}} \tag{1-1}$$

$$\limsup_{i\to\infty} A_i = \bigcap_{k=1}^{\infty}\bigcup_{i=k}^{\infty} A_i \in \boldsymbol{\mathcal{A}};\ \liminf_{i\to\infty} A_i = \bigcup_{k=1}^{\infty}\bigcap_{i=k}^{\infty} A_i \in \boldsymbol{\mathcal{A}} \tag{1-2}$$

定义 1.2： 设 $\boldsymbol{\Omega}$ 是一个非空集合，$\boldsymbol{\mathcal{A}}$ 是由 $\boldsymbol{\Omega}$ 的一些子集构成的 σ-代数，则 $(\boldsymbol{\Omega}, \boldsymbol{\mathcal{A}})$ 称为可测空间，而 $\boldsymbol{\mathcal{A}}$ 中的集合称为可测集。

定义 1.3： 设 $(\boldsymbol{\Omega}, \boldsymbol{\mathcal{A}})$ 是一个可测空间，一个测度 π 是定义在 $\boldsymbol{\mathcal{A}}$ 上的广义实值函数，满足：

(1) 对任意 $A \in \boldsymbol{\mathcal{A}}$，$\pi\{A\} \geqslant 0$。

(2) 对于可数个互不相交的集合 $\{A_i\}_{i=1}^{\infty}$，有

$$\pi\{\bigcup_{i=1}^{\infty} A_i\} = \sum_{i=1}^{\infty} \pi\{A_i\} \tag{1-3}$$

定义 1.4： 设 $(\boldsymbol{\Omega}, \boldsymbol{\mathcal{A}})$ 是一个可测空间，测度 $\boldsymbol{\pi}$ 是有限的，当且仅当 $\pi\{A\}$ 对于任意 $A \in \boldsymbol{\mathcal{A}}$ 都是有限的。测度 π 是 σ 有限的，当且仅当 $\boldsymbol{\Omega}$ 可表示为 $\bigcup_{i=1}^{\infty} A_i$，其中，$A_i \in \boldsymbol{\mathcal{A}}$ 且对一切 i 有 $\pi\{A_i\} < \infty$。

定义 1.5： 设 $\boldsymbol{\Omega}$ 是非空集，$\boldsymbol{\mathcal{A}}$ 是由 $\boldsymbol{\Omega}$ 的子集构成的 σ-代数，π 是 $\boldsymbol{\mathcal{A}}$ 上的测度，则三元组 $(\boldsymbol{\Omega}, \boldsymbol{\mathcal{A}}, \pi)$ 称为一个测度空间。

定理 1.3：（单调类定理）假设 $\boldsymbol{\mathcal{A}}_0$ 是 $\boldsymbol{\Omega}$ 的子集构成的代数，且 $\boldsymbol{C}$ 是 $\boldsymbol{\Omega}$ 的子集构成的单调类（若 $A_i \in \boldsymbol{C}$ 且 $A_i \uparrow A$ 或 $A_i \downarrow A$，则 $A \in \boldsymbol{C}$）。如果 $\boldsymbol{C}$ 包含 $\boldsymbol{\mathcal{A}}_0$，则 $\boldsymbol{C}$ 包含 $\boldsymbol{\mathcal{A}}_0$ 上的最小 σ-代数。

定理 1.4：（Carathéodory 扩张定理）代数 $\mathcal{A}_0$上的一个 σ 有限测度 π 可唯一扩张成为包含 $\mathcal{A}_0$上的最小 σ - 代数 $\mathcal{A}$上的测度。

定理 1.5：（逼近定理）设（$\boldsymbol{\Omega}$，$\mathcal{A}$，π）为一个测度空间，设 $\mathcal{A}_0$是 $\boldsymbol{\Omega}$ 的子集构成的代数，使得 $\mathcal{A}$是包含 $\mathcal{A}_0$上的最小 σ - 代数。如果 π 是 σ 有限的，且 $A\in\mathcal{A}$ 是有限测度，则对于任意给定 $\varepsilon>0$，存在一个集合 $A_0\in\mathcal{A}_0$使得 $\pi\{A\oplus A_0\}<\varepsilon$。

2. 测度连续性定理

定理 1.6：设（$\boldsymbol{\Omega}$，$\mathcal{A}$，π）为一个测度空间，A_1，A_2，…，$\in\mathcal{A}$

（a）若 $\{A_i\}$ 是单调增集列，则

$$\lim_{i\to\infty}\pi\{A_i\}=\pi\{\lim_{i\to\infty}A_i\} \tag{1-4}$$

（b）若 $\{A_i\}$ 是单调减集列，且 $\pi\{A_1\}$ 有限，则

$$\lim_{i\to\infty}\pi\{A_i\}=\pi\{\lim_{i\to\infty}A_i\} \tag{1-5}$$

定理 1.7：设（$\boldsymbol{\Omega}$，$\mathcal{A}$，π）为一个测度空间，且 A_1，A_2，…，$\in\mathcal{A}$，则

$$\pi\{\liminf_{i\to\infty}A_i\}\leqslant\liminf_{i\to\infty}\pi\{A_i\} \tag{1-6}$$

若 $\pi\{\bigcup_{i=1}^{\infty}A_i\}<\infty$，则

$$\limsup_{i\to\infty}\pi\{A_i\}\leqslant\pi\{\limsup_{i\to\infty}A_i\} \tag{1-7}$$

定理 1.8：设（$\boldsymbol{\Omega}$，$\mathcal{A}$，π）为一个测度空间，且 A_1，A_2，…，$\in\mathcal{A}$，如果 $\pi\{\bigcup_{i=1}^{\infty}A_i\}<\infty$，且 $\lim_{i\to\infty}A_i$ 存在，则

$$\lim_{i\to\infty}\pi\{A_i\}=\pi\{\lim_{i\to\infty}A_i\} \tag{1-8}$$

3. 乘积测度定理

设 $\boldsymbol{\Omega}_1$，$\boldsymbol{\Omega}_2$，…，$\boldsymbol{\Omega}_n$ 为任意集合（不必是同一空间的子集）。卡氏积（笛卡尔积）$\boldsymbol{\Omega}=\boldsymbol{\Omega}_1\times\boldsymbol{\Omega}_2\times\cdots\times\boldsymbol{\Omega}_n$ 是形如（x_1，x_2，…，x_n）的一切有序 n 元组的集合，其中，$x_i\in\boldsymbol{\Omega}_i$（$i=1$，2，…，$n$）。

定义 1.6：设 $\mathcal{A}_i$分别是 $\boldsymbol{\Omega}_i$（$i=1$，2，…，n）的子集构成的 σ - 代数，记 $\boldsymbol{\Omega}=\boldsymbol{\Omega}_1\times\boldsymbol{\Omega}_2\times\cdots\times\boldsymbol{\Omega}_n$。所谓 $\boldsymbol{\Omega}$ 中的一个可测矩形，是指集合 $A=A_1\times A_2\times\cdots\times A_n$，其中，$A_i\in\mathcal{A}_i(i=1$，2，…，$n)$，包含 $\boldsymbol{\Omega}$ 中的所有可测矩形的最小 σ - 代数称为乘积 σ - 代数，记为 $\mathcal{A}=\mathcal{A}_1\times\mathcal{A}_2\times\cdots\times\mathcal{A}_n$。

注意，乘积 σ - 代数 $\mathcal{A}$是可测矩形上的最小 σ - 代数，并非 $\mathcal{A}_1$，$\mathcal{A}_2$，…，$\mathcal{A}_n$的卡氏积。

定理 1.9（乘积测度定理）：设（$\boldsymbol{\Omega}_i$，$\mathcal{A}_i$，π_i）（$i=1$，2，…，n）是测度空间，假设 π_i（$i=1$，2，…，n）是 σ 有限的，$\boldsymbol{\Omega}=\boldsymbol{\Omega}_1\times\boldsymbol{\Omega}_2\times\cdots\times\boldsymbol{\Omega}_n$，$\mathcal{A}=\mathcal{A}_1\times\mathcal{A}_2\times\cdots\times\mathcal{A}_n$，则 $\mathcal{A}$上存在唯一测度 π 使得

$$\pi\{A_1\times A_2\times\cdots\times A_n\}=\pi_1\{A_1\}\times\pi_2\{A_2\}\times\cdots\times\pi_n\{A_n\} \tag{1-9}$$

对每个可测矩形 $A_1 \times A_2 \times \cdots \times A_n$ 成立。

测度 π 称为 π_1，π_2，…，π_n 的乘积，记为 $\pi = \pi_1 \times \pi_2 \times \cdots \times \pi_n$。三元组（$\boldsymbol{\Omega}$，$\boldsymbol{\mathcal{A}}$，$\pi$）称为乘积测度空间。

4. 无穷乘积测度定理

设（$\boldsymbol{\Omega}_i$，$\boldsymbol{\mathcal{A}}_i$，$\pi_i$）（$i=1$，2，…，$n$）是一列无穷多个测度空间，满足 π_i（$\boldsymbol{\Omega}_i$）$=1$（$i=1$，2，…），卡氏积 $\boldsymbol{\Omega} = \boldsymbol{\Omega}_1 \times \boldsymbol{\Omega}_2 \times \cdots$ 定义为形如（x_1，x_2，…）的一切有序元所构成的集合，其中，$x_i \in \boldsymbol{\Omega}_i$（$i=1$，2，…）。对此，一个可测矩形是指形如 $A = A_1 \times A_2 \times \cdots$ 的集合，其中，对所有 i，$A_i \in \boldsymbol{\mathcal{A}}_i$，且对有限多个 i 之外，有 $A_i = \boldsymbol{\Omega}_i$，包含 $\boldsymbol{\Omega}$ 的所有可测矩形的最小 σ - 代数称为乘积 σ - 代数，记为 $\boldsymbol{\mathcal{A}} = \boldsymbol{\mathcal{A}}_1 \times \boldsymbol{\mathcal{A}}_2 \times \cdots$。

定理 1.10（无穷乘积测度定理）： 假设（$\boldsymbol{\Omega}_i$，$\boldsymbol{\mathcal{A}}_i$，$\pi_i$）是一列无穷多个测度空间，满足 π_i（$\boldsymbol{\Omega}_i$）$=1$（$i=1$，2，…），令 $\boldsymbol{\Omega} = \boldsymbol{\Omega}_1 \times \boldsymbol{\Omega}_2 \times \cdots \times \boldsymbol{\Omega}_n$ 和 $\boldsymbol{A} = \boldsymbol{\mathcal{A}}_1 \times \boldsymbol{\mathcal{A}}_2 \times \cdots \times \boldsymbol{\mathcal{A}}_n$，则 $\boldsymbol{\mathcal{A}}$ 上存在唯一测度 π，使得

$$\pi\{A_1 \times \cdots \times A_n \times \boldsymbol{\Omega}_{n+1} \times \boldsymbol{\Omega}_{n+2} \times \cdots\} = \pi_1\{A_1\} \times \pi_2\{A_2\} \times \cdots \times \pi_n\{A_n\} \tag{1-10}$$

对每个可测矩形 $A_1 \times \cdots \times A_n \times \boldsymbol{\Omega}_{n+1} \times \boldsymbol{\Omega}_{n+2} \times \cdots$ 和所有 $n=1$，2，…成立。

测度 π 称为无穷乘积测度，记为 $\pi = \pi_1 \times \pi_2 \times \cdots$，三元组（$\boldsymbol{\Omega}$，$\boldsymbol{\mathcal{A}}$，$\pi$）称为无穷乘积测度空间。

1.1.3 Borel 集

设 R 为实数集，R^n 为 n 维 Euclid（欧式）空间，开集、闭集、F_σ 集和 G_δ 集概念如下。

集合 $\boldsymbol{O} \subset R^n$ 称为开集，如果对任意 $x \in O$，存在充分小的正整数 δ 使得 $\{y \in R^n \mid \| y - x \| < \delta\} \subset O$。空集 $\emptyset$ 与 R^n 是开集。若 $\{O_i\}$ 是一列开集，则并集 $O_1 \cup O_2 \cup \cdots$ 是开集，有限交 $O_1 \cap O_2 \cap \cdots \cap O_m$ 也是开集，但开集的无限交未必是开集。开集的可数交称为 G_δ 集。

开集的补称为闭集。设 $\{C_i\}$ 是一列闭集，则交集 $C_1 \cap C_2 \cap \cdots$ 是闭集，有限并 $C_1 \cup C_2 \cup \cdots \cup C_m$ 也是闭集，但闭集的无限并未必是闭集。闭集的可数并称为 F_σ 集。

所有的开集都是 G_δ 集，所有的闭集都是 F_σ 集，一个集合是 G_δ 集当且仅当其补集是 F_σ 集。

假设 $a=$（a_1，a_2，…，a_n）与 $b=$（b_1，b_2，…，b_n）是 R^n 的点，满足 $a_i < b_i$（$i=1$，2，…，n），则 R^n 中的开区间定义为

$$(a,b) = \{(x_1, x_2, \cdots, x_n) \mid a_i < x_i < b_i, i = 1,2,\cdots,n\} \tag{1-11}$$

闭区间、左半闭区间和右半闭区间定义为

$$[a,b]=\{(x_1,x_2,\cdots,x_n)\mid a_i\leqslant x_i\leqslant b_i,i=1,2,\cdots,n\} \tag{1-12}$$

$$[a,b)=\{(x_1,x_2,\cdots,x_n)\mid a_i\leqslant x_i< b_i,i=1,2,\cdots,n\} \tag{1-13}$$

$$(a,b]=\{(x_1,x_2,\cdots,x_n)\mid a_i< x_i\leqslant b_i,i=1,2,\cdots,n\} \tag{1-14}$$

定义 1.7：包含 R^n 的所有开区间的最小 σ - 代数 $\mathcal{B}$ 称为 Borel 代数，$\mathcal{B}$ 中任一元素称为 Borel 集，而（R^n，$\mathcal{B}$）称为 Borel 可测空间。

在定义 1.7 中，开区间可用其他区间类取代，如闭区间、左半闭区间、右半闭区间或所有区间。

1.2 电力系统中的不确定性

1.2.1 确定是相对的，不确定是绝对的

从存在、表现、演绎和呈现等形式看，确定性是客观事物联系和发展中存在的必然、清晰、规律和精确的属性；不确定性是无序、或然、模糊和近似的属性。两者既有本质区别，又有内在联系，是辩证统一关系。

电力系统中的问题和现象，均可分为确定和不确定两类。确定类的特点是，根据已知初始状态能确定未来状态。例如，发电机停运后，输出功率一定为零；线路的电源断开后，该线路用户必然停电。不确定类的特点是，根据初始状态不能肯定地判定未来状态。例如，系统发生某短路故障时，附近的用电设备是否一定损坏；某线路遭受雷击时，系统是否大面积停电；母线电压突然降低时，风电机组是否一定脱网等。可见，在电力系统内感知的许多现象均属于不确定类。

电力系统面临的复杂不确定性需要公理化不确定性的刻画、分析、描述、测度和评价方法。单一或多种、多重不确定性现象大量存在于电力系统。电力系统是动态平衡中存在的复杂动力学系统，任一时间断面上的发、输、配、用电需保持平衡，只有各电气状态量维持在给定范围内，各节点电气量保持平衡时，系统才能安全稳定运行。系统得以存在的基本要素是用户消耗的总功率（含损耗）与系统总发电功率平衡。遗憾的是，负荷总在波动，系统不能或很难控制用户负荷，只能不断调节发电、输配电设备，使系统的结构状态和电气状态维持在可接受水平。这样的平衡，在较长时间尺度上是确定的量，在较短时间尺度上可能是不确定的。当太阳能发电、风力发电装置越来越多地接入电网后，由于这些发电装置的动力学特性与同步发电机不同，具有波动性和间歇性，对电网而言，面临风电和太阳能发电装置带来的电源侧的不确定性问题，并给系统运行带来新的安全风险。正如客观世界中，运动是绝对的，静止是相对的，在自然科学中，确定

是相对的，不确定是绝对的[1]。在复杂电力系统中，除发、输、配、用电各环节存在大量不确定性问题外，系统所处环境、电磁空间等，同样具有复杂不确定性，如地电磁场、大气空间电荷、地下管网、周围建筑物、地理位置、气候条件、人居密度等，直接或间接影响电力系统。因此，电力系统迫切需要研究不同不确定现象的刻画、特征刻画、评价测度与方法。

对自然规律的认识一般可分三个步骤。第一步，根据获得的信息、资料和经验，建立基本概念；第二步，确立评判和识别依据，即在数学上建立基本测度；第三步，建立公理化理论体系，并根据已有概念、测度、公理和理论，获得知识和规律[2]。在此过程中，科学的数学描述、公理体系、评判测度和分析理论决定了人类的认知水平。被观察现象的物理属性、影响因素和规律不同，数学刻画方法、测度和分析方法也不同。自然规律是客观存在的固有规律，被认识程度取决于人们的认识能力和认知方法，但方法服从和服务于问题。因此，认识客观规律，只有从基本现象、物理属性、数学性质、影响因素、已有资料和知识等入手，以事实为依据，以已被确信的概念、公理、测度和理论体系为框架，从诸多包含确定信息但尚未被清晰认知的不确定信息中，认识确定规律，此过程需以不确定性理论和不确定性测度理论为基础。

认知复杂不确定性问题时，方法是否适应的问题，决定了认知深度和认知的正确性。直接观察所得的不确定性可分为：随机性、模糊性和粗糙性等单一不确定性。单一不确定性是人们已认知和接受的最基本、最简单的不确定性，可分别用概率论、模糊集理论和粗糙集理论进行分析。实际中，还存在一种被确定性数学定义为区间性的不确定性，这类不确定性在工程中常被归类到不确定性范畴，但在数学上，区间性属于确定性范畴，具体缘由在此不多赘述。

人们对电力系统不确定性认识已久，时间序列的不确定性最有代表性，如在负荷预测、潮流计算、电压控制中，有大量方法考虑时间序列的随机性，用概率统计、回归算法等进行分析，但通常仅考虑到了单一不确定性，而实际中的不确定性是复杂的，通过单一不确定性进行认知，很可能偏离实际。尤其随着风电、太阳能发电等新能源、电动汽车等大量接入电网，电力系统的结构状态、电气状态的不确定性越来越复杂，掌握公理化不确定理论，具有重要意义。

认知不确定性中蕴含的确定性规律，可从产生不确定性的原因入手。从逻辑分析角度看，现有已被熟知的随机性、模糊性和粗糙性，根源分别是因果律缺失、排中律破坏和认识事物的分辨力或精确性不足，而区间性主要由观测误差或测量不精确引起。由于各种原因，能获得的资料、数据、信息，已有的知识等均存在不足，因此，在实际中，不确定性是客观事物的本质属性，确定性仅是认识或观念的产物，是包含了不确定性的确定性。确定性存在于大量不确定现象中，不确定性是对确定性的补充。在电能质量与优质供电领域，电压暂降、设备电压暂降免疫力和电压暂降的影响等问题，其认知的最大困难就是复杂不确定性。准确评估电压暂降及其影响，只能从不同不确定性因素的特点、物理属性和数学性质着手，根据不确定性产生原因和基本特性，采用合理的刻画方法，建立科学的分析和测度理论，才能更好地揭示其规律。

1.2.2 电力系统涉及的不确定性

1. 负荷预测中的不确定性

负荷预测是古老而常新的课题[3]，通常从负荷结构、负荷水平、负荷时间序列中蕴含的规律等内部因素出发，结合影响负荷的地理、环境、经济、气象等外部因素，通过对历史样本和影响因素的刻画、分析，研究影响负荷变化的不确定性因素，挖掘负荷变化规律，并对负荷进行定量预测。可见，无论系统负荷、母线负荷，还是空间负荷预测，均面临复杂不确定性。

电力负荷在结构、趋势、变化模式等方面均具有不确定性。同一类型负荷在不同时间和空间变化的特点、规律明显不同，母线负荷或特定用户用电需求的分散性、不确定性很强，这是负荷预测面临的最大困难。另外，由于样本中包含信息的完备性、准确性欠缺，为了得到准确的预测结果，如果从负荷变化特点、影响因素的复杂不确定性出发，结合系统固有特点等，研究基于不确定性理论和测度的负荷预测方法，或许能更有效地做好负荷预测。

2. 新能源并网带来的不确定性

以风电、光电等为代表的新能源，由于清洁、低碳、可再生等优点，为电力系统节能减排、可持续发展等提供了强大支撑。小容量、分布式接入是新能源并网的基本形式之一，是分布式发电的主要形式。分布式发电可降低网损，提高经济性，但分布式发电带来的不确定性，增加了电网的不确定性，带来了新的电能质量等问题，解决新问题的关键在于对不确定性因素的刻画、分析和测度。

风电是可再生能源，初始能源来自于风能。风能决定了风电出力。但风速受气象等因素影响，具有较强的随机性、模糊性和波动性，导致风电出力具有较强的不确定性。从电网角度看，这种不确定性表述为风电预测值与实际值之间的偏差。现有对风电出力不确定性的认识主要集中于出力的随机性和模糊性。

光伏发电是另一种新能源，其出力与光照强度、温度、风速等有关，同样具有复杂不确定性，目前同样对其随机性和模糊性有了初步认识。

分布式或集中式新能源接入，使电网可调度资源得到了丰富，也增加了调度困难和不确定性。传统配电网的不确定性主要是负荷不确定性，新能源并网后，电源侧不确定性使整个电网不确定性变得更加复杂。在智能配电网中，由于风电、光伏、电动汽车等接入后带来的复杂不确定性[4]，使电网运行、保护、调度与控制变得更加复杂和困难，需要从不确定性入手，研究科学方法和必然规律。

可见，风电、光电、电动汽车等并网后，给电网带来了运行、维护、调度、控制等多方面的不确定性和复杂性[5]，需要电气工程师和专家学者掌握不确定性理论与测度，并用于解决产生的新问题。

3. 电网规划与运行中的不确定性

电源规划、电网规划不仅是满足用电需求的基本要求，也是节能减排、提高经济性的要求。电网规划是常规性工作，需面临和处理种类繁多的不确定性信息，这些信息具有不同性质和特点，对电网规划的影响也是交互复合的。

首先，市场环境不确定性。由于国家政策、经济水平和市场主体及其运行机制具有不确定性，直接导致贴现率、设备造价、负荷增长水平、电源分布等的不确定性，直接对电网规划中关心的电网投资、系统潮流等产生影响。

其次，电网运行是电力系统的日常工作，面临电网结构状态和电气状态的不确定性，这些不确定性又与电源构成、出力、网架结构、运行方式、负荷水平、保护与控制等有关，同样具有复杂不确定性。

总体上，电网规划运行的不确定性可归纳为：①网络结构的不确定性。电网规划和运行中，目标网架的网络拓扑结构具有不确定性，同时受负荷增长水平、电源分布影响，直接影响节点注入功率（发电出力和负荷）和系统潮流。②电气状态的不确定性。电力系统是动态平衡的动力学系统，用于调节和控制的感知电气状态如果不确定或出现较大误差，必将影响电网运行。③设备与环境的不确定性。设备可用性、环境影响、人为因素、系统设备故障等也具有不确定性，这些都是电网规划和运行中必须考虑的问题。

总之，电网规划和运行中，均需面对不同类型、不同属性的不确定性。电网规划中需重点考虑影响经济性和可靠性的不确定性因素。电网运行中，重点关注电气状态量和影响电网安全稳定的不确定性因素。

4. 电能质量与优质供电服务的不确定性

电能质量与优质供电，是当前和未来电力系统和用户共同面临的重要课题，尤其在售电侧开放的背景下，多元售电主体间的竞争更多表现为优质供电服务和电能质量。在产业结构转型升级过程中，“中国制造 2025”和高新技术产业得到了快速发展，基于微电子、电力电子和其他高新技术的高端制造行业用户对供电质量提出了越来越高的要求，而新能源并入电网，在实现电源侧绿色替代的同时，也使电能质量问题更加复杂。电能问题是电力扰动与设备抗扰动能力之间的兼容性问题，但供电侧扰动和设备抗扰动能力均具有不确定性，这为电能质量和优质供电带来了诸多困难。工业界和学术界，将电能质量问题定义为导致用电设备故障或不能正常工作的电压、电流、频率等的偏离，从电网侧重点考察电压质量，用户侧重点考察电流。认识较多的电能质量指标有：频率偏差、电压偏差、电压波动与闪变、三相不平衡、瞬时或暂态过电压、谐波、电压暂降与短时中断、电压暂升、供电连续性与可靠性等，其中，电压暂降和短时电压中断通常由电网故障引起，是系统正常运行时难以避免的，属于事件型扰动，具有偶然性、难预测、不可避免等特点。在过去，多数用电设备对事件型扰动不敏感，但近十多年来，电压暂降和短时电压中断（可被认为是特殊的电压暂降）等事件型扰动给用户造成的巨大损失，已成为优质供电面临的最大问题。

造成的电压暂降具有偶然性和难预测性，与电网故障、大型变压器励磁、用电侧大型电动机启动等有关，对用户造成的影响与设备耐受能力有关。不同用户因投资和抗风险能力不同，对优质供电的要求具有不确定性。为了更好地理解优质供电问题，可将该问题分解为：电压暂降事件（Voltage Sag Event，VSE）、用电设备敏感事件（设备敏感事件，Equipment Sensitivity Event，ESE）和两者间的兼容事件（Voltage Sag Compatibility Event，SCE），如图 1-2 所示。SCE 至少包含 VSE 和 ESE 两部分。VSE 和 ESE 中均涉及大量不确定性因素，使 SCE 的不确定性更复杂。因此，SCE 是由多重不确定性共同决定的复杂不确定事件，属于不确定集类问题。对于这样的复杂不确定事件，只能根据能获得的现象、样本、经验和已认识的物理属性，建立基本概念和判定测度，研究评估和判定测度的不确定性理论和方法，从而理解固有规律。

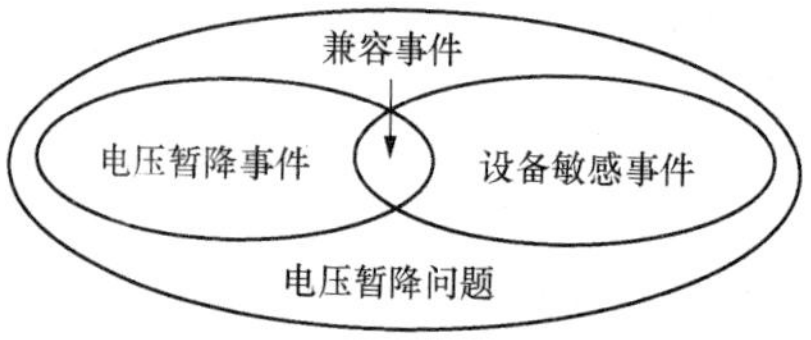

图 1-2 电压暂降问题

根据已有认识，电压暂降特征有：暂降幅值、持续时间、暂降频次、相位调变、不平衡度、波形点、波形畸变、电压损失、能量损失等，可用单一事件指标、节点指标和系统指标等进行描述[6]。这些指标受系统规模、电压等级、系统容量、运行方式、地理气候条件、元件故障率、故障类型等影响，不同因素的影响机制、程度也不同，这就决定了电压暂降事件是多重不确定性事件。ESE 表现为设备电压耐受能力（voltage tolerance curve，VTC）或物理参数免疫能力（parameter immunity time，PIT），对 ESE 事件的评估还与设备可能出现的状态、受影响程度、用户风险承受能力等有关，与设备类型、用电特性、运行环境、产品质量、使用寿命、维护水平、可靠性参数等也有关，这些因素的不确定性导致 ESE 的复杂不确定性。因此，需利用不确定性理论与测度论进行理解和认知。

综上可见，认识和研究电力系统时，不同研究方向和立足点均可能面临不同属性的不确定性，这些不确定性，理论上均可分解为随机性、模糊性和粗糙性及其不同组合，需要建立合理的评价测度，采用不确定性理论和测度论进行分析。因此，电力系统不确定性理论与测度论已成为当前了解未来电气工程、电力系统学科领域的重要基础。

1.2.3 对电力系统不确定性和测度概念的认知

1. 电力系统不确定性的根源

电力系统中存在诸多不确定现象，如发电机出力、市场电价、需求响应、用电效用、用户感知等，这些不确定性具有复杂性和多样性，而原因可归纳为内在因素、外部因素、信息不完备、主观决策行为，以及数据预测、测量方法等[7]，如图 1-3 所示。通过对不确定性原因的分析，有利于更好地理解和分析电力系统的不确定性。

(1) 内在因素的不确定性。事先不能准确知道事件或决策结果的情况，均可被称为不确定性。用运动、变化、发展的眼光看，所谓的确定性，是包含了不确定性的确定性[1]，是相对的，与之对立的不确定性是绝对的。电力系统中各种元件、设备、装置及测量仪器等的性能、感知、结果等的不确定性，是导致电力系统不确定性的主要根源。如用户设备的电压耐受能力在电压幅值—持续时间平面上存在一个不确定区域，当电压暂降发生在该区域时，设备敏感特性不确定，其根源在于导致这种不确定性的内在因素不清楚，属于因果律缺失引起的随机不确定性。

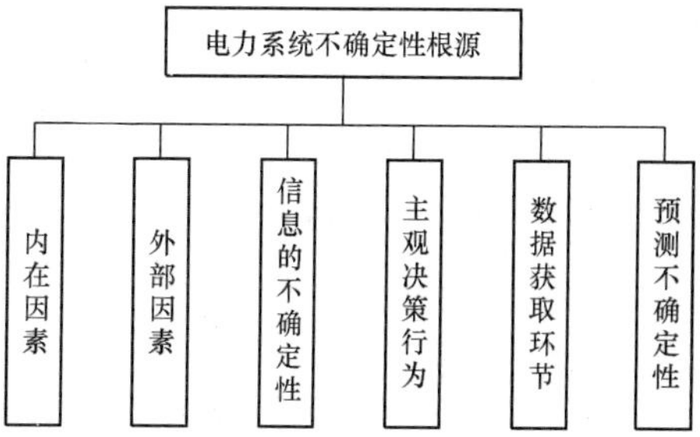

图 1-3 电力系统不确定性起因

(2) 外部因素的不确定性。外部环境、气候等因素是导致电力系统不确定的又一根源，加上电力系统规模、复杂性及地域分布，系统运行易受外部因素影响。如雷击是系统故障的主要原因，发生一次雷击，是否导致绝缘被直接击穿，取决于绝缘和雷击强度，分析雷击引起的电压暂降时，需研究这些现象和过程的不确定性。另外，从电力气候学角度看，区域和微观气象因素是影响短期电力负荷的主要因素，当天气剧烈变冷、变热或降水时，尤其是温度持续过高或过低时，日负荷将发生较大变化[3]，因此，气象因素的不确定性直接影响负荷水平和短期负荷预测。

(3) 信息的不确定性。在保护、通信和控制系统中，信息是普遍联系的形式。1948 年，香农在题为“通信的数学理论”论文中指出：“信息是用来消除随机不定性的东西”[8]。人类通过信息认识事物，不确定性信息是不可避免的。随着电力系统规模越来越大，不确定性信息也越来越突出。如电网规划是根据未来的负荷水平和电源方案确定的，必然面临很多不确定性信息。从根本上讲，为了得到最佳电网规划方案，必须准确掌握未来规划年的全部准确信息，但未来环境尚未发生，参数信息必然无法完全预知，几乎不可能得到准确信息。因此，只能预测未来环境中的参数信息，预测信息的不确定性必然给规划带来巨大困难。

（4）主观决策行为的不确定性。人们通过社会学、心理学、组织行为学、政治学和经济学等知识，根据已掌握资料做出判断决策的行为被称为主观决策行为。主观决策行为依赖于个体判断和思维，通常表现出不确定性和多样性。另外，由于外部环境的不确定性、信息不完全性和决策主体认识能力的有限性，决策主体的判断和决策中存在认知偏差与偏好，难以用理性方式追求预期效用最大化并对外界环境做出无偏估计。如用户的优质电力投资决策，不仅取决于成本—效益分析结果，还与用户心理感知有关，不同用户的心理感知不同，与投资能力、风险偏好和承受能力等有关，即用户决策行为具有有限理性的特点。美国经济学家肯尼期·约瑟夫·阿罗首次指出，有限理性“是有意识的理性，但这种理性是有限的”[9]。有限理性是指个体行为接近理性，是较弱的一种利己性假设，在面对主观局限性约束时，选择尽可能好的结果。因此，个体根据经验、掌握的信息和知识做出的决策行为具有不确定性。

（5）数据获取环节的不确定性。由于测量手段、原理、方法和操作环节存在不准确性，加上数据测量、采集与传输受外界环境影响，如环境温度、重力加速度、电磁场干扰等，均可能导致测量值存在不确定性，很难保证所得测量值与期望值完全相同。在电力系统中，数据是运行、维护行为的重要基础，但实际中，通常历史数据有限或不准确或缺失，如一般认为线路故障位置沿线路随机分布，并假设其服从均匀分布、正态分布、指数分布等，即使假设正确，随机模型的参数识别也很困难，大样本在实际中很难获得；同时，如果不考虑元件故障水平和系统运行状态，所得结果很难有代表性和推广价值。另外，测量数据中总是包含随机误差，对分析或评估结果也会造成一定影响。

（6）预测不确定性。负荷预测、连锁故障预测、系统安全风险预测等是电力系统常见的预测问题。预测是科学决策的前提。预测方法可分为定性法和定量法，前者带有主观色彩，后者的逻辑推理性较强，但任何数学模型均有固有局限性，任何模型均只能在给定条件下成立，相对于客观实际只能近似反映出待预测规律，任何预测模型都不可能对所有影响预测的因素做出详尽描述，且现有定性或定量预测所使用的数学方法，均难以准确描述不确定性信息。因此，用确定性模型预测不确定性对象，必然导致预测结果存在不确定性。现有研究中，有的预测方法已考虑了不确定因素，但多数仅考虑了单一的随机不确定性，对模糊性、粗糙性及混合不确定性考虑不足。实际上，如果将预测模型看作测量工具，将待预测对象的未来变化趋势视为测量对象，从某种意义上看，预测不确定性类似于测量不确定性。

2. 电力系统不确定性的分类

随着售电侧放开，终端用户除了希望电能需求得到满足外，对供电服务质量、用电效用等也提出了更高要求。用户对电能质量的需求涉及发电、输电、配电和用电各环节，涉及不同电压等级的各类电气设备、电源，涉及系统的运行、保护、维护等。由发电企业、高新产业园、节能服务公司、公共服务企业、分布式电源用户等共同构成的售电市场主体，均是售电市场参与者，各自有利益需求，这种需求是售电市场的动力。电力系统具有自然垄断性，但大量新能源接入，大量高端用户的出现，加上电力市场化，使电力系统和电力市场出现了越来越多的主观或客观不确定性。可以说，不确定性在电力系统中已无处不在。

电力系统的复杂不确定性可用分类法加以分析和理解。根据分类学原理，任何分类均遵循基本准则，即同类相似性和异类可比性。基于分类学准则，电力系统不确定性分类如下[7]。

（1）按数学研究范畴分类。单一的随机性、模糊性和粗糙性，分别由概率论与数理统计、模糊数学、粗糙集理论处理。在电力系统研究中，研究对象可能同时有不同类型的不确定性，表现为模糊随机、随机模糊等双重或多重不确定性。如敏感设备因电压暂降引起的故障概率，取决于设备运行状态、结构、功能、带负荷水平等模糊因素，并与供电系统遭受的雷击、短路故障引起的电压暂降幅值、持续时间、频次等随机因素有关，评估敏感设备故障率时，必须同时涉及随机性和模糊性，因此，应引入模糊随机不确定性概念。

随机性反映事件发生的可能性，根源在于因果律缺失；模糊性描述由于缺乏精确测量的工具，无法精确定义等造成事物类属的不确定性，起源在于排中律破坏；粗糙性是指由于缺乏足够的论域知识而导致的知识的不可分辨性，即认识事物的精确性缺失[1]。

（2）按不确定性的影响对象分类。按照不确定性的影响对象，电力系统不确定性可分为参数、测量、预测和价费等不确定性。

1）参数不确定性。多数电力系统评估方法建立在原始参数的基础上，实际上，原始参数可能会因为统计资料不足或统计误差，以及对电网未来运行环境预测的不足而具有不确定性。通常，参数不确定性包含了运行参数和元件参数的不确定性，前者包含发电机出力、机端电压、联络线的传输功率、线路潮流、系统负荷、节点负荷、负荷特性参数、用电量、需求弹性、煤耗、水电年可发电量、故障切除时间等不确定性，后者包含输电线路阻抗、导纳等参数的不确定性。

2）状态不确定性。状态不确定性包含运行状态不确定性和后果状态的不确定性。由于故障、保护动作及电能质量扰动等的影响，导致电力设备运行状态存在不确定性，如任何复杂工业过程均按一定结构、功能和投资能力所确定的元件与设备构成，过程在受到电压暂降扰动中遭受的风险可通过具体的物理参数（如温度、压强、转速等）超过可接受阈值的形式表现出来，结合过程免疫时间曲线，物理参数由额定值下降到可接受阈值的过程中存在中介过渡区域，表现为后果状态的不唯一性，可划分为安全、犹豫和不安全三个区域。另外，发电机、变压器或输电线路等停运属于运行状态的不确定性。

3）测量不确定性。测量误差是客观存在的、不可避免的，加上测量自身定义和误差修正的不完善等，使得测量结果带有不确定性。如关口电能表、互感器等计量装置的误差、测量噪声或干扰等。

4）预测不确定性。如负荷预测、风电、光伏、太阳能等可再生能源出力预测、连锁故障预测等。

5）价费不确定性。包括市场出清电价、申报电价、购电成本、售电价格、燃料价格、设备造价、投资、收益、运行费用、资金成本、碳排放成本、汇率等，一般指未来时期的数值无法确切预知而导致的不确定性。

（3）按不确定性形成范围划分。按照不确定性的形成范围，电力系统不确定性可分为内生不确定性与外生不确定性。内生不确定性是指形成于某个系统或客观事物自身范围之内、影响该系统运行结果或客观事物属性的不确定性，如元件参数的不确定性；外生不确定性是指形成于某个系统或客观事物自身范围之外的不确定性，如环境、气象、燃料供应、政策、人为过失、个体偏好等。

（4）按不确定性成因划分。按照因果关系，电力系统的不确定性分为输入不确定性与输出不确定性，如节点功率注入的不确定性属于输入不确定性，而母线电压、线路有功及无功功率、网损等的不确定性属于输出不确定性。

（5）按不确定性来源划分。按照不确定性的来源，电力系统的不确定性分为主观不确定性与客观不确定性。主观不确定性是指由于行为个体自身能力或认识水平的局限、知识缺乏或者获取信息的限制造成的认知的不确定性，如优质电力的投资决策，售电侧放开市场环境下增值服务的报价决策；而客观不确定性是指不以人的主观意志为转移、由客观存在的因素引起的不确定性。

（6）按不确定性时间维度划分。按照时间维度，电力系统的不确定性分为长期不确定性、中期不确定性、短期不确定性和实时不确定性等，如年度用电量、月度用电量、短期电力负荷和实时负荷的不确定性。

3. 不确定性对电力系统的影响

不确定性给电力系统安全稳定、经济调度、保护控制等，均带来巨大挑战。

在能源互联网背景下，不确定性的影响范围更加广泛，加上电网安全性、稳定性、经济性、能源效率和环境保护等，已成为经济、社会发展中不得不重视的命题。电力系统的不确定性影响系统建模、分析和运行，可能危及生命和财产安全，给全社会造成极大影响。宏观上，电力系统不确定性可分别从整个系统、电力企业、电力用户等三个角度进行分析[7]。

（1）对整个电力系统的影响。把电力系统看成一个整体，不确定性可能影响整个系统安全稳定运行，如潮流不确定性、发电机组或线路等元件状态的不确定性、风电等可再生能源的不确定性、燃料供应的不确定性等，都可能直接危及系统安全稳定，导致整个系统乃至国民经济、人民生命财产产生重大损失。

（2）对电力企业的影响。电力企业经营环境中的各种不确定性，尤其是市场环境下更复的不确定性，以及由此导致的决策行为的主观不确定性，可能使电力企业经营效益受到内外部不确定性因素影响，这些影响可能涉及短期或中长期不同时间维度，如燃料价格、电价、电力需求及设备造价的不确定性等。外部环境的不确定性可能使电力企业的判断与决策产生偏差与非理性，使其未能在决策时周全地考虑不确定性发生的可能性、危害及应对措施，无法实现电网安全效益或电力企业经营效益的最大化，如负荷预测结果偏低，或重要线路或机组非计划停运等的不确定性，可能同时影响电网安全与电网企业效益。

（3）对电力用户的影响。从用户角度，工业生产过程状态、设备运行状态、市场环境及决策和投资的不确定性，都可能给用户带来难以估量的损失。如进行优质电力投资决策时，不同用户的投资能力、风险偏好、认知能力、生产规模不同，用户遭受电压暂降的严重程度、损失大小、后果状态等也不同，因此，考虑上述不确定性因素的影响，提出相应的投资策略与方案很有必要，否则，用户不仅不能解决优质供电问题，还会浪费大量资金和时间成本。

4. 电力系统不确定性的特点[7]

（1）交互影响性。电能供需矛盾、电价跌涨、市场参与者破产等事件都是客观不确定现象，独立于主体的主观意识，具有自身产生原因和发展规律。不同客观不确定性之间将交互影响，如太阳能、光伏、风电等可再生能源出力的预测不确定性，将影响电网规划运行，而电网规划的不确定性反过来又可能限制和影响可再生能源的消纳。另外，普遍存在的客观不确定性将影响决策主体的判断和决策，决策主体将产生新的意识和行为的主观不确定性，反过来影响客观不确定性的发展与变化。主观不确定性与客观不确定性相互影响。

（2）可转化性。随着人们认知能力的增强，可在一定程度上降低不确定性引起的损失范围、程度，从而使某些不确定性削弱或消失，或被提前预知和控制。同时，如果决策主体不能正确认识不确定性无处不在的属性，不能认识到所处环境、所面临的不确定性及其可能导致的影响，不能及时采取相应措施，就可能带来新危害。

（3）广泛关联性。电力系统不确定性与其他行业和外界环境密切相关。如半导体制造业、石化和汽车制造行业等，受电压暂降影响很严重，一次暂降可能造成数百万元损失，而电压暂降的发生具有不确定性，用户设备的电压暂降耐受能力也具有不确定性，两者相互关联，都应该予以考虑，不能单纯地把不确定性的外在表现剥离出来，而应从整体出发，全面考虑不确定性的成因、影响及其变化规律。

（4）双重性或者多重性。电力系统中的不确定性现象并非单纯的随机性、模糊性或粗糙性，通常以两种或多种不确定性组合的形式存在，表现为双重或多重不确定性。如由于电压暂降幅值、持续时间、频次等，取决于系统结构、运行状态、故障类型、故障率和故障位置等因素，敏感设备所接入供电网的运行水平、运行方式不能完全确定。电压暂降事件是随机事件，发生电压暂降时，敏感设备的运行状态用正常、基本正常、不太正常、完全不正常等多值逻辑描述更符合实际，这说明设备状态具有模糊性。因此，电压暂降导致的敏感设备响应事件是模糊随机事件，具有双重不确定性。另外，电力系统不确定性既可能带来收益，也可能造成损失，因此，系统运行和决策者应该辩证地看待这一问题。

（5）显著危害性。电力行业是国家经济发展的基础性产业，直接影响社会生活各方面，一旦电力系统因不确定性造成不良后果，其影响范围广，潜在损失大。

5. 对电力系统中测度概念的认知

电力系统是人造的庞大且复杂的动力学系统，无论负荷预测、新能源并网，还是电网规划、电能质量、电网安全等，都涉及诸多不确定性，且各领域之间存在交互影响，如太阳能、风能等新能源会给电网带来谐波扰动，反过来，电压暂降、谐波等也会影响机组运行。为了准确刻画不确定性的影响，只有将不确定性理论与测度论结合起来，才能从根本上把握电力系统中的不确定性问题。

测度论是现代数学的重要分支，其奠基人是法国数学家 Lebesgue（1875—1941）等，是处理电力系统不确定性问题的基础性概念。近几十年来，国内外学者虽然已积累了大量数据和资料，并对概率论、模糊论等有了基本认识，提出了电压暂降严重程度、设备敏感度概率评估法等，但对影响因素及其基本属性、数学本质还没有足够认识，尚无公认方法。同时，由于评估环境、条件、影响因素数学特性的差异，现有基于确定性认识的概率测度能否满足实际要求，受到了巨大挑战，实质是对更基础的不确定测度（Uncertainty Measures）或通用测度（General Measures）的认识还不足。因此，在研究不确定性理论的基础上，只有更好地理解不确定测度概念，才能解决好电力系统不确定性问题。

自 2007 年起，本书作者所在团队开始电压暂降问题中的不确定性研究。2008 年，从电压暂降和设备敏感度影响因素的复杂性、多样性出发，基于李洪兴教授提出的模糊性与随机性的统一性原理[11]和郑祖康教授提出的无偏转换思想[12]，同时考虑测量误差和元件参数区间特性，提出了基于模糊随机区间的设备敏感度评估方法，对电压暂降和设备敏感度事件的基本属性、影响因素、描述方法等开展研究，先后对系统故障分布、故障类型与原因、运行方式、元件特征、元件故障率、系统元件联结方式、用电设备运行的多值状态等进行了探索，提出最大熵评估法和多重不确定性评估方法等。2009 年提出了设备敏感度模糊随机评估方法，并在研究敏感度测度和影响因素时，认识到了测度概念和理论的重要性，提出了基于不确定测度的评估思想，使研究工作进入了新阶段。同时，结合智能电网，将不确定性思想应用于用户友好配电系统规划、系统灾难性事件识别、配电网故障识别与定位、系统孤岛非检测区域识别等领域，开始了对电力系统不确定性理论与测度的系列研究。

作者针对电力系统中的不确定性评估问题，以事件物理属性和已有样本及其基本特征为出发点，对物理属性、数学性质、基本特征及其描述、事件的数学刻画、评估模型、评估算法等进行了研究，突出基本属性与数学表达，重点研究不确定性事件的内在机理与数学描述，研究相关测度空间的特点和数学表达方法，建立评估模型。在评估方法中，测度概念的公理化假设、测度选取是关键。由于电力系统中事件的复杂性、影响因素与可能结果的多重不确定性，现有确定性、随机性和模糊性方法仅在给定条件下成立，而实际中的不确定性很难用单一数学方法描述，须研究更一般、相容性更好的数学方法；测度选取是又一根本性问题，只有从实际出发，分析事件物理和数学本质，以测度公理化假设的满足程度为依据，明确不同内涵、外延和边界的属性，才能正确选取测度，建立合理模型，为电力系统不确定性的系统研究，开辟了一条可行的研究道路。

1.2.4 不确定现象中蕴含确定规律

运动、变化和发展是物质的存在形式与客观必然。自然界中，不静止、不确定是绝对的，静止、确定是相对的。对自然的认识取决于可获得信息和认知程度，总是不断从不确定、运动变化的信息中获取相对固定、可清晰认知的相对确定的规律。

随着社会发展和科技进步，电能是人类不可或缺的、最优秀的二次能源，尤其在电源侧绿色替代和耗能侧电能替代背景下，电能是能源互联网的核心，电网是能源互联网的载体。电能和电力系统对国民经济和社会发展具有支撑作用。为了确保电力系统安全、稳定运行，国内外学者对负荷预测、智能电网、电网规划、电能质量、优质供电等领域的不确定性进行了研究，本书作者自 2005 年起研究公理化不确定性理论与测度论在电能质量、电网连锁故障、新能源并网适应性等领域的应用，清华大学、上海交通大学、天津大学等国内高校对负荷预测、电网规划等领域的不确定性也开展了大量研究。清华大学康重庆教授于 2011 年出版了《电力系统不确定性分析》一书，标志着电力系统不确定性已成为了相对独立的研究方向。本书与现有基于序列运算理论的不确定性分析方法的区别在于，基于公理化理论、经典不确定性理论、经典测度论结合电力系统复杂不确定性根源、数学本质，用公理化方法研究电力系统中的不确定性，并将公理化不确定性理论和测度论应用于电力系统的不同方向。

电力系统负荷预测中的不确定性研究，主要集中于预测方式、预测模型、预测样本选取、预测算法和预测结果所蕴含的信息提取等。智能电网中不确定性研究，主要集中于智能调度、电网安全、运行风险，以及风电、光伏出力的随机性和模糊性等。电网规划与运行中的不确定性研究，重点在于规划模型、规划算法、综合评价与决策等方面。电能质量与优质电力中的不确定性研究，主要针对电能质量扰动、设备免疫力、设备受影响事件的不确定性研究。现有电力系统不确定性研究方法包括概率论方法、模糊集方法、粗糙集方法等单一不确定性方法，作者所在团队在研究随机不确定性时，引入最大熵方法，并把最大熵方法推广到模糊不确定性，引入交叉熵和混合熵概念，提出了同时刻画和分析随机性和模糊性的混合熵方法。针对不确定性现象和问题的科学刻画，现有研究很少考虑测度概念及其公理化条件，尤其忽略了测度概念、公理化条件在实际中的可满足程度，导致度量或分析结果难以符合实际。为此，从经典测度概念、公理化条件及其不满足程度入手，借助现有不确定性理论新成果，研究了电力系统不确定性测度方法及其应用问题。此外，还从二元关系入手，针对实际中不确定事件的后果状态的多样性、复杂不确定性和格序性等方面开展了研究，为解决科学评价电压暂降与优质电力问题提供了不确定性理论和测度论。

1.2.5 电力系统不确定理论与测度论的意义

对自然的认知水平，取决于可获取信息、认知方法和认知程度，并总在不断发展、完善和提升。基本特点是：根据可获得的不确定的或运动变化的信息，揭示相对固定的、可被认知的确定规律，这种规律是有条件的，也是相对的。通常，微观上不确定的现象，可能在宏观上存在确定规律；宏观上不确定的现象，可能微观上存在确定规律。可见，从不同层次、角度和时空尺度看，确定性与不确定性是相互关联和调和的。

电力系统中的诸多不确定性，例如，电网内存在谐波时，由于设备耐受能力、运行状态的不确定性，设备不一定故障；发生雷击时，由于中间环节和影响因素的复杂性，系统不一定大面积停电；风电机组接入点的电压突然降低时，由于机组的实际低压穿越能力和低电压事件特征量存在不确定性，机组不一定停运；负荷变化、元件故障率、不同时间断面的电力系统电气状态、母线电压支撑能力等，均存在不确定性。这些不确定性，可通过不确定性理论和不确定性测度论进行科学描述和刻画，利用公理化方法，揭示电力系统不确定性现象中蕴含的基本规律，以更好地满足现代电力系统不确定现象和问题的定量刻画、特征与信息提取、知识表达、规律揭示等，具有广泛的推广和应用价值。

1.3 电力系统不确定性与测度分析要求

1.3.1 电力系统不确定性分析要求

电力系统作为典型的复杂、非线性系统，存在大量主观或客观不确定性。在对分析和研究电力系统时，如何研究不确定性因素的内因、外因的基本属性和数学描述方法，揭示影响因素和传播规律的数学特征是关键，也是电力系统不确定性分析的基本要求。本节重点从电能质量、负荷预测、电网安全稳定和智能电网等领域进行说明。

1. 电能质量领域

随着科技进步，电力用户大量采用基于 IT 的敏感设备以提高生产效率，这些设备对电压暂降和短时电压中断非常敏感，使供电系统故障等引起的电压暂降与设备电压耐受能力之间的矛盾越来越突出。电压暂降被工业界和学术界认为是最严重的电能质量问题。供电侧电压暂降的特征、频次、严重程度等，取决于供电系统基本参数、故障参数、暂降原因等；敏感设备的电压耐受能力与设备类型、性能、运行条件，以及产品质量要求、负荷水平等多种因素有关，两者均呈现出不确定性。

现有电压暂降评估的方法主要有实测统计法和随机估计法，两种方法均难以全面揭示电压暂降固有规律，难以满足实际要求，主要原因在于对影响因素及事件属性缺乏完整认识和客观数学描述，对各影响因素的数学特征缺乏深刻认识，提出的随机模型大多基于主观或专家意见，对样本特征和可测性没有足够认识，所建立的评估模型缺乏理论基础。为了克服主观假设的不足，2009 年，本书作者所在团队提出了利用最大熵原理评估线路故障引起的电压暂降频次的方法，为电压暂降的不确定性评估开拓了新思路。评估电压暂降，无论频次还是特征，均需考虑影响因素的不确定性、复杂性和多样性，对复杂不确定性因素进行数学描述，研究各因素固有物理属性和样本特征，从影响因素、产生与传播机制、特征等方面入手，建立更加完备的不确定性数学描述方法和数学模型，这是科学评估电压暂降问题的基本要求。

现有设备敏感度评估方法主要有测量统计法[15]、随机评估法[16]和模糊评估法[17]，这些方法分别站在大样本、随机性和模糊性等角度研究同一命题，本身就说明对研究命题的不确定性的认识尚不统一。现有方法大多假设电压暂降特征和频次为给定值，假设设备电压耐受特性为已知或设备类型、等级服从某种分布，将电压暂降作用下的设备敏感事件简单分为故障、非故障两状态，忽略了中间过程，以评估单位时间内设备故障概率或频次为目标，现有方法虽能得到定量结果，并具有可推广性，但用户可能承受的风险和评估结果的真实性缺乏理论依据。基于二值逻辑将设备可能状态分为正常、非正常，忽略了过渡过程，很可能与事实不符，或很难准确把握敏感度事件的本质。考虑到敏感设备在电压暂降作用下可能出现的多值逻辑状态，并克服主观假设的不足，作者所团队分别提出了基于电压暂降严重程度和最大熵的敏感度评估、模糊随机评估、多重不确定性评估、设备失效率区间概率评估及基于云模型的设备敏感度评估等方法，诠释了电压暂降敏感度特征与影响因素的不确定性分析方法。可见，评估敏感设备电压暂降敏感度，必须深入分析敏感设备电压耐受能力的相关影响因素及其不确定性分布规律和内在本质，克服主观假设可能带来的不足，建立符合事实的评估模型，提出更符合客观实际的评估方法。近年提出的过程物理参数免疫时间法（parameter immunity time，PIT）与不确定性评估方法更好地融合，将是未来发展的趋势。

2. 电力负荷预测

负荷预测是电力系统规划的基础。合理进行系统规划不仅可获得巨大经济效益，也会获得巨大的社会效益。相反，系统规划失误会给国家建设带来不可弥补的损失。因此，对电力系统规划问题进行研究，以求最大限度提高规划质量，具有重大意义，而实现这一目标的第一步就是要做好电力负荷预测，做好规划阶段需面临的不确定因素的科学刻画和分析。

电力负荷与工业产值、农业产值、GDP、气候、人口、人均消费水平等诸多因素有关[18]，且系统不同位置、不同电压等级的母线负荷及其变化规律差异很大，负荷具有突出的分散性、随机性和模糊性。

诸多学者根据电力负荷及其影响因素的历史数据研究了预测模型和方法，已提出的方法有：回归分析法（regression analysis，RA）[19]、时间序列法（time series，TS）[20]、人工神经网络法（ANN）、模糊逻辑法（fuzzy logic，FL）[22]、专家系统法（knowledge - based expert systems，KBES）、灰色系统理论法（grey system theory，GST）[24]、组合预测法（combination forecasting，CF）[25]等。其中，RA 具有原理易于理解、数学模型结构形式简单、算法耗时较少、对周期性规律能够较好把握等优点。但是，其外推特性在极大程度上受制于样本数据的分布特点，且以线性化手段简化处理复杂相关关系的方式，难以将实际相关因素全面纳入考虑，而直接的非线性分析思路会带来模型初始化困难的问题，较高的时间成本与经济成本也是非线性回归分析的局限性体现。TS 具有对平稳趋势连续性较好的刻画能力、算法流程简单、耗时少等优点，但对于非平稳序列，其预测结果的准确性不能保证。此外，预测随机序列的生成过程所包含的相关因素作用信息十分有限，显示出局限于样本数据内部结构，而忽视规律外延的缺陷。ANN 具有极强的非线性拟合能力。良好的自主学习能力与自适应性使其在对电力负荷规律的刻画方面显示出优势。然而，由于人工神经网络的训练过程需要大量的样本数据，训练过程复杂，训练速度较慢，泛化能力表现出局限性，而且“过度拟合”会带来误差效应，如何在短期负荷预测中解决负荷变化的不确定性与分散性，还有待更加深入的探讨。FL 考虑了负荷与诸多影响因素间的相关性，将负荷与诸多影响因素作为一个整体进行处理，解决负荷不确定性的问题。然而，由于模糊理论体系尚未建立完备，所搭建的模糊映射关系往往显得粗糙，基于模糊逻辑理论的负荷预测方法在适应性等方面存在缺陷。模糊逻辑法在实际预测应用领域，还不能普遍推广。KBES 能够很好地将多重影响因素的作用机制融入到预测中，可以处理历史样本自身的突变与外界的较大扰动。但是，由于人类专家对已有知识经验的调用与表达模式相同，专家系统功能的实现取决于知识规则库是否健全完备，而客观的知识体系与规则不可能毫无遗漏地被包含与覆盖，因此必定存在知识获取的困难。对一个庞大的知识库而言，多个领域或多个方向的专家之间的知识往往容易产生矛盾而难以处理。GST 所需样本数据少，不要求数据具有特定分布规律，概念形象明了，算法简便，是一种适应性较好的工程应用方法。单从理论的角度来看，GST 足以胜任很多不确定性质的预测工作。然而，灰色模型建立的过程起始于离散的形式，预测的过程又具有连续的意味，起始点能否保证模型的最优预测性能，较难判断。当样本数据序列过于离散，数据灰度过大，无法从中找出指数增长模式或近似指数增长的趋势时，易造成灰色模型拟合灰度偏大，导致预测结果的准确度难以得到保证。现有 CF 大多着眼于组合权重的确定，而对于同为组合策略内容的预测模型筛选研究较少。如何从众多预测模型中筛选出能够针对特定预测问题进行组合的单一模型，是值得关注的内容。

综上所述，虽然现有负荷预测方法在一定程度上考虑了负荷变化及观测周期内的波动情况，但由于影响因素繁杂，不同区域范围内负荷类型与成分差异大，特殊环境的负荷变化规律难以把握，已有方法均存在缺陷。因此，为进行可靠的负荷预测，需建立完善的预测方法考核评价体系和灵活适应的预测策略，预测流程应表现出一体性。

3. 电网安全稳定

随着电网的快速发展，某些关键元件可能接近运行极限，增加了电网安全风险。近年来，国内外频繁发生多起由连锁性事故引发的大面积停电，造成了巨大损失。由电网连锁性事故导致的电网安全问题已成为人们关注的焦点，为保证电网安全、稳定运行，需将电网连锁故障和安全风险当作战略问题来研究。

评估电网安全水平的现有方法可分为 3 类[26]：确定性方法、概率评估法和风险评估法。其中，确定性方法依据 $N-1$ 或 $N-k$ 安全准则设置电网内任意一个或多个元件退出运行，并检验支路潮流和节点电压是否越限。该方法原理简单，易于实施，但仅考虑最严重事故风险对电网的影响，且未区分事故发生的可能性，所得结果难以反映电网运行方式、元件故障、负荷波动等不确定因素的影响程度。概率评估法和风险评估法隶属于不确定性评估法的范畴。与概率评估法相比，风险评估法通过建立基于事故发生可能性和严重性的风险测度，有助于运行人员理解和认知电网面临的潜在威胁。

研究表明，连锁性事故通常由单一元件故障触发，表现为一系列元件连锁反应跳闸。风险评估方法已在连锁性事故分析中得到广泛应用，包括解析法（analytical method，AM）[27]和蒙特卡罗法（monte carlo method，MCM）[28]。其中，AM 物理概念清晰，可较好地描述各种故障模式对电网的影响，特别适用于小规模电网。然而，故障模式会随电网规模扩大成指数级增长。假设某电网中包含 N 个节点，当连锁性事故传播至第 x 阶段时，可能存在 $S=N!/[x!(N-x)!]$ 种故障模式[27]。特殊的，当 $N=10000$，$x=3$ 时，$S=10^{11}$，采用 AM 进行评估必然存在“维数灾”困难。MCM 通过随机抽样模拟各种系统状态，并依据大量试验结果统计出电网的风险结果，其核心思想遵循大数定理[29]。与 AM 相比，MCM 几乎不受电网规模影响，适合处理各种复杂因素，如相关负荷、共同模式故障等。除 AM 和 MCM 外，遗传算法[30]、启发式算法[31]、复杂事件处理技术[32]等智能算法逐步得到应用。

综上，现有方法对连锁性事故的数学建模依据研究较少，所用模型能否真实反映连锁性事故的实际物理传播过程，尚缺乏理论依据。连锁性事故发生的可能性极小，通常为稀有事件，且连锁性事故的产生和传播机制受多种因素影响，包括天气条件、地理环境、人为因素、电网运行方式、元件固有属性等，具有明显的不确定性，采用实际监测得到的样本信息十分有限。因此，如何充分利用样本信息，从连锁性事故影响因素出发，对其物理过程和数学内涵进行详细分析，紧紧围绕“不确定性”，建立连锁性事故的不确定性数学模型是进行准确评估的基本要求，对于提高电网的防灾、抗灾能力，以及保证其安全稳定的运行具有重要的理论价值和现实意义。

4. 智能电网

智能电网是集现代通信技术、高级量测技术、智能控制和智能调度技术于一体的新一代电网，可实现网络运行状态和设备的实时监测与管理，有效集成利用分布式发电技术、储能技术、电动汽车，与终端用户开展积极互动，降低用户成本、提高电网运行的经济性和安全性[33]。在我国，分布式电源接入、高度信息化、自愈性、主动性及互动性是智能配电网的主要功能特征，如图 1-4 所示。其中，由于受温度、风速等不确定气象因素的影响，太阳能发电、光伏发电等分布式新能源发电在提高能源利用效率的同时，大大增加了电网运行的不确定性程度，导致系统节点电压、线路潮流具有不确定性，影响了系统网损、电压分布及主网的无功功率平衡，而且对电网继电保护装置也提出了新的要求。

风力发电的一次能源是风能，风能与风速、风向等相关。由于风速受气象因素等影响，具有较强的随机性和波动性，风电有功出力具有较强的不确定性。从电网运行角度看，不确定性可表述为风电出力预测值和实际值之间的偏差。分析风电有功出力的不确定性时，一般从风电有功出力的概率特性[34]和模糊特性[35]出发。其中，概率模型假设风电出力服从正态分布，依赖于主观假设；模糊模型更多依赖于决策者或专家主观意见，缺乏通用准则给出模糊隶属度函数。另外，在考虑风电实际值与调度值的偏差对配网安全性和经济性影响时，存在一定局限性。

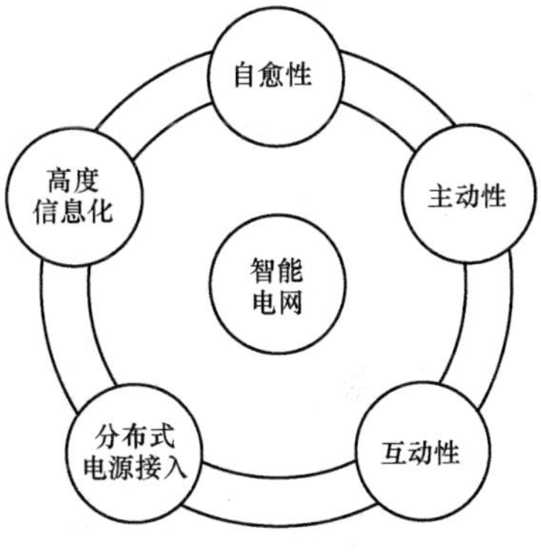

图 1-4 智能电网主要功能特征

光伏发电出力受光照、温度、风速等影响，具有不确定性。一般而言，对光伏发电不确定性的分析包括概率特性[36]和模糊特性[37]两方面。概率特性方面，大多通过光伏发电预测误差的概率特性研究光伏发电的不确定性，依赖于概率分布函数的假设；模糊特性方面，带有较强的主观性，要求决策者具备良好的经验知识。现有对光伏发电模糊特性的研究偏少，隶属函数的确定方法尚值得进行实证研究。

可见，由于温度、风速等外界环境因素的随机性和波动性，使风电和光伏发电出力具有不确定性，给智能电网运行、调度、维护等带来困难，并影响配网的安全性和经济性。因此，考虑分布式新能源接入电网时，需考虑其带来的不确定性影响，探索不同的分布式电源的不确定信息类型，克服现有的针对风电、光伏发电的概率特性和模糊特性的模型中存在的主观假设的不足和信息的不足，同时考虑风电、光伏实际值与调度值之间偏差对配网安全性和经济性的影响，提出运行鲁棒性较高的配网调度方案，是保证智能电网安全、稳定运行的前提条件。

5. 电力系统不确定性研究思路

不确定性是电力系统中的基本现象，从不同不确定性因素的具体特点、物理和数学性质着手，根据不确定属性的产生原因和基本特性，提出合理的数学描述方法，建立适当的测度概念和理论体系，才能更好地揭示其中蕴含的确定性规律。

研究电力系统中的不确定性可按照“物理属性—数学刻画—不确定性研究方法”的基本思路予以展开。首先，根据现有资料、信息、样本，以实际事件的物理属性和已有样本数据及其基本特征与属性为出发点，对基本事件物理属性中的不确定性进行分析和描述，分辨、判断影响该事件不确定性的因素；其次，对不确定性影响因素的物理本质、数学本质、基本特征及其描述进行深入地认识、分析，以测度公理化假设为依据，明确该事件内涵、外延和边界的具体属性，选取正确的数学刻画方法刻画不确定属性；最后，按照事件的不确定属性，选取正确的不确定性研究方法，在这里可以选取的方法很多，至少可用基本数学特征：期望、方差、熵、超熵等进行研究。

不确定性存在于电力系统中的各个领域，如电力负荷预测、新能源并网、电网规划与运行及电能质量与优质供电等，如图 1-5 所示。本书拟通过对这些领域中存在的不确定性事件、不确定性现象等的具体物理属性和数学性质的分析，从影响因素的物理属性、数学特征入手，研究影响事件的内因和外因的不确定性，并提出相关影响因素的数学刻画方法，进而研究电力系统不确定性。

由图 1-5 可知，电力负荷预测中，无论是系统负荷、母线负荷还是空间负荷的预测，都需考虑复杂不确定性，研究影响负荷变化的不确定性因素；新能源并网中主要考虑以风电、光伏为代表的新能源，从电能质量、电网调度及并网适应性的角度出发，提取不确定性影响因素；电网规划阶段，主要关心规划方案的经济性、可靠性的不确定性影响因素，电网运行中则重点考虑电气状态量的不确定性和影响电网安全稳定运行的不确定性因素；在电能质量与优质供电问题上，针对电能质量扰动与用电设备免疫力之间的兼容性问题，考察供电侧电能质量扰动和设备免疫力具有的时空不确定性。针对上述问题，分别提取出不确定性影响因素，研究其不确定属性，明确各影响因素的内涵、外延、边界，提出相应的不确定性评估方法，如随机评估法、模糊评估法、双重及多重不确定性评估方法等。

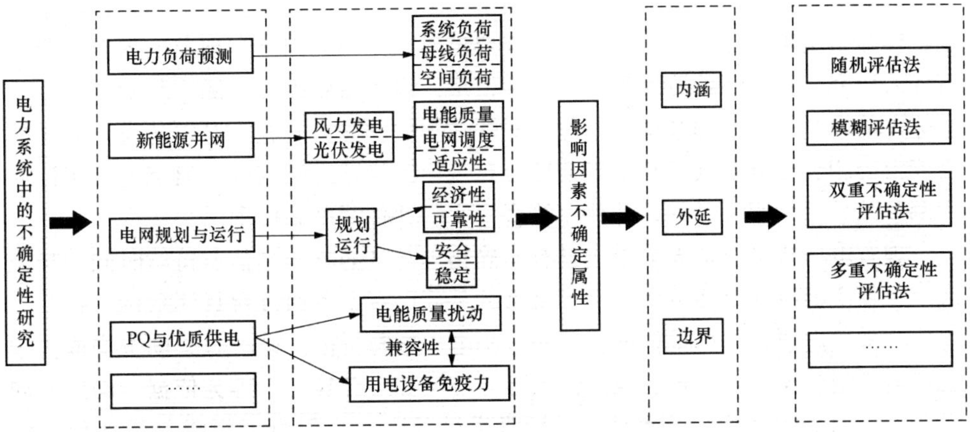

图 1-5　电力系统不确定性研究思路

1.3.2　电力系统不确定性测度分析要求

经典测度需满足非负性、存在性和可列可加性的公理化假设条件。在电力系统不确定性事件的评估中，评估测度的选取、测度的公理化基本假设是关键，只有从实际出发，分析和研究事件的物理和数学本质，以测度公理化假设为依据，明确不同内涵、外延和边界的具体属性，才能正确选取测度，建立合理模型，并对相应模型及其算法进行研究，这样才能保证研究工作的理论价值和应用价值，这也是对电力系统测度论和不确定性测度论的基本要求。以下重点从电能质量、负荷预测、电网安全稳定和智能电网等领域进行说明。

1. 电能质量领域

早在 1968 年，学者 H. H. Kajihara 率先提出了电力质量概念[38]；20 世纪 70 年代起，大量使用基于半导体技术的用户增多，对短时电能质量扰动的敏感性增加；进入 80 年代后，由电力系统故障等引起的电压暂降事件时有发生，人们提出了电压暂降与设备耐受能力等概念；90 年代后，由于大规模集成电路、电力电子技术、微电子技术、IT 技术等高新技术，在各行业迅速发展和广泛应用，电压暂降造成的经济损失和用户体验较差越来越多；1995 年之后，电压暂降特征提取、暂降频次评估、敏感设备的电压暂降耐受能力和设备敏感度成为了国内外学者的关注点。此时必须面临不确定性多样化、复杂化带来的新困难。在 1.3.1 节第一部分中已经明确了在电能质量领域，对其不确定性分析的基本要求，在此基础上，需进一步明确测度论的要求。

现有大多电压暂降敏感度评估模型本身就带有较强的主观性，在评估中所用的测度，在现有研究中均未见深入研究，仅简单假设或默认所用测度满足可列可加性公理化假设被认为是概率测度，而事实上，这样的公理化假设的条件非常苛刻，实际中很难满足。这些问题的存在要求对相关影响因素和现象的内在本质进行深入研究，提出评估测度和不确定性模型。设备敏感度评估测度与测度选取是实际评估中必须解决的基础性问题，对评估测度的深入研究，必须从设备电压耐受能力的相关影响因素及其不确定性分布规律的描述方法入手，研究不确定性质和测度的公理化假设条件，并建立符合事实的评估测度和模型。

现有电压暂降评估大多采用具有明确物理意义的电压幅值、持续时间、相位跳变、频次等特征描述电压暂降。可喜的是，已有学者通过对具体指标进行归一化后，采用电压暂降严重程度指标来刻画电压暂降特征。设备敏感度主要取决于设备电压耐受能力，以现有强制性国际标准，如 SEMI F47 等为依据，确定不同设备电压耐受能力的大致水平，是较常采用的方法，但电压暂降与设备耐受能力之间的兼容性，同时取决于系统电压暂降和设备电压耐受能力两方面，除了需分别研究两者各自的特性和数学刻画方法外，两者之间的相互作用还受具体环境和条件影响，可能呈现诸多可能状态。因此，研究兼容性问题就还须研究兼容性事件的影响因素的物理和数学属性。本书将影响因素划分为反映供电系统电压暂降严重性的外因和反映敏感设备电压耐受水平的内因，把两者及其环境因素结合起来进行研究，建立模糊随机测度模型，这样可使问题得到更清楚的认识。

测度论来源于实函分析，是从直接测量经验中产生，然后扩展到抽象空间的概念，是建立数学方法的基础。对该概念的认识从确定性到局部不确定性，如概率、模糊隶属度，再到可能性、风险度、包含度、可信性等概念。测度论的发展，关键在于不断从实际现象出发，挑战原有测度概念需满足的公理化假设条件。在电压暂降问题中，对电压暂降频次和设备敏感度评估测度的认识，与测度论本身的发展有很大相似之处，实际现象和事实说明，电压暂降问题中现有概率测度的基本假设很难满足，与事实不能很好相容。因此，结合问题特点，研究更符合实际的评估测度和模型，并对不确定性测度理论进行研究，是研究电压暂降问题的基础。

2. 电力负荷预测

电力负荷的波动是一个随机非平稳过程，受诸多自然、社会因素的影响，各种影响因素也是不确定的，因而对其准确预测的难度很大。随着电力市场化改革的不断深入，电力系统中蕴含的各种不确定因素使得决策工作面临一定程度的风险，而在决策工作中必须考虑电力需求的不确定性。本书的 1.3.1 节第 2 部分已经提出了电力负荷预测的基本要求，在此背景下，寻找一套能有效处理不确定性的测度理论来提高电力负荷的预测准确度具有十分重要的意义。

传统的电力负荷预测技术如单耗法、趋势外推法、弹性系数法、线性回归法、状态空间法和时间序列预测法等已经比较成熟，虽然对特别规律的电力负荷序列有较好的效果，但在随机性大的场合就显得不适用了。近年来，一些人工智能方法的出现为电力负荷预测技术的发展提供了契机，使预测模型及方法从以前的传统数学模型向智能型的机器学习转化，其中具有代表性的有人工神经网络、遗传算法及模糊逻辑等[21]。此外，用于电力负荷预测的方法还包含专家系统[23]、灰色系统理论[24]、小波理论[39]、支持向量机技术[40]、粗糙集理论[41]等，涉及概率测度、模糊测度、粗糙测度等测度理论，但仍然存在一些缺陷，如一些模糊逻辑不能有效处理模糊规则的不确定性，处理不确定性的能力较弱，无法从根本上回答负荷预测不确定性的物理和数学本质，没有揭示不确定性影响因素内涵、外延和边界的基本属性。

因此，为了得到精确的负荷预测结果，设计出结构简单、计算量少、性能优良的负荷预测系统，对不确定性影响因素的实际物理性质和样本特性进行研究，从基本参数、环境因素、状态因素、作用机理等多方面进行分析，基于测度的公理化定义，建立电力负荷预测的不确定性测度计算公式是当前电力负荷预测的不确定测度的基本要求。

3. 电网安全稳定

随着电网容量和规模的日益增大，电网越来越复杂，在提高电网有效性和鲁棒性的同时，电网的安全风险也随之增加。采用风险理论评估电网连锁性事故，将电网事故与安全性结合起来，对于制定电网运行调度决策，实现电网安全和经济的协调具有重要意义。

电网连锁性事故的产生及传播受天气条件、地理环境、电网运行状态、人为蓄意攻击等因素影响，具有明显的不确定性，可用“测度”概念进行刻画。现有方法多以概率论和模糊论为基础，用经典概率测度和模糊测度刻画事故的不确定性，评估方法可分为随机评估法[42]和模糊评估法[43]两类。其中，随机评估法需建立主观事故概率模型，不同的模型对结果影响很大，且需大量样本进行模型和参数辨识才能保证其正确性。模糊评估法依据专家经验，可解决实际中存在的“统计样本少、统计周期长”的问题，但仅能刻画影响因素的模糊性。上述方法均属于经典测度论方法，实际中存在以下问题：①经典概率测度成立需满足的可列可加性条件过于苛刻；②经典模糊测度不具备自对偶性。为弥补其不足，学者刘宝碇在现代测度论的基础上，建立了不确定性测度理论体系[1]，其中，用于评价模糊性的可信性测度，已广泛用于电网规划[44]、元件检修[45]等领域，但对其数学建模的依据研究较少。

另外，电网连锁性事故风险评价测度体系应包括对事故发生可能性和严重性的综合度量。电网由发电机、变压器、线路、负荷等大量元件构成，元件故障是导致电网事故的根本原因，因此，通常采用元件故障率（又称停运率、失效率）模型刻画事故发生的可能性。大量研究表明，元件故障率与其自身特性（如元件使用年限等）、外界环境（如雷电、覆冰、温度等）和电网实时运行条件（如支路潮流、母线电压、电网频率等）密切相关，通常采用的都是以经典概率论为基础的方法来建立主观的元件故障率模型，不同的模型对结果影响很大，且需要大量样本进行模型和参数识别。事故发生的严重性是对事故后果的综合度量，常见的严重性测度包括：经济损失[46]、电气量越限程度[47]、总负荷损失量[48]等方面。其中，经济损失测度无法表征电网的物理本质，难以为运行人员提供有效的决策支持；针对电气量越限程度，通常是采用二次型、一次型和指数函数描述母线低电压、线路过载、电压失稳等元件的严重性测度，并由某种函数映射（如加权平均）刻画电网全局严重性测度，但函数映射难以准确判定，且受到主观因素的影响。

为了准确评估电网可能发生的灾难性事故，从灾难性事故的物理演化过程出发，以测度概念需满足的公理化条件为数学建模依据，基于不确定性理论，并考虑到灾难性事故的复杂性，作者所在团队建立包含可信性测度、全局模糊安全测度和风险测度的不确定性评价测度体系，以此构建电网灾难性事故的不确定性风险评估模型。可见，采用“测度”概念刻画电力系统连锁性事故的不确定属性，需对连锁性事故的物理过程和数学内涵进行详细分析，明确连锁性事故风险评估的基本要求，考虑影响因素的特点，建立反映事故发生可能性、严重性的公理化风险评价测度体系。

4. 智能电网

进入21世纪以来，人类对石油、煤炭等化石能源的需求不断增大，如图1-6所示。然而，石油、煤炭等化石燃料不可再生，分布不均、储量有限，而且其消耗还会产生二氧化碳、氮氧化物等有害气体，对气候变暖和自然环境会产生巨大的负面影响。因此，开发利用风能、太阳能等清洁可再生新能源，逐渐成为了世界各国政府的共识之一。电力系统是能源系统的重要组成部分。近年来，为了满足世界能源和环境保护的迫切需求，可再生能源发电的渗透率和利用效率逐渐提升，如图1-7所示。它是提升电网的智能化水平，实现电力系统的节能减排、低碳运行的重要途径，但是，风能和太阳能为主的新能源发电受于气象变化影响，具有间歇性和随机性，分布式发电的大规模集中并网给智能电网的安全可靠运行带来了极大的挑战。

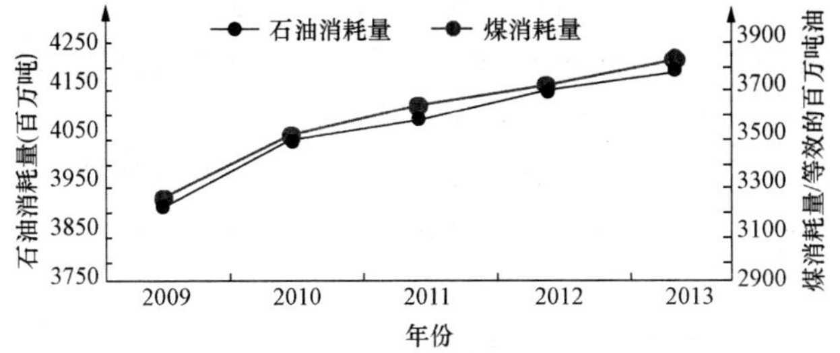

图 1-6　世界石油和煤炭消耗趋势

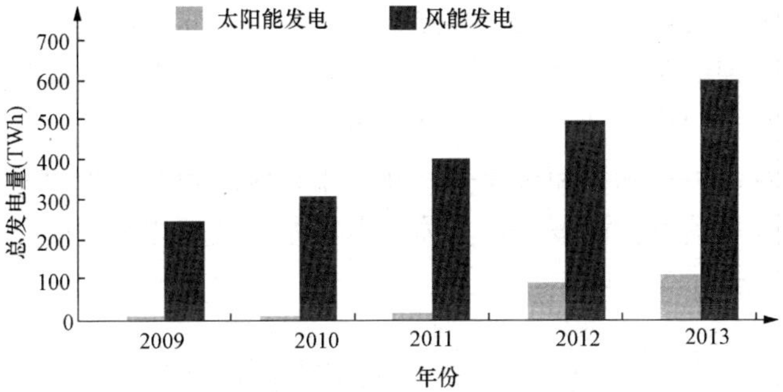

图 1-7　2009～2013 年世界太阳能和风能发电量

与传统电力系统相比，风电、太阳能等新能源的开发利用是智能电网发电侧的一项重要转变。新能源发电带来的不确定性因素将对智能电网的能量管理和扩容优化决策带来显著的影响，加上用户需求的动态变化、能源市场的价格波动，以及未来政策的不确定性等，通过选择合适的测度，定量刻画这些不确定性影响因素，提出新的智能电网运行管理和优化方案是当前必须解决的重要课题。

在电力工业从传统的垂直一体化模式向开放、灵活的智能电网模式发展的过程中，越来越多的新元素融入电力系统管理，分布式发电的间歇性、能源市场价格波动、用户需求的多样性、未来政策的不确定性等因素给建设坚强稳定可靠的电力系统带来新的挑战。国内外学者开展了大量研究，对电力系统规划和管理中的不确定性因素和风险进行衡量，其中，处理不确定函数的方法主要有：①以期望值衡量，用不确定函数的期望值代替原有目标函数和约束条件中的不确定函数；②以机会测度衡量，使所得优化结果在一定程度上满足约束条件；③以可能性、可信性等衡量极大化事件的发生机会。上述处理不确定性的测度方法在一定程度上取得了很好的效果，但仍然缺乏一套完整的公理化测度体系刻画智能电网在能量管理和扩容规划中面临的不确定性因素。从智能电网能量管理和规划优化中的技术、经济、政策等不确定因素入手，全面考虑新能源发电、技术参数、市场环境、未来政策多种不确定因素，利用不确定测度理论对智能电网的能量管理和扩容等进行优化决策是当前建设坚强、安全、可靠的智能电网的基本要求。

5. 电力系统公理化测度研究思路

经典测度概念本质上是满足非负性、存在性和可列可加性公理化假设的集函数。在电力系统中，由于经典测度公理化假设的苛刻性，经典测度不断地面临着挑战，尤其是可加性公理，如设备敏感度、电网连锁性事故风险等，这些概念的内涵、外延、边界均很难清晰、准确、定量地表达，很难保证其满足以上的公理化假设条件。

针对电力系统中的不确定性现象和问题的科学刻画，本书拟从经典测度概念、测度的公理化条件及其不满足程度入手，分析具体不确定性事件的物理属性和数学性质，在理解其物理和数学本质的基础上，提出更符合已知事实和规律的公理化假设，并在假设条件下定义测度概念，在此基础上提取电力系统不确定事件的特征与信息、表达知识和规律等，并选用相应的测度论加以刻画，如概率测度、可信性测度和信赖性测度等，具体的电力系统公理化测度研究思路如图 1-8 所示。

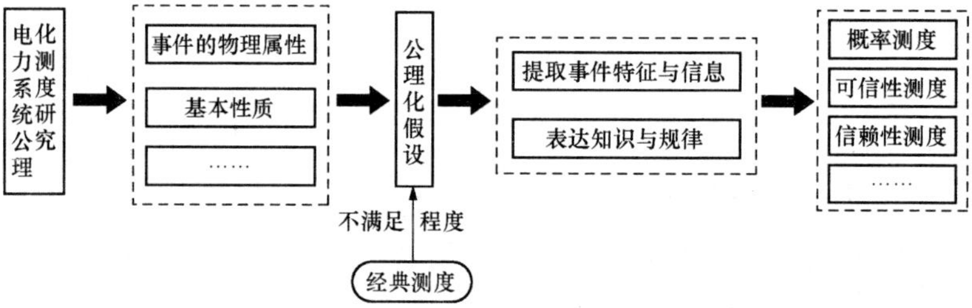

图 1-8　电力系统公理化测度研究思路

2　电力系统不确定性问题的公理化方法与测度

2.1　公 理 化 方 法

公理化方法是研究不确定性数学的方法论之一，是在数学和逻辑学发展过程中产生的一种有效方法。数学公理化方法起源于古希腊。公元前 3 世纪，希腊数学家欧几里得（ Euclid ）所著《几何原本》[49]是最早的典范，把形式逻辑中的公理演绎方法应用于几何学，运用抽象分析方法从当时已掌握的几何知识中提炼出了一系列基本概念和公理。由此出发，按照逻辑规则，欧几里得完整地推导了当时已认知的全部几何知识，使几何知识以公理系统的形式构成了一个有机整体。

现代公理化方法的奠基人，德国数学家希尔伯特（Hilbert，1862—1943）在总结数学研究经验的基础上，率先提出了“形式主义数学哲学思想”，倡导以形式化、公理化为基础，即先将一个数学理论形式化、公理化，并组织在一个形式公理化的系统之中，以有限立场推理方法为工具，证明该数学理论的相容性。一旦证明完成，就说明该数学理论的基础绝对牢固。

1934 年和 1939 年，希尔伯特与他的学生贝尔奈斯合著的《数学基础》第 1 卷、第 2 卷出版，把形式主义数学哲学思想在可能范围内应用到了数学研究中，并取得了可观成果。1899 年，希尔伯特在《几何基础》中精确地提出了公理化体系必须满足的三个条件：相容性、独立性和完备性。其中，相容性是指体系内部的不矛盾性；独立性要求各公理间不能相互证明；完备性要求体系内的任何命题都能被证明或证伪。希尔伯特在第二届国际数学家大会上提出需要建立概率论的公理化体系。1933 年，前苏联数学家柯尔莫哥洛夫（ Kolmogorov，1903—1987）建立了公理化概率论，并成为了概率论发展史上的里程碑[1]。公理化方法的历史过程可简单地用图 2 - 1 表示。

自 20 世纪以来，公理化方法在数学中得到了广泛应用。近代数学、近代概率论、现代分析等数学分支，都是在公理化方法基础上建立起来的。追求逻辑统一性的公理化方法，实际上已成为一种综合性科学研究方法，不仅适用于数学，

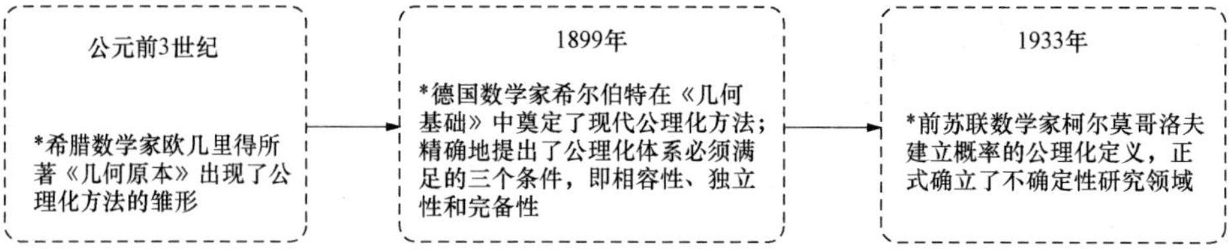

图 2-1 公理化方法的历史过程

也适用于其他学科领域。由于数学公理化方法表述数学理论的简洁性、条理性及结构的和谐性，为公理化不确定性理论的发展起到了示范作用。

公理化方法，创造性地吸收并发展了前人研究成果，通过建立起一套完善的演绎体系，对零碎的、不连贯的数学知识进行分类、比较和概括，揭示已有知识之间的内在联系，并组织成一个严密的、完善的系统。公理化过程，犹如高明的建筑师通过把钢筋、木、石、水泥、砖瓦组合起来，建成巍峨大厦一样。公理化方法是一种能反映现实的、符合辩证唯物主义认识论的科学方法。

2.2 电力系统不确定性问题的公理化方法

从本质上看，诸多自然现象均是不确定的。虽然人们更愿意接受确定知识，但对知识的认识和确定程度总是相对的，宏观上不确定的东西，在微观上可能是确定的，反之亦然。不确定性理论和不确定性测度论是近年来数学领域发展起来的新理论，研究对象是客观世界大量存在的不确定现象、事件和规律。已熟知的随机性、模糊性和粗糙性等，均是不确定性，且是不确定性中最基本的单一不确定性。客观世界总受诸多复杂因素影响，特别是电力系统，除了发、输、配、用电等环节受复杂不确定性因素影响外，发电机组特性、类型、负荷性质、用电特性和系统运行方式、保护方式、设备故障水平，以及电力系统内在动力学规律，也具有不确定性，整个系统总在动态不确定性中保持稳定，电力系统的固有规律是多重不确定性决定的确定性规律，并通过大量不确定性现象表现出来。因此，认识和理解电力系统的规律，需要重视实际中大量存在的不确定性现象的刻画、描述和分析，通过不确定性分析方法和测度方法，掌握现代电力系统的确定规律，从“不确定”中求“确定”。

不确定性、多样性和复杂性是电力系统及其相关特性的显著特点，不同现象和不同原因引起的不确定性差异较大，表现为现象、特征、环境、方法等的不确定，其中蕴含着已被认识或尚待认知的规律，并受认识水平、发展阶段、可获得信息和技术条件等限制。因此，面对电力系统的复杂不确定性，将复杂不确定性分解为随机性、模糊性、粗糙性及其交叉、组合，利用公理化方法进行分析和描述，是研究和认知电力系统不确定性的有效方法。对现有单一不确定性的刻画，不仅可利用熟知的基于样本和统计的经验法，还可以借助于新的数学刻画方法，形成一套较完备的电力系统不确定性理论与测度论。

传统数学方法可归结为确定型数学方法。自 20 世纪起，人们试图用传统确定型数学方法研究复杂系统，遇到了极大困难，不得不对确定型数学方法进行反思，重新正视不确定现象及其分析方法，开始了不确定性数学的探索和研究。

如上所述，电力系统复杂不确定性中包括随机性、模糊性、粗糙性及其不同程度的交叉或组合，但不同原因引起的不确定性，不确定性关系的定量描述和刻画，不确定性的演绎方法、测度方法等，构成了电力系统不确定性理论的基本体系。

现有单一公理化不确定性理论中，概率论是最早建立起来的公理化不确定性理论，模糊集和粗糙集理论采用了类似的认知方法，但针对的不确定性的数学本质不同。由于随机现象大量存在，人们有必要，也可能通过大量考察和观察记录，采用归纳统计法发现统计规律或经验，由此获得对事物必然性的认知，这种必然性在统计意义和大样本条件下是确定的，并可通过期望值、概率分数函数、概率密度函数、熵、超熵等数学特征定量刻画，但概率论仅对事物的总体有意义，对单次事件仅能做出定性或近似分析，其根本原因在于，公理化概率论仅能刻画和分析因果律缺失引起的不确定性。对不满足公理化概率论公理化条件的模糊现象，人们采用类似认知方法，依赖于主观或经验法，建立隶属度函数，根据实际或经验确定隶属度，以此刻画和分析因排中律缺失引起的不确定性。粗糙现象难以捉摸，自然想到依赖客观数据和知识库，通过数据挖掘和知识发现获得精确认识，但粗糙集理论仅适用于分析部分肯定、部分非精确的不确定性问题。事实上，电力系统的不确定性，通常具有多重性和复杂性，常以多种不确定性相互交叉、融合的形式出现，现有理论难以满足应用需要，但公理化方法仍值得采用，因此，本书从公理化方法入手，力求系统阐述和分析电力系统不确定性理论，期望以此为起点，能建立一套较完备的公理化电力系统不确定性理论和公理化不确定性测度论。

研究电力系统的复杂不确定性问题，可采用公理化不确定性方法，建立相应的数学理论基础。概率论、模糊理论和粗糙理论是最基本的不确定性理论。实际上，概率论就是一门研究随机信息的数量规律性的数学分支学科。现代概率论是建立在概率的公理化体系基础之上，从而形成整个随机数学的基石。模糊集合论就是一门研究模糊信息的数学分支学科。过去，人们一直认为在模糊集理论中的可能性测度扮演了概率测度的角色，事实并非如此，与概率测度对应的应该是可信性测度。模糊集理论可建立在可信性公理化体系之上，从而形成模糊数学的支撑。粗糙集理论是一门研究粗糙信息的数学分支学科，可以建立在信赖性公理化体系之上，从而形成整个粗糙数学的基础。因此，也可以认为，不确定性理论框架是在概率论、可信性理论、信赖性理论三个公理化体系基础上建立起来的一套数学理论。

2.3 公理化测度与不确定性测度

2.3.1 公理化测度

1. 概念

测度论是实函分析的组成部分，从集合、集合类、测度概念、内测度与外测度概念、测度函数、测度空间、测度公理化假设等多方面阐述了测度论。测度论所涉及的第一个概念是“测度”。如果仅把测度（Measure）看作是实际测量结果，人们对测度概念并不陌生，如线段长度、平面面积、物体体积等都是测度，但这样的测度仅是根据直接经验建立起来的概念，并未真正对测度概念做出科学定义。

随着科学的发展和人类的进步，人们认识到仅凭经验认识和理解测量概念是不够的，但由于测度概念太基础，很难明确给出科学的定义，因此，人们提出了基于公理化假设的定义方法，即定义公理化的测度概念。从事件的基本属性出发，对发生事件的可能性进行度量，建立了概率、模糊隶属度等概念，并以此为基础对事件进行度量。事实上，概率本身是一个抽象测度，只有在抽象空间的集合上建立起测度概念，才能真正理解测度概念本身及其属性。遗憾的是，在抽象空间建立测度概念并无经验可循，唯一办法是采用公理化假设的方法，当然要求给出的假设尽量与已认识到的实际相符。因此，如果为了建立测度概念做出的公理化假设与实际经验相符，建立的测度概念就具有更高的可信性，反之，需进一步认识。可见，测度概念虽然基于抽象空间的公理化假设，但这些假设是否与实际相符，是正确建立测度概念，并正确选取测度的关键。因此，理解电力系统的测度概念，需从公理化假设的客观性出发，也就是说，需分析具体事件的物理属性和数学性质，在理解其物理和数学本质的基础上，提出更符合已知事实和规律的公理化假设，并在假设条件下定义测度概念，在此基础上提取电力系统不确定事件的特征与信息、表达知识和规律等。

经典测度概念通常指测量几何区域的尺度，直接来自于实践经验。如直线上闭区间的测度是线段的长度，平面上一个闭圆盘测度是其面积，这样的概念是基于实际经验建立起来的一维和二维测度，意味着所给出的测度均是在某区间或集合上的一个函数的取值，但并未对测度概念做出科学解释或定义。

对于更一般的集合，如直线上所有有理数构成的集合，定义其测度的一种简单的办法是：先在各有理数点上找到一个覆盖该点的开区间，就像给该有理数带上一个“帽子”。因为，有理数集是可列集（可排好队，一个一个地数出来，称为可数集），所以，可让第 n 个有理数所覆盖的开区间长度为第一个有理数（如“1”）对应开区间长度的 $1/2^n$，这样所有开区间长度之和为有限值（是 1 上开区间长度的 2 倍）。如果让“1”的开区间逐渐缩小趋于一点，那么所有区间的总长度相应缩小，趋于 0，这时就说，有理数集的测度为 0。用这种方法定义的测度也叫外测度。一个几何区域有了测度，就可定义该区域上的函数积分，这就是黎曼积分。到此，仍未回答什么是测度，因为，测度概念在数学上太基础了，越基础的概念，越难用语言描述其定义。

在认知世界的过程中，遇到难以逾越问题时的解决办法之一就是大家首先共同建立一个最小假设下的公认的“概念”。因此，不管具体如何定义测度概念，如果作用对象是直线上任一子集，得到的测度应该是一个具体数，定义测度就是要找到该具体数的一种定量方法，使直线上任一子集都能最终得到一个确定数，并作为其“长度”。如前所述，用公理化假设法来做出定义，需根据实际事件的属性提出合理的假设，在假设基础上定义测度是掌握测度概念的关键，其难点在于公理化假设是否符合实际，是否与事件固有属性一致，如果公理化假设与实际一致且假设最少，则该测度就更合理；反之，很难保证定义的测度概念的正确性。本质上，这样的思路体现的是实践是检验真理的唯一标准。

2. 经典测度论的公理化假设

（1）存在性假设。空集是任何集合的子集，应该有其测度，且应该保证空集的测度为零，这是显然的，否则该测度就毫无意义，这个假设可理解为测度的存在性假设和初始值假设。

（2）可列可加性假设。既然每个子集都有一个用确定数字表达其测度，那么，把两个彼此不相交的子集并在一起得到的新的子集也应该有一个可用确定数字表达的测度，且新子集的测度应等于原两个彼此不相交子集的测度之和。这个假设也是很直观的要求。例如，两条线段如果不相交，那么总长度应等于两者长度之和。对于更高维的情况也一样，两个二维图形如果不相交，那么总面积应当等于各自面积之和，诸如此类，这个假设可被称作可列可加性假设。

显然，上述假设条件很苛刻，而实际中存在大量不满足上述假设的事件，对于不满足上述假设的事件，经典测度概念自然难以符合客观实际，在不符合客观实际的测度概念基础上进行的演绎，必然导致结果难以符合客观实际，需要引出不确定性测度概念。

2.3.2 不确定性测度

基于存在性和可列可加性两个基本假设的典型测度理论的代表是概率论（Probability Theory），相应的测度被称为概率测度（Probability Measure）。概率测度是人们最熟悉、最愿意接受的测度概念。

事实上，经典测度的两个基本假设对于实际中的自然现象、客观事件相当苛刻，很多情况下无法将某事件的基本属性准确地描述或表达出来，如“美丽”“漂亮”“帅气”等，这些概念很难给出一个准确数字进行描述，如果前面定义测度概念时引入的测度使一个函数取值成立，那么，这几个概念的函数取值不是一个确定值，即这个概念的外延很难清晰、准确、定量地表达，针对经典测度概念的两个假设条件而言，这几个概念出现的问题是不满足第二个假设，即不满足“可列可加性”假设。因此，人们对测度论的认识，事实上经历了从传统确定的测度论到不确定测度论（Uncertainty Measure Theory）的发展过程，每一阶段都体现了不同的假设和认知程度，以及假设与事实的进一步相容性，且总在不断发展和完善，越来越符合客观事实。

从严密的数学本质上看，除了第 1.4.1 节给出的两个基本假设外，经典测度概念本质上满足三个公理化假设，即非负性、存在性和可列可加性的集函数[50]。经典测度论是法国数学家 Borel 和 Lebesgue 于 1900 年左右建立的[51]，在理论研究和科学实践中得到了广泛应用。完全可加性测度的成功应用是概率论。概率论是 1933 年前苏联数学家 Kolmogoroff 提出的概率测度，即在具有规范性的经典测度论的基础上发展而来的。然而，由于经典测度概念的公理化假设的苛刻性，许多数学家不断挑战经典测度论的假设，尤其是其可加性公理。最早的挑战是 1954 年，法国数学家 Choquet 提出了具有单调性和连续性公理的 Choquet 容度理论。1967 年 Dempster 和 Shafer 提出了具有单调性和半连续性的信任测度和似然测度。1974 年，日本学者 Sugeno 博士用单调性和半连续性取代可加性公理提出了模糊测度论。模糊集理论之父 Zadeh 教授于 1978 年提出了具有下半连续性的可能性测度，1979 年 Zadeh 教授又进一步提出了具有上半连续性的必要性测度，明确了可能性测度和必要性测度概念，这些构成了不可加测度的基础。

为什么测度概念一定要满足完全可加或完全不可加条件呢？人们认识事件的准确性，通常在于找到最佳黄金分割点，即平衡点。可以很自然地提出，确定测度的平衡点到底在哪里？抽象为数学性质，该平衡点具体表现为数学意义上的“自对偶性”。基于自对偶性的认识，有利于建立合理的不确定测度概念。

2007 年，清华大学刘保碇教授创建了研究不确定现象的数学理论——不确定理论（Uncertainty Theory）。该理论的基础是，基于规范性、单调性、自对偶性、可数次可加性公理，提出的部分可加性测度论（Partly Additive Measure Theory）。为了处理更广泛的不确定性，不确定性理论认为，自对偶性、可数次可加性，比连续性和半连续性更重要。作为部分可加测度的特例，刘保碇教授等于 2002 年提出了研究模糊现象的可信性理论（Creditability Theory）。2008 年，进一步提出了机会理论（Chance Theory），并用于处理随机性和模糊性同时存在的混合不确定现象。可以说，刘宝碇教授为公理化不确定性理论和不确定性测度论的研究和发展，做出了突出贡献，为电力系统不确定性理论和测度论的研究提供了理论依据。

作为不确定理论的最基础概念，不确定性测度，已成为“完全可加测度”与“完全不可加测度”之外一个崭新的概念。不确定理论既能解释不符合可加性的观测现象，也避免了完全不可加测度论本身的瑕疵。在不确定性测度概念基础上，定义不确定空间、不确定变量、辨识函数、期望值、方差、熵、距离、条件测度、标准过程等一系列严格的定义，用演绎的方法进一步形成不确定微积分、不确定金融、不确定逻辑、不确定动力系统、不确定滤波、不确定规划等新研究领域。这些发展，为电力系统学术界和工业界更好地理解和认识电力系统不确定性问题提供了很好的参考和借鉴，也为电力系统不确定性理论与测度论的建立、应用，奠定了坚实的基础。

电力系统不确定性理论得以成立的基础在于更符合电力系统所分析和研究对象的自然属性，用更合理的推理对电力系统内存在的客观现象、事件等进行更有效的度量，如电力系统母线负荷预测、新能源并网后对电网的支撑能力、电网对新能源的承载能力、电网规划与运行、电网连锁故障风险、电能质量与优质供电等事件，其度量具有很好的相合性，利用这些思想对电力系统中大量存在的不确定性问题进行研究，不仅具有重要学术价值，而且有广阔的推广应用前景。

本书在研究现有测度论及其假设条件的基础上，结合电力系统中大量存在的不确定性事件、不确定性现象等的具体物理属性和数学性质，研究并提出电力系统公理化不确定性研究思路和方法，探索电力系统不确定性理论和不确定性测度论的应用问题，不仅用于回答传统电力系统中尚未能从根本上回答的问题，更能为可再生能源的利用、新一代电网的安全稳定、能源互联网的健康发展、电能质量与优质电力、电力市场等的发展提供新的解决思路。

3 单一不确定性理论与测度方法

3.1 单一不确定理论

随机性、模糊性、粗糙性、区间性等均属于不确定性，是不确定理论研究中最基本、最简单的单一不确定性，下面将针对上述典型的单一不确定性的概念、变量、函数分布等分别予以介绍。

3.1.1 概率论

1. 概率空间

现代概率论的公理化体系由 Kolmogorov 教授于 1933 年建立，其理论基础是以下三条公理[1]。

(1) 三条公理。

定义 3.1：设 $\boldsymbol{\Omega}$ 是非空集合，$\mathcal{A}$是由 $\boldsymbol{\Omega}$ 的子集（也称事件）构成的 σ-代数。若集函数 $\Pr\{A\}$ 满足以下三条公理：

1）$\Pr\{\boldsymbol{\Omega}\}=1$。

2）对 $\forall A\in\mathcal{A}$均有 $\Pr\{A\}\geqslant 0$。

3）对任意可列个不相交事件 $\{A_i\}_{i=1}^{\infty}$ 均有

$$\Pr\{\bigcup_{i=1}^{\infty}A_i\}=\sum_{i=1}^{\infty}\Pr\{A_i\} \tag{3-1}$$

则定义集函数 $\Pr\{A\}$ 为一个概率测度。

定义 3.2：设 $\boldsymbol{\Omega}$ 是非空集合，$\mathcal{A}$是由 $\boldsymbol{\Omega}$ 的一些子集构成的 σ-代数，而 Pr 为概率测度，则三元组（$\boldsymbol{\Omega}$，$\mathcal{A}$，Pr）就定义为概率空间。

定理 3.1：设（$\boldsymbol{\Omega}$，$\mathcal{A}$，Pr）是一个概率空间，则：

1）$\Pr\{\phi\}=0$。

2）对 $\forall A\in\mathcal{A}$，有 $\Pr\{A\}+\Pr\{A^c\}=1$。

3）对 $\forall A\in\mathcal{A}$，有 $0\leqslant\Pr\{A\}\leqslant 1$。

4）当 $A\subset B$ 时，有 $\Pr\{A\}\leqslant\Pr\{B\}$。

5）对$\forall A$，$B\in\boldsymbol{\mathcal{A}}$，有$\Pr\{A\cup B\}+\Pr\{A\cap B\}=\Pr\{A\}+\Pr\{B\}$。

定理 3.2：设$(\boldsymbol{\Omega},\boldsymbol{\mathcal{A}},\Pr)$是一概率空间，且$A_1,A_2,\cdots,\in\boldsymbol{\mathcal{A}}$，若$\lim\limits_{i\to\infty}A_i$存在，则

$$\lim_{i\to\infty}\Pr\{A_i\}=\Pr\{\lim_{i\to\infty}A_i\} \tag{3-2}$$

（2）乘积概率空间。

设$(\boldsymbol{\Omega}_i,\boldsymbol{\mathcal{A}}_i,\Pr_i)$ $(i=1,2,\cdots,n)$是一概率空间，又设$\boldsymbol{\Omega}=\boldsymbol{\Omega}_1\times\boldsymbol{\Omega}_2\times\cdots\times\boldsymbol{\Omega}_n$，$\boldsymbol{\mathcal{A}}=\boldsymbol{\mathcal{A}}_1\times\boldsymbol{\mathcal{A}}_2\times\cdots\times\boldsymbol{\mathcal{A}}_n$，$\Pr_i$是有限的，根据乘积测度定理，在$\boldsymbol{\mathcal{A}}$上存在唯一的测度Pr使得对$\forall A_i\in A_i$ $(i=1,2,\cdots,n)$成立

$$\Pr\{A_1\times A_2\times\cdots\times A_n\}=\Pr_1\{A_1\}\times\Pr_2\{A_2\}\times\cdots\times\Pr_n\{A_n\} \tag{3-3}$$

因为$\Pr\{\boldsymbol{\Omega}\}=\Pr_1\{\boldsymbol{\Omega}_1\}\times\Pr_2\{\boldsymbol{\Omega}_2\}\times\cdots\times\Pr_n\{\boldsymbol{\Omega}_n\}=1$，所以，Pr也是一个概率测度，此概率测度定义为乘积概率测度，记为

$$\Pr=\Pr_1\times\Pr_2\times\cdots\times\Pr_n \tag{3-4}$$

因此，乘积概率空间可定义如下。

定义 3.3：设$(\boldsymbol{\Omega}_i,\boldsymbol{\mathcal{A}}_i,\Pr_i)$ $(i=1,2,\cdots,n)$为概率空间，若$\boldsymbol{\Omega}=\boldsymbol{\Omega}_1\times\boldsymbol{\Omega}_2\times\cdots\times\boldsymbol{\Omega}_n$，$\boldsymbol{\mathcal{A}}=\boldsymbol{\mathcal{A}}_1\times\boldsymbol{\mathcal{A}}_2\times\cdots\times\boldsymbol{\mathcal{A}}_n$和$\Pr=\Pr_1\times\Pr_2\times\cdots\times\Pr_n$，则称三元组$(\boldsymbol{\Omega},\boldsymbol{\mathcal{A}},\Pr)$为乘积概率空间。

2. 随机变量

（1）随机变量概念。

定义 3.4：一个随机变量就是从概率空间$(\boldsymbol{\Omega},\boldsymbol{\mathcal{A}},\Pr)$到实数集的可测函数。

定义 3.5：一个随机变量ξ称为：

（1）非负的，若$\Pr\{\xi<0\}=0$。

（2）正的，若$\Pr\{\xi\leqslant 0\}=0$。

（3）连续的，若对每个$x\in\boldsymbol{R}$有$\Pr\{\xi=x\}=0$。

（4）简单的，若存在一个有限序列$\{x_1,x_2,\cdots,x_m\}$使得

$$\Pr\{\xi\neq x_1,\xi\neq x_2,\cdots,\xi\neq x_m\}=0 \tag{3-5}$$

（5）离散的，若存在一个可数序列$\{x_1,x_2,\cdots\}$使得

$$\Pr\{\xi\neq x_1,\xi\neq x_2,\cdots\}=0 \tag{3-6}$$

定义 3.6：设ξ和η是定义在概率空间$(\boldsymbol{\Omega},\boldsymbol{\mathcal{A}},\Pr)$上的随机变量，称$\xi=\eta$，当且仅当对一切$\omega\in\boldsymbol{\Omega}$有$\xi(\omega)=\eta(\omega)$。

（2）随机向量概念。

定义 3.7：n维随机向量就是从概率空间$(\boldsymbol{\Omega},\boldsymbol{\mathcal{A}},\Pr)$到$n$维实数向量空间的一个可测函数。

定理 3.3：向量$(\xi_1,\xi_2,\cdots,\xi_n)$为随机向量的充分必要条件是$\xi_1,\xi_2,\cdots,$

ξ_n 是随机变量。

（3）随机运算。

定义 3.8（同一概率空间上的随机运算）：设 f：$\boldsymbol{R}^n \to \boldsymbol{R}$ 为可测函数，ξ_1，ξ_2，…，ξ_n 为概率空间（$\boldsymbol{\Omega}$，$\boldsymbol{\mathcal{A}}$，Pr）上的随机变量，则 $\xi = f$（ξ_1，ξ_2，…，ξ_n）为一个随机变量，定义为

$$\xi(\omega) = f(\xi_1(\omega), \xi_2(\omega), \cdots, \xi_n(\omega)), \forall \omega \in \boldsymbol{\Omega} \tag{3-7}$$

定义 3.9（不同概率空间上的随机运算）：设 f：$\boldsymbol{R}^n \to \boldsymbol{R}$ 为可测函数，且 ξ_i 分别是定义在概率空间（$\boldsymbol{\Omega}_i$，$\boldsymbol{\mathcal{A}}_i$，$\mathrm{Pr}_i$）（$i=1$，2，…，$n$）上的随机变量，则 $\xi = f$（ξ_1，ξ_2，…，ξ_n）是乘积空间（$\boldsymbol{\Omega}$，$\boldsymbol{\mathcal{A}}$，Pr）上的随机变量，定义为

$$\xi(\omega_1, \omega_2, \cdots, \omega_n) = f(\xi_1(\omega_1), \xi_2(\omega_2), \cdots, \xi_n(\omega_n)), (\omega_1, \omega_2, \cdots, \omega_n) \in \boldsymbol{\Omega} \tag{3-8}$$

定理 3.4：设 ξ 为定义在概率空间（$\boldsymbol{\Omega}$，$\boldsymbol{\mathcal{A}}$，Pr）上的 n 维随机向量，且 f：$\boldsymbol{R}^n \to \boldsymbol{R}$ 为可测函数，则 $f(\xi)$ 为随机变量。

3. 随机分布

定义 3.10：随机变量 ξ 的概率分布函数 Φ：（$-\infty$，$+\infty$）$\to$［0，1］定义为

$$\Phi(x) = \Pr\{\omega \in \boldsymbol{\Omega} \mid \xi(\omega) \leqslant x\} \tag{3-9}$$

即 $\Phi(x)$ 是随机变量 ξ 的取值小于或等于 x 的概率。

定理 3.5：随机变量 ξ 的概率分布函数 Φ：（$-\infty$，$+\infty$）$\to$［0，1］是一个不减的右连续函数，满足

$$\lim_{x \to -\infty} \Phi(x) = 0, \lim_{x \to \infty} \Phi(x) = 1 \tag{3-10}$$

反之，如果 Φ：（$-\infty$，$+\infty$）$\to$［0，1］是一个满足式（3-10）的右连续不减函数，那么在 $\boldsymbol{R}$ 的 Borel 代数上存在唯一的概率测度 Pr 使得对一切 $x \in$（$-\infty$，$+\infty$）有 $\Pr\{(-\infty, x]\} = \Phi(x)$。更进一步地，如果随机变量是由概率空间（$\boldsymbol{R}$，$\boldsymbol{\mathcal{A}}$，Pr）到 $\boldsymbol{R}$ 的恒等函数：

$$\xi(x) = x, \forall x \in R \tag{3-11}$$

则该随机变量具有概率分布函数 Φ。

由于概率分布函数是单调的，所以其不连续点的集合是可数的，换句话说，概率分布函数的连续点的集合在 $\boldsymbol{R}$ 中处处稠密。

定理 3.6：设 Φ_1、Φ_2 是两个概率分布函数，使得对所有 $x \in \boldsymbol{D}$ 成立 $\Phi_1(x) = \Phi_2(x)$，其中，$\boldsymbol{D}$ 是 $\boldsymbol{R}$ 中的稠密子集，那么 $\Phi_1 \equiv \Phi_2$。

定理 3.7：一个具有概率分布 Φ 的随机变量 ξ 是：

（1）非负的，当且仅当对一切 $x<0$ 有 $\Phi(x)=0$。

（2）正的，当且仅当对一切 $x \leqslant 0$ 有 $\Phi(x)=0$。

(3) 简单的，当且仅当 Φ 是简单函数。

(4) 离散的，当且仅当 Φ 是一个阶梯函数。

(5) 连续的，当且仅当 Φ 是一个连续函数。

定义 3.11：一个连续随机变量 ξ 称为：

(1) 奇异的，如果其概率分布函数是奇异的。

(2) 绝对连续的，如果其概率分布函数是一个绝对连续函数。

定理 3.8：设 Φ 是一个随机变量的概率分布函数，则有

$$\Phi(x) = r_1\Phi_1(x) + r_2\Phi_2(x) + r_3\Phi_3(x), x \in \boldsymbol{R} \tag{3-12}$$

式中：Φ_1，Φ_2，Φ_3 分别是离散的、奇异的和绝对连续的随机变量的概率分布函数；r_1，r_2，r_3 满足 $r_1+r_2+r_3=1$ 的非负数，更进一步，式 (3-12) 是唯一的。

定义 3.12：设 ξ 为一个随机变量，Φ 是 ξ 的概率分布函数，如果对所有 $x\in(-\infty, +\infty)$，函数 ϕ：$R\rightarrow[0, +\infty]$，满足

$$\Phi(x) = \int_{-\infty}^{x}\phi(y)\mathrm{d}y \tag{3-13}$$

则称 ϕ 为随机变量 ξ 的概率密度函数。

定理 3.9：设 ξ 是一个随机变量，其概率密度函数 ϕ 存在，对每个 Borel 集 $B\in\boldsymbol{R}$，有

$$\Pr\{\xi \in B\} = \int_{B}\phi(y)\mathrm{d}y \tag{3-14}$$

定义 3.13：设 $(\xi_1, \xi_2, \cdots, \xi_n)$ 是概率空间 $(\boldsymbol{\Omega}, \boldsymbol{\mathcal{A}}, \Pr)$ 上的随机向量，如果函数 Φ：$(-\infty, +\infty)^n\rightarrow[0, 1]$ 满足

$$\Phi(x_1, x_2, \cdots, x_n) = \Pr\{\omega \in \boldsymbol{\Omega} \mid \xi_1(\omega) \leqslant x_1, \xi_2(\omega) \leqslant x_2, \cdots, \xi_n(\omega) \leqslant x_n\} \tag{3-15}$$

则称 Φ 为随机向量 $(\xi_1, \xi_2, \cdots, \xi_n)$ 的联合概率分布函数。

由此可见，只要能确定随机变量的概率分布函数或概率密度函数，该随机变量的固有规律就容易呈现出来，问题是如何才能客观、准确地获得分布函数或密度函数。在现有随机理论及其应用中，大多根据海量样本和实践经验，建立主观概率模型并用实际样本进行参数估计。但是，在实际应用中，由于大量样本很难获得，或者花费的时间很长。虽然可采用 Monte - Carlo 随机模拟方法产生样本，但花费时间和计算量均很大，且无论采用逆变换法还是直接产生法，仍需事先知道随机变量的总体分布规律，这在实际中很困难。因此，结合电力系统内各事件特征和影响因素，结合相应的物理和数学特性，如何建立客观、依赖于小样本的随机模型是问题的关键。幸运的是，学者 Shannon C. E. 在热力学熵的基础上，于 1949 年提出了信息熵的概念，后来学者 E. T. Jaynes 于 1957 年提出了最大熵原理，并将其推广应用于量子力学等方面，使最大熵原理成为了较公认的、最不

依赖于主观假设的随机建模方法[52]，本书将在后面的章节予以详细介绍。

3.1.2 可信性理论

1. 可信性理论的产生

电力系统中除了随机性以外，还有一种最基本、最简单的不确定性是模糊性。模糊性源自排中律的缺失，一般由于缺乏可精确测量的工具，或概念的外延无法精确定义，导致事件呈现出“似是而非”的特性。例如，某地区电网年最高负荷大约为1000MW；某条母线上的负荷主要为工业负荷等。

在模糊性的集合表示法中，事件是确定的，但由于集合内涵与外延不确定，而使事件是否归属于该集合，呈现出不确定性，如图3-1所示，事件A在变，论域$\boldsymbol{U}$ 中的元素a 固定，则$a \in A$ 的隶属度为A覆盖a的概率。

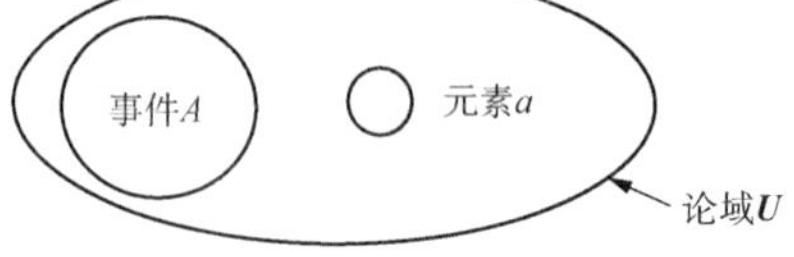

图3-1 集合表示法

针对不同属性的不确定性，研究方法也截然不同。针对随机现象，常采用概率分布函数进行描述，并依据概率论和数理统计原理预测随机事件在未来出现的不确定性。对于模糊现象，由于其时刻存在，人们常常依赖主观或经验知识，从而获得清晰性认识。因此，通过对模糊现象的认识，总结出研究其不确定性的一般方法，即常采用隶属度函数进行描述，并依据模糊论对其未来出现的不确定性做出隶属度预估。

目前，模糊性研究方法已广泛应用于电力系统各个领域，详见文献[53]。

1965年，美国控制论专家Zadel将经典集合的概念扩展到模糊集，提出了处理模糊现象的模糊集理论，并率先在日本家电行业取得了巨大成功。然而，由于缺乏像概率论那样坚实的公理化体系，模糊集理论中各命题均出现不相容的反例，导致模糊集理论在数学界一直饱受争议。2005年，清华大学刘宝碇教授在前人工作的基础上，提出了模糊论的四条公理化假设，由此构建了模糊论的公理化体系——可信性理论[1]。

在模糊理论中，可能性$M_{\text{pos}}\{A\}$描述了事件A发生的可能性。为了保证$M_{\text{pos}}\{A\}$能够满足一些数学性质，可能性测度必须满足四条定理。假设$\boldsymbol{\Theta}$为非空集合，$\boldsymbol{H}(\boldsymbol{\Theta})$ 为$\boldsymbol{\Theta}$的幂集，即由$\boldsymbol{\Theta}$的所有子集构成的集合。四条定理列举如下。

定理3.10：

$$M_{\text{pos}}(\boldsymbol{\Theta}) = 1 \tag{3-16}$$

定理3.11：

$$M_{\text{pos}}(\boldsymbol{\emptyset}) = 0 \tag{3-17}$$

其中 $\boldsymbol{\varnothing}$ 为空集。

定理 3.12：对任意 $A_i \in H(\boldsymbol{\Theta})$，有

$$M_{\text{pos}}(\bigcup_i A_i) = \sup[M_{\text{pos}}(A_i)] \tag{3-18}$$

式中：$i=1, 2, \cdots, n$；算子 $\in$、$\cup$ 和 sup 分别为属于、取并和上确界运算。

定理 3.13：假设 $\boldsymbol{\Theta}_i$ 为非空集合，其上定义的 $M_{\text{pos}i}$（$i=1, 2, \cdots, n$）满足上述三条公理，且 $\boldsymbol{\Theta}=\boldsymbol{\Theta}_1 \times \boldsymbol{\Theta}_2 \times \cdots \times \boldsymbol{\Theta}_n$。对任意 $A \in H(\boldsymbol{\Theta})$，其可能性测度 $M_{\text{pos}}(A)$ 为

$$M_{\text{pos}}(A) = \sup[M_{\text{pos}}(\boldsymbol{\Theta}_1) \wedge M_{\text{pos}}(\boldsymbol{\Theta}_2) \wedge \cdots \wedge M_{\text{pos}}(\boldsymbol{\Theta}_k)](\boldsymbol{\Theta}_1, \boldsymbol{\Theta}_2, \cdots, \boldsymbol{\Theta}_k) \in \boldsymbol{A} \tag{3-19}$$

式中：算子 $\times$ 为笛卡尔积；算子 $\wedge$ 为取小运算。

定理 3.10～定理 3.12 分别定义了可能性测度和可能性空间，定理 3.13 定义了乘积可能性空间。

2. 可信性测度

如前所述，可能性测度 $M_{\text{pos}}(A)$ 描述了模糊事件 A 发生的可能性，其相关定义如下。

定义 3.14（可能性测度与可能性空间）：假设 $\boldsymbol{\Theta}$ 为非空集合，$H(\boldsymbol{\Theta})$ 为 $\boldsymbol{\Theta}$ 的幂集，即由 $\boldsymbol{\Theta}$ 的所有子集构成的集合。若集函数 M_{pos} 满足定理 3.10～定理 3.12，则 M_{pos} 称为可能性测度，三元组（$\boldsymbol{\Theta}$, $H(\boldsymbol{\Theta})$, M_{pos}）称为可能性空间。

定义 3.15（乘积可能性空间）：假设（$\boldsymbol{\Theta}_i$, $H(\boldsymbol{\Theta}_i)$, $M_{\text{pos}i}$）是可能性空间，且 $i=1, 2, \cdots, n$。若 $\boldsymbol{\Theta}=\boldsymbol{\Theta}_1 \times \boldsymbol{\Theta}_2 \times \cdots \times \boldsymbol{\Theta}_n$，$M_{\text{pos}}=M_{\text{pos}1} \wedge M_{\text{pos}2} \wedge \cdots \wedge M_{\text{pos}n}$，则集函数 M_{pos} 为 $H(\boldsymbol{\Theta})$ 上的可能性测度，且三元组（$\boldsymbol{\Theta}$, $H(\boldsymbol{\Theta})$, M_{pos}）为（$\boldsymbol{\Theta}_i$, $H(\boldsymbol{\Theta}_i)$, $M_{\text{pos}i}$）的乘积可能性空间。

在可能性空间下，可信性理论还定义了两种测度概念：必要性测度和可信性测度。

定义 3.16（必要性测度）：假设（$\boldsymbol{\Theta}$, $H(\boldsymbol{\Theta})$, M_{pos}）为可能性空间，A 为 $H(\boldsymbol{\Theta})$ 中任一事件，则 A 发生的必要性测度为

$$M_{\text{nec}}(A) = 1 - M_{\text{pos}}(A^c) \tag{3-20}$$

式中：A^c 为 A 的对立事件；$M_{\text{nec}}(A)$ 表示 A^c 发生的不可能程度。

定义 3.17（可信性测度）：假设（$\boldsymbol{\Theta}$, $H(\boldsymbol{\Theta})$, M_{pos}）为可能性空间，A 为 $H(\boldsymbol{\Theta})$ 中任一事件，则 A 发生的可信性测度为

$$M_{\text{cr}}(A) = \frac{1}{2}[M_{\text{pos}}(A) + M_{\text{nec}}(A)] \tag{3-21}$$

由式（3-20）、式（3-21）可得

$$M_{\text{pos}}(A) \geqslant M_{\text{cr}}(A) \geqslant M_{\text{nec}}(A) \tag{3-22}$$

定理 3.14：可信性测度的性质：

(1) $M_{cr}(\boldsymbol{\Theta})=1$。

(2) $M_{cr}(\emptyset)=0$。

(3) 若 $A\subset B$，则 $M_{cr}(A)\leqslant M_{cr}(B)$。

(4)（自对偶性）对任意 $A\in H(\boldsymbol{\Theta})$，有 $M_{cr}(A)+M_{cr}(A^c)=1$。

(5)（次可加性）对任意 A、$B\in H(\boldsymbol{\Theta})$，则 $M_{cr}(A\cup B)\leqslant M_{cr}(A)+M_{cr}(B)$。

综上所述，针对模糊事件 A 而言，当 $M_{pos}(A)$ 为 1 时，事件 A 未必发生；而当 $M_{nec}(A)$ 为 0 时，事件 A 也可能发生。因此，可能性测度和必要性测度不具备自对偶性。为弥补其不足，在综合考虑事件 A 发生可能性以及对立事件 A^c 发生不可能性的基础上，刘宝碇教授提出了具备自对偶性的可信性测度，并证实在可能性空间下，可信性测度扮演着概率空间下概率测度的角色。事实上，除了可能性、必然性和可信性概念以外，人们针对模糊集理论中隶属度不具备自对偶性的问题，还引入了犹豫度概念，提出了直觉模糊性和区间直觉模糊数等概念，并在实际中分别得到了应用。在实际的电力系统评估中，根据需达到的目标和研究目的及对结果能接受的程度，可以合理地选择评估测度，以满足工程应用的需要。

3. 模糊变量

定义 3.18（模糊变量）：假设 ξ 为从可能性空间（$\boldsymbol{\Theta}$，$H(\boldsymbol{\Theta})$，M_{pos}）到实直线 $\boldsymbol{R}$ 上的函数，则称 ξ 是一个模糊变量。

同理，若 ξ 为从可能性空间（$\boldsymbol{\Theta}$，$H(\boldsymbol{\Theta})$，M_{pos}）到 n 维欧几里得空间 R^n 上的函数，则称 ξ 是一个模糊向量。

定义 3.19（模糊运算）：假设 f：$\boldsymbol{R}^n\rightarrow\boldsymbol{R}$ 是一个函数，ξ_i（$i=1，2，\cdots，n$）是可能性空间（$\boldsymbol{\Theta}$，$H(\boldsymbol{\Theta})$，M_{pos}）上的模糊变量，则 $\xi=f(\xi_1，\xi_2，\cdots，\xi_n)$ 是一个模糊变量，定义为

$$\xi(\theta)=f[\xi_1(\theta),\xi_2(\theta),\cdots,\xi_n(\theta)],\forall\theta\in\boldsymbol{\Theta} \tag{3-23}$$

同理，若 ξ_i（$i=1，2，\cdots，n$）是不同可能性空间（$\boldsymbol{\Theta}_i$，$H(\boldsymbol{\Theta}_i)$，M_{posi}）上的模糊变量，则 $\xi=f(\xi_1，\xi_2，\cdots，\xi_n)$ 是乘积可能性空间（$\boldsymbol{\Theta}$，$H(\boldsymbol{\Theta})$，M_{pos}）上一个模糊变量，且定义为

$$\xi(\theta_1,\theta_2,\cdots,\theta_n)=f[\xi_1(\theta_1),\xi_2(\theta_2),\cdots,\xi_n(\theta_n)],\forall(\theta_1,\theta_2,\cdots,\theta_n)\in\boldsymbol{\Theta} \tag{3-24}$$

定义 3.20（隶属度函数与可能性测度的关系）：假设 ξ 是可能性空间（$\boldsymbol{\Theta}$，$H(\boldsymbol{\Theta})$，M_{pos}）上的模糊变量，其隶属度函数 $\mu(x)$ 可由 M_{pos} 导出，即

$$\mu(x)=M_{pos}\{\theta\in\boldsymbol{\Theta}\mid\xi(\theta)=x\},x\in\boldsymbol{R} \tag{3-25}$$

假设 ξ 是可能性空间（$\boldsymbol{\Theta}$，$H(\boldsymbol{\Theta})$，M_{pos}）上的模糊变量，其隶属度函数为

$\mu(x)$。对任意 Borel 集 $\boldsymbol{B}\in\boldsymbol{R}$，则模糊事件 $\{\xi\in\boldsymbol{B}\}$ 的可能性测度 $M_{\text{pos}}\{\xi\in\boldsymbol{B}\}$ 为

$$M_{\text{pos}}\{\xi\in\boldsymbol{B}\}=\sup_{x\in\boldsymbol{B}}\mu(x) \tag{3-26}$$

因此，式（3-25）和式（3-26）建立了隶属度函数和可能性测度之间的桥梁。当已知可能性测度时，可由式（3-25）确定隶属度函数，反之亦然。

结合式（3-20）、式（3-21）和式（3-26），则模糊事件 $\{\xi\in\boldsymbol{B}\}$ 的可信性测度 $M_{\text{cr}}\{\xi\in\boldsymbol{B}\}$ 为

$$M_{\text{cr}}\{\xi\in\boldsymbol{B}\}=\frac{1}{2}\left[\sup_{x\in B}\mu(x)+1-\sup_{x\in B^{c}}\mu(x)\right] \tag{3-27}$$

式中：集合 $\boldsymbol{B}^{c}$ 为 $\boldsymbol{B}$ 的补集。

同理，若 $\xi=(\xi_1,\xi_2,\cdots,\xi_n)$ 是可能性空间（$\boldsymbol{\Theta}$，H（$\boldsymbol{\Theta}$），M_{pos}）上的模糊向量，其联合隶属度函数、可能性测度和可信性测度可表示为

$$\mu(x)=M_{\text{pos}}\{\theta\in\boldsymbol{\Theta}\mid\xi(\theta)=x\},x\in\boldsymbol{R}^{n} \tag{3-28}$$

$$M_{\text{pos}}\{\xi\in\boldsymbol{B}\}=\sup_{x\in\boldsymbol{B}}\mu(x) \tag{3-29}$$

$$M_{\text{cr}}\{\xi\in\boldsymbol{B}\}=\frac{1}{2}\left[\sup_{x\in\boldsymbol{B}}\mu(x)+1-\sup_{x\in\boldsymbol{B}^{c}}\mu(x)\right] \tag{3-30}$$

例如，采用梯形隶属度函数（r_1，r_2，r_3，r_4）描述某省电网负荷 ξ 的变化规律，则电网负荷 ξ 小于 r 的可信性测度为

$$M_{\text{cr}}(\xi\leqslant r)=\begin{cases}1, & r\geqslant r_4\\ \dfrac{2r_3-r_4-r}{2(r_3-r_4)}, & r_3\leqslant r<r_4\\ 0.5, & r_2\leqslant r<r_3\\ \dfrac{r-r_1}{r_2-r_1}, & r_1\leqslant r<r_2\\ 0, & r<r_1\end{cases} \tag{3-31}$$

4. 可信性分布

定义 3.21（可信性分布函数）：假设 ξ 是可能性空间（$\boldsymbol{\Theta}$，$H(\boldsymbol{\Theta})$，M_{pos}）上的模糊变量，若函数 Φ：$[-\infty,+\infty]\rightarrow[0,1]$ 满足

$$\Phi(x)=M_{\text{cr}}\{\theta\in\boldsymbol{\Theta}\mid\xi(\theta)\leqslant x\} \tag{3-32}$$

则 Φ 称为模糊变量 ξ 的可信性分布函数，即为 ξ 取值小于或等于 x 的可信性测度。

定义 3.22（可信性密度函数）：假设 ξ 是可能性空间（$\boldsymbol{\Theta}$，$H(\boldsymbol{\Theta})$，M_{pos}）上的模糊变量，Φ 为 ξ 的可信性分布。若函数 ϕ：$R\rightarrow[0,+\infty)$ 满足

$$\Phi(x)=\int_{-\infty}^{x}\varphi(y)\mathrm{d}y \tag{3-33}$$

则 ϕ 称为模糊变量 ξ 的可信性密度函数。

定义 3.23（联合可信性分布函数）：假设 $\xi=(\xi_1, \xi_2, \cdots, \xi_n)$ 是可能性空间（$\boldsymbol{\Theta}$，$H(\boldsymbol{\Theta})$，M_{pos}）上的模糊向量，若函数 Φ：$[-\infty, +\infty]^n \to [0, 1]$ 满足

$$\Phi(x_1, x_2, \cdots, x_n) = M_{\text{cr}}\{\theta \in \boldsymbol{\Theta} \mid \xi_1(\theta) \leqslant x_1, \xi_2(\theta) \leqslant x_2, \cdots, \xi_n(\theta) \leqslant x_n\} \tag{3-34}$$

则 Φ 称为模糊向量（ξ_1，ξ_2，…，ξ_n）的联合可信性分布函数。

5. 模糊变量的独立性

定义 3.24（模糊变量的独立性）：假设 ξ_i（$i=1, 2, \cdots, n$）为模糊变量。若对任意 Borel 集 $\boldsymbol{B}_i \in \boldsymbol{R}$ 满足

$$M_{\text{pos}}\{\xi_i \in \boldsymbol{B}_i\} = \min_{1 \leqslant i \leqslant n} M_{\text{pos}}\{\xi_i \in \boldsymbol{B}_i\} \tag{3-35}$$

则称 ξ_i 间相互独立。

同理，n 维模糊向量 ξ_i（$i=1, 2, \cdots, n$）是相互独立的，当且仅当任意 Borel 集 $\boldsymbol{B}_i \in \boldsymbol{R}^n$ 满足

$$M_{\text{pos}}\{\xi_i \in \boldsymbol{B}_i\} = \min_{1 \leqslant i \leqslant n} M_{\text{pos}}\{\xi_i \in \boldsymbol{B}_i\} \tag{3-36}$$

定理 3.15（Zadeh 扩展原理）：假设 ξ_i（$i=1, 2, \cdots, n$）是相互独立的模糊变量，其隶属度函数为 μ_i。若 f：$\boldsymbol{R}^n \to \boldsymbol{R}$ 是一个实值函数，则模糊向量 $\xi=(\xi_1, \xi_2, \cdots, \xi_n)$ 的隶属度函数 $\mu(x)$ 为

$$\mu(x) = \sup_{x_i \in R}\{\min_{1 \leqslant i \leqslant n} \mu_i(x_i) \mid x = f(x_1, x_2, \cdots, x_n)\} \tag{3-37}$$

定理 3.16（模糊运算）：假设 $\xi_i(i=1, 2, \cdots, n)$ 是相互独立的模糊变量。若 f：$\boldsymbol{R}^n \to \boldsymbol{R}^m$ 是一个函数，则模糊事件 $f(\xi_1, \xi_2, \cdots, \xi_n) \leqslant 0$ 的可能性测度为

$$M_{\text{pos}}\{f(\xi_1, \xi_2, \cdots, \xi_n) \leqslant 0\} = \sup_{x_i \in R}[\min_{1 \leqslant i \leqslant n} \mu_i(x_i) \mid f(x_1, x_2, \cdots, x_n) \leqslant 0] \tag{3-38}$$

6. 期望值与方差

定义 3.25（期望值）：设 ξ 为模糊变量，其期望值可表示为

$$E[\xi] = \int_0^{+\infty} M_{\text{cr}}\{\xi \geqslant r\} \mathrm{d}r - \int_{-\infty}^0 M_{\text{cr}}\{\xi \leqslant r\} \mathrm{d}r \tag{3-39}$$

对式（3-39）进行变换，可得

$$\begin{aligned} E[\xi] &= \int_0^{+\infty} M_{\text{cr}}\{\xi \geqslant r\} \mathrm{d}r - \int_{-\infty}^0 M_{\text{cr}}\{\xi \leqslant r\} \mathrm{d}r \\ &= \int_0^{+\infty}\left[\int_r^{+\infty} \varphi(x) \mathrm{d}x\right] \mathrm{d}r - \int_{-\infty}^0\left[\int_{-\infty}^r \varphi(x) \mathrm{d}x\right] \mathrm{d}r \\ &= \int_0^{+\infty}\left[\int_0^r \varphi(x) \mathrm{d}r\right] \mathrm{d}x - \int_{-\infty}^0\left[\int_x^0 \varphi(x) \mathrm{d}r\right] \mathrm{d}x \end{aligned}$$

$$
\begin{aligned}
&= \int_{0}^{+\infty} x\varphi(x)\mathrm{d}x - \int_{-\infty}^{0} x\varphi(x)\mathrm{d}x \\
&= \int_{-\infty}^{+\infty} x\varphi(x)\mathrm{d}x
\end{aligned}
$$

式中：ϕ 为模糊变量 ξ 的可信性密度函数。

定义 3.26（方差）：设 ξ 为模糊变量，其期望值为 $E(\xi)$，则 ξ 的方差为

$$V(\xi) = E\{[\xi - E(\xi)]^2\} \tag{3-40}$$

7. 可信性理论与概率论的比较

为更好地认识和了解可信性理论，将其与概率论进行比较，见表 3-1。

表 3-1　可信性理论与概率论的比较

数学理论	可信性理论	概率论
空间	可能性空间（$\boldsymbol{\Theta}$，$H(\boldsymbol{\Theta})$，M_{pos}）	概率空间（$\boldsymbol{\Omega}$，$\boldsymbol{\Gamma}$，M_{pr}）
变量	模糊变量：从可能性空间到实数域的函数	随机变量：从概率空间到实数域的函数
分布规律	模糊变量取值不大于某数值的可信性测度	随机变量取值不大于某数值的概率测度
自对偶测度	可信性测度	概率测度
期望值	模糊变量期望值	随机变量期望值

8. 直觉模糊集理论

由于社会环境的日益复杂和不确定性，人们在对事物的认知过程中，往往存在不同程度的犹豫或表现出一定程度的知识缺乏。从而使得认知结果表现为肯定、否定或介于肯定与否定之间的犹豫性这三方面。例如各类选举投票事件中，除了支持票与反对票，同时还有弃权情况的发生。因此，传统模糊集理论因其不能完整地表达所研究问题的全部信息，正受到越来越多的制约和挑战。

1986 年，保加利亚学者 Atanassov 提出了直觉模糊集（Intuitionistic Fuzzy Sets，IFS）理论[54]，它考虑了隶属度、非隶属度和犹豫度，即三维一体的数据来描述事物，与传统的模糊集相比，直觉模糊集能够更加细腻和全面地描述和刻画客观世界的模糊性本质。随着认知的不断深入及应用范围的不断拓展，较多的问题难以用精确的实数值来表达，而用区间数形式表示更为合适。随后，Atanassov 和 Gargov 将理论推广到了区间直觉模糊集理论[55]，它采用区间数来表示三维数据，由于其具有更大的灵活度而有着广泛的应用前景。

定义 3.27：假设 $\boldsymbol{X}$ 为一非空集合，对任意一个元素 x，X 上的一个直觉模

糊集合**A** 可定义为

$$\boldsymbol{A}=\{<x,\mu_A(x),v_A(x)>|x\in\boldsymbol{X}\} \tag{3-41}$$

式中：$\mu_A(x)$ 和 $v_A(x)$ 分别为 $\boldsymbol{X}$ 中元素 x 隶属于 A 的隶属度和非隶属度，有

$$\mu_A(x):\boldsymbol{X}\rightarrow[0,1],\ x\in\boldsymbol{X}\rightarrow\mu_A(x)\in[0,1] \tag{3-42}$$

$$v_A(x):\boldsymbol{X}\rightarrow[0,1],\ x\in\boldsymbol{X}\rightarrow v_A(x)\in[0,1] \tag{3-43}$$

且满足条件

$$0\leqslant\mu_A(x)+v_A(x)\leqslant 1,\forall x\in\boldsymbol{X} \tag{3-44}$$

此外，

$$\pi_A(x)=1-\mu_A(x)-v_A(x) \tag{3-45}$$

表示 $\boldsymbol{X}$ 中元素 x 属于 A 的犹豫度。

对直觉模糊数（μ_A，v_A）进行物理阐述，如（μ_A，v_A）＝（0.5，0.3），则 $\mu_A=0.5$，$v_A=0.3$，应用到投票问题中其物理意义为“对于某一方案，10 人参加投票，5 人赞成、3 人反对、2 人弃权”，由此可见，直觉模糊集有效地扩展了一般模糊集的表达能力。

定义 3.28：假设 $\boldsymbol{X}$ 为一非空集合，$\boldsymbol{X}$ 上的一个区间直觉模糊集具有如下形式

$$\widetilde{A}=\{[x,\widetilde{\mu}_{\overline{A}}(x),\widetilde{v}_{\overline{A}}(x)]\mid x\in X\} \tag{3-46}$$

式中：$\widetilde{\mu}_{\overline{A}}(x)\subset[0,1]$、$\widetilde{v}_{\overline{A}}(x)\subset[0,1]$ 分别为 $\widetilde{A}$ 的隶属度函数和非隶属度函数，且满足条件

$$\sup\widetilde{\mu}_{\overline{A}}(x)+\sup\widetilde{v}_{\overline{A}}(x)\leqslant 1,x\in\boldsymbol{X} \tag{3-47}$$

那么，$\widetilde{A}$ 中 x 的直觉模糊区间为

$$\widetilde{\pi}_{\overline{A}}(x)=1-\widetilde{\mu}_{\overline{A}}(x)-\widetilde{v}_{\overline{A}}(x)$$

显然，当 $\inf\widetilde{\mu}_{\overline{A}}(x)=\sup\widetilde{\mu}_{\overline{A}}(x)$ 且 $\inf\widetilde{v}_{\overline{A}}(x)=\sup\widetilde{v}_{\overline{A}}(x)$ 时，区间直觉模糊集退化为直觉模糊集。其中，sup 和 inf 分别表示一个集合中的上确界和下确界。

由定义 3.28 可知，区间直觉模糊集的基本组成部分是由 $\boldsymbol{X}$ 中元素 x 属于 A 的隶属度区间和非隶属度区间组成的有序区间对，为了表达方便，通常把区间直觉模糊数的一般形式记为（$[a,b]$，$[c,d]$），其中，$[a,b]\subset[0,1]$，$[c,d]\subset[0,1]$，$b+d\leqslant 1$，有

$$\pi_A(x)=1-\mu_A(x)-v_A(x)=[1-b-d,1-a-c] \tag{3-48}$$

区间直觉模糊集的性质如下。

设 $\widetilde{G}=([a,b],[c,d])$，$\widetilde{G}_1=([a_1,b_1],[c_1,d_1])$，$\widetilde{G}_2=([a_2,b_2],[c_2,d_2])$为区间直觉模糊集，则满足以下运算性质。

(1) 取反：$\overline{\widetilde{G}}=([c, d], [a, b])$。

(2) $\widetilde{G}_1 \cap \widetilde{G}_2=([\min\{a_1, a_2\}, \min\{b_1, b_2\}], [\max\{c_1, c_2\}, \max\{d_1, d_2\}])$。

(3) $\widetilde{G}_1 \cup \widetilde{G}_2=([\max\{a_1, a_2\}, \max\{b_1, b_2\}], [\min\{c_1, c_2\}, \min\{d_1, d_2\}])$。

(4) $\widetilde{G}_1 \oplus \widetilde{G}_2=([a_1+a_2-a_1a_2, b_1+b_2-b_1b_2], [c_1c_2, d_1d_2])$。

(5) $\widetilde{G}_1 \otimes \widetilde{G}_2=([a_1a_2, b_1b_2], [c_1+c_2-c_1c_2, d_1+d_2-d_1d_2])$。

(6) $\lambda\widetilde{G}=([1-(1-a)^{\lambda}, 1-(1-b)^{\lambda}], [c^{\lambda}, d^{\lambda}])$，$\lambda>0$。

(7) $\widetilde{G}^{\lambda}=([a^{\lambda}, b^{\lambda}], [1-(1-c)^{\lambda}, 1-(1-d)^{\lambda}])$，$\lambda>0$。

在利用区间直觉模糊集理论分析和解决实际问题时，需要考虑现实系统和自然现象的复杂性，根据具体问题的物理属性和数学性质，在进行电力系统中不确定性事件评估中，诸多影响因素、事件特征量、工业过程运行状态、后果状态等均具有不确定属性，可基于区间直觉模糊数进行描述和分析，本书后面章节将围绕如何将这些理论和方法应用于电力系统中的具体问题、模型求解方法展开行进一步介绍。

3.1.3 信赖性理论

1. 信赖性理论的产生

电力系统中除了随机性和模糊性以外，还有一种最基本、最简单的不确定性是粗糙性。粗糙性来源于缺乏认识事物的分辨力，即认识事物的精确性缺失。例如，利用实时信息进行计算机电网故障诊断时，由于实时信息的不完备或发生畸变，将形成部分信号缺省或者畸变的故障信息序列，导致诊断失败，称为变异故障模式，此时，粗糙集就是处理上述问题的一个有效方式，能有效地对变异故障模式进行正确识别，提高诊断系统的容错性。

粗糙集（Rough Set，RS）理论在电力系统研究的起步较晚。1997 年巴西学者 Lambert 发表第一篇将 RS 理论运用于电力系统的文章[56]，继而随着最近几年国内外学者的不断研究，RS 在电力系统领域的研究逐渐显示出广阔的应用前景。其应用研究可概括为设备故障诊断[57]、配电网故障诊断[58]、暂态稳定评估(TSA - Transient stability assessment)[59]、电压无功控制[60]和数据挖掘（DM - data mining)[61]五方面。

RS 理论产生于 20 世纪 70 年代，源于波兰华沙理工大学计算机系教授 Z. Pawlak 和一些波兰科学院、波兰华沙大学的逻辑学家们对信息系统逻辑特性的研究。1982 年，Z. Pawlak 发表了经典论文 *Rough Sets*，宣告了粗糙集理论的诞生。从此，粗糙集理论引起了许多数学家、逻辑学家、计算机研究人员，特别是人工智能（AI）研究人员的兴趣，其应用研究受到世界各国学者日益广泛的关注。1991 年，Z. Pawlak 出版了专著[62]，对粗糙集理论的研究成果进行全面的总结，我国也出版了中文专著[63]。与此同时，以粗糙集理论为主题的国际会议相继召开，这些会议发表了大量具有一定学术和应用价值的论文[64]，推动了粗糙集理论的发展及其在各个学科领域的应用。

实践证明，粗糙集理论是处理含糊描述对象的很好的数学工具。有关的基本假设就是论域中任何对象总是可以通过有效的信息来觉察，并且这些信息也许不足以完全确切地刻画对象的特征。一种方法是将一个集合通过其他集合来近似，因此，一个粗糙集可以认为是最初通过一个等价关系而产生的一对精确集，分别称为下近似和上近似，作为一种公理化方法，信赖性理论是研究粗糙现象的数学分支。

2. 粗糙集

设 $\boldsymbol{U}$ 是论域。Slowinski 和 Vanderpooten[65]将等价关系引申到一般情形而提出了一种二元相似关系，这种相似关系不具有对称性和传递性，但具有自反性。与等价关系有所不同，相似关系并不产生 U 上的划分。规定 R 上的相似关系为“x 相似于 y 当且仅当 $|x-y|\leqslant 1$”。

元素 x 的相似类指与相似于 x 的对象的集合，记为 R（x），即

$$R(x)=\{y\in \boldsymbol{U}\mid y\simeq x\} \tag{3-49}$$

设 R^{-1}（x）是 x 与之相似的那些对象的集合，即

$$R^{-1}(x)=\{y\in \boldsymbol{U}\mid x\simeq y\} \tag{3-50}$$

下面给出一个集合的下近似和上近似的定义。

定义 3.29（Slowinski 和 Vanderpooten[65]）：设 $\boldsymbol{U}$ 是论域，并且 $\boldsymbol{X}$ 是一个表示概念的集合，它的下近似定义为

$$\underline{\boldsymbol{X}}=\{x\in U\mid R^{-1}(x)\subset \boldsymbol{X}\} \tag{3-51}$$

而它的上近似定义为

$$\overline{\boldsymbol{X}}=\bigcup_{x\in \boldsymbol{X}} R(x) \tag{3-52}$$

也就是说，一个集合的下近似是由论域中肯定属于该集合的那些对象构成的子集，而一个集合的上近似是由论域中可能属于该集合的那些对象构成的母集，易知，$\underline{\boldsymbol{X}}\subset\boldsymbol{X}\subset\overline{\boldsymbol{X}}$。

定义 3.30（Pawlak[66]）：具有相同下近似和上近似的所有集合的整体称为一个粗糙集，记为（$\underline{\boldsymbol{X}}$，$\overline{\boldsymbol{X}}$）。

3. 信赖性测度

（1）四条公理。设 $\boldsymbol{\Lambda}$ 是一个非空集合，$\boldsymbol{\mathcal{A}}$是由 $\boldsymbol{\Lambda}$ 的子集构成的 σ - 代数，Δ 为 $\boldsymbol{\mathcal{A}}$中的一个元素，π 是定义在 $\boldsymbol{\mathcal{A}}$上的一个实值集函数，并满足如下四条公理。

公理 1：$\pi\{\boldsymbol{\Lambda}\}<+\infty$。

公理 2：$\pi\{\Delta\}>0$。

公理 3：对所有的 $A\in A$，$\pi\{A\}\geqslant 0$。

公理 4：对任意可列个互不相交事件的序列 $\{A_i\}_{i=1}^{\infty}$，有

$$\pi\{\bigcup_{i=1}^{\infty}A_i\}=\sum_{i=1}^{\infty}\pi\{A_i\} \tag{3-53}$$

实际上，满足上述四条公理的集函数 π 明显是一个测度，进一步地，三元组（$\boldsymbol{\Lambda}$，$\boldsymbol{\mathcal{A}}$，π）是一个测度空间。

定义 3.31（Liu[68]）：设 $\boldsymbol{\Lambda}$ 是一个非空集合，$\boldsymbol{\mathcal{A}}$是由 $\boldsymbol{\Lambda}$ 的子集构成的 σ - 代数，Δ为 $\boldsymbol{\mathcal{A}}$中的一个元素，π 是定义在 $\boldsymbol{\mathcal{A}}$上的满足如上四条公理的集函数，则称四元组（$\boldsymbol{\Lambda}$，Δ，$\boldsymbol{\mathcal{A}}$，π）为一个粗糙空间。

定义 3.32（Liu[68]）：设（$\boldsymbol{\Lambda}$，Δ，$\boldsymbol{\mathcal{A}}$，π）是一个粗糙空间，A 是 $\boldsymbol{\mathcal{A}}$中的一个事件，则事件 A 的上信赖性为

$$\mathrm{T}\overline{\mathrm{r}}\{A\}=\frac{\pi\{A\}}{\pi\{\boldsymbol{\Lambda}\}} \tag{3-54}$$

事件 A 的下信赖性为

$$\mathrm{T}\underline{\mathrm{r}}\{A\}=\frac{\pi\{A\cap\Delta\}}{\pi\{\Delta\}} \tag{3-55}$$

事件 A 的信赖性为

$$\mathrm{Tr}\{A\}=\frac{1}{2}(\mathrm{T}\overline{\mathrm{r}}\{A\}+\mathrm{T}\underline{\mathrm{r}}\{A\}) \tag{3-56}$$

定理 3.17：设（$\boldsymbol{\Lambda}$，Δ，$\boldsymbol{\mathcal{A}}$，π）是一个粗糙空间，则信赖性是 $\boldsymbol{\mathcal{A}}$上的一个测度，并且满足

1）$\mathrm{Tr}\{\boldsymbol{\Lambda}\}=1$。

2）$\mathrm{Tr}\{\boldsymbol{\varnothing}\}=0$。

3）Tr 是单调增的，即当 $\boldsymbol{A}\subset\boldsymbol{B}$ 时，$\mathrm{Tr}\{\boldsymbol{A}\}\leqslant\mathrm{Tr}\{\boldsymbol{B}\}$。

4）Tr 是自对偶的，即对任意 $A\in\boldsymbol{\mathcal{A}}$有 $\mathrm{Tr}\{A\}+\mathrm{Tr}\{A^c\}=1$。

注意，如果一个粗糙事件的信赖性测度为 1，那么该事件必定成立；如果一个粗糙事件的信赖性测度为 0，那么该事件必定不成立。也就是说，信赖性测度扮演者与概率测度和可信性测度一样的角色。

定理 3.18（信赖性连续性定理）：设（$\boldsymbol{\Lambda}$，Δ，$\boldsymbol{\mathcal{A}}$，π）是一个粗糙空间，而 A_1，A_2，$\cdots\in\boldsymbol{\mathcal{A}}$。如果$\lim\limits_{i\to\infty}A_i$ 存在，那么

$$\lim_{i\to\infty}\mathrm{Tr}\{A_i\}=\mathrm{Tr}\{\lim_{i\to\infty}A_i\} \tag{3-57}$$

（2）乘积粗糙空间。

定理 3.19：假设（$\boldsymbol{\Lambda}$，Δ，$\boldsymbol{\mathcal{A}}$，π）（$i=1$，2，$\cdots$，n）是一个粗糙空间，令

$$\boldsymbol{\Lambda}=\boldsymbol{\Lambda}_1\times\boldsymbol{\Lambda}_2\times\cdots\times\boldsymbol{\Lambda}_n,\Delta=\Delta_1\times\Delta_2\times\cdots\times\Delta_n,$$
$$\boldsymbol{\mathcal{A}}=\boldsymbol{\mathcal{A}}_1\times\boldsymbol{\mathcal{A}}_2\times\cdots\times\boldsymbol{\mathcal{A}}_n,\pi=\pi_1\times\pi_2\times\cdots\times\pi_n, \tag{3-58}$$

则（$\boldsymbol{\Lambda}$，Δ，$\boldsymbol{\mathcal{A}}$，π）也是一个粗糙空间。

定义 3.33（Liu[68]）：设（$\boldsymbol{\Lambda}_i$，Δ_i，$\boldsymbol{\mathcal{A}}_i$，$\pi_i$）（$i=1$，2，…，$n$）是一个粗糙空间，则（$\boldsymbol{\Lambda}$，$\Delta$，$\boldsymbol{\mathcal{A}}$，$\pi$）称为乘积粗糙空间，其中，（$\boldsymbol{\Lambda}$，$\Delta$，$\boldsymbol{\mathcal{A}}$，$\pi$）由式（3-58）确定。

（3）无穷乘积粗糙空间。

定理 3.20：假设（$\boldsymbol{\Lambda}_i$，Δ_i，$\boldsymbol{\mathcal{A}}_i$，$\pi_i$）（$i=1$，2，…，$n$）是一个粗糙空间，令

$$\boldsymbol{\Lambda}=\boldsymbol{\Lambda}_1\times\boldsymbol{\Lambda}_2\times\cdots,\Delta=\Delta_1\times\Delta_2\times\cdots,$$
$$\boldsymbol{\mathcal{A}}=\boldsymbol{\mathcal{A}}_1\times\boldsymbol{\mathcal{A}}_2\times\cdots,\pi=\pi_1\times\pi_2\times\cdots, \tag{3-59}$$

则（$\boldsymbol{\Lambda}$，Δ，$\boldsymbol{\mathcal{A}}$，π）也是一个粗糙空间。

定义 3.34：设（$\boldsymbol{\Lambda}_i$，Δ_i，$\boldsymbol{\mathcal{A}}_i$，$\pi_i$）（$i=1$，2，…）是粗糙空间，则（$\boldsymbol{\Lambda}$，$\Delta$，$\boldsymbol{\mathcal{A}}$，$\pi$）称为无穷乘积粗糙空间，其中，$\boldsymbol{\Lambda}$，$\Delta$，$\boldsymbol{\mathcal{A}}$，$\pi$ 由式（3-59）确定。

注意，对实际问题而言，当没有足够的信息确定测度 π 时，我们使用 Laplace 准则，即假设 $\boldsymbol{\Lambda}$ 中所有元素都是等可能发生的，在此情形下，测度 π 可取作 Lebesgue 测度。

4. 粗糙变量

（1）粗糙变量。

定义 3.35（Liu[68]）：一个粗糙变量 ζ 是从粗糙空间（$\boldsymbol{\Lambda}$，Δ，$\boldsymbol{\mathcal{A}}$，π）到实数集的一个可测函数，即设（$\boldsymbol{\Lambda}$，Δ，$\boldsymbol{\mathcal{A}}$，π）为一个粗糙空间，ζ 是从 $\boldsymbol{\Lambda}$ 到实数集 $\boldsymbol{R}$ 的函数。若对 $\boldsymbol{R}$ 的每个 Borel 集 $\boldsymbol{B}$，有

$$\{\lambda\in\boldsymbol{\Lambda}\mid\zeta(\lambda)\in\boldsymbol{B}\}\in\boldsymbol{A} \tag{3-60}$$

则称 ζ 为粗糙空间（$\boldsymbol{\Lambda}$，Δ，$\boldsymbol{\mathcal{A}}$，π）上的粗糙变量。更进一步，

$$\underline{\zeta}=\{\zeta(\lambda)\mid\lambda\in\Delta\},\overline{\zeta}=\{\zeta(\lambda)\mid\lambda\in\boldsymbol{\Lambda}\} \tag{3-61}$$

分别称为粗糙变量 ζ 的下近似和上近似。

注意，由于 $\Delta\subset\Lambda$，显然有 $\underline{\zeta}\subset\overline{\zeta}$。

定义 3.36：粗糙变量 ζ 称为

1）非负的，如果 $\mathrm{Tr}\{\zeta<0\}=0$。

2）正的，如果 $\mathrm{Tr}\{\zeta\leqslant 0\}=0$。

3）连续的，如果对每个 $x\in\boldsymbol{R}$ 成立 $\mathrm{Tr}\{\zeta=x\}=0$。

4）简单的，如果存在有限序列 $\{x_1, x_2, \cdots, x_m\}$ 使得

$$\mathrm{Tr}\{\zeta\neq x_1,\zeta\neq x_2,\cdots,\zeta\neq x_m\}=0 \tag{3-62}$$

5）离散的，如果存在可数序列 $\{x_1, x_2, \cdots\}$ 使得

$$\mathrm{Tr}\{\zeta \neq x_1, \zeta \neq x_2, \cdots\} = 0 \tag{3-63}$$

（2）粗糙向量。

定义 3.37：一个 n 维粗糙变量 ζ 是从粗糙空间（$\boldsymbol{\Lambda}$，Δ，$\boldsymbol{\mathcal{A}}$，π）到 n 维实数向量集合的一个可测函数，即设（$\boldsymbol{\Lambda}$，Δ，$\boldsymbol{\mathcal{A}}$，π）为一个粗糙空间，ζ 是从 $\boldsymbol{\Lambda}$ 到实数向量集 $\boldsymbol{R}^n$ 的函数，若对 $\boldsymbol{R}^n$ 的每个 Borel 集 $\boldsymbol{B}$，有

$$\{\lambda \in \boldsymbol{\Lambda} \mid \zeta(\lambda) \in \boldsymbol{B}\} \in \boldsymbol{A} \tag{3-64}$$

则称 ζ 为粗糙空间（$\boldsymbol{\Lambda}$，Δ，$\boldsymbol{\mathcal{A}}$，π）上的粗糙向量。更进一步，

$$\underline{\zeta} = \{\zeta(\lambda)\lambda \in \boldsymbol{\Delta}\}, \overline{\zeta} = \{\zeta(\lambda) \mid \lambda \in \boldsymbol{\Lambda}\} \tag{3-65}$$

分别称为粗糙向量 ζ 的下近似和上近似。

定理 3.21：向量（ζ_1，ζ_2，…，ζ_n）是一个粗糙向量，当且仅当 ζ_1，ζ_2，…，ζ_n 都是粗糙变量。

（3）粗糙运算。

定义 3.38（Liu[68]，同一粗糙空间上的粗糙运算）：设 f：$\boldsymbol{R}^n \to \boldsymbol{R}$ 为可测函数，且 ζ_1，ζ_2，…，ζ_n 为定义在粗糙空间（$\boldsymbol{\Lambda}$，Δ，$\boldsymbol{\mathcal{A}}$，π）上的粗糙变量，则称 $\zeta = f$（ζ_1，ζ_2，…，ζ_n）为粗糙空间（$\boldsymbol{\Lambda}$，Δ，$\boldsymbol{\mathcal{A}}$，π）上的一个粗糙变量，定义为

$$\zeta(\lambda) = f[\zeta_1(\lambda), \zeta_2(\lambda), \cdots, \zeta_n(\lambda)], \forall \lambda \in \boldsymbol{\Lambda} \tag{3-66}$$

定义 3.39（Liu[68]，不同粗糙空间上的粗糙运算）：设 f：$\boldsymbol{R}^n \to \boldsymbol{R}$ 为可测函数，且 ζ_i（$i=1$，2，…，n）分别是定义在粗糙空间（$\boldsymbol{\Lambda}$，Δ，$\boldsymbol{\mathcal{A}}$，π）上的粗糙变量，则 $\zeta = f$（ζ_1，ζ_2，…，ζ_n）是乘积粗糙空间（$\boldsymbol{\Lambda}$，Δ，$\boldsymbol{\mathcal{A}}$，π）上的粗糙变量，定义为

$$\zeta(\lambda_1, \lambda_2, \cdots, \lambda_n) = f[\zeta_1(\lambda_1), \zeta_2(\lambda_2), \cdots, \zeta_n(\lambda_n)] \tag{3-67}$$

其中，（λ_1，λ_2，…，λ_n）$\in \boldsymbol{\Lambda}$。

定理 3.22：设 ζ 为 n 维粗糙向量，且 f：$\boldsymbol{R}^n \to \boldsymbol{R}$ 为可测函数，则 $f(\zeta)$ 为粗糙变量。

（4）连续性定理。

定理 3.23（Liu[67]）：

1）设 $\{\zeta_i\}$ 是粗糙变量的渐升列，使得 $\lim\limits_{i\to\infty}\zeta_i$ 也是粗糙变量，那么对于任何实数 r，有

$$\lim_{i\to\infty}\mathrm{Tr}\{\zeta_i > r\} = \mathrm{Tr}\{\lim_{i\to\infty}\zeta_i > r\} \tag{3-68}$$

2）设 $\{\zeta_i\}$ 是粗糙变量的渐降列，使得 $\lim\limits_{i\to\infty}\zeta_i$ 也是粗糙变量，那么对于任何实数 r，有

$$\lim_{i\to\infty}\mathrm{Tr}\{\zeta_i \geqslant r\} = \mathrm{Tr}\{\lim_{i\to\infty}\zeta_i \geqslant r\} \tag{3-69}$$

3）若“$>$”与“$\geqslant$”分别换成“$\leqslant$”与“$<$”，则等式（3-68）与式（3-69）

仍然成立。

定理 3.24（Liu[67]）：设 $\{\zeta_i\}$ 是一列粗糙变量使得极限 $\lim\limits_{i\to\infty}\zeta_i$ 存在并且也是粗糙变量，那么对于几乎所有实数 $r\in R$，有

$$\lim_{i\to\infty}\mathrm{Tr}\{\zeta_i \geqslant r\} = \mathrm{Tr}\{\lim_{i\to\infty}\zeta_i \geqslant r\} \tag{3-70}$$

若"$\geqslant$"换成"$\leqslant$""$>$""$<$"，则等式（3-70）仍然成立。

5. 信赖性分布

定义 3.40（Liu[68]）：粗糙变量 ζ 的信赖性分布 Φ：$(-\infty, +\infty) \to [0, 1]$ 定义为

$$\Phi(x) = \mathrm{Tr}\{\lambda \in \boldsymbol{\Lambda} \mid \zeta(\lambda) \leqslant x\} \tag{3-71}$$

即 $\Phi(x)$ 是粗糙变量 ζ 取值小于或等于 x 的信赖性。

定理 3.25（Liu[67]）：粗糙变量 ζ 的信赖性分布 Φ：$(-\infty, +\infty) \to [0, 1]$ 是一个不减的右连续函数，满足

$$\lim_{x\to-\infty}\Phi(x) = 0, \lim_{x\to+\infty}\Phi(x) = 1 \tag{3-72}$$

反之，如果 Φ：$(-\infty, +\infty) \to [0, 1]$ 是一个满足式（3-72）的不减的右连续函数，那么在 $\boldsymbol{R}$ 的 Borel 代数上存在唯一的测度 π 使得对一切 $x\in(-\infty, +\infty)$ 有 $\pi\{(-\infty, x]\} = \Phi(x)$。更进一步地，若粗糙变量是由粗糙空间 $(\boldsymbol{R}, \boldsymbol{R}, \mathcal{A}, \pi)$ 到 $\boldsymbol{R}$ 的恒等函数

$$\zeta(x) = x, \forall x \in \boldsymbol{R} \tag{3-73}$$

则该粗糙变量具有信赖性分布 Φ。

定理 3.25 表明，通过定义适当的粗糙空间，恒等函数是对任何信赖性分布都普遍适用的一个函数。实际上，通过定义适当的函数，存在对任何信赖性分布都普遍适用的粗糙空间。

定理 3.26：设 $(\boldsymbol{\Lambda}, \boldsymbol{\Delta}, \mathcal{A}, \pi)$ 是粗糙空间，其中，$\boldsymbol{\Lambda}=\boldsymbol{\Delta}=(0, 1)$，$A$ 是 $\boldsymbol{\Omega}$ 上的 Borel 代数，并且 π 是 Lebesgue 测度。如果 Φ 是信赖性分布，那么从 $\boldsymbol{\Lambda}$ 到 $\boldsymbol{R}$ 的函数

$$\zeta(\lambda) = \sup\{x \mid \Phi(x) \leqslant \lambda\} \tag{3-74}$$

该函数是具有信赖性分布 Φ 的粗糙变量。

定理 3.27：设 Φ_1 与 Φ_2 是两个信赖性分布使得对所有 $x\in\boldsymbol{D}$ 成立 $\Phi_1(x) = \Phi_2(x)$，其中 $\boldsymbol{D}$ 是 $\boldsymbol{R}$ 中的一个稠密子集，那么 $\Phi_1=\Phi_2$。

定理 3.28：一个具有信赖性分布 Φ 的粗糙变量 ζ 是：

（1）非负的，当且仅当对一切 $x<0$ 有 $\Phi(x)=0$。

（2）正的，当且仅当对一切 $x\leqslant 0$ 有 $\Phi(x)=0$。

（3）简单的，当且仅当 Φ 是一个简单函数。

（4）离散的，当且仅当 Φ 是一个阶梯函数。

（5）连续的，当且仅当 Φ 是一个连续函数。

定义 3.41（Liu[67]）：一个连续粗糙变量 ζ 称为

（1）奇异的，如果其信赖性分布是一个奇异函数。

（2）绝对连续的，如果其信赖性分布是一个绝对连续函数。

定理 3.29（Liu[67]）：设 Φ 是一个粗糙变量的信赖性分布，则有

$$\Phi(x)=r_1\Phi_1(x)+r_2\Phi_2(x)+r_3\Phi_3(x),x\in \boldsymbol{R} \tag{3-75}$$

式中：Φ_1，Φ_2，Φ_3 分别是离散的、奇异的和绝对连续的粗糙变量的信赖性分布；而 r_1，r_2，r_3 是非负数且满足 $r_1+r_2+r_3=1$。进一步地，分解式（3-75）唯一。

定理 3.30：设 ζ 是粗糙变量，则函数 $\mathrm{Tr}\{\zeta\geqslant x\}$ 递减且左连续。

定义 3.42（Liu[68]）：设 ζ 为一粗糙变量，Φ 为 ζ 的信赖性分布函数。如果对所有的 $x\in(-\infty,+\infty)$，函数 Φ：$R\rightarrow[0,+\infty)$ 满足

$$\Phi(x)=\int_{-\infty}^{x}\phi(y)\mathrm{d}y \tag{3-76}$$

则称 ϕ 为粗糙变量 ζ 的信赖性密度函数。

定理 3.31：设 ζ 为一个粗糙变量，其信赖性密度函数 ϕ 存在，对于每个 Borel 集 $\boldsymbol{B}\in\boldsymbol{R}$，有

$$\mathrm{Tr}\{\zeta\in\boldsymbol{B}\}=\int_{\boldsymbol{B}}\phi(y)\mathrm{d}y \tag{3-77}$$

定义 3.43（Liu[68]）：设 $(\zeta_1,\zeta_2,\cdots,\zeta_n)$ 是粗糙空间 $(\boldsymbol{\Lambda},\Delta,\boldsymbol{\mathcal{A}},\pi)$ 上的粗糙向量，如果函数 Φ：$(-\infty,+\infty)^n\rightarrow[0,1]$ 满足

$$\Phi(x_1,x_2,\cdots,x_n)=\mathrm{Tr}\{\lambda\in\boldsymbol{\Lambda}\mid\zeta_1(\lambda)\leqslant x_1,\zeta_2(\lambda)\leqslant x_2,\cdots,\zeta_n(\lambda)\leqslant x_n\} \tag{3-78}$$

则称 Φ 为粗糙向量 $(\zeta_1,\zeta_2,\cdots,\zeta_n)$ 的联合信赖性分布。

定义 3.44（Liu[68]）：设 $(\zeta_1,\zeta_2,\cdots,\zeta_n)$ 是粗糙空间 $(\boldsymbol{\Lambda},\Delta,\boldsymbol{\mathcal{A}},\pi)$ 上的粗糙向量，若对所有 $(x_1,x_2,\cdots,x_n)\in(-\infty,+\infty)^n$，存在函数 Φ：$R^n\rightarrow[0,+\infty)$ 满足

$$\Phi(x_1,x_2,\cdots,x_n)=\int_{-\infty}^{x_1}\int_{-\infty}^{x_2}\cdots\int_{-\infty}^{x_n}\phi(y_1,y_2,\cdots,y_n)\mathrm{d}y_1\mathrm{d}y_2,\cdots,\mathrm{d}y_n \tag{3-79}$$

则称 Φ 为粗糙向量 $(\zeta_1,\zeta_2,\cdots,\zeta_n)$ 的联合信赖性密度函数。

6. 粗糙变量的独立性

定义 3.45（Liu[67]）：设 ζ_1，ζ_2，…，ζ_n 为粗糙变量，如果对 $\boldsymbol{R}$ 中的任意 Borel 集 $\boldsymbol{B}_1$，$\boldsymbol{B}_2$，…，$\boldsymbol{B}_m$，有

$$\mathrm{Tr}\{\zeta_i\in\boldsymbol{B}_i,i=1,2,\cdots,m\}=\prod_{i=1}^{m}\mathrm{Tr}\{\zeta_i\in\boldsymbol{B}_i\} \tag{3-80}$$

那么称 ζ_1，ζ_2，…，ζ_n 为相互独立的粗糙变量。

定理 3.32：若 ζ_1，ζ_2，…，ζ_n 是相互独立的粗糙变量，且 f_i：$\boldsymbol{R}\rightarrow\boldsymbol{R}(i=1$，2，…，$m)$ 为可测函数，则 $f_1(\zeta_1)$，$f_2(\zeta_2)$，…，$f_m(\zeta_m)$ 是相互独立的粗糙变量。

定理 3.33（Liu[67]）：设 ζ_i 分别是具有信赖性分布 $\Phi_i(i=1, 2, \cdots, m)$ 的粗糙变量，并且 Φ 是粗糙向量（ζ_1，ζ_2，…，ζ_m）的信赖性分布，那么 ζ_1，ζ_2，…，ζ_m 是相互独立的，当且仅当对一切（x_1，x_2，…，x_m）$\in\boldsymbol{R}^m$ 有

$$\Phi(x_1,x_2,\cdots,x_m)=\Phi_1(x_1)\Phi_2(x_2)\cdots\Phi_m(x_m) \tag{3-81}$$

定理 3.34（Liu[67]）：设 ζ_i 分别是具有信赖性密度函数 ϕ_i（$i=1$，2，…，m）的粗糙变量，并且 ϕ 是粗糙向量（ζ_1，ζ_2，…，ζ_m）的信赖性密度函数，那么 ζ_1，ζ_2，…，ζ_m 是相互独立的，当且仅当对一切（x_1，x_2，…，x_m）$\in\boldsymbol{R}^m$ 有

$$\phi(x_1,x_2,\cdots,x_m)=\phi_1(x_1)\phi_2(x_2)\cdots\phi_m(x_m) \tag{3-82}$$

定义 3.46（Liu[67]）：设 ζ_1，ζ_2，…，ζ_m 分别为粗糙变量，若对 $\boldsymbol{R}$ 中的任意 Borel 集 $\boldsymbol{B}$，有

$$\mathrm{Tr}\{\zeta_i\in\boldsymbol{B}\}=\mathrm{Tr}\{\zeta_j\in\boldsymbol{B}\},i,j=1,2,\cdots,m \tag{3-83}$$

那么称 ζ_1，ζ_2，…，ζ_m 为同分布的粗糙变量。

定理 3.35（Liu[67]）：粗糙变量 ζ 与 η 为同分布的，当且仅当它们有相同的信赖性分布。

定理 3.36（Liu[67]）：设 ϕ 与 ψ 分别是粗糙变量 ζ 与 η 信赖性密度函数，则 ζ 与 η 为同分布的，当且仅当它们的信赖性密度函数几乎处处相等，即 $\phi=\psi$。

7. 期望值与方差

定义 3.47（期望值 Liu[68]）：设 ζ 是粗糙变量，如果下式右端两个积分中至少有一个为有限的，则称

$$E(\zeta)=\int_0^{+\infty}\mathrm{Tr}\{\zeta\geqslant r\}\mathrm{d}r-\int_{-\infty}^{0}\mathrm{Tr}\{\zeta\leqslant r\}\mathrm{d}r \tag{3-84}$$

为粗糙变量 ζ 的期望值。

定义 3.48（方差 Liu[68]）：设 ζ 为一粗糙变量且期望值 E（ζ）有限，则称

$$V[\zeta]=E[\zeta-E(\zeta)^2] \tag{3-85}$$

为粗糙变量 ζ 的方差。

8. 直觉不确定粗糙集理论

由直觉模糊集的定义，可获得一类直觉不确定粗糙集分类问题，描述如下。

论域 $\boldsymbol{U}=\{x_i \mid i=1, 2, \cdots, n\}$ 是 n 个对象的有限非空集合，$\{P_1, P_2, \cdots, P_p\}$ 是一组不确定条件属性。每个属性通常表示为若干直觉不确定语言项的集合 $A(P_i)=\{F_{ik} \mid k=1, 2, \cdots, C_i\}$，用于表示系统的重要特征。任意 $x_i\in\boldsymbol{U}$

能够被分类 $A(Q)=\{F_l \mid l=1,2,\cdots,C_Q\}$ 进行区分。任意 $F_l\in A(Q)$ 既可以是精确集，也可以是不确定集，Q 为决策属性。$\boldsymbol{U}/P=\{F_{ik} \mid i=1,2,\cdots,p;\ k=1,2,\cdots,C_i\}$ 是由 $\boldsymbol{U}$ 上的不确定相似关系 $\boldsymbol{R}$ 生成的 $\boldsymbol{U}$ 的一个直觉不确定划分。

定义 3.49：对于任意直觉不确定粗糙集合，其上、下近似的隶属度和非隶属度定义如下。

$$\mu_{\underline{A}}(F_{ik})=\begin{cases}\inf\limits_{x\in U}\{\max[1-\mu_{F_{ik}}(x),\mu_A(x),\alpha]\}, & \text{当 } D_{\underline{A}}(F_{ik})\neq\varnothing \text{ 时}\\ 1, & \text{当 } D_{\underline{A}}(F_{ik})=\varnothing \text{ 时}\end{cases} \tag{3-86}$$

$$\chi_{\underline{A}}(F_{ik})=\begin{cases}\sup\limits_{x\in U}\{\min[1-\chi_{F_{ik}}(x),\chi_A(x),\alpha]\}, & \text{当 } B_{\underline{A}}(F_{ik})\neq\varnothing \text{ 时}\\ 1, & \text{当 } B_{\underline{A}}(F_{ik})=\varnothing \text{ 时}\end{cases} \tag{3-87}$$

$$\mu_{\overline{A}}(F_{ik})=\begin{cases}\sup\limits_{x\in U}\{\max\{\min[\mu_{F_{ik}}(x),\mu_A(x)],\beta\}\}, & \text{当 } D_{\overline{A}}(F_{ik})\neq\varnothing \text{ 时}\\ 1, & \text{当 } D_{\overline{A}}(F_{ik})=\varnothing \text{ 时}\end{cases} \tag{3-88}$$

$$\chi_{\overline{A}}(F_{ik})=\begin{cases}\sup\limits_{x\in U}\{\max\{\min[\chi_{F_{ik}}(x),\chi_A(x)],\beta\}\}, & \text{当 } B_{\overline{A}}(F_{ik})\neq\varnothing \text{ 时}\\ 1, & \text{当 } B_{\overline{A}}(F_{ik})=\varnothing \text{ 时}\end{cases} \tag{3-89}$$

式中：$0\leqslant\beta<\alpha\leqslant1$ 为概率意义下的上下限阈值；$D_{\underline{A}}(F_{ik})\in U$，$D_{\overline{A}}(F_{ik})\in U$，$B_{\underline{A}}(F_{ik})\in U$，$B_{\overline{A}}(F_{ik})\in U$ 分别为该直觉不确定粗糙集的下、上近似隶属函数和非隶属函数的紧计算域，如式（3-90）和式（3-91）所示。

$$\begin{cases}D_{\underline{A}}(F_{ik})=\{x\in U \mid \mu_{F_{ik}}(x)>\varepsilon\wedge\mu_{\underline{A}}(x)\neq1,\exists\varepsilon>0\}\\ D_{\overline{A}}(F_{ik})=\{x\in U \mid \mu_{F_{ik}}(x)>\varepsilon\wedge\mu_{\underline{A}}(x)>\varepsilon,\exists\varepsilon>0\}\end{cases} \tag{3-90}$$

$$\begin{cases}B_{\underline{A}}(F_{ik})=\{x\in U \mid \chi_{F_{ik}}(x)<\varphi\wedge\mu_{\underline{A}}(x)\neq0,\exists\varphi<1\}\\ B_{\overline{A}}(F_{ik})=\{x\in U \mid \chi_{F_{ik}}(x)<\varphi\wedge\mu_{\underline{A}}(x)<\varphi,\exists\varphi<1\}\end{cases} \tag{3-91}$$

由于 $\{[\mu_{\underline{A}}(F_{ik}),\chi_{\underline{A}}(F_{ik})],[\mu_{\overline{A}}(F_{ik}),\chi_{\overline{A}}(F_{ik})]\}$ 的计算只需考虑紧计算域内的元素，而不是针对所有的 $x\in\boldsymbol{U}$，故称此时其为基于紧计算域的直觉不确定粗糙集，紧计算域是论域 $\boldsymbol{U}$ 的子集，它省去了不必要的计算，提高了计算效率。

F_{ik} 在 Q 的直觉不确定粗糙集正域下隶属度和非隶属度定义为

$$\mu_{\text{pos}}(F_{ik})=\sup_{F_l\in A(Q)}\{\mu_{\underline{E}_l}(F_{ik})\} \tag{3-92}$$

$$\chi_{\text{pos}}(F_{ik})=\inf_{F_l\in A(Q)}\{\chi_{\underline{E}_l}(F_{ik})\} \tag{3-93}$$

$x\in\boldsymbol{U}$ 对不确定正域的隶属度和非隶属度为

$$\mu_{\text{pos}}(x)=\sup_{F_{ik}\in A(P_i)}\min\{\mu_{F_{ik}}(x),\mu_{\text{pos}}(F_{ik})\} \tag{3-94}$$

$$\chi_{\text{pos}}(x)=\inf_{F_{ik}\in A(P_i)}\max\{\chi_{F_{ik}}(x),\chi_{\text{pos}}(F_{ik})\} \tag{3-95}$$

决策属性 Q 对条件属性集 $\boldsymbol{P}$ 的依赖度 $\gamma_P(Q)$ 和非依赖度 $\kappa_P(Q)$ （$0\leqslant\gamma_P(Q)$，$\kappa_P(Q)\leqslant1$）定义为

$$\gamma_P(Q)=\frac{\sum_{x\in\boldsymbol{U}}\mu_{\text{pos}}(x)}{n} \tag{3-96}$$

$$\kappa_P(Q)=\frac{\sum_{x\in\boldsymbol{U}}\chi_{\text{pos}}(x)}{n} \tag{3-97}$$

3.1.4 区间分析理论

1962 年学者 R. E. Moore 提出了“区间分析”的概念，并建立了相应的理论体系，标志着区间分析作为一个独立的数学分支诞生了。在开展理论研究的同时，区间分析也被广泛应用于电力、化工、计算机图形学、计算机辅助设计、控制理论、专家系统等许多科学和工程领域。

区间分析的理论基础相对较简单，区间运算结果区间数，要求一定能包含运算结果的所有可能的点值，不能有遗漏，这就是区间运算的完备性。

1. 区间数的定义

对于给定数对 $\underline{x}$，$\overline{x}\in\boldsymbol{R}$，若满足条件 $\underline{x}\leqslant\overline{x}$，则可定义一个区间数 $\boldsymbol{X}$，即

$$\boldsymbol{X}=[\underline{x},\overline{x}]=\{x\in\boldsymbol{R}\mid \underline{x}\leqslant x\leqslant\overline{x}\} \tag{3-98}$$

式中：$\underline{x}$ 称为区间数 $\boldsymbol{X}$ 的下端点或下极限，$\overline{x}$ 称为区间数 $\boldsymbol{X}$ 的上端点或上极限。

若 $\underline{x}=\overline{x}$，则定义区间数 $\boldsymbol{X}$ 为点区间（Point interval）或称为退化的区间（degenerate interval），即普通的点值。

2. 区间运算法则与性质

对任意的两个区间数 $\boldsymbol{X}=[\underline{x},\ \overline{x}]$ 和 $\boldsymbol{Y}=[\underline{y},\ \overline{y}]$，其四则运算可统一定义为

$$\boldsymbol{X}\ \text{op}\ \boldsymbol{Y}=\{x\ \text{op}\ y\mid x\in\boldsymbol{X},y\in\boldsymbol{Y}\} \tag{3-99}$$

式中：op 表示四则运算符，即 op$\in\{+,\ -,\ \times,\ \div\}$。

具体运算如下：

$$\boldsymbol{X}+\boldsymbol{Y}=[\underline{x}+\underline{y},\overline{x}+\overline{y}] \tag{3-100}$$

$$\boldsymbol{X}-\boldsymbol{Y}=[\underline{x}-\overline{y},\overline{x}-\underline{y}] \tag{3-101}$$

$$\boldsymbol{XY}=[\min\{\underline{x}\,\underline{y},\underline{x}\,\overline{y},\overline{x}\,\underline{y},\overline{x}\,\overline{y}\},\max\{\underline{x}\,\underline{y},\underline{x}\,\overline{y},\overline{x}\,\underline{y},\overline{x}\,\overline{y}\}] \tag{3-102}$$

$$\frac{1}{\boldsymbol{X}}=[\frac{1}{\overline{x}},\frac{1}{\underline{x}}],\text{若 } 0\notin \boldsymbol{X} \tag{3-103}$$

$$\frac{\boldsymbol{X}}{\boldsymbol{Y}}=\boldsymbol{X}(1/\boldsymbol{Y}),\text{若 } 0\notin \boldsymbol{Y} \tag{3-104}$$

区间运算同样遵循交换律和结合律，但不遵循分配律，仅能满足次分配律，即

交换律

$$\begin{cases}\boldsymbol{X}+\boldsymbol{Y}=\boldsymbol{Y}+\boldsymbol{X}\\ \boldsymbol{X}\times\boldsymbol{Y}=\boldsymbol{Y}\times\boldsymbol{X}\end{cases} \tag{3-105}$$

结合律

$$\begin{cases}(\boldsymbol{X}+\boldsymbol{Y})\pm\boldsymbol{Z}=\boldsymbol{X}+(\boldsymbol{Y}\pm\boldsymbol{Z})\\ (\boldsymbol{X}\times\boldsymbol{Y})\times\boldsymbol{Z}=\boldsymbol{X}\times(\boldsymbol{Y}\times\boldsymbol{Z})\end{cases} \tag{3-106}$$

次分配律

$$\begin{cases}\boldsymbol{X}\times(\boldsymbol{Y}\pm\boldsymbol{Z})\subseteq\boldsymbol{X}\times\boldsymbol{Y}\pm\boldsymbol{X}\times\boldsymbol{Z}\\ (\boldsymbol{X}\pm\boldsymbol{Y})\times\boldsymbol{Z}\subseteq\boldsymbol{X}\times\boldsymbol{Z}\pm\boldsymbol{Y}\times\boldsymbol{Z}\end{cases} \tag{3-107}$$

在电力系统中存在大量可用区间数描述的量，学者王成山、郭永基、任震等将区间分析方法分别用于潮流计算和可靠性分析等，在进行电压暂降或设备敏感度评估中，诸多影响因素均、特征量、参数等也可用区间数描述，如在电压暂降作用下用户的满意程度等，基于区间描述和分析可更贴近实际。

3.1.5 集对分析理论

集对分析是一种关于确定与不确定问题同异反定量分析的统计理论，其核心思想是把确定不确定问题视为一个确定不确定系统，在这个确定不确定系统中，确定性与不确定性相互联系、相互影响、相互制约，并在一定条件下相互转化，用一个能充分体现上述思想的数学表达式来统一描述各种不确定性，从而把对不确定性的辩证认识转换成具体的数学运算。

设在问题 w 背景下对由集合 $\boldsymbol{A}$ 和集合 $\boldsymbol{B}$ 组成的集对 H 展开分析，共得到 N 个特性，其中，有 S 个为集对中两个集合所共有，这两个集合又在另外 P 个特性下相对立，在其余 F 个特性（$F=N-S-P$）上既不对立，又不统一，则在不计各特性权重情况下，一个集对的同异反联系度表达式为

$$\mu(w)=\frac{S}{N}+\frac{F}{N}i+\frac{P}{N}j \tag{3-108}$$

式中：S/N 是对两个集合在问题 w 下同一性的度量，简称同一度，记为 a；F/N 是对两个集合在问题 w 下差异不确定性的度量，简称差异度，记为 b；P/N 是对两个集合在问题 w 下对立性的度量，简称对立度，记为 c；i 是指差异不确定度 b 的系数，在［－1，1］区间，视不同情况取值，也可仅起标记作用；j 是指对立度 c 的系数，其值等于－1，同样也可仅起标记作用。由此，式（3-108）可简写为

$$\mu(w)=a+bi+cj \tag{3-109}$$

根据 $a+b+c=1$ 的条件和式（3-108）、式（3-109）得出集对分析的不确定性理论如下。

（1）确定性和不确定性是一个系统，对不确定性的描述应同时从确定和不确定两方面来进行，即一方面有 $b=1-a-c$，另一方面 b 的系数 i 在［－1，1］区间根据不同情况取值。

（2）在一个确定—不确定系统中，确定与不确定是互相联系、互相影响和相互渗透的，确定中有不确定，不确定中有确定，可在一定条件下把不确定性中的确定性分离出来。

（3）只有在忽略系统不确定性时，系统才呈现为确定。

（4）不确定性与对立关系密切。根据不确定性理论，式（3-109）又可简化为

$$\mu_1(w)=a+bi \tag{3-110}$$

或

$$\mu_1(w)=bi+cj \tag{3-111}$$

或

$$\mu_1(w)=a+cj \tag{3-112}$$

式（3-110）～式（3-112）为集对分析，对各种不确定性加以统一地进行研究提供了有力工具，式（3-108）～式（3-112）可根据不同情况选用，在电力系统分析中可用于系统元件可靠性、保护装置定值和开关动作时间参数等不确定性分析，详见本书后面章节。

3.1.6 灰色系统理论

3.1.1 节介绍了因果律缺失，具有内涵不明确的随机不确定理论——概率论，另外还有一种处理内涵不明确，既包含有已知信息又含有未知或非确定信息的系统的理论——灰色系统理论。

1. 灰色系统理论的产生

灰色系统理论[24]旨在解决系统分析中的不确定性难题，于1982年由我国学者邓聚龙教授首次提出。灰色系统理论诞生于概率统计方法与时间序列方法应用研究的瓶颈时期。在系统分析不断发展的过程中，概率统计因其大量的样本数据需求及其对样本服从既定分布模式的依赖，随着研究对象趋向复杂化发展，而显示出诸多不足。时间序列方法因其忽略趋势与规律的挖掘，传统的拟合外推手段在满足复杂化系统分析的研究层面，渐渐显示出不适性。灰色系统理论从对简单数列进行微分处理出发，通过对少量样本数据进行累加生成，获得近似指数增长模式的生成数列，此种模式的生成数列与微分方程解的形式相符合，便于透过一定的方式进行方程求解，而后将数列做累减还原处理，以获得样本内在规律的信息。灰色系统理论以“部分信息已知、部分信息未知”的“小样本”“贫信息”不确定系统为研究对象，主要通过对“部分”已知信息的生成、开发，提取有价值的信息，实现对系统行为的正确认识和有效控制，即对于信息有缺失、不完备，样本数量为数不多的不确定系统十分适用。表3-2将灰色系统理论与概率数理统计进行了对比。

表3-2 灰色系统理论、概率数理统计的比较

	灰色系统理论	概率数理统计
针对问题	贫信息不确定	随机不确定
理论依据	信息覆盖	映射
数据处理模式	灰色序列生成	概率分布
数据要求	任意分布	典型分布
研究侧重	内涵	内涵
研究目标	实际规律	统计规律
特点	少量样本数据	大量样本数据

2. 灰色系统理论的基本概念

(1) 灰色系统的定义与模型特征。我们通常用“黑”表示信息未知，用“白”表示信息完全明确，用“灰”表示部分信息明确，部分信息不明确。相应的，信息完全明确的系统称为白色系统，信息未知的系统称为黑色系统，部分信息明确，部分信息不明确的系统称为灰色系统[24]。所谓“信息不完全”一般是指：系统因素不完全明确；因素关系不完全清楚；系统结构不完全清楚；系统的作用原理不完全明了。严格来说，灰色系统是绝对的，而白色与黑色系统是相对的[24]。

信息的不完全性是灰色系统的特征。灰色系统理论与数据统计方法的区别在

于：前者致力于现实规律的探讨，后者致力于历史规律的研究。灰色系统与模糊数学的区别在于对系统内涵和外延处理态度的不同，研究对象内涵与外延性质的不同。灰色系统着重外延明确，内涵不明确的对象。模糊数学着重外延不明确，内涵明确的对象。例如，针对电力负荷系统，影响电力负荷的因素很多，其中，供电机组、电网容量、生产能力、大用户情况、某些主要产品耗电情况等信息是已知的，但是，像天气情况、行政与管理政策的变化、地区经济活动等是难以确切知道的。因此，电力负荷系统是灰色系统。

（2）灰色系统的基本特点。灰色系统分析方法与传统的系统分析方法一样，都遵循整体化、优化及模型化原则，这三条原则从不同侧面表现了包括灰色系统在内的系统方法的一般特征。但是，灰色系统分析方法克服了传统数理统计方法的几大弱点，具有以下三个特点。

1）用灰色数学来处理不确定量，使之量化。在数学发展史上，最早研究的是确定型的微分方程，即在拉普拉斯决定论的框架内的数学。它认为一旦有了描写事物的微分方程和初值，就能确切知道事物任何时刻的运动规律。灰色系统理论用灰数来表示不确定量，可用灰色数学来处理不确定量，使不确定量量化。

2）充分利用已知信息寻求系统的运动规律。研究灰色系统的关键是如何使灰色系统白化、模型化、优化。灰色系统理论提出了灰色系统建模的具体数学方法，选取时间序列数据来确定微分方程的参数。灰色预测不是把观测数据数列视为一个随机过程，而是看作随时间变化的灰色量或灰色过程，通过累加或累减生成，逐渐使灰色量白化，从而建立相应于微分方程解的模型并做出预测。

3）能处理贫信息系统。运用灰色系统理论与方法进行系统分析、预测时，突出的特点就是对样本的数量和分布特征不太苛求，不盲目追求大样本量和典型分布。它只需对已掌握的部分信息进行合理加工处理，就能对系统动态过程做出科学的描述和正确的预测。这是由于灰色系统方法在研究信息不完全的系统时，遵循现实信息优先原则，即在处理历史信息与现实信息关系上，它注重现实信息。现实信息反映了系统的状态特征和行为，直接影响系统未来的发展趋势，而且在历史信息中，反映客观事物发展规律的那一部分信息内容，都会以这样或那样的方式被现实信息所载有。所以，灰色预测模型并不要求大量的历史数据，甚至有三四个数据即可建模预测。

（3）灰色系统的基本原理。

1）差异信息原理。该原理认为“差异”是信息，凡信息必有差异。信息含量越大，它与原信息的差异越大。

2）解的非唯一性原理。由于信息不完全、不确定，必然导致认知的非确定与非唯一，即解的非唯一性。该原理是灰色系统理论解决实际问题所遵循的基本原则，也是目标可接近、信息可补充、途径可优化的具体实现。

3）最少信息原理。灰色系统理论的特色是研究“小样本”“贫信息”不确定性问题。“有限信息空间”“最少信息”是灰色系统的基本准则。

4）认知根据原理。该原理认为信息是认知的根据，从而建立了以信息为根据的认知模式。

5）新信息优先原理。对事物做决断，力求准确可靠，而准确可靠的决断，只能依靠“最新鲜”“最有代性”的信息，即新信息对认知的作用大于老信息。

6）灰性不灭原理。确定认知是相对的，信息不完全、认知不确定是绝对的。

3. 灰色系统理论数据处理的基本方法

灰色系统是采用数据生成，从生成中寻找数学规律的一个边缘学科。将原始数列 $\boldsymbol{X}^{(0)}$ 中的数据 $\boldsymbol{X}^{(0)}$（k）按某种要求做数据处理（或数据变换），称为生成。灰色理论对灰量、灰过程的处理，不是找概率分布，求统计规律，而是用“生成”的方法求得随机性弱化、规律性强化了的新数列，此数列的数据称为生成数。利用生成数建模，是灰色理论的重要特点之一。

（1）累加生成。累加生成（Accumulated Generating Operation，AGO）是灰色建模的基础，是灰色系统理论中的重要学科见解。累加生成是使灰色过程由灰变白的一种方法，通过累加可以看出灰量积累过程的发展态势，使任意非负的、摆动的与非摆动的数列，转化为非减的、递增的数列。换言之，通过累加生成后得到的生成数列其随机性弱化了，规律性增强了。

定义 3.50[24]：设 $\boldsymbol{X}^{(0)}=\{x^{(0)}(1),\ x^{(0)}(2),\ \cdots,\ x^{(0)}(n)\}$ 为原始序列，若 $\forall x^{(0)}(i)\in\boldsymbol{R}^{+}$ 且 $n\in\boldsymbol{N}$，那么

$$\boldsymbol{X}^{(1)}=\{x^{(1)}(1),x^{(1)}(2),\cdots,x^{(1)}(n)\} \tag{3-113}$$

称为 $\boldsymbol{X}^{(0)}$ 的一次累加生成，记为 1-AGO。其中，$x^{(1)}(k)=\sum_{i=1}^{k}x^{(0)}(i)$，$k=1,\ 2,\ \cdots,\ n$，且 $x^{(1)}(1)=x^{(0)}(1)$。

同理，$\boldsymbol{X}^{(0)}$ 的 r 次累加生成，记为 $\boldsymbol{X}^{(r)}$，即

$$\boldsymbol{X}^{(r)}=\{x^{(r)}(1),x^{(r)}(2),\cdots,x^{(r)}(n)\} \tag{3-114}$$

其中，$x^{(r)}(k)=\sum_{i=1}^{k}x^{(r-1)}(i)$，$k=1,\ 2,\ \cdots,\ n$。

（2）累减生成。累减生成是在获取增量信息时常用的生成，累减生成对累加生成起还原作用。累减生成与累加生成是一对互逆的序列算子，记为 IAGO（Inverse Accumulated Generating Operation）。

定义 3.51：设 $\boldsymbol{X}^{(0)}=\{x^{(0)}(1),\ x^{(0)}(2),\ \cdots,\ x^{(0)}(n)\}$ 为原始序列，若 $\forall x^{(0)}(i)\in\boldsymbol{R}^{+}$ 且 $n\in\boldsymbol{N}$，那么

$$a^{(1)}\boldsymbol{X}^{(0)}=\{a^{(1)}x^{(0)}(1),a^{(1)}x^{(0)}(2),\cdots,a^{(1)}x^{(0)}(n)\} \tag{3-115}$$

称为 $\boldsymbol{X}^{(0)}$ 的一次累减生成，记为 1 - IAGO。其中，$a^{(1)}x^{(0)}(k)=x^{(0)}(k)-x^{(0)}(k-1)$，$k=1, 2, \cdots, n$。

同理，可得到 $\boldsymbol{X}^{(0)}$ 的 r 次累减生成

$$a^{(r)}X^{(0)}=\{a^{(r)}x^{(0)}(1),a^{(r)}x^{(0)}(2),\cdots,a^{(r)}x^{(0)}(n)\} \tag{3-116}$$

其中，$a^{(r)}x^{(0)}(k)=a^{(r-1)}x^{(0)}(k)-a^{(r-1)}x^{(0)}(k-1)$，$k=1, 2, \cdots, n$。

4. 灰色系统建模

灰色系统理论认为任何随机过程都是在一定幅值范围、一定时区内变化的灰色量，称随机过程为灰色过程，它通过数的生成来寻找规律。而基于概率统计的随机过程，则是按照统计规律来处理问题，它是建立在大样本量的基础上的。事实上，即使有了大样本量也不一定能找到规律，即使找到了统计规律也不一定是典型的，而非典型的过程是难以处理的，如电力负荷就是非平稳的随机过程。尽管客观系统表象复杂，数据离散，但它总是有整体功能的，总是有序的，因此它必然潜藏了某种内在规律。由于大多数系统都是定义的能量系统，而指数规律是能量变化的一种规律，所以数据经过处理后呈现指数规律。灰色系统理论的建模实质是对原始数据序列做一次累加生成，使生成序列呈一定规律，并用典型曲线拟合，建立数学模型。灰色系统理论定义了灰导数与灰微分方程，进而用离散数据序列建立微分方程的动态模型。考虑到该模型是表征灰色系统的基本模型，且模型是非唯一、近似的，故称为灰色模型，记为 GM（Grey Model）[69]。

（1）灰色微分方程。灰色系统理论通过对一般微分方程的深刻剖析定义了序列的灰导数，从而使我们能够利用离散数据序列建立近似的微分方程模型。

定义 3.52：设微分方程为

$$\frac{\mathrm{d}x}{\mathrm{d}t}+ax=b \tag{3-117}$$

称 $\mathrm{d}x/\mathrm{d}t$ 为 x 的导数，x 为 $\mathrm{d}x/\mathrm{d}t$ 的背景值，a、b 为参数。由此可以看出，一个一阶微分方程由导数、背景值和参数三部分构成。

定义 3.53：设 $\boldsymbol{I}$ 为计时单位的集合，若

$$\boldsymbol{I}=\{\cdots,年,月,日,时,分,秒,\cdots\} \tag{3-118}$$

则称 I 为习惯计时单位集或习惯时间序号集。

定义 3.54：设 $\boldsymbol{I}_i$ 和 $\boldsymbol{I}_j$ 分别为 i 级计时单位和 j 级计时单位下的一个时间单位，若 $\boldsymbol{I}_i<\boldsymbol{I}_j$，则称 i 级计时单位比 j 级计时单位密。

定义 3.55：设 $\boldsymbol{X}=[x(1_i), x(2_i), \cdots, x(n_i)]$ 为 i 级计时单位时间序列，则称

$$d^{(1)}=x(k_1)-x(k_1-1_1),k_1=1_1,2_1,\cdots,n_1 \tag{3-119}$$

为 i 级计时单位下的信息增量。

定义 3.56：设 $\boldsymbol{X}$ 为计时单位可无限密化的序列，1_t 为 i 级计时单位下的一

个时间单位，若当 $1_t \to 0$ 时，

$$d^{(t)} = x(k_t) - x(k_t - 1_t) \neq 0 \tag{3-120}$$

则称 X 为具有微分方程内涵的序列，或称灰微分序列，并称

$$d^{(t)}(k_t) = \lim_{1_t \to 0}(x(k_t) - x(k_t - 1_t)), k_t = 1_t, 2_t, \cdots, n_t \tag{3-121}$$

为序列 $\boldsymbol{X}$ 的灰导数。一般序列的灰导数记为 $d(k)$。

设原始序列 $\boldsymbol{X}^{(0)} = \{x^{(0)}(1), x^{(0)}(2), \cdots, x^{(0)}(n)\}$，$\boldsymbol{X}^{(1)} = \{x^{(1)}(1), x^{(1)}(2), \cdots, x^{(1)}(n)\}$，其中，$x^{(1)}(k) = \sum_{i=1}^{k} x^{(0)}(i)$（$k=1, 2, \cdots, n$）为 $\boldsymbol{X}^{(0)}$ 的 1 - AGO 序列，则 $\boldsymbol{X}^{(1)}$ 的灰导数为 $d(k) = x^{(0)}(k)$。

（2）GM(1，1）模型。

定义 3.57：称方程

$$d^{(1)}(k_1) + ax^{(1)}(k_1) = b \tag{3-122}$$

为灰微分型方程。

定义 3.58：称方程

$$x^{(0)}(k) + az^{(1)}(k) = b \tag{3-123}$$

为 GM（1，1）模型。符号 GM（1，1）的含义如图 3 - 2 所示。

定理 3.37：设 $\boldsymbol{X}^{(0)}$ 为非负序列，$\boldsymbol{X}^{(0)} = \{x^{(0)}(1), x^{(0)}(2), \cdots, x^{(0)}(n)\}$，其中，$x^{(0)}(k) \geqslant 0$，$k=1, 2, \cdots, n$。$\boldsymbol{X}^{(1)}$ 为 $\boldsymbol{X}^{(0)}$ 的 1 - AGO 序列，$\boldsymbol{X}^{(1)} = \{x^{(1)}(1), x^{(1)}(2), \cdots, x^{(1)}(n)\}$，其中，$x^{(1)}(k) = \sum_{i=1}^{k} x^{(0)}(i)$。那么，当 $z^{(1)}(k) = 0.5x^{(1)}(k) + 0.5x^{(1)}(k-1)$ 时，序列

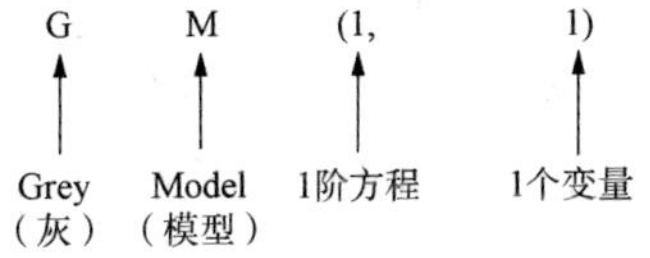

图 3 - 2　符号 GM(1，1）的含义

$$\boldsymbol{Z}^{(1)} = \{z^{(1)}(1), z^{(1)}(2), \cdots, z^{(1)}(n)\} \tag{3-124}$$

为 $\boldsymbol{X}^{(1)}$ 的紧邻均值生成序列。

5. 灰色系统模型简介

（1）GM(1，1）模型。GM(1，1）模型是最常用的一种灰色模型，它是由一个只包含单变量的一阶微分方程构成的模型，是 GM(1，n）模型的特例。

建立 GM(1，1）模型只需要一个数列 $\boldsymbol{X}^{(0)}$：$\boldsymbol{X}^{(0)} = \{x^{(0)}(1), x^{(0)}(2), \cdots, x^{(0)}(n)\}$，对该数列做一次累加生成，得：$\boldsymbol{X}^{(1)} = \{x^{(1)}(1), x^{(1)}(2), \cdots, x^{(1)}(n)\}$。

将原始数列经累加生成后，弱化了原始数列中坏数据的影响，使其变为较有规律的生成数列后再建模。利用 $\boldsymbol{X}^{(1)}$ 构成下述一阶微分方程

$$\frac{\mathrm{d}\boldsymbol{X}^{(1)}}{\mathrm{d}t} + a\boldsymbol{X}^{(1)} = u \tag{3-125}$$

式中：a 称为模型的发展系数，它反映 $\boldsymbol{X}^{(1)}$ 与 $\boldsymbol{X}^{(0)}$ 的发展趋势；u 称为模型的协

调系数，反映了数据间的变化关系。利用最小二乘法求解出模型参数

$$\hat{\boldsymbol{A}}=\begin{bmatrix}\hat{a}\\ \hat{u}\end{bmatrix}=(\boldsymbol{B}^{\mathrm{T}}\boldsymbol{B})^{-1}\boldsymbol{B}^{\mathrm{T}}\boldsymbol{Y}_n \tag{3-126}$$

其中，$\boldsymbol{B}=\begin{bmatrix}-\frac{1}{2}[\boldsymbol{X}^{(1)}(1)+x^{(1)}(2)] & 1\\ -\frac{1}{2}[\boldsymbol{X}^{(1)}(2)+\boldsymbol{X}^{(1)}(3)] & 1\\ \vdots & \vdots\\ -\frac{1}{2}[\boldsymbol{X}^{(1)}(n-1)+\boldsymbol{X}^{(1)}(n)] & 1\end{bmatrix}$，$\boldsymbol{Y}=\begin{bmatrix}\boldsymbol{X}^{(0)}(2)\\ \boldsymbol{X}^{(0)}(3)\\ \vdots\\ \boldsymbol{X}^{(0)}(n)\end{bmatrix}$。

求出模型的时间响应方程

$$\hat{\boldsymbol{X}}^{(1)}(k+1)=\left(x^{(0)}(1)-\frac{\hat{u}}{\hat{a}}\right)\mathrm{e}^{-\hat{a}k}+\frac{\hat{u}}{\hat{a}},k=1,2,\cdots,n \tag{3-127}$$

对上式进行累减生成还原，得到原始数列 $X^{(0)}$ 的灰色预测模型为

$$\hat{\boldsymbol{X}}^{(0)}(k+1)=\hat{\boldsymbol{X}}^{(1)}(k+1)-\hat{\boldsymbol{X}}^{(1)}(k)=(1-e^{\hat{a}})\left(x^{(0)}(1)-\frac{\hat{u}}{\hat{a}}\right)\mathrm{e}^{-\hat{a}t},k=1,2,\cdots,n \tag{3-128}$$

GM(1，1）模型的建模过程归纳如下。

1）对原始灰色数列进行生成处理，削弱其随机性，增强规律性。

2）建立生成数据的 GM(1，1）模型，用最小二乘法求出模型参数 $\hat{\boldsymbol{A}}$。

3）对辨识后的模型进行检验，如果模型可信，进入下一步，否则转到第一步。

4）根据建立的 GM(1，1）模型预测生成的将来值。

5）将预测结果做逆生成（累减生成）处理，得到真实的预测值。

GM(1，1）是一种指数增长模型，当电力系统中的事件，如电力负荷严格按照指数增长规律持续增长时，此模型具有准确度高、所需样本少、计算方便、可检验等优点。

(2) GM(1，n）模型。GM(1，n）模型表示对 n 个变量用一阶微分方程建立的灰色模型。用于建立被预测目标和若干个影响变量之间关系的预测模型。

考虑有 x_1，x_2，…，x_n 等 n 个数列（历史数据），即

$$x_i^{(0)}=\{x_i^{(0)}(1),x_i^{(0)}(2),\cdots,x_i^{(0)}(n)\},i=1,2,\cdots,n \tag{3-129}$$

对 $x_i^{(0)}$ 做一次累加生成，即

$$x_i^{(1)}(k)=\sum_{m=1}^{k}x_i^{(0)}(m)$$

则

$$\begin{aligned}x_i^{(1)}&=\{x_i^{(1)}(1),x_i^{(1)}(2),\cdots,x_i^{(1)}(n)\}\\ &=\left\{\sum_{m=1}^{1}x_i^{(0)}(m),\sum_{m=1}^{2}x_i^{(0)}(m),\cdots,\sum_{m=1}^{n}x_i^{(0)}(m)\right\},i=1,2,\cdots,n\end{aligned} \tag{3-130}$$

类似 GM(1，1) 模型，构造一阶线性微分方程

$$\frac{\mathrm{d}x_1^{(1)}}{\mathrm{d}t}+ax_1^{(1)}=b_1x_2^{(1)}+b_2x_3^{(1)}+\cdots+b_{n-1}x_n^{(1)} \tag{3-131}$$

这是一个一阶 n 个变量的微分方程模型，故记为 GM(1，n)。记上述方程的参数数列为

$$\hat{a}=(a,b_1,b_2,\cdots,b_n)^{\mathrm{T}} \tag{3-132}$$

按最小二乘法可求出 $\hat{a}$，得

$$\hat{a}=(B^{\mathrm{T}}-B)^{-1}B^{\mathrm{T}}-Y_n \tag{3-133}$$

$$\boldsymbol{B}=\begin{bmatrix}-\frac{1}{2}\ (x_1^{(1)}(1)+x_1^{(1)}(2)) & x_2^{(1)}(2) & \cdots & x_n^{(1)}(2)\\ -\frac{1}{2}\ (x_1^{(1)}(2)+x_1^{(1)}(3)) & x_2^{(1)}(3) & \cdots & x_n^{(1)}(3)\\ \vdots & \vdots & \vdots & \vdots\\ -\frac{1}{2}\ (x_1^{(1)}(n-1)+x_1^{(1)}(n)) & x_2^{(1)}(n) & \cdots & x_n^{(1)}(n)\end{bmatrix},\ \boldsymbol{Y}_n=\begin{bmatrix}x_1^{(0)}(2)\\ x_1^{(0)}(3)\\ \vdots\\ x_1^{(0)}(n)\end{bmatrix}$$

由此可求得 $\hat{a}$ 的唯一解，将其代入式（3-132），并解此微分方程得

$$\hat{x}_1^{(1)}(k+1)=\left[x_1^{(0)}(1)-\frac{1}{a}\sum_{i=2}^{n}b_{i-1}x_i^{(1)}(k+1)\right]\mathrm{e}^{-ak}+\frac{1}{a}\sum_{i=2}^{n}b_{i-1}x_i^{(1)}(k+1) \tag{3-134}$$

经过累减还原，得 $x_1^{(0)}$ 的预测模型为

$$\hat{x}_1^{(0)}(k+1)=\hat{x}_1^{(1)}(k+1)-\hat{x}_1^{(0)}(k) \tag{3-135}$$

3.1.7 未确知性理论

电力系统中不确定性信息的表现除了随机性、模糊性、粗糙性、灰性外，还有一种是未确知性，它主要用于表达和处理未确知信息。未确知数学于 20 世纪 90 年代初开始进行系统的研究，到现在已初步形成了较系统的一套理论体系，并在电力系统中的预测和决策方面得到了成功的应用。

1. 未确知有理数的概念

定义 3.59：设 a 为任意实数，$0<\alpha\leqslant 1$，称 $\{[a,\ a],\ \varphi(x)\}$ 为一阶未确知有理数，其中

$$\varphi(x)=\begin{cases}\alpha,\text{当 } x=a \text{ 时}\\ 0,\text{当 } x\neq a,\text{且 } x\in R \text{ 时}\end{cases} \tag{3-136}$$

式（3-136）的直观意义是某量在闭区间 $[a,\ a]$ 内取值，且是 a 的可信度为 $\varphi(x)=\alpha$。当 $\alpha=1$ 时，表示某量是 a 的可信度为百分之百。当 $\alpha=0$ 时，表示某量是 a 的可信度为零。某量是 x（$x\neq a$）的可信度为零。

定义 3.60：对任意闭区间 $[a, b]$，$a=x_1<x_2<\cdots<x_n=b$，若函数 $\varphi(x)$ 满足

$$\varphi(x)=\begin{cases}\alpha_i,\ x=x_i,\ i=1,\ 2,\ \cdots,\ n\\ 0,\ 其他\end{cases} \tag{3-137}$$

且 $\sum_{i=1}^{n}\alpha_i=\alpha(0<\alpha\leqslant 1)$，则称 $[a, b]$ 和 $\varphi(x)$ 构成一个 n 阶未确知有理数，记作 $\{[a, b], \varphi(x)\}$，称 α 为该未确知有理数的总可信度，$[a, b]$ 为取值区间，$\varphi(x)$ 为可信度分布密度函数。该未确知有理数的直观意义是，x 在闭区间 $[a, b]$ 内取值为 x_i 的可信度是 α_i，取这 n 个值的总可信度 $\alpha\leqslant 1$。

未确知有理数还可以表示成分布函数的形式。

定义 3.61：设未确知有理数 $A=\{[x_1, x_n], \varphi(x)\}$，其中

$$\varphi(x)=\begin{cases}\alpha_i,\ x=x_i,\ i=1,\ 2,\ \cdots,\ n\\ 0,\ 其他\end{cases} \tag{3-138}$$

$$0<\sum_{i=1}^{n}\alpha_i=\alpha\leqslant 1$$

若函数 $F(x)$ 满足

$$F(x)=\begin{cases}0, & x<x_1\\ \alpha_1+\alpha_2+\cdots+\alpha_i, & x_i\leqslant x<x_{i+1}, i=1,2,\cdots,n-1\\ \alpha, & x\geqslant x_n\end{cases} \tag{3-139}$$

则称闭区间 $[x_1, x_n]$ 与函数 $F(x)$ 构成分布型未确知有理数，记作 $\{[x_1, x_n], F(x)\}$。称 α、$[x_1, x_n]$ 和 $F(x)$ 分别为该分布型未确知有理数的总可信度、分布区间和可信度分布函数。可信度分布函数简称分布函数。未确知有理数的阶数 n 较大时，其取值和可信度的确定较困难，使用也不方便。而在实际应用中，许多情况下只须确定未确知有理数的大致取值情况即可，则可给出如下定义。

定义 3.62[70]：对于定义 3.60 所示的未确知有理数 $A=\{[a, b], \varphi(x)\}$，分别称 $\alpha_l=x_1$、$\alpha_m=\{x_i \mid i=\{i \mid \max\{\alpha_i, i=1, 2, \cdots, n\}\}\}$ 和 $\alpha_u=x_n$ 为该未确知有理数的最低可能值、最可能值和最高可能值。

2. 未确知有理数的四则运算

设未确知有理数 A、B、C 分别为：$A=\{[x_1, x_k], f(x)\}$，$B=\{[y_1, y_m], g(y)\}$，$C=\{[z_1, z_n], h(z)\}$，其中

$$f(x)=\begin{cases}f(x_i), & x=x_i,\ i=1,\ 2,\ \cdots,\ k,\ 0<\sum_{i=1}^{k}f(x_i)=\alpha\leqslant 1\\ 0, & 其他\end{cases} \tag{3-140}$$

$$g(y)=\begin{cases}g(y_i), & y=y_i, i=1,2,\cdots,m, 0<\sum_{i=1}^{m}g(y_i)=\beta\leqslant 1\\0, & \text{其他}\end{cases} \tag{3-141}$$

$$h(z)=\begin{cases}h(z_i), & z=z_i, i=1,2,\cdots,n, 0<\sum_{i=1}^{n}h(z_i)=\gamma\leqslant 1\\0, & \text{其他}\end{cases} \tag{3-142}$$

（1）未确知有理数的加法运算。

定义 3.63：表 3-3 称为 A 与 B 的可能值带边和矩阵，由小到大排列的实数列 x_1，x_2，…，x_k 和 y_1，y_2，…，y_m 分别称为 A 与 B 的可能值序列，且分别称为带边和矩阵的纵边和横边，互相垂直的两条直线分别称为带边和矩阵的纵轴和横轴。

表 3-3　　未确知有理数加法的可能值

x_1	x_1+y_1	x_1+y_2	…	x_1+y_j	…	x_1+y_m
x_2	x_2+y_1	x_2+y_2	…	x_2+y_j	…	x_2+y_m
⋮	⋮	⋮	⋮	⋮	⋮	⋮
x_i	x_i+y_1	x_i+y_2	…	x_i+y_j	…	x_i+y_m
⋮	⋮	⋮	⋮	⋮	⋮	⋮
x_k	x_k+y_1	x_k+y_2	…	x_k+y_j	…	x_k+y_m
+	y_1	y_2	…	y_j	…	y_m

定义 3.64：表 3-4 称为 A 与 B 的可信度带边积矩阵，$f(x_1)$，$f(x_2)$，…，$f(x_k)$ 和 $g(y_1)$，$g(y_2)$，…，$g(y_m)$ 分别称为 A 与 B 的可信度序列，且分别称为带边积矩阵的纵边和横边，互相垂直的两条线分别叫做带边积矩阵的纵轴和横轴。

表 3-4　　未确知有理数加法的可信度

$f(x_1)$	$f(x_1)\ g(y_1)$	$f(x_1)\ g(y_2)$	…	$f(x_1)\ g(y_j)$	…	$f(x_1)\ g(y_m)$
$f(x_2)$	$f(x_2)\ g(y_1)$	$f(x_2)\ g(y_2)$	…	$f(x_2)\ g(y_j)$	…	$f(x_2)\ g(y_m)$
⋮	⋮	⋮	⋮	⋮	⋮	⋮
$f(x_i)$	$f(x_i)\ g(y_1)$	$f(x_i)\ g(y_2)$	…	$f(x_i)\ g(y_j)$	…	$f(x_i)\ g(y_m)$
⋮	⋮	⋮	⋮	⋮	⋮	⋮
$f(x_k)$	$f(x_k)\ g(y_1)$	$f(x_k)\ g(y_2)$	…	$f(x_k)\ g(y_j)$	…	$f(x_k)\ g(y_m)$
…	$g(y_1)$	$g(y_2)$	…	$g(y_j)$	…	$g(y_m)$

定义 3.65：A 与 B 的可能值带边和矩阵中右上方数字组成的矩阵

$$\begin{bmatrix} a_{11} & a_{12} & \cdots & a_{1m} \\ \vdots & \vdots & \vdots & \vdots \\ a_{i1} & a_{i2} & \cdots & a_{im} \\ \vdots & \vdots & \vdots & \vdots \\ a_{k1} & a_{k2} & \cdots & a_{km} \end{bmatrix} \tag{3-143}$$

称为 A 与 B 可能值和矩阵。

定义 3.66：A 与 B 可信度带边积矩阵中右上方数字组成的矩阵

$$\begin{bmatrix} b_{11} & b_{12} & \cdots & b_{1m} \\ \vdots & \vdots & \vdots & \vdots \\ b_{i1} & b_{i2} & \cdots & b_{im} \\ \vdots & \vdots & \vdots & \vdots \\ b_{k1} & b_{k2} & \cdots & b_{km} \end{bmatrix} \tag{3-144}$$

称为 A 与 B 可信度积矩阵。

定义 3.67：A 与 B 可能值和矩阵中第 i 行第 j 列元素 a_{ij} 与它们可信度积矩阵中第 i 行第 j 列元素 b_{ij} 称为相应元素。

定义 3.68：将 A 与 B 的可能值和矩阵中的元素按从小到大的顺序排成一列：$\overline{x}_1$，$\overline{x}_2$，…，$\overline{x}_l$，其中相同的元素算作一个。A 与 B 的可信度积矩阵中 $\overline{x}_i(i=1,2,\cdots,l)$ 的相应元素排成一个序列：$\overline{k}_1$，$\overline{k}_2$，…，$\overline{k}_l$，其中，若 $\overline{x}_i$ 表示 A 与 B 可能值和矩阵中 M 个相同元素时，$\overline{k}_i$ 表示这 M 个相同元素在 A 与 B 可信度积矩阵中的 M 个相应元素之和。那么称未确知有理数 $\{[\overline{x}_1,\ \overline{x}_l],\ \varphi(x)\}$ 为 A 与 B 之和，记作 $A+B$，其中

$$\varphi(x)=\begin{cases}\overline{k}_i, x=\overline{x}_i, & i=1,2,\cdots,l \\ 0, & \text{其他}\end{cases} \tag{3-145}$$

$[\overline{x}_1,\ \overline{x}_l]$ 为 $A+B$ 的可能值区间或分布区间，$\varphi(x)$ 为其可信度分布密度函数或密度函数。

（2）未确知有理数的减法运算。

定义 3.69：在定义 3.63 中，把 x_i+y_j 用 x_i-y_j 代之，相应的表 3-4 中可信度积矩阵不变，将定义 3.61～定义 3.65 中的“和”改成“差”就得到 $A-B$。

定义 3.70：已知未确知有理数 A，称未确知有理数 $\{[-x_k,\ -x_1],\ f_-(x)\}$，其中

$$f_-(x)=\begin{cases}f(x_i), & x=-x_i, i=1,2,\cdots,k \\ 0, & \text{其他}\end{cases} \tag{3-146}$$

为未确知有理数 A 的相反未确知有理数，记作 $-A$。

（3）未确知有理数的乘除法运算。

1）对照未确知有理数的加法定义，只需把和运算中的可能值带边和矩阵中的“和”改为“积”，从而把可能值带边和矩阵变为可能值带边积矩阵，其他一切不变，即可得到未确知有理数积的定义。

2）对照未确知有理数加法的定义，只须把和运算中可能值带边和矩阵中的“和”改为“商”，从而把可能值带边和矩阵变为可能值带边商矩阵，其他一切不变，即可得到未确知有理数商的运算，记作 $A\div B$。其中，对于未确知有理数 A 与 B，限定 $y_j\neq 0$，$j=1$，2，…，m。

3. *未确知有理数的数学期望和方差*

（1）未确知有理数的数学期望。设未确知有理数 $A=\{[x_1,\ x_k],\ \varphi_A\ (x)\}$，其中

$$\varphi_A(x)=\begin{cases}\alpha_i, & x=x_i,i=1,2,\cdots,k\\ 0, & \text{其他}\end{cases} \tag{3-147}$$

其中
$$0<\alpha_i<1,i=1,2,\cdots,k,\sum_{i=1}^{k}\alpha_i=\alpha\leqslant 1$$

定义 3.71：称一阶未确知有理数

$$E(A)=\left\{\left[\frac{1}{\alpha}\sum_{i=1}^{k}x_i\alpha_i,\frac{1}{\alpha}\sum_{i=1}^{k}x_i\alpha_i\right],\varphi(x)\right\} \tag{3-148}$$

为未确知有理数 A 的数学期望，也称 $E(A)$ 为未确知期望，简称期望或均值，其中

$$\varphi(x)=\begin{cases}\alpha, & x=\dfrac{1}{\alpha}\sum\limits_{i=1}^{k}x_i\alpha_i\\ 0, & \text{其他}\end{cases} \tag{3-149}$$

显然，当 $\alpha=1$ 时，$E\ (A)$ 为实数 $\sum\limits_{i=1}^{k}x_i\alpha_i$，这时，未确知数 A 就是随机变量，所以，$E\ (A)$ 是随机变量的数学期望；当 $\alpha<1$ 时，$E(A)$ 是一阶未确知有理数，并非实数。所以，$E\ (A)$ 不再是随机变量的数学期望，它的实际意义是：实数 $\frac{1}{\alpha}\sum\limits_{i=1}^{k}x_i\alpha_i$ 作为 A 的期望值有 α 的可信度，并非指 A 取数值 $\frac{1}{\alpha}\sum\limits_{i=1}^{k}x_i\alpha_i$ 有 α 可信度。

（2）未确知有理数的方差。

定义 3.72：若 A 为式（3-152）表达的未确知有理数，$\sum\limits_{i=1}^{k}\alpha_i=\alpha<1$，令

$$D(A)=\frac{1}{\alpha}\sum_{i=1}^{k}x_i^2\alpha_i-\frac{1}{\alpha^2}\left(\sum_{i=1}^{k}x_i\alpha_i\right)^2 \tag{3-150}$$

称 $D(A)$ 为 A 的未确知方差。

由未确知有理数的运算可知，其对实数的运算定义和性质仍保持一致。因此未确知有理数是实数的推广，实数是未确知有理数的特例。

3.2 经典概率测度

在人类历史上，最早认识的测度来自于直接观测，但很快发现许多难以直接观测的问题，如边长为 1 的正方形对角线的长度的测量。积分概念的提出为这类问题提供了度量依据。在传统区间情况下，测度定义为区间长度，这种测度显然在实数域内具有可加性。1901 年，学者 Lebesgue 提出了比 Borel 测度更广泛的 Lebesgue 测度，并建立了较 Rieman 积分广义的 Lebesgue 积分，开启了不确定测度的新篇章。1902 年，Lebesgue 在他的博士论文中完善了自己提出的测度与积分理论，这是现代测度论的基石。在此基础上，人们逐步建立了现代测度论，代表作是 Halmos 于 1974 年出版的 *Measure Theory*，并成为当代经典测度论[2]。

经典测度论的典型代表是概率论[1-2]。正如第 1.4.2 节所提及的，概率论是前苏联数学家 Kolmogorov 于 1933 年，在测度论基础上建立起来的公理化理论体系，其中，数学期望概念就来自于测度论中的 Radon - Nikodym 定理。概率是定义在非空集的若干子集构成的 σ - 代数上且取值为［0，1］的集函数，在空集上的取值为 0，全空间上取值为 1，且满足可列可加条件，这个条件是非常关键和重要的。

经典测度论得以成立所需满足的条件过于苛刻，很多情况下，与实际并不完全相符，要解决实际问题，就必须对不满足这些条件时的属性、数学本质、测度方式、分析方法等进行研究。

1. 可加性条件

尽管经典测度论的可加性条件能很好地刻画理想和无误差条件下的测量问题，但是，在很多情况下，精确测量难以实现，测量误差不可避免，此时，可加性很难刻画测量问题。对一些非直接测量问题，如敏感设备受电压暂降影响的敏感度问题，除了取决于电压暂降严重程度、设备耐受能力外，还与设备实际运行环境、生产工艺要求及人的主观评判有关，且在很多情况下属于非重复性实验，这样的问题，在本质上是非可加的。例如，对于某特定电压暂降事件，设备 A 至少可能出现“完全正常”“偶尔不正常”“完全不正常”等运行状态，对于每种运行状态，用户的满意事件可用 $\boldsymbol{U}_i$（$i=1$，2，3）表示。由于不同用户或生产线对产品质量、运行效率等具体要求不同，用户能承担的风险也不同，不妨将用户满意度表示为 $\boldsymbol{\mu}$，$\boldsymbol{\mu}$ 是从 U 的幂集［由 $\boldsymbol{U}_i(i=1, 2, 3)$ 的所有子集构成的集合］到［0，1］的一个集函数，若规定如下：

$$\boldsymbol{\mu}(\boldsymbol{U}_1)=0.95,\boldsymbol{\mu}(\boldsymbol{U}_2)=0.65,\boldsymbol{\mu}(\boldsymbol{U}_3)=0.05$$

$$\boldsymbol{\mu}(\boldsymbol{U}_1\cup\boldsymbol{U}_2)=0.75,\boldsymbol{\mu}(\boldsymbol{U}_1\cup\boldsymbol{U}_3)=0.25,\boldsymbol{\mu}(\boldsymbol{U}_2\cup\boldsymbol{U}_3)=0.15$$

显然

$$\boldsymbol{\mu}(\boldsymbol{U}_1)+\boldsymbol{\mu}(\boldsymbol{U}_2)\neq\boldsymbol{\mu}(\boldsymbol{U}_1\cup\boldsymbol{U}_2),\boldsymbol{\mu}(\boldsymbol{U}_2)+\boldsymbol{\mu}(\boldsymbol{U}_3)\neq\boldsymbol{\mu}(\boldsymbol{U}_2+\boldsymbol{U}_3)$$

即，用户满意事件测度不能满足经典测度中的可加性条件。这从某种意义上说明了非可加集函数与非可加测度的存在。

2. 被测事件的属性

在测度论中，测度问题通常在某一或某些给定集合（称空间）中进行讨论，这些集合为实数集合，测度概念是定义在这样的普通集合的若干子集所构成的环（所谓环是指对并、差运算封闭的非空集类；设 $\boldsymbol{R}$ 是一非空集类，若 $\forall E$，$F\in\boldsymbol{R}$，$E\cup F\in\boldsymbol{R}$，$E-F\in\boldsymbol{R}$，则定义 $\boldsymbol{R}$ 为一个环）上的，其中，事件 E 和 F 是明确的，仅发生的可能性不清楚。但在实际中，被测事件经常并不明确，如在特定电压暂降作用下，用户满意或不满意事件的边界并不明确，取决于用户的风险承受能力等。这样自然提出了在事件属性不确定条件下的测度问题。

3. 测度函数映射属性

经典测度是从某经典集类到实数域的单值映射，而现实中，大量测度函数映射值不是单值而是两个甚至多个值。例如，$\boldsymbol{X}$、$\boldsymbol{Y}$ 是两个非空集，W 是从 $\boldsymbol{X}\times\boldsymbol{Y}$ 到实数 $\boldsymbol{R}$ 的函数（映射），考虑以下最小化问题

$$\forall y\in\boldsymbol{Y},V(y)=\inf_{x\in X}W(x,y)$$

如果对 $\forall y\in\boldsymbol{Y}$，设 $G(y)=\{x\in\boldsymbol{Y}\mid W(x, y)=V(y)\}$，函数 V 称为边缘函数，如果是上述最小化问题的解的子集，则 G 是一个 $\boldsymbol{Y}$ 到 $\boldsymbol{X}$ 的集值映射，这也是最优化理论的重要内容之一。

4. 测度函数的取值属性

经典测度函数的取值是实数值，而在实际工程中，由于测试仪器、测试环境和方法等原因，取模糊值、区间值等非确定实数点值，可能能更好地刻画客观事实，这样如果测度函数的取值属性不同，就必然需要采用不同性质的测度函数和分析算法。近年来在此领域人们已取得了众多研究成果，催生了广义模糊集值测度理论、不确定测度理论的发展。

3.3 不确定性测度

针对经典测度论的不足，结合实际工程和客观事实的需要，国内外诸多学者

对现代测度理论、性质、方法开展了大量研究，主要集中于以下几方面。

1. 对非可加性的认识和发展

现实中存在的大量测度是不可加的，因此，立足于传统集合的若干子集类取值为实数的非可加测度问题成为了国内外学者挑战传统测度论的第一目标。

1953 年，法国数学家 Choquet 提出了容度理论和 Choquet 积分[71]，该容度是一集函数，使得所设空间上各子集均与一实数（不一定非负）对应，是连续且单调非减的。1967 年，Dempter 提出了后经 Shafer 深化的信任测度和似然测度，这两种测度为非可加测度，进而形成了 Dempter - Shafer 理论[72]，也称为显著性理论。最具代表性的是 1974 年日本学者 Sugeno 在他的博士论文中首次用较弱的单调性和连续性代替可加性，提出了一种被称作模糊测度的新测度，值得说明的是，这里的“模糊测度”中的模糊并无与模糊集对应的“模糊”的含义，并建立了可测函数关于模糊测度的积分——Sugeno 积分[73]。由于模糊测度常不具有可加性，难以建立完备的理论体系，在实际中需根据具体问题对模糊测度附加某些条件，为此，吸引了很多学者的注意力，但多数研究均采用附加次可加性或满足 λ - 律，甚至通过模糊可加性得到，均具有一定局限性，在实际中难以推广应用。

1984 年，学者王震源提出了较弱的“自连续”和“伪零可加”等概念，基于这些概念研究了各种类型的收敛之间的关系，并指出经典测度论中 Lebesgue 定理、Rieze 定理、Egoroff 定理等对测度可加性的依赖并不是本质性的，这为深入研究模糊测度空间上模糊积分序列的收敛奠定了基础[74]。1981 年，赵汝怀给出了（N）模糊积分的概念和性质[75]；1985 年杨庆季提出了泛积分概念[76]；1986 年 Suare 和 Gil 用三角模定义给出了广义模糊积分[77]；1990 年吴从炘提出了（G）模糊积分的概念和基本性质[78]。

1992 年王震源与 Klir 共同出版了第一部关于模糊测度的著作 *Fuzzy Measure Theory*[79]；2008 年他们又出版了 *Generalized Measure Theory*[80]；2009 年哈明虎、杨兰珍、吴从炘出版了《广义模糊集值测度引论》[81]。这几部著作的出版，标志着对非可加测度的理论研究已达到了新高度。尤其是清华大学刘宝碇教授于 2005 年提出了基于正规性、单调性、自对偶性和可列次可加性的不确定性测度，并建立了基于不确定测度的不确定性理论[1]，在国内外产生了广泛而深远的影响。正因为刘教授的突出贡献，由清华大学出版了“不确定性理论与优化”系列丛书，初步形成了不确定性理论和不确定测度的理论体系，这些理论和方法在经济学、决策论、规划等方面的成功应用，使之成为当前和未来社会科学和自然科学的巨大发展动力。

2. 模糊集类上取实数值的测度

1965 年模糊集理论创始人 Zadeh 教授正式提出模糊集论，标志着定义在模糊集上的测度概念的产生，有人将这样的测度称为模糊测度，相应的积分叫模糊积分。1978 年，Zadeh 教授提出了在给定模糊集合上的可能性分布函数的概念，并定义了基于模糊集类的可能性测度，建立了可能性理论，并简单地将不确定性理解为可能性[82]。1990 年，Qiao 将 Sugeno 积分推广到模糊集上，将模糊测度定义在由模糊集构成的 σ - 代数上，随后又推广到 L - 模糊集构成的 σ - 代数上[83]。2002 年，刘宝碇教授等提出了可信性测度的概念，进而于 2005 年建立了公理化的可信性理论，寻找到了模糊集论的"根"——可信性[1]。可信性测度在模糊集论中的地位相当于概率测度在概率论中的地位，是整个可信性理论的基石。

3. 取值为集值或模糊值的测度

模糊集值测度（模糊数测度）与模糊集值积分（模糊数积分）是集值测度与集值积分的推广。集值测度和积分是自 20 世纪 40 年代集值映射产生后不断发展起来的。1965 年，学者 Auman 在经济学问题的启发下，以可测集值映射的单值 Lebesgue 可积选择定义了 $\boldsymbol{R}^n$ 空间集值映射的积分，被称为 Auman 积分[84]。1970 年，Datko 将 Auman 在 $\boldsymbol{R}^n$ 中的结果推广到了 Banach 空间，开始了 Banach 空间内集值映射积分的研究[85]。1977 年 Hiai 与 Umagaki 提出了可积有界集值映射的积分表示，并讨论了集值条件期望和鞅的存在性[86]。进入 20 世纪 80 年代后，随着科学技术和社会的发展，大量复杂测度问题呈现出来，进一步促进了测度论的发展。1991 年，学者薛小平以 Pettis 积分为工具，在 Banach 空间建立了集值函数弱意义下的 Pettis - Auman 积分，找到了集值函数表示成 Pettis - Auman 积分的条件[87]。2001 年，学者 Cho 等定义了集值映射的 Sugeno 积分，其取值为实数值[88]。

集值映射积分的发展促进了集值测度积分的产生和发展。1972 年，Artstein 率先在 $\boldsymbol{R}^n$ 空间引入了集值测度的概念[89]。1978 年，Hiai 对取值于 Banach 空间的集值测度进行了研究，以空间的几何性质为工具，得到有界变差集值的 Artatein 测度[90]。集值测度和集值积分从一产生开始就与其在经济学、控制论、统计学等领域的实际应用紧密结合，可以说，测度理论的发展是以实际需要为基础并不断被实际所推动着向前发展的。

自模糊数的概念被提出以来，人们从未停止过对模糊数测度与积分的研究，有关集值映射的可测性、可积性和可微性等概念，很快被推广到模糊集值映射中，并逐步形成了较完备的模糊集值测度和广义模糊集值测度理论，最后发展成了具有重要理论价值和明显工程应用价值的不确定测度，该领域的最新研究进展以哈明虎教授等于 2009 年主编的《广义模糊集值测度引论》为代表[81]。

综上所述，不确定性测度论的发展历程可简单地用图 3 - 3 表示。

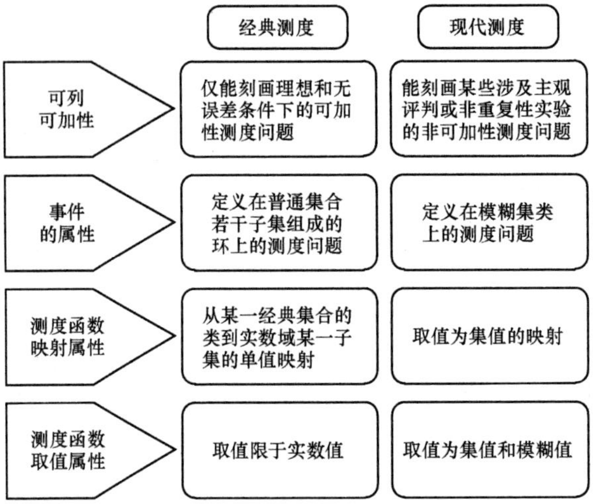

图 3-3　不确定性测度论的发展历程

电力系统中的电压暂降不确定性评估、设备敏感度不确定性评估、母线负荷预测、电网连锁故障风险评估、新能源并网适应性等，均需涉及不确定性理论与测度论，基于概率论、可信性理论、云模型理论等，建立相应的公理化评价测度体系，以此构建电力系统中不确定性事件评估模型。

3.4　电力系统中单一不确定性方法

每个学科都有其适用范围及局限性，对于电力系统中每种不确定性的研究，其方法必然存在差异。对于随机现象，由于其发生频繁，人们可通过长期大量的观察总结和统计性规律总结得出必然性的认识；对于模糊现象，人们可通过主观判断与经验积累，得到比较清晰的认识；对于粗糙现象，人们可通过经验学习并从经验中获取知识来表达不确定或不精确的知识，根据经验来表达或处理不完备信息。对于电力系统中的随机性、模糊性、粗糙性等单一不确定性的研究，分析方法总结。

（1）随机性的研究重点是随机变量的概率密度分布。实际中，通常用概率密度函数来表征随机变量的分布规律。确定概率密度函数参数的方法有很多种，较常用的有概率统计法、矩估计法及最大似然估计法等。

基于最大熵原理的概率统计法具有所需样本少，无须主观假设的优点，近年来在电力系统中也得到了广泛应用[52]。

（2）模糊性反映的是事件隶属于某个概念或集合的程度，其研究重点是模糊隶属度函数。利用模糊数学的基本知识，可通过隶属度确定元素隶属于集合的程度。

(3) 粗糙性重在对各种现象或事件的信息进行特征分析，提取关键知识并进行决策或判断，其研究重点是概念的表示、刻画，以及识别和评价数据之间的依存关系，并利用集合的基数（元素个数）之间的关系来描述概念之间的隶属关系。另外，知识库的建立和属性约减问题也是粗糙集理论的一个研究重点。

需要指出的是，随机性、模糊性和粗糙性存在本质区别，随机性反映的是事件发生与否的可能性大小，模糊性反映的是其属于某个概念或集合的程度，而粗糙性反映的是不可分辨关系，侧重分类。随机性、模糊性与粗糙性的研究从不同层面反映了电力系统中各不确定性事件的影响因素之间的不确定性关系，但是随着研究的不断深入，各单一不确定性分析方法仍然面临着一些挑战。

在随机性研究中，其关键是确定随机变量的概率密度分布，而现有方法大多基于主观假设，不同的假设对结果影响很大。虽然可通过参数估计的方法确定其参数，但所需样本数量庞大，现实中难以满足要求。

模糊性的研究中，其隶属函数一般采用梯形隶属函数或者三角形隶属函数，但大多数隶属函数的确定依赖于研究人员的经验，具有较大的主观性。

在粗糙性的研究中，其关键是知识库的建立，但面对电力系统中庞大的信息量，如何建立对应的规则决策表并对其进行约简是用粗糙集理论解决电力系统中的单一不确定性问题必须要面临的挑战。

与随机性和模糊性不同，粗糙性中不精确性的数值不是事先假定的，而是通过表达知识不精确性的概念近似计算得到的，这样不精确性的数值表示的是有限知识（对象分类能力）的结果，这里我们不需要用一个机构来指定精确的数值特征用来表示概念的精确度。

另外，无论随机性研究方法与模糊性研究方法，概率密度函数、隶属度的确定是研究的重点，如何最大限度地避免主观因素对其参数确定的影响是值得研究的问题。

3.5 电力系统经典测度方法

经典测度即可加测度，其本质特点是可加性，在电力系统中，应用最多的经典测度方法是概率测度，如设备电压暂降失效率不确定性评估方法中的概率评估法[91]、模糊评估法[92]、模糊随机评估法、随机模糊评估法[93]等方法在测度选取上均基于经典测度理论，采用了满足可加性条件的概率测度。

电力系统中概率测度一般遵循物理属性—数学刻画—研究方法的研究思路，其中，物理属性是根据已有样本信息，对基本事件的随机特性进行分析；数学刻画是指从概率测度需满足的公理性条件出发，用概率测度刻画基本事件的随机性；研究方法是依据概率论和数理统计，对基本事件的数学特征即期望、方差、熵等进行描述。通常情况下，经典概率测度可以分为主观概率测度和客观概率测度。

3.5.1 主观概率测度

主观概率测度是指在假设随机事件分布规律（均匀、正态、指数等）的前提下，依据已经获取的样本信息，采用矩估计、最大似然估计等方法确定模型参数。

1. 均匀分布

设随机变量ξ的密度函数为

$$f(\xi)=\begin{cases}\dfrac{1}{b-a}, & a\leqslant\xi\leqslant b\\ 0, & \text{其他}\end{cases} \tag{3-151}$$

则称ξ在区间$[a, b]$上服从均匀分布，记为$\xi\sim U(a, b)$，其中$a<b$，a，b为分布参数。

均匀分布的分布函数为

$$F(\xi)=\begin{cases}0, & \xi<a\\ \dfrac{\xi-a}{b-a}, & a\leqslant\xi\leqslant b\\ 1, & \xi>b\end{cases} \tag{3-152}$$

2. 正态分布

定义 3.73：若随机变量ξ的概率密度函数为

$$\varphi(\xi)=\frac{1}{\sqrt{2\pi}}e^{-\frac{\xi^2}{2}},\xi\in\boldsymbol{R} \tag{3-153}$$

则称ξ服从标准正态分布，记为$\zeta\sim N(0, 1)$。

标准正态分布随机变量ξ的分布函数记为$\Phi(\xi)$，有

$$\Phi(\xi)=\int_{-\infty}^{\xi}\frac{1}{\sqrt{2\pi}}e^{-\frac{t^2}{2}}dt \tag{3-154}$$

定义 3.74：μ，$\sigma>0$是任意常数，若随机变量ξ有

$$Z=\frac{\xi-\mu}{\sigma}\sim N(0,1) \tag{3-155}$$

则称ξ服从参数为μ，σ^2的正态分布，记为$\zeta\sim N(\mu, \sigma^2)$，其中，$\mu$为期望，$\sigma$为方差。

定理 3.38：$\zeta\sim N(\mu, \sigma^2)$，则

(1) ξ 的分布函数为

$$F(\xi)=\Phi\left(\frac{\xi-\mu}{\sigma}\right),\quad -\infty<\xi<+\infty \tag{3-156}$$

(2) ξ 在 $(a, b]$ 范围内的概率为

$$P(a<\xi\leqslant b)=\Phi\left(\frac{b-\mu}{\sigma}\right)-\Phi\left(\frac{a-\mu}{\sigma}\right) \tag{3-157}$$

(3) ξ 的概率密度函数为

$$f(\xi)=\frac{1}{\sqrt{2\pi}\sigma}\mathrm{e}^{-\frac{(\xi-\mu)^2}{2\sigma^2}},\quad -\infty<\xi<+\infty \tag{3-158}$$

通常情况下，正态分布的期望 μ 和方差 σ 可依据样本数据按照下式计算

$$\mu=(A_{\max}-A_{\min})/2+A_{\min} \tag{3-159}$$

$$\sigma=(\mu-A_{\min})/3 \tag{3-160}$$

式中：$A_{\min}$、$A_{\max}$ 分别为样本数据的最小值和最大值。

3. 指数分布

定义 3.75：设随机变量 ξ 的密度函数为

$$f(\xi)=\begin{cases}\lambda\mathrm{e}^{-\lambda\xi}, & \xi>0\\ 0, & \xi\leqslant 0\end{cases} \tag{3-161}$$

式中：$\lambda>0$ 为常数，则称 ξ 服从参数为 λ 的指数分布，记为 $\xi\sim \mathrm{e}(\lambda)$，相关参数可用最大似然估计法求得。

易知，指数分布随见变量 ξ 的分布函数为

$$F(\xi)=\begin{cases}1-\mathrm{e}^{-\lambda\xi}, & \xi>0\\ 0, & \xi\leqslant 0\end{cases} \tag{3-162}$$

3.5.2 客观概率测度

客观概率测度是指在某些条件的约束下，依据样本信息，求取最适合描述随机事件的分布规律，有效地避免了主观假设。电力系统中应用最多的是基于最大熵原理刻画事件的随机不确定性。

1957 年，著名科学家杰尼斯（E. T. Jaynes）提出了最大熵（maximum entropy）原理[94]，其主要思想是：当已知未知分布的部分知识时，符合已知知识的概率分布可能不止一个，应选取符合已知知识且熵值最大的分布。熵是对随机变量不确定性的定义。当熵值最大，随机变量就最不确定，即随机变量的随机性越强，要准确预测就越困难。从该意义看，最大熵原理的本质就是，从样本数据出发，无须概率密度函数类型的主观假设，为达到同样的评估准确度，所需样本数比假设分布规律后进行准确的参数估计所需的样本数少。

1. 熵的概念与定量刻画

根据 Jaynes 原理，即“最符合实际的概率分布使受到给定信息的约束的熵

最大”。设 x 为随机变量，概率密度函数为 $f(x)$，其不确定性程度可用熵 $H(x)$ 来描述，即

$$H(x)=-f(\int_R x)\lg f(x)\mathrm{d}x \tag{3-163}$$

设离散概率分布为

$$[X,P_i]=[x_i,p_i\,|\,i=1,2,\cdots,K] \tag{3-164}$$

则离散随机变量 X 的信息熵定义为

$$H(X)=-c\sum_{i=l}^{K}p_i\lg p_i \tag{3-165}$$

式中：c 为常数系数，通常取 1。

熵作为度量不确定性的有效测度，具有如下性质。

（1）当且仅当 $\{p_i\}$ 中任一个等于 1，而其余全部等于零时，$H(X)=0$。这种情况，对应变量出现的结果，完全能够准确地被预见到，不存在不确定性。在其他情况下，熵是正的。

（2）当 $p_1=p_2=\cdots=p_k=\dfrac{1}{k}$ 时，$H(X)$ 取最大值。这种情况下，随机变量具有最大不确定性。

（3）如果 A 和 B 是两个独立的随机变量，则有

$$\begin{aligned}H(A\cap B)&=H(\{e_{ik}=p_iq_k\})\\&=H(\{p_i\})+H(\{q_k\})=H(A)+H(B)\end{aligned} \tag{3-166}$$

（4）如果 A 和 B 是两个相关的随机变量，则有

$$\begin{aligned}H(A\cap B)&=H(A)+H(B/A)\\&=H(B)+H(A/B)\end{aligned} \tag{3-167}$$

由式（3-166）可知，每一组概率值的确定，或者说每一种概率分布的确定，对应着一个熵值，同样的，每一个熵值对应着一个特定的分布。于 1957 年，学者 Jaynes 基于信息熵的概念提出了最大熵原理。最大熵原理可简单表述为：在满足给定约束条件的概率分布中，用最大熵模型得到的概率分布规律，是服从所有给定信息的最随机、包含主观因素最少的概率分布规律，为最优分布，将在 3.5.2 节第 2 部分予以介绍。

2. 最大熵原理

设 x 为随机变量，概率密度函数为 $f(x)$，其不确定性程度可用熵 $H(x)$ 来描述，如式（3-165）。

根据最大熵原理，随机变量的最大可能性为熵取最大值时所对应的随机分布规律。其约束条件为

$$\int_R f(x)\mathrm{d}x=1 \tag{3-168}$$

$$\int_R x f(x) \mathrm{d}x = E_1 \tag{3-169}$$

$$\int_R (x - E_1)^h f(x) \mathrm{d}x = E_h,\ h = 2,3,4,5 \tag{3-170}$$

式中：R 为随机变量 x 的取值边界；E_1 和 E_h 分别为样本数据的 1 阶原点矩和 h 阶中心矩。

建立拉格朗日方程，得随机概率

$$f(x) = \exp[\lambda_0 + \lambda_1 x + \sum_{h=2}^{5} \lambda_h (x - E_1)^h] \tag{3-171}$$

式中：$\lambda_0 \sim \lambda_5$ 为拉格朗日乘子。

式（3-171）带入式（3-168）～式（3-170），得

$$\lambda_0 = -\ln\left\{\int_R \exp[\lambda_1 x + \sum_{h=2}^{5} \lambda_h (x - E_1)^h] \mathrm{d}x\right\} \tag{3-172}$$

$$\frac{\partial \lambda_0}{\partial \lambda_1} = -\int_R x \exp\left[\lambda_0 + \lambda_1 x + \sum_{h=2}^{5} \lambda_h (x - E_1)^h\right] \mathrm{d}x \tag{3-173}$$

$$\frac{\partial \lambda_0}{\partial \lambda_h} = -\int_R (x - E_1)^h \exp\left[\lambda_0 + \lambda_1 x + \sum_{h=2}^{5} \lambda_h (x - E_1)^h\right] \mathrm{d}x \tag{3-174}$$

由式（3-172）～式（3-174）得

$$E_1 = \frac{\int_R x \exp\left[\lambda_1 x + \sum_{h=2}^{5} \lambda_h (x - E_1)^h\right] \mathrm{d}x}{\int_R \exp\left[\lambda_1 x + \sum_{h=2}^{5} \lambda_h (x - E_1)^h\right] \mathrm{d}x} \tag{3-175}$$

$$E_h = \frac{\int_R (x - E_1)^h \exp\left[\lambda_1 x + \sum_{h=2}^{5} \lambda_h (x - E_1)^h\right] \mathrm{d}x}{\int_R \exp\left[\lambda_1 x + \sum_{h=2}^{5} \lambda_h (x - E_1)^h\right] \mathrm{d}x} \tag{3-176}$$

由式（3-172）、式（3-175）、式（3-176）求解关于 λ 的方程组，结果代入式（3-171）得概率密度函数 $f(x)$，即为随机变量的概率密度函数。

2010 年，作者基于经典概率测度，提出了度量电力系统，尤其是电能质量扰动及其影响的复杂不确定性的公理化熵测度，为电力系统随机不确定性的深入研究奠定了重要基础。

4　复杂不确定性理论与测度方法

4.1　双重不确定性分析方法

在第3章论述了电力系统中不确定性事件的概率、模糊、粗糙等单一不确定性分析方法，除此之外，敏感设备的电压暂降敏感度可以看作是供电系统产生的电压暂降的随机性和敏感设备电压耐受能力的模糊性的综合作用的结果，即把电压暂降引起的设备故障事件定义为模糊随机事件，具有双重不确定性。另外，由于风力发电、光伏发电等具有随机性和间歇性，以及配网负荷预测的模糊性，使得并网风力、光伏等发电容量极限信息具有随机模糊性，因此，提出基于机会规划理论的并网光伏、风力发电站容量优化模型[95]。除了上述双重不确定性现象以外，电力系统中还存在其他诸多的双重不确定性事件。因此，研究双重不确定性理论和分析方法具有重要意义。本节主要针对模糊随机理论、随机模糊理论、模糊粗糙理论及云模型理论加分析。

4.1.1　模糊随机理论

简单地看，模糊随机变量是指从概率空间到模糊变量所构成的集合的可测函数，即一个模糊随机变量是一个取模糊值的随机变量，因此而得名为模糊随机变量，其实质是随机变量，但其取值为模糊值。例如，在分析电压暂降影响下设备敏感度或耐受水平时，由于供电母线上的电压暂降特征、频次等取决于供电系统内部结构、运行方式、控制和保护方式、暂降原因等，通常是随机事件，而用户侧的敏感设备，在这样随机变化的电压暂降作用下可能出现的运行状态是多值的，主要取决于设备类型、用电特征和运行性能要求、运行环境、条件等，从设备故障或运行不正常的角度看，正常与非正常之间的排中律不能得到满足，其状态是具有不确定的模糊状态，因此，电压暂降作用下的敏感设备运行状态或敏感事件用模糊随机变量描述更符合实际。

1. 模糊随机变量

模糊随机变量的定义如下。

定义 4.1：设 ξ 是从概率空间（$\boldsymbol{\Omega}$，$\boldsymbol{\mathcal{A}}$，Pr）到模糊变量集合的函数，并且对于实数域 $\boldsymbol{R}$ 上的任何 Borel 集 $\boldsymbol{B}$，可能性函数 $M_{\text{pos}}[\,]$ $\{\xi(\omega)\in\boldsymbol{B}\}$ 是 ω 的可测函数，则定义 ξ 为一个模糊随机变量。

定理 4.1：设 ξ 是概率空间（$\boldsymbol{\Omega}$，$\boldsymbol{\mathcal{A}}$，Pr）上的模糊随机变量，则对于 $\boldsymbol{R}$ 中的任何 Borel 集 $\boldsymbol{B}$，有：

（1）可能性测度 M_{pos} $\{\xi(\omega)\ \in\boldsymbol{B}\}$ 是一个随机变量。

（2）必要性测度 M_{nec} $\{\xi(\omega)\ \in\boldsymbol{B}\}$ 是一个随机变量。

（3）可信性测度 M_{cr} $\{\xi(\omega)\ \in\boldsymbol{B}\}$ 是一个随机变量。

定理 4.2：设 ξ 是概率空间（$\boldsymbol{\Omega}$，$\boldsymbol{\mathcal{A}}$，Pr）上的模糊随机变量，如果对于每个 $\omega\in\boldsymbol{\Omega}$，期望值 E $[\xi(\omega)]$ 是有限的，那么 E $[\xi(\omega)]$ 是一个随机变量。

定义 4.2：设 ξ 是一个从概率空间（$\boldsymbol{\Omega}$，$\boldsymbol{\mathcal{A}}$，Pr）到 n 维模糊向量集合的函数，如果对 $\boldsymbol{R}^n$ 中任何 Borel 集 $\boldsymbol{B}$，函数 M_{pos} $\{\xi(\omega)\ \in\boldsymbol{B}\}$ 是 ω 的可测函数，则称 ξ 为一个 n 维模糊随机向量。

定理 4.3：若（ξ_1，ξ_2，…，ξ_n）是模糊随机向量，则 ξ_1，ξ_2，…，ξ_n 是模糊随机变量。

定理 4.4：若 ξ 是 n 维模糊随机向量，且函数 f：$\boldsymbol{R}^n\rightarrow\boldsymbol{R}$ 是可测的，则 $f(\xi)$ 是模糊随机变量。

类似于第 3.1.1 节第 2 部分中概率运算的定义（定义 3.8 和定义 3.9），同样可给出同一概率空间的模糊随机运算和不同概率空间的模糊随机运算。

定义 4.3（同一概率空间上的模糊随机运算）：设 f：$\boldsymbol{R}^n\rightarrow\boldsymbol{R}$ 是可测函数，并且 ξ_1，ξ_2，…，ξ_n 为定义在概率空间（$\boldsymbol{\Omega}$，$\boldsymbol{\mathcal{A}}$，Pr）上的模糊随机变量，则 $\xi=f(\xi_1$，ξ_2，…，$\xi_n)$ 为一个模糊随机变量，定义为

$$\xi(\omega)=f(\xi_1(\omega),\xi_2(\omega),\cdots,\xi_n(\omega)),\forall\,\omega\in\boldsymbol{\Omega} \tag{4-1}$$

定义 4.4（不同空间上的模糊随机运算）：设 f：$\boldsymbol{R}^n\rightarrow\boldsymbol{R}$ 是可测函数，且 ξ_i 分别是定义在概率空间（$\boldsymbol{\Omega}_i$，$\boldsymbol{\mathcal{A}}_i$，$\text{Pr}_i$）（$i=1$，2，…，$n$）上的模糊随机变量，则 $\xi=f$（ξ_1，ξ_2，…，ξ_n）是乘积概率空间（$\boldsymbol{\Omega}_1\times\boldsymbol{\Omega}_2\times\cdots\times\boldsymbol{\Omega}_n$，$\boldsymbol{\mathcal{A}}_1\times\boldsymbol{\mathcal{A}}_2\times\cdots\times\boldsymbol{\mathcal{A}}_n$，$\text{Pr}_1\times\text{Pr}_2\times\cdots\times\text{Pr}_n$）上的模糊随机变量，定义为

$$\xi(\omega_1,\omega_2,\cdots,\omega_n)=f[\xi_1(\omega_1),\xi_2(\omega_2),\cdots,\xi_n(\omega_n)] \tag{4-2}$$

其中，（ω_1，ω_2，…，ω_n）$\in\boldsymbol{\Omega}$。

2. 机会测度

由上述分析可知，随机事件的概率和模糊事件的可能性都是一个实数，但对一个模糊随机事件而言，其机会被定义为一个函数，而不是一个实数。

定义 4.5：设 ξ 为定义在概率空间（$\boldsymbol{\Omega}$，$\boldsymbol{\mathcal{A}}$，Pr）上的模糊随机变量，$\boldsymbol{B}$ 是 $\boldsymbol{R}$ 中的 Borel 集，则称从（0，1］到［0，1］的函数

$$\mathrm{Ch}\{\xi \in \boldsymbol{B}\}(\alpha) = \sup_{\Pr\{\mathcal{A}\} \geqslant \alpha} \inf_{\omega \in \mathcal{A}} \mathrm{Cr}\{\xi(\omega) \in \boldsymbol{B}\} \tag{4-3}$$

为模糊随机事件 $\xi \in \boldsymbol{B}$ 的机会。

定理 4.5：设 ξ 为定义在概率空间（$\boldsymbol{\Omega}$，$\mathcal{A}$，Pr）上的模糊随机变量，$\boldsymbol{B}$ 是 $\boldsymbol{R}$ 中的 Borel 集，对任意给定 $\alpha^* \in$（0，1]，记 $\beta^* = \mathrm{Ch}\{\xi \in \boldsymbol{B}\}(\alpha^*)$，则有

$$\Pr\{\omega \in \boldsymbol{\Omega} \mid \mathrm{Cr}\{\xi(\omega) \in \boldsymbol{B}\} \geqslant \beta^*\} \geqslant \alpha k \tag{4-4}$$

定理 4.6：设 ξ 是模糊随机变量，并且 $\{\boldsymbol{B}_i\}$ 是 $\boldsymbol{R}$ 中满足 $\boldsymbol{B}_i \downarrow \boldsymbol{B}$ 的一列 Borel 集合。如果 $\lim\limits_{i\to\infty}\mathrm{Ch}\{\xi \in \boldsymbol{B}_i\}(\alpha) > 0.5$ 或者 $\mathrm{Ch}\{\xi \in \boldsymbol{B}\}(\alpha) \geqslant 0.5$，那么

$$\lim_{i\to\infty}\mathrm{Ch}\{\xi \in \boldsymbol{B}_i\}(\alpha) = \mathrm{Ch}\{\xi \in \lim_{i\to\infty}\boldsymbol{B}_i\}(\alpha) \tag{4-5}$$

3. 机会分布

定义 4.6：设 ξ 是模糊随机变量，则函数 Φ：$(-\infty, +\infty) \times (0, 1] \to [0, 1]$，

$$\Phi(x;\alpha) = \mathrm{Ch}\{\xi \leqslant x\}(\alpha) \tag{4-6}$$

称为 ξ 的机会分布。

定理 4.7：对于固定的实数 x，模糊随机变量 ξ 的机会分布 $\Phi(x;\alpha)$ 是关于 α 的单调递减和左连续的函数。

定理 4.8：对于每个固定的 α，模糊随机变量 ξ 的机会分布 $\Phi(x;\alpha)$ 是关于 x 的单调递增函数，并且

$$\lim_{x\to-\infty}\Phi(x;\alpha) \leqslant 0.5, \forall \alpha \tag{4-7}$$

$$\lim_{x\to+\infty}\Phi(x;\alpha) \geqslant 0.5, \text{如果 } \alpha < 1 \tag{4-8}$$

此外，若 $\lim\limits_{y\downarrow x}\Phi(y;\alpha) > 0.5$ 或 $\Phi(x;\alpha) \geqslant 0.5$，则

$$\lim_{y\downarrow x}\Phi(y;\alpha) = \Phi(x;\alpha) \tag{4-9}$$

定义 4.7：设 ξ 为模糊随机变量，Φ 为 ξ 的机会分布。若函数 ϕ：$\boldsymbol{R} \times (0, 1] \to [0, +\infty)$ 对所有的 $x \in (-\infty, +\infty)$ 和 $\alpha \in (0, 1]$ 满足

$$\Phi(x;\alpha) = \int_{-\infty}^{x} \phi(y;\alpha)\mathrm{d}y \tag{4-10}$$

则称 ϕ 为模糊随机变量 ξ 的机会密度函数。

4. 模糊随机变量的独立性

定义 4.8：设 ξ_1，ξ_2，…，ξ_n 为模糊随机变量，如果对任意正整数 m 和 $\boldsymbol{R}$ 中的任意 Borel 集 $\boldsymbol{B}_1$，$\boldsymbol{B}_2$，…，$\boldsymbol{B}_m$，

$$(\mathrm{Pos}\{\xi_i(\omega) \in \boldsymbol{B}_1\}, \mathrm{Pos}\{\xi_i(\omega) \in \boldsymbol{B}_2\}, \cdots, \mathrm{Pos}\{\xi_i(\omega) \in \boldsymbol{B}_m\}), i = 1, 2, \cdots, n \tag{4-11}$$

是独立同分布的随机向量，那么称 ξ_1，ξ_2，…，ξ_n 为独立同分布的模糊随机变量。

定理 4.9：设 ξ_1，ξ_2，…，ξ_n 为独立同分布的模糊随机变量，则对 $\boldsymbol{R}$ 中的任意 Borel 集 $\boldsymbol{B}$，有

(1) $\mathrm{Pos}\{\xi_i(\omega)\in \boldsymbol{B}\}$ ($i=1$，2，…，n) 是独立同分布的随机变量。

(2) $\mathrm{Nec}\{\xi_i(\omega)\in \boldsymbol{B}\}$ ($i=1$，2，…，n) 是独立同分布的随机变量。

(3) $\mathrm{Cr}\{\xi_i(\omega)\in \boldsymbol{B}\}$ ($i=1$，2，…，n) 是独立同分布的随机变量。

定理 4.10：设 f：$\boldsymbol{R}^n\to\boldsymbol{R}$ 是可测函数，若 ξ_1，ξ_2，…，ξ_n 是独立同分布的模糊随机变量，则 $f(\xi_1)$，$f(\xi_2)$，…，$f(\xi_n)$ 是独立同分布的模糊随机变量。

定理 4.11：如果 ξ_1，ξ_2，…，ξ_n 是独立同分布的模糊随机变量，并且对每个 ω，$E[\xi_1(\omega)]$，$E[\xi_2(\omega)]$，…，$E[\xi_n(\omega)]$ 都是有限的，那么，$E[\xi_1(\omega)]$，$E[\xi_2(\omega)]$，…，$E[\xi_n(\omega)]$ 是独立同分布的随机变量。

5. 期望值与方差

定义 4.9：设 ξ 是模糊随机变量，如果下式右端两个积分中至少有一个为有限的，则称

$$E(\xi)=\int_0^{+\infty}\mathrm{Pr}\{\omega\in\boldsymbol{\Omega}\mid E[\xi(\omega)]\geqslant r\}\mathrm{d}r-\int_{-\infty}^{0}\mathrm{Pr}\{\omega\in\boldsymbol{\Omega}\mid E[\xi(\omega)]\leqslant r\}\mathrm{d}r \tag{4-12}$$

为模糊随机变量 ξ 的期望值。

定义 4.10：设 ξ 为模糊随机变量，且期望值 $E(\xi)$ 有限，则称

$$V(\xi)=E\{[\xi-E(\xi)^2]\} \tag{4-13}$$

为 ξ 的方差。

在利用模糊随机理论分析和解决实际问题时，问题本身的基本不确定属性和测度选取是关键，应根据具体问题的物理属性和数学性质，根据希望达到的研究目标选定测度并建立数学模型，同时对这些模型的求解方法的研究也是重要课题。

4.1.2 随机模糊理论

电力系统中还存在另外一种较为普遍的双重不确定性现象，即随机模糊性。如风速是影响风力发电的主要因素之一，另外，风速受季节、气温、大气湍流等自然规律影响具有随机性，同时受有限风速统计数据限制，难以获取认识意义上清晰的概率分布参数具有模糊性，因此，可用随机模糊变量描述风速，符合客观实际。

在本小节中，我们将主要介绍随机模糊变量、随机模糊运算、机会测度、机会分布、随机模糊变量的独立性、期望值与方差等概念。

1. 随机模糊变量

随机模糊变量是从可能性空间到随机变量构成的集合的函数，随机模糊变量

的定义如下。

定义 4.11：如果 ξ 是从可能性空间（$\boldsymbol{\Theta}$，$H(\boldsymbol{\Theta})$，Pos）到随机变量集合的函数，则称 ξ 是一个随机模糊变量。

定理 4.12：设 ξ 是随机模糊变量，则对于 $\boldsymbol{R}$ 中任何 Borel 集 $\boldsymbol{B}$，概率 $\Pr\{\xi(\theta)\in\boldsymbol{B}\}$ 是一个模糊变量。

定理 4.13：设 ξ 是可能性空间（$\boldsymbol{\Theta}$，$H(\boldsymbol{\Theta})$，Pos）上的随机模糊变量，如果对于每个 $\boldsymbol{\Theta}$，期望值 $E[\xi(\boldsymbol{\Theta})]$ 有限，那么 $E[\xi(\boldsymbol{\Theta})]$ 是（$\boldsymbol{\Theta}$，$H(\boldsymbol{\Theta})$，Pos）上的一个模糊变量。

定义 4.12：如果 ξ 是一个从可能性空间（$\boldsymbol{\Theta}$，$H(\boldsymbol{\Theta})$，Pos）到 n 维随机向量集合的函数，则 ξ 称为 n 维随机模糊向量。

定理 4.14：（ξ_1，ξ_2，…，ξ_n）是随机模糊向量，当且仅当 ξ_1，ξ_2，…，ξ_n 为随机模糊变量。

定理 4.15：设 ξ 是可能性空间（$\boldsymbol{\Theta}$，$H(\boldsymbol{\Theta})$，Pos）上的 n 维随机模糊向量，若函数 f：$\boldsymbol{R}^n\to\boldsymbol{R}$ 是可测的，则 $f(\xi)$ 是可能性空间（$\boldsymbol{\Theta}$，$H(\boldsymbol{\Theta})$，Pos）上的随机模糊变量。

2. 随机模糊运算

定义 4.13（同一空间上的随机模糊运算）：设 f：$\boldsymbol{R}^n\to\boldsymbol{R}$ 为可测函数，ξ_1，ξ_2，…，ξ_n 为定义在可能性空间（$\boldsymbol{\Theta}$，$H(\boldsymbol{\Theta})$，Pos）上的随机模糊变量，则称 $f(\xi_1，\xi_2，…，\xi_n)$ 为一个随机模糊变量，定义为

$$\xi(\theta)=f[\xi_1(\theta),\xi_2(\theta),\cdots,\xi_n(\theta)],\forall\theta\in\boldsymbol{\Theta}\tag{4-14}$$

定义 4.14（不同空间上的随机模糊运算）：设 f：$\boldsymbol{R}^n\to\boldsymbol{R}$ 为可测函数，且 ξ_i 为定义在可能性空间（$\boldsymbol{\Theta}$，$H(\boldsymbol{\Theta})$，Pos）上的随机模糊变量，则称 $f(\xi_1，\xi_2，…，\xi_n)$ 是乘积空间（$\boldsymbol{\Theta}$，$H(\boldsymbol{\Theta})$，Pos）上的一个随机模糊变量，定义为

$$\xi(\theta_1,\theta_2,\cdots,\theta_n)=f[\xi_1(\theta_1),\xi_2(\theta_2),\cdots,\xi_n(\theta_n)]\tag{4-15}$$

其中，$(\theta_1，\theta_2，…，\theta_n)\in\boldsymbol{\Theta}$。

3. 机会测度

在 4.1.1 节第 2 部分中，模糊随机事件的机会定义为从（0，1］到［0，1］的函数，类似地，4.1.2 节第 2 部分将介绍随机模糊事件的机会。

定义 4.15：设 ξ 是定义在可能性空间（$\boldsymbol{\Theta}$，$H(\boldsymbol{\Theta})$，Pos）上的随机模糊变量，且 $\boldsymbol{B}$ 是 $\boldsymbol{R}$ 中的 Borel 集，则随机模糊事件 $\xi\in\boldsymbol{B}$ 的机会定义为从区间（0，1］到［0，1］的一个函数，即

$$\mathrm{Ch}\{\xi\in\boldsymbol{B}\}(\alpha)=\sup_{\mathrm{Cr}\{\mathcal{A}\}\geqslant\alpha}\ \inf_{\Theta\in\mathcal{A}}\mathcal{P}\{\xi(\boldsymbol{\Theta})\in\mathcal{B}\}\tag{4-16}$$

定理 4.16：设 ξ 是随机模糊变量，而 $\boldsymbol{B}$ 是 $\boldsymbol{R}$ 中的 Borel 集，对于任给 $\alpha^*>0.5$，若记 $\beta^*=\mathrm{Ch}\{\xi\in\boldsymbol{B}\}(\alpha^*)$，则有

$$\mathrm{Cr}\{\theta \in \boldsymbol{\Theta} \mid \Pr\{\xi(\theta) \in \boldsymbol{B}\} \geqslant \beta^{*}\} \geqslant \alpha^{*} \tag{4-17}$$

定理 4.17： 设 ξ 是（$\boldsymbol{\Theta}$，H（$\boldsymbol{\Theta}$），Pos）上的随机模糊变量，并且 $\boldsymbol{B}$ 是 $\boldsymbol{R}$ 中的 Borel 集，则 Ch｛$\xi \in \boldsymbol{B}$｝（α）是 α 的减函数，并且

$$\lim_{\alpha \downarrow 0}\mathrm{Ch}\{\xi \in \boldsymbol{B}\}(\alpha) = \sup_{\theta \in \boldsymbol{\Theta}^{+}}\Pr\{\xi(\theta) \in \boldsymbol{B}\} \tag{4-18}$$

$$\mathrm{Ch}\{\xi \in \boldsymbol{B}\}(1) = \inf_{\theta \in \boldsymbol{\Theta}^{+}}\Pr\{\xi(\theta) \in \boldsymbol{B}\} \tag{4-19}$$

式中：$\boldsymbol{\Theta}^{+}$ 为（$\boldsymbol{\Theta}$，$H(\boldsymbol{\Theta})$，Pos）的核。

定理 4.18： 设 ξ 是随机模糊变量，并且｛$\boldsymbol{B}_i$｝是 $\boldsymbol{R}$ 中的一列 Borel 集，若 $\alpha>0.5$ 且 $\boldsymbol{B}_i \downarrow \boldsymbol{B}$，则有

$$\lim_{i \to \infty}\mathrm{Ch}\{\xi \in \boldsymbol{B}_i\}(\alpha) = \mathrm{Ch}\{\xi \in \lim_{i \to \infty}\boldsymbol{B}_i\}(\alpha) \tag{4-20}$$

4. 机会分布

定义 4.16： 设 ξ 为随机模糊变量，则函数 Φ：（$-\infty$，$+\infty$）×（0，1］→［0，1］，且有

$$\Phi(x;\alpha) = \mathrm{Ch}\{\xi \leqslant x\}(\alpha) \tag{4-21}$$

称为 ξ 的机会分布。

定理 4.19： 对于固定的 x，随机模糊变量 ξ 的机会分布 Φ（x；α）是关于 α 的单调递减和左连续的函数。

定理 4.20： 对于每个固定的 α，随机模糊变量 ξ 的机会分布 Φ（x；α）是关于 x 的单调递增函数，并且

$$\lim_{x \to -\infty}\Phi(x;\alpha) = 0,\alpha > 0.5 \tag{4-22}$$

$$\lim_{x \to +\infty}\Phi(x;\alpha) = 1,\alpha < 0.5 \tag{4-23}$$

此外，如果 $\alpha>0.5$，那么

$$\lim_{y \downarrow x}\Phi(y;\alpha) = \Phi(x;\alpha) \tag{4-24}$$

定理 4.21： 设 ξ 为随机模糊变量，那么：

（1）对于任意固定的 x，Ch｛$\xi \geqslant x$｝（α）是 α 的单调递减和左连续函数。

（2）对于任意固定的 α，Ch｛$\xi \geqslant x$｝（α）是 x 的单调递减函数。

此外，若 $\alpha>0.5$，则

$$\lim_{y \uparrow x}\mathrm{Ch}\{\xi \geqslant y\}(\alpha) = \mathrm{Ch}\{\xi \geqslant x\}(\alpha) \tag{4-25}$$

定义 4.17： 设 ξ 为随机模糊变量，Φ 为 ξ 的机会分布。若函数 ϕ：$\boldsymbol{R}$×（0，1］→［0，$+\infty$）对所有的 $x \in$（$-\infty$，$+\infty$）和 $\alpha \in$（0，1］满足

$$\Phi(x;\alpha) = \int_{-\infty}^{x}\phi(y;\alpha)\mathrm{d}y \tag{4-26}$$

则称 ϕ 为随机模糊变量 ξ 的几率密度函数。

5. 随机模糊变量的独立性

定义 4.18： 设 ξ_1，ξ_2，…，ξ_n 为随机模糊变量，如果对任意正整数 m 和 $\boldsymbol{R}$

中的任意 Borel 集 $\boldsymbol{B}_1$，$\boldsymbol{B}_2$，…，$\boldsymbol{B}_m$，有

$$(\Pr\{\xi_i(\theta)\in\boldsymbol{B}_1\},\Pr\{\xi_i(\theta)\in\boldsymbol{B}_2\},\cdots,\Pr\{\xi_i(\theta)\in\boldsymbol{B}_m\}),i=1,2,\cdots,n \tag{4-27}$$

是独立同分布的模糊向量，那么称 ξ_1，ξ_2，…，ξ_n 为独立同分布的随机模糊变量。

定理 4.22：设 ξ_1，ξ_2，…，ξ_n 是独立同分布的随机模糊变量，则对 $\boldsymbol{R}$ 中的任意 Borel 集 $\boldsymbol{B}$，$\Pr\{\xi_i\ (\theta)\ \in\boldsymbol{B}\}$（$i=1$，2，…，$n$）是独立同分布的模糊变量。

定理 4.23：设 f：$\boldsymbol{R}^n\rightarrow\boldsymbol{R}$ 是可测函数，若 ξ_1，ξ_2，…，ξ_n 是独立同分布的随机模糊变量，则 f（ξ_1），f（ξ_2），…，f（ξ_n）是独立同分布的随机模糊变量。

6. 期望值与方差

定义 4.19：设 ξ 是随机模糊变量，如果下式右端两个积分中至少有一个为有限的，则称

$$E(\xi)=\int_0^{+\infty}\mathrm{Cr}\{\theta\in\boldsymbol{\Theta}\mid E[\xi(\theta)]\geqslant r\}\mathrm{d}r-\int_{-\infty}^0\mathrm{Cr}\{\theta\in\boldsymbol{\Theta}\mid E[\xi(\theta)]\leqslant r\}\mathrm{d}r \tag{4-28}$$

为随机模糊变量 ξ 的期望值。

定义 4.20：设 ξ 为随机模糊变量，且期望值 E（ξ）有限，则称

$$V(\xi)=E\{[\xi-E(\xi)^2]\} \tag{4-29}$$

为 ξ 的方差。

7. 乐观值与悲观值

定义 4.21：设 ξ 为随机模糊变量，α，$\beta\in$（0，1]，则称

$$\xi_{\sup}(\alpha,\beta)=\sup\{r\mid \mathrm{Ch}\{\xi\geqslant r\}(\alpha)\geqslant\beta\} \tag{4-30}$$

为 ξ 的(α，β)乐观值，而称

$$\xi_{\inf}(\alpha,\beta)=\inf\{r\mid \mathrm{Ch}\{\xi\leqslant r\}(\alpha)\geqslant\beta\} \tag{4-31}$$

为 ξ 的(α，β)悲观值。

乐观值和悲观值是度量随机模糊变量 ξ 的两类关键值。随机模糊变量 ξ 在概率水平 α 上以可信性 β 取值向上达到(α，β)乐观值 $\xi_{\sup}$(α，β)，随机模糊变量 ξ 在概率水平 α 上以可信性 β 取值向下达到(α，β)悲观值 $\xi_{\inf}$(α，β)。

4.1.3 模糊粗糙理论

在多影响因素、非线性、时刻动态变化的大型电力系统中，复杂性与准确性的对立十分突出。系统复杂性的增长，会引起模糊度加深，降低其精确程度。复杂性产生于系统自身的繁杂程度及相关的模糊不明确性。

模糊理论的本质就是将问题模糊化，求得模糊解后再反模糊化。处理问题的角度方式不同，产生了不同的理论方向，而模糊集和粗糙集，则是相关方式方法

系统化的产物。模糊集和粗糙集理论都是研究复杂系统中不明确的模糊现象的有效方法，拓展了经典理论。粗糙集以知识的不可分辨性为研究信息系统的切入点，而模糊集以知识的模糊性为其研究信息系统的切入点，二者各有自身不同的特点，电力系统中通常依实际情况将两者结合起来，如将模糊粗糙集属性约简算法应用于电力营销分析或者基于模糊粗糙集数据挖掘的电力系统故障诊断研究等。因此，研究模糊粗糙理论，很有必要。

1. 模糊粗糙变量

定义 4.22：设 ξ 是从粗糙空间（$\boldsymbol{\Lambda}$，Δ，$\boldsymbol{\mathcal{A}}$，π）到模糊变量集合的一个函数，并且对 $\boldsymbol{R}$ 中的任意 Borel 集 $\boldsymbol{B}$，$\mathrm{Pos}\{\xi(\lambda)\in\boldsymbol{B}\}$ 为 λ 的可测函数，则称 ξ 为模糊粗糙变量。

定理 4.24：设 ξ 是一个模糊粗糙变量，且 $\boldsymbol{B}$ 是 $\boldsymbol{R}$ 中的 Borel 集，则：

（1）可能性 $\mathrm{Pos}\{\xi(\lambda)\in\boldsymbol{B}\}$ 是一个粗糙变量。

（2）必要性 $\mathrm{Nec}\{\xi(\lambda)\in\boldsymbol{B}\}$ 是一个粗糙变量。

（3）可信性 $\mathrm{Cr}\{\xi(\lambda)\in\boldsymbol{B}\}$ 是一个粗糙变量。

定理 4.25：设 ξ 是一个模糊粗糙变量，如果对每个 λ，期望值 $E[\xi(\lambda)]$ 是有限的，那么 $E[\xi(\lambda)]$ 是一个粗糙变量。

定义 4.23：设 ξ 是一个从粗糙空间（$\boldsymbol{\Lambda}$，Δ，$\boldsymbol{\mathcal{A}}$，π）到 n 维模糊向量集合的一个函数，若对 $\boldsymbol{R}^n$ 中的任意 Borel 集 $\boldsymbol{B}$，$\mathrm{Pos}\{\xi(\lambda)\in\boldsymbol{B}\}$ 为 λ 的可测函数，则称 ξ 为 n 维模糊粗糙向量。

定理 4.26：若（ξ_1，ξ_2，…，ξ_n）模糊粗糙向量，则 ξ_1，ξ_2，…，ξ_n 是模糊粗糙变量。

定理 4.27：设 ξ 是粗糙空间（$\boldsymbol{\Lambda}$，Δ，$\boldsymbol{\mathcal{A}}$，π）上的 n 维模糊粗糙向量，如果函数 f：$\boldsymbol{R}^n\to\boldsymbol{R}$ 是可测的，则 $f(\xi)$ 是粗糙空间（$\boldsymbol{\Lambda}$，Δ，$\boldsymbol{\mathcal{A}}$，π）上的模糊粗糙变量。

定义 4.24（同一空间上的模糊粗糙运算）：设 f：$\boldsymbol{R}^n\to\boldsymbol{R}$ 为可测函数，并且 ξ_1，ξ_2，…，ξ_n 皆为定义在粗糙空间（$\boldsymbol{\Lambda}$，Δ，$\boldsymbol{\mathcal{A}}$，π）上的模糊粗糙变量，则称 $\xi=f(\xi_1,\xi_2,\cdots,\xi_n)$ 为一个模糊粗糙变量，定义为

$$\xi(\lambda)=f[\xi_1(\lambda),\xi_2(\lambda),\cdots,\xi_n(\lambda)],\forall\lambda\in\boldsymbol{\Lambda} \tag{4-32}$$

定义 4.25（不同空间上的模糊粗糙运算）：设 f：$\boldsymbol{R}^n\to\boldsymbol{R}$ 为可测函数，且 ξ_i 分别是定义在粗糙空间（$\boldsymbol{\Lambda}_i$，Δ_i，$\boldsymbol{\mathcal{A}}_i$，$\pi_i$）（$i=1$，2，…，$n$）上的模糊粗糙变量，则 $\xi=f(\xi_1,\xi_2,\cdots,\xi_n)$ 是乘积粗糙空间（$\boldsymbol{\Lambda}$，Δ，$\boldsymbol{\mathcal{A}}$，π）上的模糊粗糙变量，定义为

$$\xi(\lambda_1,\lambda_2,\cdots,\lambda_n)=f[\xi_1(\lambda_1),\xi_2(\lambda_2),\cdots,\xi_n(\lambda_n)] \tag{4-33}$$

其中，λ_1，λ_2，…，$\lambda_n\in\boldsymbol{\Lambda}$。

2. 机会测度

定义 4.26：设 ξ 是定义在粗糙空间（$\boldsymbol{\Lambda}$，Δ，$\boldsymbol{\mathcal{A}}$，π）上的模糊粗糙变量，且 $\boldsymbol{B}$ 是 $\boldsymbol{R}$ 中的 Borel 集，则模糊粗糙事件 $\xi \in \boldsymbol{B}$ 的机会是从区间（0，1］到［0，1］的一个函数，定义为

$$\mathrm{Ch}(\xi \in \boldsymbol{B})(\alpha) = \sup_{\mathrm{Tr}\{\boldsymbol{\mathcal{A}}\} \geqslant \alpha} \inf_{\lambda \in \boldsymbol{\mathcal{A}}} \mathrm{Cr}\{\xi(\lambda) \in \boldsymbol{B}\} \tag{4-34}$$

定理 4.28：设 ξ 为模糊粗糙变量，$\boldsymbol{B}$ 是 $\boldsymbol{R}$ 中的 Borel 集，对任意给定 $\alpha^* \in$（0，1］，记 β^* ch｛$\xi \in \boldsymbol{B}$｝（α^*），则有

$$\mathrm{Tr}\{\lambda \in \boldsymbol{\Lambda} \mid \mathrm{Cr}\{\xi(\lambda) \in \boldsymbol{B}\} \geqslant \beta^*\} \geqslant \alpha^* \tag{4-35}$$

定理 4.29：设 ξ 为模糊粗糙变量，并且｛$\boldsymbol{B}_i$｝是 $\boldsymbol{R}$ 中一列 Borel 集合使得 $\boldsymbol{B}_i \downarrow \boldsymbol{B}$。如果 $\lim\limits_{i\to\infty}\mathrm{Ch}$｛$\xi \in \boldsymbol{B}_i$｝（$\alpha$）$>0.5$ 或 Ch｛$\xi \in \boldsymbol{B}$｝（α）$\geqslant 0.5$，那么有

$$\lim_{i\to\infty}\mathrm{Ch}\{\xi \in \boldsymbol{B}_i\}(\alpha) = \mathrm{Ch}\{\xi \in \lim_{i\to\infty}\boldsymbol{B}_i\}(\alpha) \tag{4-36}$$

3. 机会分布

定义 4.27：设 ξ 为模糊粗糙变量，则函数 Φ：$(-\infty, +\infty) \times (0, 1] \to [0, 1]$，其表达式为

$$\Phi(x;\alpha) = \mathrm{Ch}\{\xi \leqslant x\}(\alpha) \tag{4-37}$$

称为 ξ 的机会分布。

定理 4.30：对于固定的实数 x，模糊粗糙变量 ξ 的机会分布 $\Phi(x;\alpha)$ 是关于 α 的单调递减和左连续的函数。

定理 4.31：对于固定的实数 α，模糊粗糙变量 ξ 的机会分布 $\Phi(x;\alpha)$ 是关于 x 的单调递增函数，并且

$$\lim_{x\to-\infty}\Phi(x;\alpha) < 0.5, \forall\alpha \tag{4-38}$$

$$\lim_{x\to-\infty}\Phi(x;\alpha) \geqslant 0.5, \text{若 } \alpha < 1 \tag{4-39}$$

此外，若 $\lim\limits_{x\to-\infty}\Phi$（$y$；$\alpha$）$>0.5$ 或 Φ（x；α）$\geqslant 0.5$，则有

$$\lim_{y\downarrow x}\Phi(y;\alpha) = \Phi(x;\alpha) \tag{4-40}$$

定理 4.32：设 ξ 为模糊粗糙变量，则有：

（1）对于固定的 x，机会 $\mathrm{Ch}\{\xi\geqslant x\}(\alpha)$ 是关于 α 的单调递减和左连续的函数。

（2）对于固定的 α，机会 $\mathrm{Ch}\{\xi\geqslant x\}(\alpha)$ 是关于 x 的单调递减函数。

此外，若 $\mathrm{Ch}\{\xi\geqslant x\}(\alpha)\geqslant 0.5$ 或 $\lim\limits_{y\uparrow x}\mathrm{Ch}\{\xi\geqslant y\}(\alpha)>0.5$，则

$$\lim_{y\uparrow x}\mathrm{Ch}\{\xi \geqslant y\}(\alpha) = \mathrm{Ch}\{\xi \geqslant x\}(\alpha) \tag{4-41}$$

定义 4.28：设 ξ 为模糊粗糙变量，Φ 为 ξ 的机会分布。如果函数 ϕ：$\boldsymbol{R}\times(0, 1] \to [0, +\infty)$ 对所有的 $x \in (-\infty, +\infty)$ 和 $\alpha \in (0, 1]$ 满足

$$\Phi(x;\alpha) = \int_{-\infty}^{x}\phi(y;\alpha)\mathrm{d}y \tag{4-42}$$

则称 ϕ 为模糊粗糙变量 ξ 的机会密度函数。

4. 模糊粗糙变量的独立性

定义 4.29：设 ξ_1，ξ_2，…，ξ_n 为模糊粗糙变量，如果对任意正整数 m 和 $\boldsymbol{R}$ 中的任意 Borel 集 $\boldsymbol{B}_1$，$\boldsymbol{B}_2$，…，$\boldsymbol{B}_m$，

$$(\mathrm{Pos}\{\xi_i(\lambda) \in \boldsymbol{B}_1\}, \mathrm{Pos}\{\xi_i(\lambda) \in \boldsymbol{B}_2\}, \cdots, \mathrm{Pos}\{\xi_i(\lambda) \in \boldsymbol{B}_m\}), i = 1, 2, \cdots, n \tag{4-43}$$

是独立同分布的粗糙向量，那么称 ξ_1，ξ_2，…，ξ_n 为独立同分布的模糊粗糙变量。

定理 4.33：设 ξ_1，ξ_2，…，ξ_n 是独立同分布的模糊粗糙变量，则对 $\boldsymbol{R}$ 中的任意 Borel 集 $\boldsymbol{B}$，有下面结论：

（1）$\mathrm{Pos}\{\xi_i(\lambda) \in \boldsymbol{B}\}$（$i=1, 2, \cdots, n$）是独立同分布的粗糙变量。

（2）$\mathrm{Nec}\{\xi_i(\lambda) \in \boldsymbol{B}\}$（$i=1, 2, \cdots, n$）是独立同分布的粗糙变量。

（3）$\mathrm{Cr}\{\xi_i(\lambda) \in \boldsymbol{B}\}$（$i=1, 2, \cdots, n$）是独立同分布的粗糙变量。

定理 4.34：设 f：$\boldsymbol{R}^n \to \boldsymbol{R}$ 是可测函数，若 ξ_1，ξ_2，…，ξ_n 是独立同分布的模糊粗糙变量，则 $f(\xi_1)$，$f(\xi_2)$，…，$f(\xi_n)$ 是独立同分布的模糊粗糙变量。

定理 4.35：如果 ξ_1，ξ_2，…，ξ_n 是独立同分布的模糊粗糙变量，并且对每个 λ，$E[\xi_1(\lambda)]$，$E[\xi_2(\lambda)]$，…，$E[\xi_n(\lambda)]$ 都是有限的，那么 $E[\xi_1(\lambda)]$，$E[\xi_2(\lambda)]$，…，$E[\xi_n(\lambda)]$ 是独立同分布的粗糙变量。

5. 期望值与方差

定义 4.30：设 ξ 是模糊粗糙变量，如果下式右端两个积分中至少有一个为有限的，则称

$$E(\xi) = \int_0^{+\infty} \mathrm{Tr}\{\lambda \in \boldsymbol{\Lambda} \mid E[\xi(\lambda)] \geqslant r\} \mathrm{d}r - \int_{-\infty}^0 \mathrm{Tr}\{\lambda \in \boldsymbol{\Lambda} \mid E[\xi(\lambda)] \geqslant r\} \mathrm{d}r \tag{4-44}$$

为模糊粗糙变量 ξ 的期望值。

定义 4.31：设 ξ 为模糊粗糙变量，且期望值 $E(\xi)$ 有限，则称

$$V(\xi) = E\{[\xi - E(\xi)^2]\} \tag{4-45}$$

为 ξ 的方差。

4.1.4 云模型理论

1. 概念

云模型是一种能够反映事物的随机性与模糊性的模型，其认知机理是：尽管概念蕴含有不同范畴，尽管不同人、不同时期对同一概念有不同认识，定性概念转换成大量的定量云滴，云滴表现出不同的确定度，但是要形成普遍的共识，它

们在不同人中反映出的云滴确定度的统计认知规律是一致的，用不同语言值表示的不同定性概念之间存在共同的认知机理。

2. 云模型

（1）云模型的数字特征。云模型是通过语言值表示某定性概念与其定量表示之间的不确定性转换模型。它具有宏观精确，微观模糊，宏观可控，微观不可控的特点，其本质单位是由云滴组成的概念云。云模型刻画了客观世界中的事物或人类知识中概念的两种不确定性：模糊性（边界的亦此亦彼性）和随机性（发生的概率），将模糊性和随机性集合在一起，就构成了定性和定量相互间的映射。由于在数域空间中，云模型既不是一个确定的概率密度函数，也不是一条明确清晰的隶属曲线，而是一朵可伸缩、无边沿、有弹性、近视无边、远观像云的一对多的数学映射图像，与自然现象中的云拥有相似的不确定性质，所以借用“云”来命名这个数据——概念之间的数学转换理论。

设$\boldsymbol{U}$是一个由精确数值表达的定量论域，$\boldsymbol{X}\subseteq\boldsymbol{U}$，$T$是$\boldsymbol{U}$空间上的定性概念，若元素$x(x\in\boldsymbol{X})$对$T$的隶属确定度$C_r(x)\in[0, 1]$是一个有稳定倾向的随机数，则$T$从论域$U$到区间$[0, 1]$的映射在数域空间的分布称为云。云由随机产生的云滴组成，一定数量的云滴的整体分布特性体现了云映射的模糊性和随机性。

云模型的数学特征用期望Ex，熵En，超熵He三个数值来表征，如图 4-1 所示。

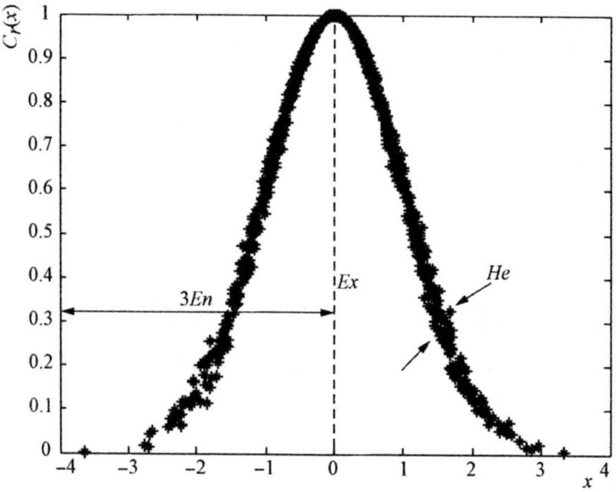

图 4-1 云模型的数学特征

期望Ex：定性概念的基本确定性度量，是云滴在论域空间分布中的数学期望。通俗地说，就是最能够代表定性概念的点，或是这个量化概念的最基本的样本。

熵 En：定性概念的不确定性度量，由概念的随机性和模糊性共同确定。一方面，熵是定性概念随机性的度量，反映了能够代表这个定性概念的云滴的离散程度；另一方面，熵又是隶属于这个定性概念的度量，决定了论域空间中可被概念接受的云滴的确定度。用同一个数字特征来反映随机性和模糊性，还反映了它们之间的关联性。

超熵 He：熵的不确定性度量，即熵的熵，也可以称为二阶熵。对于一个常识性的概念，被普遍接受的程度越高，超熵越小；对于一个在一定范围内能够被接受的概念，超熵较小；对于难以形成共识的概念，超熵较大。

基于这三个数字特征建立的云模型表示了自然语言的某个定性概念与其定量表示之间的不确定性。云中的基本单位云滴表示的是这个定性概念在数域空间中的一次具体实现，这种实现也是带有不确定性的，因为每个云滴的不同位置反映了它属于定性概念的强弱程度。云滴越靠近期望 Ex 的位置，那么它属于这个定性概念的程度就越强；云滴越靠近云的边缘位置，那么它属于这个定性概念的程度就越弱。

(2) 云发生器。所谓云发生器（Cloud generator，CG），是由软件模块化或硬件固化了的云模型的生成算法，主要包括正向云发生器、逆向云发生器、条件云发生器。

正向云发生器是用语言值描述的某个基本概念与其数值表示之间的不确定性转换模型，是定性到定量的映射，其输入为表示定性概念的期望 Ex，熵 En，超熵 He，云滴数量 H，输出为一定数量云滴在数域空间的定量位置及每个云滴代表该概念的确定度。

逆向云发生器是实现数值和其语言值之间随时转换的不确定性转换模型，是定量到定性的映射。它把已知的符合某一分布规律的一组云滴 Drop（x_i，$C_r(x_i)$）作为样本，输出为描述云模型所对应的定性概念的三个数学特征 $\{Ex，En，He\}$。

条件云发生器包括 X 条件云发生器和 Y 条件云发生器。在给定论域的数域空间中，当给定云的三个数学特征（Ex，En，He）和特定的 $x=x_0$ 条件，那么正向云发生器称为 X 条件云发生器；若特定的条件是 $C_T(x)=C_T(x_0)$，那么正向云发生器就叫作 Y 条件云发生器或隶属度条件云发生器。

云模型通过正向云发生器和逆向云发生器，有效建立了定性与定量之间相互联系、相互依存、性中有量、量中有性的映射关系。

3. 二维云模型

(1) 二维云的定义。在 4.1.4 节第 2 部分已经给出了一维云的定义，在一维云定义的基础上可以推广到二维及以上云。下面将给出二维云的定义。

设$\boldsymbol{U}$是二维论域，$\boldsymbol{X}\subseteq\boldsymbol{U}$，$T$是论域$\boldsymbol{U}$上的定性概念，若元素$(x_1, x_2)\in\boldsymbol{X}$，对$T$的隶属度$C_T(x_1, x_2)\in[0, 1]$是一有稳定倾向的随机数，则概念$T$从论域$\boldsymbol{U}$到区间$[0, 1]$上的映射在数域空间的分布称为二维云，即

$$C_T(x_1,x_2):\boldsymbol{U}\rightarrow[0,1]\ \forall(x_1,x_2)\in\boldsymbol{X}(\boldsymbol{X}\subseteq\boldsymbol{U})(x_1,x_2)\rightarrow C_T(x_1,x_2) \tag{4-46}$$

(2) 二维云的数字特征。在一维云的基础上，相应地定义二维云的数字特征：期望值（Ex_1、Ex_2）、熵（En_1、En_2）、超熵（He_1、He_2），它们的含义如下。

期望值（Ex_1，Ex_2）：二维云覆盖范围下的X_1OX_2平面上投影面积的形心，它反映了相应的由两个定性概念原子组合成的定性概念的信息中心值。

熵（En_1，En_2）：二维云在X_1OY平面和X_2OY平面上投影后的边缘曲线——期望曲线的熵。它反映了定性概念在坐标轴方向上的亦此亦彼性的裕度。由（Ex_1，En_2）和（Ex_2，En_2）的数字特征值，可分别确定了X_1OY和X_2OY平面上的具有正态分布形式的云期望曲线方程

$$Y_1=\mathrm{e}^{-\frac{(x_1-Ex_1)^2}{2En_1^2}} \tag{4-47}$$

$$Y_2=\mathrm{e}^{-\frac{(x_2-Ex_2)^2}{2En_2^2}} \tag{4-48}$$

超熵（He_1，He_2）：He_1和He_2间接反映了二维云在一平面上投影的厚度，即其离散程度。

4.2 多重不确定性分析方法

在实际中，可认为一些事件是随机的，如抛硬币，其出现的后果有两种，即出现正面和反面，后果的集合范围是确定的。又有一些事件是模糊的，如说一个人的美或者丑，高或者矮，是一种不分明现象，存在不清晰的边界。为了更好地刻画集合边界的模糊性，粗糙集理论也应运而生，它能更好地处理不准确或不完整知识及冗余信息。但是，电力系统中的有些事件不仅具有随机性，还同时存在模糊性，这种事件表现为其发生与否具有不确定属性，而发生后的后果状态存在边界不清晰的属性，具有模糊性，在这类事件中随机性与模糊性共存。

电力系统中的事件通常受较多不确定性因素的影响。如设备电压暂降敏感度受电压暂降严重程度、设备电压耐受能力及设备运行状态等多重不确定性因素的影响，可按照内涵或外延的不确定，用概率论或模糊论进行数学刻画，从而构造包含多重不确定性的敏感度评估模型；又如风电的消纳、优化调度同时受到风电

出力不确定性和负荷不确定性的影响，其中风电出力受风速、气温等自然环境影响，表现出了随机模糊的不确定性特征，而考虑到负荷预测的误差，负荷真实值可以通过区间形式表示波动范围，从而使得负荷预测值模糊化，因此，在考虑上述多重不确定性的情况下可建立风电的多目标优化调度模型。

目前，针对单一不确定性的研究已取得一定的进展，且建立了各自的理论体系和研究方法。当多重不确定性同时存在时，因根据各自内涵、外延或者边界的不确定性，用概率论、模糊论或粗糙论进行数学刻画，建立包含多重不确定性的事件的评估模型。

4.3 混合不确定性分析方法

由 4.2 节的分析可知，在实际中，有些事件既具有随机性，又具有模糊性，通过分析事件存在的不确定属性，针对混合不确定性同时存在的情况，如何综合度量各不确定性是问题的关键。第 3.5.2 节提出的熵作为度量不确定性的重要特征量之一，利用最大熵原理可得到随机事件的最大可能分布函数或概率密度函数，但此时的熵是概率熵，只能刻画随机不确定性。同理，模糊熵则只能刻画排中律缺失引起的模糊不确定性。针对实际不确定性问题，当随机性和模糊性两者同时存在时，就可用一个包含概率熵和模糊熵的混合熵刻画此类混合不确定性问题，这样的混合熵就是事件混合不确定性的统一评价测度。

4.3.1 模糊熵

1965 年，美国数学家 L. A. Zadeh 提出了模糊集合的概念，从此诞生了现在应用广泛的模糊数学。Zadeh 的模糊集合概念打破了传统集合论中元素对集合的绝对化的隶属关系，提出在“属于”和“不属于”这两种状态之外，还存在“中间过渡”的状态。L. A. Zadeh 提出了各个元素 x 的隶属程度，就相当于指定了一个集合。隶属度的概念，为解决数学处理模糊现象提供了方法。

模糊熵是模糊集合理论中度量模糊子集模糊不确定性的测度之一。

设 $\boldsymbol{X}=\{x_1, x_2, \cdots, x_n\}$ 表示有限论域，$\boldsymbol{X}$ 上所有模糊集之集记作 $F(\boldsymbol{X})$，$\boldsymbol{X}$ 上的分明集之集记作 $P(\boldsymbol{X})$。

$$\boldsymbol{A} = \{\mu_A(x_i) \mid x_i \in \boldsymbol{X}\} \in F(\boldsymbol{X}) \tag{4-49}$$

$\mu_{\boldsymbol{A}}(x_i)$ 表示 $\boldsymbol{A}$ 在 x_i 点处的隶属度，$\boldsymbol{A}$ 的补集记作 $\boldsymbol{A}^C$，即 $\forall x \in \boldsymbol{X}$，$\mu_{\boldsymbol{A}^c} = 1-\mu_{\boldsymbol{A}}(x)$。

为了描述 $\boldsymbol{X}$ 上的一个模糊集 $\boldsymbol{A}$ 的模糊性程度，学者 Deluca 和 Termini 给出模糊熵的公理化定义。

模糊熵 $H(\boldsymbol{A})$ 是 $F(\boldsymbol{X})$ 到 [0，1] 上的映射，满足

(1) $H(\boldsymbol{A})=0$，当且仅当 $\boldsymbol{A}\in P(\boldsymbol{X})$。

(2) $H(\boldsymbol{A})=1$，当且仅当 $\boldsymbol{A}=[1/2]$。

(3) 若 $\boldsymbol{A}^*$ 是 $\boldsymbol{A}$ 的分明集之集，则 $e(\boldsymbol{A}^*)\leqslant e(\boldsymbol{A})$。

(4) $e(\boldsymbol{A}^C)=e(\boldsymbol{A})$。

以上四条性质是对模糊集具有的模糊性程度的基本要求，现做如下说明。

(1) 公理 1 是要求只有分明集合所刻画的对象是清晰的，模糊程度应为 0。

(2) 公理 2 是说只有 [1/2] 所刻画的对象是最模糊的，模糊程度最大。

(3) 公理 3 是要求模糊熵具有单调性，$\boldsymbol{A}^*$ 所刻画的对象比 $\boldsymbol{A}$ 所刻画的对象清晰，所以它的模糊程度应较小。

(4) 公理 4 表示 $\boldsymbol{A}$ 和 $\boldsymbol{A}$ 的补集 $\boldsymbol{A}^C$ 所刻画的对象模糊程度一样是合理的，直观上反映了 $\boldsymbol{A}$ 和它的补集 $\boldsymbol{A}^C$ 到 [1/2] 远近程度相同的事实。

当 $\forall x_i\in\boldsymbol{A}$，设 $H[\mu_{\boldsymbol{A}}(x_i)]$ 表示 x_i 处的模糊熵，则具有可加性的模糊熵公式可以表示为

$$H(\boldsymbol{A})=\sum_i H[\mu_{\boldsymbol{A}}(x_i)] \tag{4-50}$$

根据模糊熵的定义，$H[\mu_{\boldsymbol{A}}(x_i)]$ 需要满足：

(1) $H[\mu_{\boldsymbol{A}}(x_i)]=0$,当且仅当 $\mu_{\boldsymbol{A}}(x_i)=0$ 或 $\mu_{\boldsymbol{A}}(x_i)=1$。

(2) $H[\mu_{\boldsymbol{A}}(x_i)]=0$,当且仅当 $\mu_{\boldsymbol{A}}(x_i)=0.5$。

(3) $H[\mu_{\boldsymbol{A}^C}(x_i)]=H[\mu_{\boldsymbol{A}}(x_i)]$或 $H[1-\mu_{\boldsymbol{A}}(x_i)]=H[\mu_{\boldsymbol{A}}(x_i)]$。

许多学者对模糊熵的建立方法进行了研究，学者 Deluca 和 Termini 在不考虑概率分布函数的情况下，提出了模糊熵模型[96]

$$H_f(\boldsymbol{A})=-k\sum_{i=1}^{n}\{\mu_{\boldsymbol{A}}(x_i)\lg\mu_{\boldsymbol{A}}(x_i)+[1+\mu_{\boldsymbol{A}}(x_i)]\lg[1-\mu_{\boldsymbol{A}}(x_i)]\} \tag{4-51}$$

式中：k 为大于 0 的常数，常取 $k=1$。此模型为应用最多的模糊熵模型。

4.3.2 混合熵

1. 混合熵概念

根据学者 Deluca 和 Termini 的定义，在不考虑概率分布函数的情况下，离散混合熵 H_h 可以表述为

$$H_h(R,F)=-\sum_{i=1}^{n}\{p_i\mu_i\lg p_i\mu_i\}-\sum_{i=1}^{n}\{p_i(1-\mu_i)\lg p_i(1-\mu_i)\} \tag{4-52}$$

式中：$i=1-n$；n 为不确定变量数；p_i 为事件可能性分布的概率值，体现的是随机性；μ_i 为隶属于某个概念程度的隶属度，体现的为模糊性。

式 (4-52) 定义需满足下面公理化假设。

当 $H_h(R, F)$ 的模糊性消失，即 $\mu_i=0$ 或 1 时，退化为随机熵；当随机性消失，即 $p_i=0$ 或 1 时，退化为模糊熵。满足上述公理化假设的混合熵概念能与随机熵、模糊熵概念兼容。

对式（4 - 52）进行数学变换，有

$$
\begin{aligned}
H_h(R,F) &=-\sum_{i=1}^{n}\{p_i\mu_i\lg(p_i\mu_i)+p_i(1-\mu_i)\lg p_i(1-\mu_i)\} \\
&=-\sum_{i=1}^{n}\{p_i\mu_i(\lg p_i+\lg\mu_i)+(p_i-p_i\mu_i)[\lg p_i+\lg(1-\mu_i)]\} \\
&=-\sum_{i=1}^{n}\{p_i\mu_i\lg p_i+p_i\mu_i\lg\mu_i+p_i\lg p_i+p_i\lg(1-\mu_i) \\
&\quad -p_i\mu_i\lg p_i-p_i\mu_i\lg(1-\mu_i)\} \\
&=-\sum_{i=1}^{n}\{p_i\mu_i\lg\mu_i+p_i\lg p_i+p_i\lg p_i(1-\mu_i)-p_i\mu_i\lg(1-\mu_i)\} \\
&=-\sum_{i=1}^{n}\{(p_i-1+1)\mu_i\lg\mu_i+p_i\lg p_i+(p_i-1+1)(1-\mu_i)\lg(1-\mu_i)\} \\
&=-\sum_{i=1}^{n}\{(p_i-1)\mu_i\lg\mu_i+\mu_i\lg\mu_i+p_i\lg p_i+(p_i-1)(1-\mu_i)\lg(1-\mu_i) \\
&\quad +(1-\mu_i)\lg(1-\mu_i)\} \\
&=-\sum_{i=1}^{n}\{(p_i-1)(\mu_i\lg\mu_i+(1-\mu_i)\lg(1-\mu_i))+p_i\lg p_i+\mu_i\lg\mu_i \\
&\quad +(1-\mu_i)\lg(1-\mu_i)\} \\
&=-\sum_{i=1}^{n}p_i\lg p_i-\sum_{i=1}^{n}\{\mu_i\lg\mu_i+(1-\mu_i)\lg(1-\mu_i)\}+\sum_{i=1}^{n}(1-p_i) \\
&\quad \{\mu_i\lg\mu_i+(1-\mu_i)\lg(1-\mu_i)\} \\
&=H_r+H_f-H_{rf}
\end{aligned}
\tag{4 - 53}
$$

其中，分别定义随机熵 H_r、模糊熵 H_f、交叉熵 H_{rf} 为

$$H_r=-\sum_{i=1}^{n}p_i\lg p_i \tag{4 - 54}$$

$$H_f=-\sum_{i=1}^{n}\{\mu_i\lg\mu_i+(1-\mu_i)\lg(1-\mu_i)\} \tag{4 - 55}$$

$$H_{rf}=-\sum_{i=1}^{n}(1-p_i)\{\mu_i\lg\mu_i+(1-\mu_i)\lg(1-\mu_i)\} \tag{4 - 56}$$

可见，当 $\mu_i=0$ 或 1 时，$H_h=H_r$；当 $p_i=0$ 或 1 时，$H_h=H_f$。这说明，式（4 - 52）定义的混合熵概念满足公理化假设。

随机熵、模糊熵、交叉熵三者之间的关系可用图 4 - 2 清晰地描述。

随机熵和模糊熵可分别刻画随机不确定性和模糊不确定性，而两者交叉形成

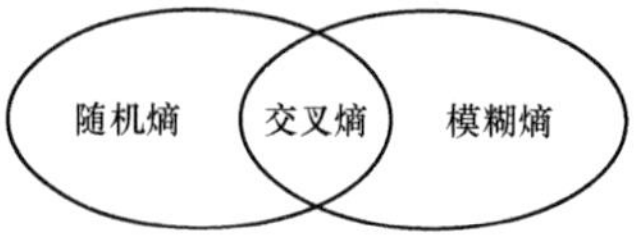

图 4-2 混合熵示意图

不确定性，可用交叉熵进行刻画。事件的总不确定性（混合熵）等于随机熵与模糊熵的和再减去它们的交叉熵。因此，用随机熵、模糊熵和交叉熵构成混合熵刻画事件中存在的混合不确定性，可同时度量随机性与模糊性。

2. 混合熵的形式

与 4.3.2 节第 1 部分介绍的对数型混合熵相对应，Pal 等人[97]定义了一种指数型混合熵。指数型混合熵被证明在图像分割和农业遥感分类等方面的应用较对数型混合熵更具优势。根据指数型混合熵的定义，在统一考虑随机性和模糊性的综合影响下，它具有更大的熵值范围。按照熵的定义，更大的熵值范围意味着更符合实际的客观描述。

定义指数型概率熵为

$$H'_r(\boldsymbol{X}) = \sum_{i=1}^{n} p_i \mathrm{e}^{1-p_i} \tag{4-57}$$

指数型模糊熵为

$$H'_f(\mathbf{A}) = k\sum_{i=1}^{n}\{\mu_{\mathbf{A}}(x_i)\mathrm{e}^{1-\mu_{\mathbf{A}}(x_i)} + [1-\mu_{\mathbf{A}}(x_i)]\mathrm{e}^{\mu_{\mathbf{A}}(x_i)}\} \tag{4-58}$$

或者

$$H'_f(\mathbf{A}) = k\sum_{i=1}^{n}\{\mu_{\mathbf{A}}(x_i)\mathrm{e}^{1-\mu_{\mathbf{A}}(x_i)} + [1-\mu_{\mathbf{A}}(x_i)]\mathrm{e}^{\mu_{\mathbf{A}}(x_i)} - 1\} \tag{4-59}$$

采用式（4-57）和式（4-58）的形式来定义指数型混合熵

$$H'_h(\boldsymbol{R},\boldsymbol{F}) = k\sum_{i=1}^{n}\{p_i\mu_{\mathbf{A}}(x_i)\mathrm{e}^{1-p_i\mu_{\mathbf{A}}(x_i)} + p_i[1-\mu_{\mathbf{A}}(x_i)]\mathrm{e}^{1-p_i[1-\mu_{\mathbf{A}}(x_i)]}\} \tag{4-60}$$

尚修刚等学者对指数型混合熵的公理进行了推理证明，证明指数型混合熵具有以下性质。

（1）当 $p_i=1/n(i=1, 2, \cdots, n)$ 且所有 $\mu_{\mathbf{A}}(x)=0.5$ 时，$H'_h(\boldsymbol{R}, \boldsymbol{F})$ 为最大。

（2）当 $\mu_{\mathbf{A}}(x_i)=0$ 或 $1(i=1, 2, \cdots, n)$ 时，且存在某个 $\boldsymbol{p_i}=1$ 时，$H'_h(\boldsymbol{R}, \boldsymbol{F})$ 为最小。

指数型混合熵的优势在于，在可视化表达分类不确定时，它比对数型混合熵表达的不确定线条更为清晰，能够较好地反映不确定性的细节信息和空间信息，获得更好的分割效果，故指数型混合熵在图像分割、遥感影像等方面得到了广泛应用。

3. 混合熵的应用

由于混合熵在综合度量随机性与模糊性方面的优势，混合熵理论已经成功应用于空间数据[98]、产品测量[99]、遥感图像[100]等领域中并取得了丰硕的研究成果。学者史玉峰等人基于信息理论与模糊集合理论，考虑到 GIS 中部分空间数据既存在随机性又同时存在模糊性的数学特点，建立起空间数据不确定评估的混合熵模型。孙永厚等人将混合熵引入到产品测量不确定度的评定之中，将随机熵和模糊熵有机结合，计算了几种产品测量的总体不确定度值。刘艳芳等人将混合熵用于遥感分类中，基于混合熵模型来综合测度随机性与模糊性，并建立起多尺度的评价指标。并以实际遥感影像为案例对混合熵评价方法进行验证分析，结果表明，混合熵模型能有效反映分类过程存在的随机不确定性和模糊不确定性的综合影响，并可从不同尺度反映出分类的质量问题。作者所在团队引入混合熵理论，对既含有随机性同时又包含模糊性的设备电压暂降故障事件进行评估，对设备电压暂降敏感度不确定性进行了评价测度。

4.3.3 最大混合熵

1. 最大混合熵理论

对不确定性事件深入分析，当随机性和模糊性同时存在时，涉及两个基本问题，其一是如何处理随机性与模糊性同时存在的情况，其二是如何获取最为客观准确的不确定性分布规律。前者为必须解决的客观事件中存在的问题，后者为采用评估方法前必须得到的信息。为解决这两个问题，必须寻找一种可综合度量两种不确定性的测度，其次可通过一定方式得到合理的分布规律。

自从熵的概念提出以来，其在各行各业得到了广泛应用。混合熵由于具备可综合度量随机性与模糊性的能力，在两种不确定性同时存在的情况下，具有独特的优势。熵可以度量不确定性，在不确定性事件中，熵值越大，事件存在的不确定性越大。在单一不确定性存在的情况下，如仅存随机性的事件中，可用随机熵度量其不确定性。已经证明，在有限的约束条件下，可最大化随机熵来寻求最客观合理的随机分布规律。同样的，在仅存模糊性的事件中，可最大化模糊熵获取最准确合理的模糊性分布规律。在 4.3.2 节已经介绍，混合熵包含随机熵，模糊熵及交叉熵。三者可分别度量事件中的随机性，模糊性及由两者共同决定的交叉不确定性。考虑到最大随机熵可得到最客观的随机性分布规律，最大模糊熵可得到最优模糊分布规律，因此，可提出最大化混合熵的方法，以在随机性与模糊性共存的条件下，同时得到随机性分布规律与模糊性分布规律，这就是最大混合熵理论。

通过混合熵方法可解决混合不确定性评估中涉及的第一个难题，最大化混合熵方法则解决了其中涉及的第二个问题。

2. 最大混合熵模型

混合熵模型有多种，由于事件中存在随机性，模糊性与交叉不确定性，因此，选取的模型应能很好地度量随机性、模糊性及其交叉不确定性。学者 Deluca 和 Termini 等人提出的混合熵应用较为普遍，然而学者尚修刚等人指出 Deluca 和 Termini 提出的混合熵中随机熵与模糊熵是建立在两个无关的空间上的，即是建立在随机空间和模糊空间之上，并指出这样直接将两个熵相加是没有意义的。在此基础上，他构造了在随机空间与模糊空间的积空间，来刻画系统同时具有随机性与模糊性的特征，并给出了混合熵的公理化定义及相关性质的证明，并提出了相应的混合熵模型。本书针对尚修刚等人提出的混合熵模型做简要地介绍。该模型包含的随机熵、模糊熵与交叉熵可分别度量混合不确定事件中所包含的随机性、模糊性与交叉不确定性。

在有限的约束条件下，得到的最大混合熵模型

$$H_{\max} = -\sum_{i=1}^{n}[p_i\mu_i \lg(p_i\mu_i)] - \sum_{i=1}^{n}[p_i(1-\mu_i)\lg p_i(1-\mu_i)] \quad (4-61)$$

约束条件为

$$s.t.\begin{cases}\sum_{i=1}^{n} p_i = 1 \\ \mu_i = g(p_i) \\ \sum_{i=1}^{n} i p_i = E_1 \\ \sum_{i=1}^{n}(i-E_1)^h p_i = E_h \\ 0 \leqslant p_i \leqslant 1\end{cases} \quad (4-62)$$

式中：E_1 为 1 阶原点矩，E_h 为 h 阶中心矩；$i=1, 2, \cdots, n$，p_i 和 μ_i 分别反映了事件的随机性和模糊性。大量仿真可以证明，当 $n<6$ 时，$h\leqslant 3$；当 $n\geqslant 6$ 时，仅需 $h=4$ 或 5，即可满足准确度要求。

上述模型中的两个基本变量 p 和 μ，对于模型的求解造成一定的困难。算法的基本思路是将模糊变量消去或者转化为与概率相关的函数。查阅相关文献可知，隶属函数的构造主要有四种方法：模糊统计法[101]、由概率密度函数生成隶属函数[102]、启发式法[103]和专家打分法[103]。模糊统计法是通过实验的手段，利用确定性手段来研究不确定性。由概率密度函数生成隶属函数的方法是源于 Kosko 教授的思想[102]，根据 Kosko 的论断，概率是模糊性一种特殊情况，模糊性包含概率。这一思想和国内北京师范大学李洪兴教授的某些思想类似，但不完全

相同[11]，他指出，模糊系统与随机系统是统一的，可以相互转化，各有侧重，互为补充，但不相互排斥。启发式法的实质就是预先给定若干隶属函数的形式，然后根据实际情况，选择合适的隶属函数。专家打分法就是利用专家或者技术人员的直接判断来构造隶属函数。在实际分析中，应该按照不同的情况选择相应的方法。

4.3.4 盲数理论

同时具有随机性、模糊性、灰色性和未确知性这四种不确定性的较为复杂的信息，被称为“盲信息”。电力系统中的信息多种多样，它们的不确定性往往不是单一的，而常是多种不确定性的混合体，甚至是随机性、模糊性、灰色性和未确知性兼而有之。对于电力系统中大量的这种盲信息，可用盲数理论加以表达和处理。

1. 盲数的概念

对于具有不确定性的对象，其实际值并不总是落在某个点上，而更应该是该点附近的某个区域。设 $\boldsymbol{R}$ 为实数集，$\widetilde{\boldsymbol{R}}$ 为未确知有理数集，$g(I)$ 为区间型灰数集。

定义 4.32： 设 $a_i \in g(I)$，$\alpha_i \in [0, 1]$，$i=1, 2, \cdots, n$，$f(x)$ 为定义在 $g(I)$ 上的灰函数，且

$$f(x) = \begin{cases} \alpha_i, x = a_i, i = 1,2,\cdots,n \\ 0, \text{其他} \end{cases} \tag{4-63}$$

若当 $i \neq j$ 时，$a_i \neq a_j$，$a_i = [x_{2i-1}, x_{2i}]$，且 $\sum_{i=1}^{n} \alpha_i = \alpha \leqslant 1$，则称函数 $f(x)$ 为一个盲数，其分布如图 4-3 所示，称 α_i 为 $f(x)$ 的 α_i 值的可信度，α 为 $f(x)$ 的总可信度，n 为 $f(x)$ 的阶数。

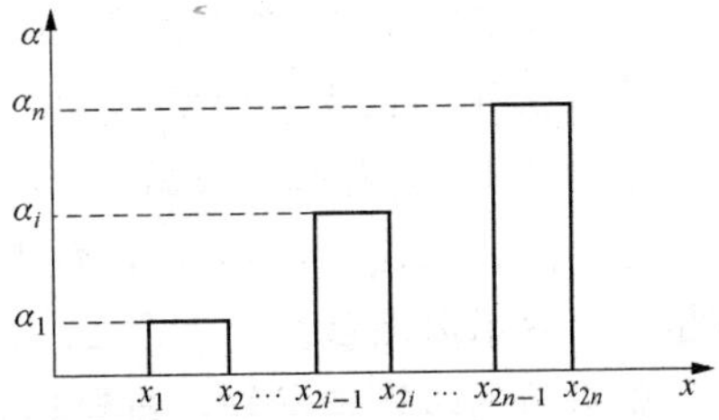

图 4-3 盲数 $f(x)$ 分布图

由定义 4.32 知，盲数 $f(x)$ 是定义在 $g(I)$ 中，取值在 [0, 1] 上的灰函数，其实质可认为是区间分布的可信度函数。

由盲数的定义可知：

(1) 若 $a_i \in \boldsymbol{R} \subset \boldsymbol{G}(i=1, 2, \cdots, n)$，不妨设 $a_1 < a_2 < \cdots < a_n$，则盲数 $f(x)$ 就是未确知有理数 $[[a_1, a_n], \varphi(x)]$，其中

$$\varphi(x) = f(x), x \in \boldsymbol{R} \tag{4-64}$$

所以，未确知有理数是盲数的特例。

（2）若 $n=1$，$\alpha_1=1$，则盲数 $f(x)$ 为区间型灰数 a_1，所以区间型灰数是盲数的一个特例。

（3）若 $f(x)$ 不是未确知有理数，也不是区间型灰数，称 $f(x)$ 为真盲数。

由以上可知，因为盲数包含区间型灰数和未确知有理数，而区间型灰数包含区间灰数即区间数，未确知有理数包含离散型随机变量的分布，所以，盲数是对区间数、随机变量分布的一种推广。真盲数所包含的信息至少含有两种不确定性，所以，可以借助盲数研究电力系统中盲信息的数学表达和数学处理。

2. 盲数的运算

盲数的运算抽象于各个盲信息之间真实关系。设 $*$ 表示 $g(I)$ 中的一种运算，例如可以是+、－、×、÷中的一种。

设盲数 A、B 为

$$A=f(x)=\begin{cases}\alpha_i, x=a_i, i=1,2,\cdots,m \\ 0,\text{其他}\end{cases} \tag{4-65}$$

$$B=h(y)=\begin{cases}\beta_i, y=b_j, j=1,2,\cdots,n \\ 0,\text{其他}\end{cases} \tag{4-66}$$

其中，$a_i\in g(I)$、$b_j\in g(I)$。后面提到的盲数 A、B，若不做特别说明，A 与 B 总按照以上两式表达。

3.1.7 节第 2 部分给出了未确知有理数的四则运算，实际上，盲数的加法运算相当于求它们的卷积。

由盲数可信度概念可得盲数 BM(blind model) 的定义。

定义 4.33：设盲数 A 和 B，如式（4-65）和式（4-66），则称 $P(A-B\geqslant\beta)$ 为盲数 A 关于 B 的 BM 模型。其中，β 为按实际问题要求确定的已知实数。

定义 4.33 是表示盲数 A 与 B 的差值大于 β 的可信度，当 $\beta=0$ 时，则表示 $A>B$ 的可信度值。事实上，盲数 BM 模型就是一个供需模型，其中，A 表示可供量，B 表示需求量。

由盲数 $*$ 运算定义知，盲数具有下面的性质。

性质 1：盲数 $A*B$ 与可能值 $*$ 矩阵中元素的排列顺序无关。

性质 2：设 A、B、C 是盲数，则

（1）$A+B=B+A$；

（2）$A\times B=B\times A$；

（3）$(A+B)+C=A+(B+C)$；

（4）$(A\times B)\times C=A\times(B\times C)$。

注意，因区间数不满足乘法对加法的分配律，所以，盲数乘法对加法的分配律不成立[182]。在盲数运算时，运算结果的取值区间常常有相重的部分，这就需

要依据自变量取值的综合不确定性的隶属函数将区间拆开，而不能简单的按区间的长度比例来拆分，但在实际计算时，虽然自变量取值的综合不确定性的隶属函数曲线一般不是一条水平线，但当每个区间长度都较小或每一区间上的曲线形状如果对运算结果影响不大时，常可以将其在每一区间上的一段曲线近似假设为相应的一段水平线段，这样就可以用长度比作权系数来拆分区间了。

3. 均值盲数

由盲数的定义和运算法则可见，盲数运算的计算量比较大，尤其是当多个盲数进行运算时，阶数增长迅速，如果不采取一定的方法和手段进行简化会严重影响计算速度，甚至无法求解。在这种情况下，提出一种新的盲数概念：均值盲数。

在盲数定义中，x 取值在区间 $\alpha_i=[x_{2i-1}, x_{2i}]$ 上的可信度为 α_i，$i=1, 2, \cdots, n$，其中，区间 $\alpha_i=[x_{2i-1}, x_{2i}]$ 是一区间型灰数集，该区间的长度 $\Delta\alpha_i=x_{2i}-x_{2i-1}$。为了能让盲数运算得到简化，这里定义 $\overline{x_i}$ 为区间 α_i 的“区间均值”，其值为

$$\overline{x_i}=\frac{1}{2}(x_{2i-1}+x_{2i}) \tag{4-67}$$

称其为区间 α_i 的心，这样可方便地用区间 α_i 的心和其长度来表示区间 α_i。

用区间的心和区间长度表示的盲数称为均值盲数，其表达式为

$$f(x)=\begin{cases}\alpha_i, x=\overline{x_i}\oplus\Delta\alpha_i, i=1,2,\cdots,n\\ 0,\text{其他}\end{cases} \tag{4-68}$$

式中：$\overline{x_i}\oplus\Delta\alpha_i$ 为用区间均值和区间长度表示的区间 α_i。虽然表面上看这一盲数表示方法并不比原来的简单，但当区间 α_1，α_2，…，α_i，…，a_n 的长度几乎都相等时，我们就可以用一个数值来表示这些区间的长度，计算量将大为减少。

4.4 电力系统中复杂不确定性分析方法

电力系统中的不确定性分析方法总体上可分为两类，一类是单一不确定性分析方法，包含随机性、模糊性、粗糙性等单一不确定性，如学者 Gupta C. P. 和 Milanovic J. V. 提出的设备电压暂降故障概率评估方法[104]，肖湘宁教授将电压暂降与配电系统可靠性结合起来，建议通过对可靠性指标进行补充和修正，并提出模糊评估方法[105]，而粗糙集方法则普遍用于设备故障诊断[106]、配电网故障诊断[58]、暂态稳定评估[107]、数据挖掘[108]及电压无功综合控制[60]等方面。然而，随着研究的深入，由于电力系统中的事件的复杂性、多样性和时空变化特性，与电力系统中的事件相关的诸多影响因素具有多重不确定性，这些不确定性的准确描述方式取决于实际物理性质和样本特性，从基本参数、环境因素、状态因素、

作用机理等方面进行分析，涉及的不确定性因素在本质上有不确定的共性，但由于数学本质不同，描述和表达不同不确定属性的方式不同，可通过分析其内涵、外延和边界的基本属性，提出不同影响因素的数学描述方法，再以现有认识程度和样本为基础，结合所关注问题本身的现象和规律，提出相应的复杂不确定性分析方法，这就是电力系统中的第二类不确定性分析方法。

实际中，通过对与事件相关影响因素的类型和不确定性性质的分析，将电力系统中的复杂不确定性分析方法分为双重不确定性分析方法、多重不确定性分析方法和混合不确定性分析方法。

双重不确定性分析方法主要针对两种不确定属性同时存在或影响该事件的某个参变量是不确定的，且用来表示这些变量的一个或者多个参数也是不确定的情况。双重不确定性事件主要包含模糊随机事件、随机模糊事件、双重模糊不确定性事件等。通常情况下，通过引入相应的模糊随机变量、随机模糊变量或双重模糊变量等，建立包含双重不确定性的事件评估模型与算法，以此来定量评估或预测不确定性事件。

多重不确定性分析方法与双重不确定性分析方法相类似，针对不确定性事件影响因素具有多重不确定性的特点，且各影响因素的不确定性特点和属性不同，相应的数学刻画方法也不同。根据各影响因素内涵、外延或边界的不确定性，分别用概率论、模糊论或粗糙论进行数学刻画，构建包含多重不确定性的事件评估模型。

混合不确定性分析方法针对既具有随机性又具有模糊性的不确定性事件，且样本信息有限，要求概率密度函数或隶属函数的确定不依赖于主观假设时，可引入混合熵的概念。从实际事件出发，依据事件所具有的属性，并结合事件混合不确定性的特点，基于现有的概率熵和模糊熵概念，建立物理和数学意义明确、能合理刻画混合不确定性的混合熵模型。

实际上，当多重不确定性同时存在时，应根据具体事件存在的不确定属性，分析各影响因素内涵、外延、边界的不确定性，选择合理的复杂不确定性分析方法。

4.5 电力系统复杂不确定性测度方法

电力系统经典测度的典型是概率测度，需满足可列可加、单值映射、取确定值等条件。其中，可加性条件成为一个受到人们关注的条件。尽管可加性很好地刻画了在理想、无误差条件下的许多类型的测量问题，但是在实际很难满足这些假设，如低电压穿越会出现“成功”“偶尔成功”“不成功”等，设备可能出现并未完全故障、部分受影响等，设备响应事件有多种后果状态等。就像在数学的某些分支学科中线性模型只是在局部范围内对非线性模型的一种近似那样，可以认为，可加性只是在局部范围内或特定情况下对非可加性的一种近似，可加测度成为非可加集函数的一种特例。此外，某些涉及主观评判或非重复性实验的测量，本质上均是非可加的。3.2 节阐述了经典概率测度面临的挑战，在此背景下，从物理和数学特性出发，引入复杂不确定性测度论[1-2]是必然要求，典型的代表是模糊测度和可能性测度。其中，可能性测度是似然性测度，是一种特殊的模糊测度。

4.5.1 模糊测度

设 $\boldsymbol{X}$ 是一个非空集合，$\mathscr{F}$是由 $\boldsymbol{X}$ 的若干子集组成的σ-代数。

定义 4.34：$\mathscr{F}$上的一个非负广义实值集函数 $\mu: \mathscr{F} \to [0, \infty]$ 称为一模糊测度，如果它满足

（1）平凡性：$\mu(\varnothing)=0$。

（2）单调性：$A \in \mathscr{F}$，$B \in \mathscr{F}$，$A \subset B$，那么 $\mu(A) \leqslant \mu(B)$。

（3）下连续性：$A_1 \subset A_2 \subset \cdots \subset A_n \subset \cdots$（$n=1, 2, \cdots, \infty$），$A_n \in \mathscr{F}$，$\bigcup\limits_{n-1}^{\infty} A_n \subset \mathscr{F}$，那么 $\mu(\bigcup\limits_{n-1}^{\infty} A_n)=\lim\limits_{n\to\infty}\mu(A_n)$。

（d）上连续性：$A_1 \supset A_2 \supset \cdots \supset A_n \supset \cdots$（$n=1, 2, \cdots, \infty$），$A_n \in \mathscr{F}$，且 $\exists n_0$，使得 $\mu(A_n)<\infty$，则 $\mu(\bigcup\limits_{n-1}^{\infty} A_n)=\lim\limits_{n\to\infty}\mu(A_n)$。

μ 称为下半或上半连续模糊测度，如果它分别满足上述条件（1）、（2）、（3）或（1）、（2）、（4）。两者简称为半连续模糊测度。若 $\mu(\boldsymbol{X})=1$，则称 μ 为正则模糊测度。

实际应用中往往使用有限集上的正则模糊测度，由于集合是有限集，上下连续性自动满足。下面进一步给出有限集上的正则模糊测度的定义：

定义 4.35（正则模糊测度）：设 $\boldsymbol{X}$ 是有限集合，$p(\boldsymbol{X})$ 是 $\boldsymbol{X}$ 所有子集组成的集合，集函数 $\mu: p(\boldsymbol{X}) \to [0, 1]$ 满足下面两个条件。

（1）$\mu(\varnothing)=0$，$\mu(\boldsymbol{X})=1$。

（2）$E \in p(\boldsymbol{X})$，$F \in p(\boldsymbol{X})$，$E \subset F$，则 $\mu(E) \leqslant \mu(F)$。

称 μ 为定义在 $p(\boldsymbol{X})$ 上的正则模糊测度。

定义 4.36[109]：若 μ 是可测空间（$\boldsymbol{X}$，$\mathscr{F}$）上的半连续模糊测度，则称（$\boldsymbol{X}$，$\mathscr{F}$，μ）为半连续模糊测度空间。

定义 4.37[109]：若 μ 是可测空间（$\boldsymbol{X}$，$\mathscr{F}$）上的模糊测度，则称（$\boldsymbol{X}$，$\mathscr{F}$，μ）为模糊测度空间。

可见，经典测度是模糊测度的一个特例，模糊测度与经典测度相比较，仅是摒弃了可加性，而保留了单调性和连续性。

定义 4.38：$\forall E_1\in\mathscr{F}$，$E_2\in\mathscr{F}$，$E_1\cup E_2\subset\mathscr{F}$，有 $\mu(E_1\cup E_2)\leqslant\mu(E_1)+\mu(E_2)$ 成立，则称 μ 是次可加的。

$\forall E_1\in\mathscr{F}$，$E_2\in\mathscr{F}$，$E_1\cap E_2=\varnothing$，$E_1\cup E_2\subset\mathscr{F}$，有 $\mu(E_1\cup E_2)\geqslant\mu(E_1)+\mu(E_2)$ 成立，则称 μ 是超可加的。

$\forall E_1\in\mathscr{F}$，$E_2\in\mathscr{F}$，$E_1\cup E_2\in\mathscr{F}$，$E_1\cap E_2=\varnothing$，并且 $\mu(E_2)=0$，有 $\mu(E_1\cup E_2)=\mu(E_1)$ 成立，则称 μ 是零可加的。

定理 4.36：如果对于任意非空的集合 $F\in\mathscr{F}$，$\mu(F)\neq 0$，那么 μ 是零可加的。

定理 4.37：设 $\mu:\mathscr{F}\to[0,+\infty]$ 是一个单调不减的集函数，那么下面的命题是等价的。

（1）μ 是零可加的。

（2）对于任意 $E\in\mathscr{F}$，$F\in\mathscr{F}$，$\mu(F)=0$，有 $\mu(E\cup F)=\mu(E)$ 成立。

（3）对于任意 $E\in\mathscr{F}$，$F\in\mathscr{F}$，$F\subset E$，$\mu(F)=0$，有 $\mu(E-F)=\mu(E)$ 成立。

（4）对于任意 $E\in\mathscr{F}$，$F\in\mathscr{F}$，$F\in\mathscr{F}$，$\mu(F)=0$，有 $\mu(E-F)=\mu(E)$ 成立。

（5）对于任意 $E\in\mathscr{F}$，$F\in\mathscr{F}$，$\mu(F)=0$，有 $\mu(E\Delta F)=\mu(E)$ 成立。

定理 4.38：如果 μ 是零可加的模糊测度，$E\in\mathscr{F}$，对任意一个递减的序列 $\{F_n\}\subset\mathscr{F}$，有 $\lim\limits_{n}\mu(F_n)=0$，那么有 $\lim\limits_{n}\mu(E-F_n)=\mu(E)$。

定义 4.39：$\mathscr{F}$ 上的集函数 μ，若对任意的 $E\in\mathscr{F}$，$F_n\in\mathscr{F}$，$E\cap F_n=\varnothing$，$n=1$，2，…，$\lim\limits_{n}\mu(F_n)=0$，有 $\lim\limits_{n}\mu(E\cup F_n)=\mu(E)$，则称 μ 是上自连续的。

$\mathscr{F}$ 上的集函数 μ，若对任意的 $E\in\mathscr{F}$，$F_n\in\mathscr{F}$，$F_n\subset E$，$n=1$，2，…，$\lim\limits_{n}\mu(F_n)=0$，有 $\lim\limits_{n}\mu(E-F_n)=\mu(E)$，则称 μ 是下自连续的。

如果 μ 既是上自连续的又是下自连续的，那么就说 μ 是自连续的。

定理 4.39：集函数 μ，如果对任意的 $E\in\mathscr{F}$，$E\neq\varnothing$，存在 $\varepsilon>0$，使得 $|\mu(E)|\geqslant\varepsilon$，那么 μ 是自连续的。

定理 4.40：若集函数 μ 是上自连续或下自连续的，那么 μ 是零可加的。

定理 4.41：μ 是 $\mathscr{F}$ 上的有限非负集函数，如果 μ 是上自连续的（下自连续的）并且在空集是上连续的，那么是上连续的（下连续的）。

定义 4.40：$\mathscr{F}$ 上的集函数 μ，若对每一个 $\varepsilon>0$ 存在 $\delta=\delta(\varepsilon)$，使得对一切满足 $E\cap F=\varnothing$，而且 $\mu(F)\leqslant\delta$ 的 E，$F\in\mathscr{F}$，有 $\mu(E\cup F)\leqslant\mu(E)+\varepsilon$，则称 μ 是一致上自连续的。

$\mathscr{F}$上的集函数 μ，若对每一个 $\varepsilon>0$ 存在 $\delta=\delta(\varepsilon)$，使得对一切满足 $F\subset E$，而且 $\mu(F)\leqslant\delta$ 的 E，$F\in\mathscr{F}$，有 $\mu(E)-\varepsilon\leqslant\mu(E-F)$，则称 μ 是一致下自连续的。

定理 4.42：μ 是模糊测度，则下列命题等价。

（1）μ 是一致自连续的。

（2）μ 是一致上自连续的。

（3）μ 是一致下自连续的。

定理 4.43：若集函数 μ 是一致自连续的（一致上自连续的，一致下自连续的），则它是自连续的（上自连续的，下自连续的）。

4.5.2 可能性测度

可能性（Possibilistic）的概念最早是由 Gaines 和 Kohout[110] 在研究可能性自动机（Possible Automata）时提出的。但 Zadeh 将可能性概念与模糊集合相联系，最先提出可能性分布、可能性测度、可能性理论的概念，给出了可能性概念的模糊集合解释[82]。1978 年，Zadeh 在他的论文[82] 中指出人们决策所需的大量信息在本质上是可能性的，而非概率的。基于此，他提出了可能性理论——一种与概率论相似但又不同的理论来描述信息的意义。可能性测度是可能性理论中的一个重要概念。本书中给出可能性测度的两种定义，一为 Zadeh 所给的定义，二为公理化定义[111]。

1. Zadeh 关于可能性测度的定义

首先介绍与可能性测度相关的可能性分布的概念。Zadeh 有关可能性分布的定义是与模糊约束紧密相关的，为此，先叙述模糊约束的概念。

（1）模糊约束。设 $\boldsymbol{U}$ 是论域，X 是取值于 $\boldsymbol{U}$ 的一个变量。$\boldsymbol{F}$ 是 $\boldsymbol{U}$ 上的一个模糊子集，它的隶属函数为 μ_F，那么当 $\boldsymbol{F}$ 对赋予 $\boldsymbol{X}$ 的值起弹性限制的作用时，$\boldsymbol{F}$ 就成为变量 X 上（或与 X 相联系）的一个模糊约束。记作

$$\boldsymbol{X}=u:\mu_{\boldsymbol{F}}(u) \tag{4-69}$$

这里 $\mu_{\boldsymbol{F}}(u)$ 解释为当 u 赋予 X 时，模糊子集 $\boldsymbol{F}$ 被满足的程度。等价地，$1-\mu_{\boldsymbol{F}}$解释为为了将 u 赋予 X，模糊限制必须被扩展的程度。模糊子集 F 本身并不是一个模糊约束，只有当它所起的作用是对论域上的变量进行限制时，才产生与 F 相应的模糊约束。

设 $R(X)$ 为 X 的一个模糊约束，为了表明 $\boldsymbol{F}$ 对 X 的约束作用，记

$$R(X)=\boldsymbol{F} \tag{4-70}$$

这种形式的方程称为关系赋值方程（Relational Assignment Equation）。它表明与 X 相关联的约束指定为一个模糊子集。

为了进一步阐明模糊约束的概念，我们考虑命题

$$X\text{ 是 }\boldsymbol{F} \tag{4-71}$$

其中，X 可以是一个事件的名称、一个变量或一个命题；$\boldsymbol{F}$ 为 $\boldsymbol{U}$ 的模糊子集的名称。

为了表明 $\boldsymbol{F}$ 的约束作用，此命题可以转化为

$$R[A(X)]=\boldsymbol{F} \tag{4-72}$$

其中，A（X）为 X 的内在属性，它在 $\boldsymbol{U}$ 中取值。式（4-72）表示命题"X 是 $\boldsymbol{F}$"具有将"$\boldsymbol{F}$ 指派为 $A(X)$ 的模糊约束"的作用。

在以上分析的基础上，给出可能性分布的定义。

(2) 一元可能性分布。为简便起见，设 $A(X)=X$。

设 $\boldsymbol{F}$ 是论域 $\boldsymbol{U}$ 上的模糊子集，它具有隶属函数 μ_F，此处，隶属度 $\mu_F(u)$ 解释为 u 与标以 $\boldsymbol{F}$ 的概念相容的程度。

设 X 为在 $\boldsymbol{U}$ 上取值的变量，而 F 起着与 X 相关联的模糊约束 $R(X)$ 的作用，则命题"X 是 $\boldsymbol{F}$"可以转换为

$$R(X)=\boldsymbol{F} \tag{4-73}$$

与 X 的可能性分布 Π_X 相关联，并且就假定 Π_X 等于 $R(X)$，即

$$\Pi_X=R(X) \tag{4-74}$$

相应地，与 X 相关联的可能性分布函数（或 Π_X 的可能性分布函数）用 π_X 表示，并在数值上等于 $\boldsymbol{F}$ 的隶属函数，即

$$\pi_X=\mu_F \tag{4-75}$$

这样，$X=u$ 的可能度 $\pi_X(u)$ 就假设等于 $\mu_F(u)$。

考虑式（4-74），关系赋值方程式（4-73）可以等价地表示为下面的形式

$$\Pi_X=F \tag{4-76}$$

显然，式（4-76）表明命题"X 是 $\boldsymbol{F}$"具有这样的作用：将 X 与可能性分布 Π_X 相关联，并且此可能性分布等于 $\boldsymbol{F}$。当它用式（4-76）的形式表达时，我们可以把关系赋值方程称为可能性赋值方程。实际上，Π_X 是由命题 p 诱导的，或是由 $\boldsymbol{F}$ 诱导的。

模糊约束与可能性分布之间的关系见表 4-1。

表 4-1　　模糊约束与可能性分布

模糊约束		可能性分布	
赋值方程	$R(X)=\boldsymbol{F}$	命题	X 是 $\boldsymbol{F}$
模糊约束	$R(X)$	可能性分布	Π_X
模糊约束的隶属函数	μ_F	可能性分布函数	π_X

（3）n 元可能性分布。设 $X=(X_1, X_2, \cdots, X_n)$ 时，命题“X 是 $\boldsymbol{F}$”中的 $\boldsymbol{F}$ 是笛卡尔直集 $\boldsymbol{U}=\boldsymbol{U}_1\times\boldsymbol{U}_2\times\cdots\times\boldsymbol{U}_n$ 的一个模糊关系。为了表明 $\boldsymbol{F}$ 所起的约束作用，命题“X 是 $\boldsymbol{F}$”可转换为

$$R(X_1, X_2, \cdots, X_n) = \boldsymbol{F} \tag{4-77}$$

相应地，可能性赋值方程为

$$\Pi_{(X_1, X_2, \cdots, X_n)} = F \tag{4-78}$$

式中：$R(X_1, X_2, \cdots, X_n)$ 为由 p 诱导的 n 元模糊约束，而 $\Pi_{(X_1, X_2, \cdots, X_n)}$ 为由 p 诱导的 n 元可能性分布。相应的 n 元可能性分布函数为

$$\pi_{(X_1, X_2, \cdots, X_n)}(u_1, u_2, \cdots, u_n) = \mu_{\boldsymbol{F}}(u_1, u_2, \cdots, u_n), (u_1, u_2, \cdots, u_n) \in \boldsymbol{U} \tag{4-79}$$

如果 F 是可分离的，即 $\boldsymbol{F}$ 为 n 个一元模糊关系 $\boldsymbol{F}_1$，$\boldsymbol{F}_2$，…，$\boldsymbol{F}_n$ 的直集

$$\boldsymbol{F} = \boldsymbol{F}_1 \times \boldsymbol{F}_2 \times \cdots \times \boldsymbol{F}_n \tag{4-80}$$

则有

$$\Pi_{(X_1, X_2, \cdots, X_n)} = \Pi_{X_1} \times \Pi_{X_2} \times \cdots \times \Pi_{X_n} \tag{4-81}$$

并且

$$\pi_{(X_1, X_2, \cdots, X_n)}(u_1, u_2, \cdots, u_n) = \pi_{X_1}(u_1) \wedge \pi_{X_2}(u_2) \wedge \cdots \wedge \pi_{X_n}(u_n) \tag{4-82}$$

其中

$$\pi_{X_i}(u_i) = \mu_{F_i}(u_i), i = 1, 2, \cdots, n$$

（4）可能性测度。设 $\boldsymbol{A}$ 是 $\boldsymbol{U}$ 的普通子集，Π_X 是与变量 X 相联系的可能性分布，X 是在 $\boldsymbol{U}$ 中取值的变量，则 $\boldsymbol{A}$ 的可能性测度 $\pi(\boldsymbol{A})$ 定义为 [0，1] 中的一个数。即

$$\pi(\boldsymbol{A}) = \sup_{u \in \boldsymbol{A}} \pi_x(u) \tag{4-83}$$

式中：$\pi_X(u)$ 为 Π_X 的可能性分布函数，因而这个值可以解释为 X 的取值属于 $\boldsymbol{A}$ 的可能性，并表示为

$$P_{oss}(X \in \boldsymbol{A}) = \pi(A) = \sup_{u \in \boldsymbol{A}} \pi_x(u) \tag{4-84}$$

当 $\boldsymbol{A}$ 是模糊子集时，X 的取值属于 $\boldsymbol{A}$ 是无意义的。为此，必须将式（4-84）扩展，得到可能性测度更一般的定义。

定义 4.41：设 $\boldsymbol{A}$ 是 $\boldsymbol{U}$ 上的模糊子集，Π_X 是与变量 X 相关的可能性分布，而 X 在 $\boldsymbol{U}$ 中取值，则 $\boldsymbol{A}$ 的可能性测度定义为

$$P_{oss}\{X \in \boldsymbol{A}\} = \pi(\boldsymbol{A}) = \sup_{u \in U} \mu_{\boldsymbol{A}}(u) \wedge \pi_X(u) \tag{4-85}$$

其中，“X 是 $\boldsymbol{A}$”代替了式（4-76）中的“$x\in\boldsymbol{A}$”，$\mu_{\boldsymbol{A}}(u)$ 为 $\boldsymbol{A}$ 的隶属函数。

2. 公理化可能性测度的定义

给定一论域 $\boldsymbol{U}$，$P(\boldsymbol{U})$ 为其相应的幂集，则可能性测度 P_{oss} 为

$$P_{oss}: P(\boldsymbol{U}) \to [0,1] \tag{4-86}$$

且满足下列条件。

(1) $P_{oss}(\boldsymbol{\varnothing}) = 0$。

(2) $P_{oss}(\boldsymbol{U}) = 1$。

(3) 对于任意集类 $\{A_i \mid A_i \in P(\boldsymbol{U}),\ i \in \boldsymbol{I}\}$，其中 $\boldsymbol{I}$ 为一任意的指标集，有

$$P_{oss}(\bigcup_{i\in \boldsymbol{I}} A_i) = \sup_{i\in \boldsymbol{I}} P_{oss}(A_i) \tag{4-87}$$

下面给出一个与可能性测度密切相关的概念——必然性测度，它是信任测度(Belief Measure)的一种特殊情况。

给定一论域 $\boldsymbol{U}$，$P(\boldsymbol{U})$ 为其相应的幂集，则必然性测度 $\boldsymbol{N}_{ec}$ 为

$$N_{ec}: P(\boldsymbol{U}) \to [0,1] \tag{4-88}$$

且满足下列条件。

(1) $N_{ec}(\boldsymbol{\varnothing}) = 0$。

(2) $N_{ec}(\boldsymbol{U}) = 1$。

(3) 对于任意集类 $\{A_i \mid A_i \in P(\boldsymbol{U}),\ i \in \boldsymbol{I}\}$，其中 $\boldsymbol{I}$ 为一任意的指标集，有

$$N_{ec}(\bigcup_{i\in \boldsymbol{I}} A_i) = \inf_{i\in \boldsymbol{I}} N_{ec}(A_i) \tag{4-89}$$

可能性测度与必然性测度有如下的对偶关系

$$N_{ec}(A) = 1 - P_{oss}(\bar{A}) \tag{4-90}$$

概率测度、可能性测度、必然性测度之间的关系为

$$N_{ec}(A) \leqslant P(A) \leqslant P_{oss}(A) \tag{4-91}$$

式中：A 为 $P(\boldsymbol{U})$ 中的任一元素。

3. 可能性测度的性质

下面给出可能性测度的两条性质。

性质 1：设 $\boldsymbol{A}$、$\boldsymbol{B}$ 为 $\boldsymbol{U}$ 上的模糊子集，则

$$\pi(\boldsymbol{A} \cup \boldsymbol{B}) = \pi(\boldsymbol{A}) \wedge \pi(\boldsymbol{B}) \tag{4-92}$$

可见，模糊子集的可能性测度具有模糊可加性。在概率论中的可加性是指，若对 $\boldsymbol{A}$ 和 $\boldsymbol{B}$ 两个可测集，有 $\boldsymbol{A} \cap \boldsymbol{B} = \boldsymbol{\varnothing}$，则

$$P(\boldsymbol{A} \cup \boldsymbol{B}) = P(\boldsymbol{A}) + P(\boldsymbol{B}) \tag{4-93}$$

显然，两个可加性有本质上的不同。模糊可加性不要求 $\boldsymbol{A} \cap \boldsymbol{B} = \boldsymbol{\varnothing}$。由式(4-92)可得

$$\max(\pi(\boldsymbol{A}), \pi(\bar{\boldsymbol{A}})) = 1 \tag{4-94}$$

性质 2：

$$\pi(\boldsymbol{A} \cap \boldsymbol{B}) \leqslant \pi(\boldsymbol{A}) \wedge \pi(\boldsymbol{B}) \tag{4-95}$$

当 $\pi(\boldsymbol{A} \cap \boldsymbol{B}) = \pi(\boldsymbol{A}) \wedge \pi(\boldsymbol{B})$ 时，称 $\boldsymbol{A}$ 和 $\boldsymbol{B}$ 互不相交(Noninteractive)或互不相关(Unrelated)。

5 不确定性理论在电力系统中的应用

5.1 不确定性理论在电力负荷预测中的应用

负荷预测是根据系统的运行特性、增容决策、自然条件及社会影响等诸多因素，研究或利用一套系统的处理过去与未来负荷的数学方法，在满足一定准确度要求的条件下，确定未来某特定时刻的负荷数据。负荷预测的基本思想是利用现有的历史数据（历史负荷数据及历史气象数据等），通过建立适当的数学模型对未来某一时刻或某段时间的电力负荷进行估计。由于负荷预测是根据电力负荷的过去和现在推测它的未来数值，所以，负荷预测研究的对象是不确定事件。

电力负荷在结构、发展趋势、增长模式等方面呈现出复杂不确定性，同一类型负荷在不同时间区间和空间区域内变化的特点与规律也明显不同。与此同时，现代智能电网面临大量具有间歇性的可再生能源并网，可再生能源出力的不确定性和负荷变化的不确定性[34]，导致电力系统调度运行中负荷预测的难度进一步增大。因此，为了满足电力系统不同工程应用的需要，必须从电力负荷变化的本质特点及影响负荷变化的诸多不确定性因素出发，同时考虑负荷自身变化规律和外部影响因素、时间和空间维度的变化规律及其对负荷变化的影响，挖掘负荷变化规律，并由此定量预测给定预测期内的负荷值。

考虑不确定性因素影响的典型负荷预测模型有随机预测模型、模糊预测模型、灰色预测模型、云理论预测模型、盲数预测模型和未确知有理数组合预测模型等，将本节予以介绍。

5.1.1 随机预测模型

考虑环境、气象、社会等因素对负荷变化影响的随机不确定性，一个根据 p（p 为自然数）个相关因素进行负荷预测的随机预测系统的组成如图 5-1 所示，其预测方程为

$$y = f(x_1, x_2, \cdots, x_p) \tag{5-1}$$

图 5-1 中，y 为负荷预测出的未来值，x_1，x_2，…，x_p 为影响负荷变化的 p

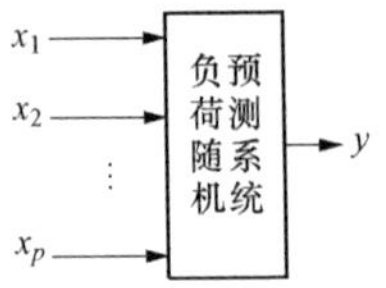

图 5-1 负荷随机预测系统组成

个相关因素与负荷预测值相对应的未来值。

该预测方程（5-1）是根据负荷的历史数据及 p 个相关因素的历史数据采用回归或人工神经网络等方法确定的，考虑到已发生或已存在的事物是不存在随机性的，而历史数据是对已发生事物的一种记录可以查证，所以可认为历史数据具有确定性，根据历史数据建立的预测关系应当是比较客观的，因此，可以不考虑在建立预测关系过程中相关因素的随机性。

但是，在利用预测方程对未来的负荷进行预测时，需要将 p 个相关因素的未来数据作为输入，而这些相关因素的未来数据中包含随机性，这些随机性可以表示为

$$x_i=\hat{x}_i+\varepsilon_i, i=1,2,\cdots,p \tag{5-2}$$

式中：x_i 和 $\hat{x}_i$ 分别为第 i 个相关因素的未来值和未来值的估计值；ε_i 为随机误差。

一般可认为随机误差呈正态分布，即

$$\varepsilon_i \sim N(\mu_i,\sigma_i^2), i=1,2,\cdots,p \tag{5-3}$$

式中：μ_i 和 σ_i 分别为随机误差 ε_i 的均值和方差。

当 μ_i 时，为无偏预测，即

$$\varepsilon_i \sim N(0,\sigma_i^2), i=1,2,\cdots,p \tag{5-4}$$

通常情况下，方差的实际值较难获得，因此，常用方差的估计值 $\hat{\sigma}_i$ 代替，可得到 x_i 在置信度为（$1-\alpha$）%下的置信区间

$$x_i \in [\hat{x}_i-\beta\hat{\sigma}_i, \hat{x}_i+\beta\hat{\sigma}_i], i=1,2,\cdots,p \tag{5-5}$$

式中：β 为比例系数，与样本的自由度和 α 有关。例如，对于样本数充足的情形，在 99.73%置信度下 $\beta\approx3$，在 95.0%置信度下 $\beta\approx2$；对于样本数较少（自由度为 n）的情形，在（$1-\alpha$）%置信度下，$\beta\approx t_{\alpha/2}$（$n-2$），可根据 t 分布表得到。

考虑到 x_i 的预测误差一般小于 y 的预测误差，因此近似认为在 x_i 的预测值附近，负荷预测结果与 x_i 呈线性关系，并且认为各个相关因数相互独立。为了得到各个相关因数的预测误差对负荷预测结果的影响程度，分别在各个相关因素的预测值处做负荷预测值对它们的偏导数，由于一般情况下，x_i 的未来值较难得到，而只能得到其未来值的估计值，因而常忽略系统的随机性，用 x_i 未来值的估计值去替代其实际未来值，即

$$k_i=\frac{\partial \hat{y}}{\partial \hat{x}_i}=\frac{\partial f(\hat{x}_1,\hat{x}_2,\cdots,\hat{x}_p)}{\partial \hat{x}_i}, i=1,2,\cdots,p \tag{5-6}$$

式中：$\hat{y}$ 为负荷预测值的估计值；f（$\hat{x}_1$，$\hat{x}_2$，…，$\hat{x}_p$）为以相关因素未来值的估计值为输入的预测方程，且有 $\hat{y}=f$（$\hat{x}_1$，$\hat{x}_2$，…，$\hat{x}_p$）。

若 $k_i>0$，则 $\hat{y}$ 随着 $\hat{x}_i$ 的增大而增大；若 $k_i<0$，则 $\hat{y}$ 随着 $\hat{x}_i$ 的增大而减小。$|k_i|$ 越大，$\hat{y}$ 对 $\hat{x}_i$ 的预测误差越敏感，也即对 $\hat{x}_i$ 的要求越高，对于这样的因素，应尽量提高其预测准确度。

5.1.2 模糊预测模型

当前应用于电力系统负荷预测的模糊预测模型主要可分为以下五大类。

（1）对样本的分类或相似程度做模糊化的预测模型，如模糊聚类预测模型。

（2）直接处理负荷值模糊性的预测模型，这类模型多是将一些传统的负荷预测模型结合模糊数学理论进行的改进，如模糊时间序列预测模型、模糊线性回归预测模型、模糊指数平滑预测模型等。

（3）通过建立模糊推理规则进行预测的模型，即模糊推理预测模型。

（4）结合了两种或两种以上模糊理论思想进行预测的模型，如基于模糊综合评判的加权模糊线性回归预测模型。

（5）将模糊理论和其他理论方法如灰色理论、人工神经网络方法或遗传算法等有机融合进行预测的模型。

本书将在本小节分别对模糊聚类预测模型、模糊线性回归预测模型、模糊指数平滑预测模型、模糊逻辑预测模型、基于自适应神经模糊推理系统的负荷预测模型做简要介绍。

1. 模糊聚类预测模型

所谓模糊聚类就是用模糊数学的方法对样本进行分类，用聚类分析来实现预测[112]。该预测模型的根本思想是，把由待预测量和影响待预测量的环境因素（如将人口数、第一产业产值、第二产业产值、第三产业产值、国民生产总值等作为环境因素）的历史值所构成的样本按照一定的方法进行分类，形成各类的环境因素特征和待预测量变化模式，这样在待预测时段的环境状态为已知点时，通过该环境与各历史环境特征的比较，判断出这种环境与哪个历史类最为接近，看作是受环境影响的待预测量也与该历史类所对应的预测变量同变化模式，从而达到预测的目的。

下面简单介绍一种模糊聚类预测模型。

在模糊聚类分析中，称所要分类的对象，即负荷变量及影响负荷变化的环境变量为样本。要对样本进行合理的分类，首先应考虑样本的各种环境因素，即特性指标。被分类对象的集合为

$$\boldsymbol{X}=\{x_1,x_2,\cdots,x_n\} \tag{5-7}$$

每一个样本 x_i 中包含有 m 个环境因素的取值，即样本 x_i 可表示为特性指标向量

$$x_i=(x_{i1},x_{i2},\cdots,x_{ij},\cdots,x_{im}) \tag{5-8}$$

式中：x_{ij} 为第 i 个样本中的第 j 个环境因素取值。

n 个样本的特性指标矩阵为

$$\begin{bmatrix} x_{11} & x_{12} & \cdots & x_{1m} \\ x_{21} & x_{22} & \cdots & x_{2m} \\ \vdots & \vdots & \vdots & \vdots \\ x_{n1} & x_{n2} & \cdots & x_{nm} \end{bmatrix} \tag{5-9}$$

模糊聚类分析主要包含数据的归一化、模糊相似关系矩阵的建立、模糊等价矩阵的建立等步骤，下面将分别予以介绍。

（1）数据归一化。一般情况下，由于 m 个环境因素指标的量纲和数量级都不相同，在运算过程中可能导致突出某些数量级特别大的特性指标对分类的作用，而降低甚至排除了某些数量级很小的特性指标的作用，致使对各特性指标的分类缺乏一个统一尺度。为了消除特性指标不同单位的差别和特性指标数量级不同的影响，必须对各指标值施行数据规一化，从而使得每一指标值统一于某种共同的数值特性范围。

数据归一化常用的方法如下。

1）数据标准化

$$x'_{ij} = \frac{x_{ij} - \bar{x}_j}{\sigma_j} \tag{5-10}$$

其中，$\bar{x}_j = \frac{1}{n}\sum_{i=1}^{n} x_{ij}$，$\sigma_j = \sqrt{\frac{1}{n-1}\sum_{i=1}^{n}(x_{ij} - \bar{x}_j)^2}$ 。

显然，经过式（5-10）的变换后，每个指标的平均值为零，方差为1。

2）极大值归一化

$$x'_{ij} = \frac{x_{ij}}{x_{j\max}} \tag{5-11}$$

其中，$x_{j\max} = \max(x_{1j}, x_{2j}, \cdots, x_{nj})$。

3）均值归一化

$$x'_{ij} = \frac{x_{ij}}{\sigma_j} \tag{5-12}$$

4）中心归一化

$$x'_{ij} = x_{ij} - \bar{x}_j \tag{5-13}$$

5）对数归一化

$$x'_{ij} = \lg x_{ij} \tag{5-14}$$

（2）模糊相似关系矩阵。

定义 5.1：称论域 $\boldsymbol{X}$ 上的模糊关系 $\widetilde{\boldsymbol{R}}$ 是模糊相似关系，如果 $\widetilde{\boldsymbol{R}}$ 满足

1）自反性，即 $\widetilde{R}(x, x) = 1$。

2）对称性，即 $\widetilde{R}(x, x)=\widetilde{R}(y, x)$。

如果论域 $\boldsymbol{X}$ 有限，记 $\boldsymbol{X}=\{x_1, x_2, \cdots, x_n\}$，则模糊相似关系 $\widetilde{\boldsymbol{R}}$ 可以用模糊矩阵 $\widetilde{\boldsymbol{R}}=(r_{ij})_{n\times n}$ 表示，易见，矩阵 $\widetilde{\boldsymbol{R}}$ 是一个对角线元素为 1 的对称矩阵，称为模糊相似矩阵。

具体地说，即对于样本空间 $\boldsymbol{X}=[x_{ij}]_{n\times m}$，设 x_{ij} 均已归一化，用多元分析的方法来建立样本与样本之间的相似关系（亲疏关系），即计算出衡量被分类对象

$$x_i=(x_{i1}, x_{i2}, \cdots, x_{im}) \tag{5-15}$$

$$x_j=(x_{j1}, x_{j2}, \cdots, x_{jm}) \tag{5-16}$$

之间的相似程度 r_{ij}，使得 $0\leqslant r_{ij}\leqslant 1$（$i, j=1, 2, \cdots, n$）。

当 $r_{ij}=0$，则表示样本 x_i 与样本 x_j 毫不相似；$r_{ij}=1$ 表示 x_i 与 x_j 完全相似或者等同；当 $i=j$ 时，r_{ij} 就是样本 x_i 自己与自己的相似程度，恒为 1，即 $r_{ii}=1$（$i=1, 2, \cdots, n$）。因此，样本与样本之间的模糊相似关系矩阵为

$$\widetilde{\boldsymbol{R}}=\begin{bmatrix} r_{11} & r_{12} & \cdots & r_{1n} \\ r_{21} & r_{22} & \cdots & r_{2n} \\ \vdots & \vdots & \vdots & \vdots \\ r_{n1} & r_{n2} & \cdots & r_{nn} \end{bmatrix} \tag{5-17}$$

确定样本 x_i 与样本 x_j 的相似程度 r_{ij} 主要有以下几种方法。

1）相似系数法。

a. 数量积法

$$r_{ij}=\begin{cases} 1, & i=j \\ \dfrac{1}{M}\sum_{k=1}^{m} x_{ik}x_{jk}, & i\neq j \end{cases} \tag{5-18}$$

其中，$M=\max\limits_{i\neq 1}\left(\sum_{k=1}^{m} x_{ik}x_{jk}\right)$。

b. 夹角余弦法

$$r_{ij}=\frac{\sum_{k=1}^{m} x_{ik}x_{jk}}{\sqrt{\sum_{k=1}^{m} x_{ik}^2}\sqrt{\sum_{k=1}^{m} x_{jk}^2}} \tag{5-19}$$

c. 相关系数法

$$r_{ij}=\frac{\sum_{k=1}^{m}(x_{ik}-\overline{x}_i)(x_{jk}-\overline{x}_j)}{\sqrt{\sum_{k=1}^{m}(x_{ik}-\overline{x}_i)^2}\sqrt{\sum_{k=1}^{m}(x_{jk}-\overline{x}_j)^2}} \tag{5-20}$$

其中，$\overline{x}_i = \dfrac{1}{m}\sum\limits_{k=1}^{m} x_{ik}, \overline{x}_j = \dfrac{1}{m}\sum\limits_{k=1}^{m} x_{jk}$。

d. 指数相似系数法

$$r_{ij} = \frac{1}{m}\sum_{k=1}^{m} \mathrm{e}^{-\left(\frac{x_{ik}-x_{jk}}{s_k}\right)^2} \tag{5-21}$$

其中，s_k根据具体情况选择合适的值。

2）距离法。用样本 x_i 与样本 x_j 间的距离 d_{ij} 来标定它们的相似程度 r_{ij}，x_i 与 x_j 的距离越大，两者的相似程度越小。一般情况下，r_{ij} 由式（5-22）标定：

$$r_{ij} = 1 - c \times (d_{ij})^{\alpha} \tag{5-22}$$

其中，c 和 α 为常数，按照不同的情况选取。

实际应用中，常见的距离法如下。

a. 海明距离法（绝对值减数法）

$$r_{ij} = 1 - c\sum_{k=1}^{m} | x_{ik} - x_{jk} | \tag{5-23}$$

其中，c 为常数，使 r_{ij} 在［0，1］中且分散开。

b. 欧式距离法

$$r_{ij} = 1 - c \times \sqrt{\sum_{k=1}^{m} (x_{ik} - x_{jk})^2} \tag{5-24}$$

c. 绝对值指数法

$$r_{ij} = \mathrm{e}^{-\sum_{k=1}^{m} | x_{ik} - x_{jk} |} \tag{5-25}$$

d. 绝对值倒数法

$$r_{ij} = \begin{cases} 1, & i = j \\ \dfrac{M}{\sum\limits_{k=1}^{m} | x_{ik} - x_{jk} |}, & i \neq j \end{cases} \tag{5-26}$$

其中，M 为常数，使 r_{ij} 在［0，1］中且分散开。

3）贴近度法。当样本 x_i 的环境影响因素向量 $x_i =$（x_{i1}，x_{i2}，…，x_{im}）为模糊向量，其中 $x_{ik} \in [0, 1]$（$i=1$，2，…，n；$k=1$，2，…，m），即每个样本 x_i 是 X 上的模糊子集时，样本 x_i 与样本 x_j 的相似程度实质上是模糊子集 x_i 与模糊子集 x_j 的贴近度。常用的贴近度法如下。

a. 极大极小法

$$r_{ij} = \frac{\sum\limits_{k=1}^{m} (x_{ik} \wedge x_{jk})}{\sum\limits_{k=1}^{m} (x_{ik} \vee x_{jk})} \tag{5-27}$$

b. 算术平均最小法

$$r_{ij}=\frac{2\sum_{k=1}^{m}(x_{ik}\wedge x_{jk})}{\sum_{k=1}^{m}(x_{ik}+x_{jk})} \tag{5-28}$$

c. 几何平均法

$$r_{ij}=\frac{\sum_{k=1}^{m}(x_{ik}\wedge x_{jk})}{\sum_{k=1}^{m}(x_{ik}\cdot x_{jk})} \tag{5-29}$$

其中，$x_{ik}\cdot x_{jk}>0$。

通过上述方法求解模糊矩阵的过程，称作标定。显然，上述所有方法中 $|r_{ij}|\in[0,1]$，如果 r_{ij} 出现负值，可采用下述方法重新调整：

$$r'_{ij}=\frac{r_{ij}-m}{M-m},\ i\neq j \tag{5-30}$$

其中，$M=\max_{i\neq j} r_{ij}$，$m=\min_{i\neq j} r_{ij}$，且 $r'_{ij}\in[0,1]$。

下面给出两个模糊相似矩阵的结论。

1）设 $\widetilde{\boldsymbol{R}}$ 是模糊相似矩阵，则对任意自然数 k，$\widetilde{\boldsymbol{R}}^k$ 也是模糊相似矩阵。

2）设 $\widetilde{\boldsymbol{R}}$ 是模糊相似矩阵，则

$$\widetilde{\boldsymbol{R}}\leqslant\widetilde{\boldsymbol{R}}^2\leqslant\cdots\leqslant\widetilde{\boldsymbol{R}}^k\leqslant\widetilde{\boldsymbol{R}}^{k+1}\leqslant\cdots \tag{5-31}$$

（3）模糊等价关系。集合 $\boldsymbol{X}$ 的等价关系 $\widetilde{\boldsymbol{R}}$ 可以将 $\boldsymbol{X}$ 分类，每个类称为一个等价类，$x_0\in\boldsymbol{X}$ 所在的等价类记作 $[x_0]$，有

$$[x_0]=\{x\mid R(x_0,x)=1\} \tag{5-32}$$

定义 5.2：称模糊关系 $\widetilde{\boldsymbol{R}}$ 是 $\boldsymbol{X}$ 的模糊等价关系，当且仅当对 $\forall\lambda\in[0,1]$，λ 截关系 $\widetilde{\boldsymbol{R}}_\lambda$ 都是 $\boldsymbol{X}$ 的等价关系。

定理 5.1：模糊关系 $\widetilde{\boldsymbol{R}}$ 是 $\boldsymbol{X}$ 的模糊等价关系，当且仅当 $\widetilde{\boldsymbol{R}}$ 满足

1）自反性，即 $\widetilde{\boldsymbol{R}}(x,x)=1(\forall x\in\boldsymbol{X})$。

2）对称性，即 $\widetilde{\boldsymbol{R}}(x,y)=\widetilde{\boldsymbol{R}}(y,x)$。

3）传递性，即 $\widetilde{\boldsymbol{R}}^2\subseteq\widetilde{\boldsymbol{R}}$。

若 $\boldsymbol{X}=\{x_1,x_2,\cdots,x_n\}$ 为有限论域，则 $\boldsymbol{X}$ 的模糊等价关系可表示为一个 n 阶模糊矩阵 $\widetilde{\boldsymbol{R}}=[r_{ij}]_{n\times n}$，且满足

1）自反性，即 $r_{ij}=1(\forall 1\leqslant i\leqslant n)$。

2）对称性，即 $r_{ij}=r_{ji}$。

3）传递性，即 $\tilde{\boldsymbol{R}}^2\subseteq\tilde{\boldsymbol{R}}$，注意此时 $\bigvee_{k=1}^{n}(r_{ik}\wedge r_{kj})\leqslant r_{ij}$。

则 $\tilde{\boldsymbol{R}}$ 称为模糊等价矩阵。

根据模糊等价关系的定义，可以通过给定适当的聚类水平 λ，利用 λ 截矩阵 $\boldsymbol{R}_\lambda$ 来进行分类。

（4）模糊聚类传递闭包法。一个模糊等价关系（模糊等价矩阵）可以确定一个模糊分类。通过标定所得的模糊相似关系矩阵 $\tilde{\boldsymbol{R}}$ 是模糊相容矩阵，但未必是模糊等价矩阵。因此，要进行基于模糊关系的模糊聚类，由相应的模糊相似矩阵得到相应的模糊等价矩阵是关键。这通常需要对原矩阵进行一定的变换，从而改变了原有的相似关系。通常情况下，可通过“距离”来衡量这种改变的大小。

定义 5.3：模糊相似矩阵 $\tilde{\boldsymbol{A}}=(a_{ij})_{n\times n}$ 和 $\tilde{\boldsymbol{B}}=(b_{ij})_{n\times n}$ 之间的距离定义为

$$d(\tilde{\boldsymbol{A}},\tilde{\boldsymbol{B}})=\sqrt{\sum_{i=1}^{n-1}\sum_{j=i+1}^{n}(a_{ij}-b_{ij})^2} \tag{5-33}$$

求解模糊等价矩阵最常用的方法是传递闭包法。模糊相似矩阵 $\tilde{\boldsymbol{R}}$ 的传递闭包是包含 $\tilde{\boldsymbol{R}}$ 与 $\tilde{\boldsymbol{R}}$ 的距离最小的模糊等价矩阵，通常记作 $t(\tilde{\boldsymbol{R}})$，也可记作 $\tilde{\boldsymbol{R}}^*$。

$\tilde{\boldsymbol{R}}$ 的传递闭包 $t(\tilde{\boldsymbol{R}})$ 满足

1）$t(\tilde{\boldsymbol{R}})\supseteq\tilde{\boldsymbol{R}}$。

2）传递性：$t(\tilde{\boldsymbol{R}})^2\subseteq t(\tilde{\boldsymbol{R}})$。

3）最小性：$\forall\,\tilde{\boldsymbol{T}}\supseteq\tilde{\boldsymbol{R}}$，满足 $\tilde{\boldsymbol{T}}^2\subseteq\tilde{\boldsymbol{T}}$，都有 $\tilde{\boldsymbol{T}}\supseteq t(\tilde{\boldsymbol{R}})$。

定理 5.2：设 $\tilde{\boldsymbol{R}}$ 是 n 阶模糊相似矩阵，则存在一个最小自然数 $k(k\leqslant n)$，使得传递闭包 $t(\tilde{\boldsymbol{R}})=\tilde{\boldsymbol{R}}^k$，且对于一切大于 k 的自然数 l，恒有 $\tilde{\boldsymbol{R}}^l=\tilde{\boldsymbol{R}}^k$。

此时，$\tilde{\boldsymbol{R}}^k=t(\tilde{\boldsymbol{R}})$ 为模糊等价矩阵。

该定理指出了求解传递闭包的方法，即矩阵 $\tilde{\boldsymbol{R}}$ 自乘，直到出现自然数 k，满足 $\tilde{\boldsymbol{R}}^{k+1}=\tilde{\boldsymbol{R}}^k$，则 $\tilde{\boldsymbol{R}}^{k+1}=t(\tilde{\boldsymbol{R}})$。显然，利用平方法，依次计算 $\tilde{\boldsymbol{R}}^2$，$\tilde{\boldsymbol{R}}^4$，…，$\tilde{\boldsymbol{R}}^{m^2}$，…可减少计算量。

综上，利用模糊聚类传递闭包法对负荷和环境影响因素样本进行分类可用图 5-2 表示。

2. 模糊线性回归预测模型

设 x_1，x_2，…，x_p（p 为自然数）为 p 个线性无关的可控变量，y 是待预测的随机变量，建立一个 p 元线性回归预测模型

$$y=b_0+b_1x_1+b_2x_2+\cdots+b_px_p+\varepsilon \tag{5-34}$$

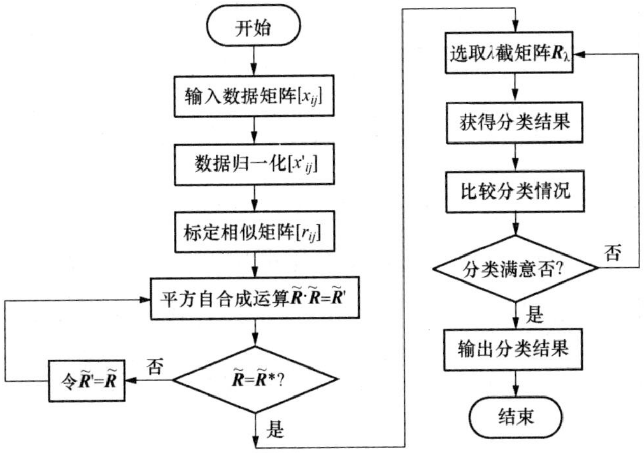

图 5-2　模糊聚类传递闭包法分类框图

式中：b_1，b_2，…，b_p 为与 x_1，x_2，…，x_p 无关的未知参数，称为回归系数；ε 为随机误差（或随机干扰）。

上述各回归变量的历史数据及模型参数都是精确的，而对于实际的负荷预测问题，由于受各种因素的影响，收集和统计的历史数据往往不是很精确，而是模糊的，且未来相关变量数据也只能是个估计数，同样也是模糊的，因此，可建立模糊线性回归模型对负荷进行预测。

自变量 $x_j(j=1, 2, \cdots, n)$ 和模糊因变量 $\widetilde{y}$ 之间的模糊线性回归方程可表示为

$$\widetilde{y}=\widetilde{A}_0+\widetilde{A}_1x_1+\cdots+\widetilde{A}_nx_n=\widetilde{A}_0+\sum_{j=1}^{n}\widetilde{A}_jx_j \tag{5-35}$$

式中：$\widetilde{A}_j(j=1, 2, \cdots, n)$ 为回归系数。

在模糊线性回归分析中，回归系数 $\widetilde{A}_j(j=1, 2, \cdots, n)$ 是模糊数。

取模糊因变量 $\widetilde{y}$ 为三角模糊数，$\widetilde{y}$ 表示为 $\widetilde{y}(y, c_y)$，其中，y 为三角模糊数的中心值，c_y 为模糊幅度。取模糊回归系数 $\widetilde{A}_j$ 为三角模糊数，$\widetilde{A}_j$ 表示为 $\widetilde{A}_J(a_j, c_j)$，其中，$a_j$ 为三角模糊数的中心值，c_j 为模糊幅度。

假设 m 组观测数据为 $\widetilde{y}_i$，x_{1i}，x_{2i}，…，$x_{ni}(i=1, 2, \cdots, m)$，在此基础上确定回归系数 $\widetilde{A}_j$。

要确定 $\widetilde{A}_j$，首先应确定衡量拟合程度的指标，使得模型对已知数据的拟合最好。采用贴近度衡量拟合程度，有

$$h(\widetilde{y}, \widetilde{y}_i)=(\widetilde{y}\cdot\widetilde{y}_i)\wedge(\widetilde{y}\otimes\widetilde{y}_i) \tag{5-36}$$

式中：$(\widetilde{y}\cdot\widetilde{y}_i)=\vee(\widetilde{y}\wedge\widetilde{y}_i)$ 为 $\widetilde{y}$ 与 $\widetilde{y}_i$的内积；$\widetilde{y}\otimes\widetilde{y}_i=\wedge(\widetilde{y}\vee\widetilde{y}_i)$ 为 $\widetilde{y}$ 与 $\widetilde{y}_i$的外积；$h(\widetilde{y},\widetilde{y}_i)$ 为贴近度。贴近度 $h(\widetilde{y},\widetilde{y}_i)$ 越大，$\widetilde{y}$ 与 $\widetilde{y}_i$越贴近。

为使得模型对已知数据的拟合程度最好，目标函数可表示为

$$\sum_{i=1}^{m}h\left(\widetilde{A}_0+\sum_{j=1}^{n}\widetilde{A}_jx_{ji},\widetilde{y}_i\right)\rightarrow\max \tag{5-37}$$

同时，还应使回归函数的模糊性也应尽可能小。由于以贴近度的极值来确定 $\widetilde{A}_j$ 较为困难，可采用文献［113］方法，给定贴近度标准 h_0，将问题转化为在 $h\left(\widetilde{A}_0+\sum_{j=1}^{n}\widetilde{A}_jx_{ji},\widetilde{y}_i\right)\geqslant h_0$ 条件下使 $\widetilde{y}$ 的模糊度最小的规划问题，即

$$\begin{cases}s\left(\widetilde{A}_0+\sum_{j=1}^{n}\widetilde{A}_jx_j\right)\rightarrow\min\\ h\left(\widetilde{A}_0+\sum_{j=1}^{n}\widetilde{A}_jx_{ji},\widetilde{y}_i\right)\geqslant h_0\\ i=1,2,\cdots,m\end{cases} \tag{5-38}$$

式中：h_0为给定的贴近度标准；$s(\widetilde{A}_0+\sum_{j=1}^{n}\widetilde{A}_jx_j)$为 $\widetilde{y}$ 的模糊度，其定义如下。

在三角模糊数构成的系统 $\{A_0\ (a_0,\ c_0),\ A_1\ (a_1,\ c_1),\ \cdots,\ A_n\ (a_n,\ c_n)\}$ 中，给定一组权重 $\omega=\{\omega_0,\ \omega_1,\ \cdots,\ \omega_n\}$，则

$$s=\sum_{j=0}^{n}\omega_jc_j \tag{5-39}$$

称为该系统在权重 ω 之下的模糊度。

式（5-38）中的贴近度计算公式为

$$h\left(\widetilde{A}_0+\sum_{j=1}^{n}\widetilde{A}_jx_{ji},\widetilde{y}_i\right)=1-\frac{\left|a_0+\sum_{j=1}^{n}a_jx_{ji}-y_j\right|}{c_0+\sum_{j=1}^{n}c_j\mid x_{ji}\mid+c_{yi}},\ i=1,\ 2,\ \cdots,\ m \tag{5-40}$$

式（5-38）转换为

$$\begin{cases}s=\omega_0c_0+\omega_1c_1+\cdots+\omega_nc_n\rightarrow\min\\ a_0+\sum_{j=1}^{n}a_jx_{ji}-y_j\leqslant(1-h_0)\cdot\left(c_0+\sum_{j=1}^{n}c_j\mid x_{ji}\mid+c_{yi}\right)\\ a_0+\sum_{j=1}^{n}a_jx_{ji}-y_j\geqslant(h_0-1)\cdot\left(c_0+\sum_{j=1}^{n}c_j\mid x_{ji}\mid+c_{yi}\right)\\ i=1,2,\cdots,m\end{cases} \tag{5-41}$$

式中：h_0 为给定的贴近度标准；ω_j 为各回归系数模糊度在目标函数中的权重。

求解式（5-41）的线性规划问题，得 a_j 和 $c_j(j=0, 1, \cdots, n)$，从而可由模糊回归系数 $\widetilde{A}_j(a_j, c_j)$ $(j=0, 1, \cdots, n)$ 得到模糊线性回归方程式（5-35）。

3. 模糊指数平滑预测模型

模糊指数平滑预测模型是在指数平滑预测模型的基础上，将平滑指数 T 模糊化，根据 T 的隶属函数确定一个阈值 $\lambda(0<\lambda<1)$，再把隶属度 $\mu(x) \geqslant \lambda$ 的 T 值挑选出来，得到一个模糊集合 $\boldsymbol{A}$ 的一个 λ 水平截集 $\boldsymbol{A}_\lambda$，作为预测用的平滑指数集，用指数平滑模型进行预测，得出一组较为可能的预测值。下面将针对二次指数平滑法加以介绍。

（1）指数平滑法预测公式。二次指数平滑法首先在一次指数平滑序列 $S_t^{(1)}$（平滑系数 $0<T<1$）的基础上，计算二次指数平滑序列 $S_t^{(2)}$，有

$$S_t^{(1)} = Tx_t + (1-T)S_{t-1}^{(1)} \tag{5-42}$$

$$S_t^{(2)} = TS_t^{(1)} + (1-T)S_{t-1}^{(2)} \tag{5-43}$$

式中，$t=1, 2, \cdots, T$；S_t 为第 t 期的平滑值，用来预测第 $t+1$ 期的电力负荷 $\hat{x}_{t+1}=S_t$；x_t 为 t 期的电力负荷。

初始值 $S_0^{(2)}$ 可取为 $S_0^{(1)}$，注意在 $S_0^{(1)}$ 取 x_1 的情况下，$S_1^{(1)}=Tx_1+(1-T)S_0^{(1)}=x_1$，$S_0^{(2)}=S_1^{(1)}=x_1$。

（2）模糊平滑指数 T 的计算。设 $\boldsymbol{X}$ 为论域，即由平滑指数 T 取值的 n 个方案组成的方案集，即

$$\boldsymbol{X} = \{T_1, T_2, \cdots, T_j, \cdots, T_n\} \tag{5-44}$$

式中：T_j（$j=1, 2, \cdots, n$）为集合中的方案或因素，则平滑指数 T_j 对模糊概念“优”（以 $\boldsymbol{A}$ 表示）的隶属度为 $\mu_{\boldsymbol{A}}(T_j)$，即确定映射

$$\mu_{\boldsymbol{A}}: \boldsymbol{X} \rightarrow [0,1] T_j \rightarrow \mu_{\boldsymbol{A}}(T_j) \tag{5-45}$$

隶属度最大的方案就是 T 的最佳取值。

设有 m 个评价因素或指标组成对全体 n 个取值方案的评价指标集，每一个评价指标对 n 个方案的评判可用指标特征量表示，指标特征量矩阵为

$$\boldsymbol{X} = \begin{bmatrix} x_{11} & x_{12} & \cdots & x_{1n} \\ x_{21} & x_{22} & \cdots & x_{2n} \\ \vdots & \vdots & \vdots & \vdots \\ x_{m1} & x_{m2} & \cdots & x_{mn} \end{bmatrix} = x_{ij} \tag{5-46}$$

式中：$i=1, 2, \cdots, m$；$j=1, 2, \cdots, n$；x_{ij} 为第 j 个取值方案的第 i 个评价因素的指标特征值。

在指标特征量矩阵的基础上确定各指标的隶属度，用 r_{ij} 表示 j 个取值方案的第 i 个评价因素的隶属度，则第 j 个取值方案可用向量式表示为

$$d_{R_j}=(r_{1j},r_{2j},\cdots,r_{ij},\cdots,r_{mj})^{\mathrm{T}} \tag{5-47}$$

则第 j 个方案与优等和次等取值方案的广义欧氏距离分别为

$$|d_G-d_{R_j}|=\sqrt{\sum_{i=1}^{m}(1-r_{ij})^2} \tag{5-48}$$

$$|d_{R_j}-d_B|=\sqrt{\sum_{i=1}^{m}(r_{ij})^2} \tag{5-49}$$

根据优化的模糊性，第 j 个取值方案 T_j 以隶属度 $\mu_{\boldsymbol{A}}(T_j)$（简记为 μ_j）隶属于“优”模糊集合 $\boldsymbol{A}$；同时，又以 $\mu'_{\boldsymbol{A}}(T_j)$（简记为 μ'_j）隶属于“次”模糊集合 $\boldsymbol{A}$。根据集合论中的余集定义，则有 $\mu_j=1-\mu'_j$。建立的最优准则为

$$\min F(\mu_j)=\min\sum_{j=1}^{n}\{[\mu_j|d_G-d_{R_j}|]^2+[(1-\mu_j)|d_{R_j}-d_B|]^2\} \tag{5-50}$$

对式（5-50）求导，令 $\mathrm{d}F(\mu_j)/\mathrm{d}\mu_j=0$，得集合 $\boldsymbol{A}$ 的隶属度 μ_j，即

$$\boldsymbol{A}=\left(\frac{\mu_1}{T_1},\frac{\mu_2}{T_2},\cdots,\frac{\mu_n}{T_n}\right)=\sum_{j=1}^{n}\frac{\mu_j}{T_j} \tag{5-51}$$

式（5-51）的意义为：第 j 个取值方案，T_j 取值属于优等取值方案，集合 $\boldsymbol{A}$ 的隶属度 $\mu[j]$，由此确定式（5-45）。

取 $\mu[j]$ 最大的 T_j 为最优取值方案。设 $A_\lambda\in[0,1]$，使 λ 水平截集

$$A_\lambda=[T\mid T\in\boldsymbol{X},\mu_A(T)\geqslant\lambda] \tag{5-52}$$

式（5-52）的意义为：T_j 为最优的隶属度 $\mu_A(T_j)\geqslant\lambda$ 的集合，A_λ 内的 T 值为平滑指数，可进行平滑计算。一旦确定了模糊平滑指数 T，就可用指数平滑法预测步骤进行负荷预测。

4. 模糊逻辑预测模型

模糊逻辑方法是应用于数字电路设计中的布尔逻辑的扩展与推广。布尔逻辑中的输入以“1”或“0”作为表达真假概念的值。模糊逻辑中的输入与布尔逻辑中的输入相结合，表达一个定性的范围区间（通常采用［0，1］区间）以描述不能定量表示的研究对象。模糊逻辑系统建模与设计的目的是通过找到一类隶属函数、一种推理规则和一种解模糊方法，来使模糊系统逼近非线性函数。就此意义来讲，模糊逻辑是一种建立输入输出不确定性映射关系的方法。特别地，不需要建立输入输出明确映射关系的数学模型，不要求输入变量必须为准确的数值，是模糊逻辑方法的两个显著优势，这两点条件规则使得设计合理的模糊逻辑系统能够具备很好的鲁棒性，也使模糊逻辑方法能够解决电力负荷预测中的不确定性问题与模糊问题。实践证明，模糊逻辑方法在负荷预测，尤其是短期负荷预测的研究中有良好应用价值与前景。图 5-3 所示为模糊逻辑系统

的示意图。

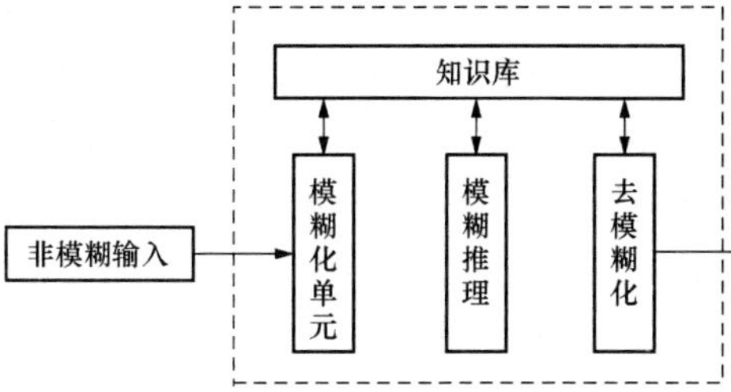

图 5-3 模糊逻辑系统示意图

下面简单介绍一种模糊逻辑短期负荷预测模型。

采用模糊逻辑方法基于以下两个条件。

(1) 短期负荷预测可以视为一个多输入—多输出的未知动态系统。模糊逻辑系统因其具备重心法解模糊功能而能够使未知的动态系统（负荷预测研究中指负荷）得到识别，并近似为一个可量化的具有任意要求准确度的紧集。

(2) 负荷的变化具有周期性，如工作日、周末、月、季节等。模糊逻辑系统具有处理大量数据的相似性的功能。因此，只要能获得足够多的历史输入—输出数据对，负荷趋势中存在的相似性就能够识别出来。

上述两个条件为把模糊系统视为鉴别器和预测器奠定了基础，然而，关键问题是要解决负荷数据的相似性或者是不确定动态特性。

负荷数据的相似性可用不同的模式加以识别，如图 5-4 所示，其中，图 (a) 模式的输入数据和图 (b) 模式的输入数据分别具有不同的一阶差分（V_k）和二阶差分（A_k）。

$$V_k = \frac{L_k - L_{k-1}}{T} \tag{5-53}$$

$$A_k = \frac{V_k - V_{k-1}}{T} \tag{5-54}$$

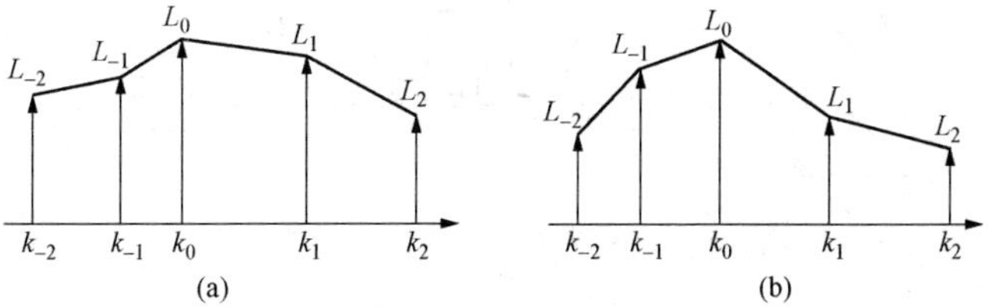

图 5-4 负荷模式

当输出数据（$L_1 \sim L_2$）不同时，又会得到不同的 V_k 和 A_k。因此，可利用 $(m+n)V_i$ 和 $(m+n)A_i$ 来定义一种负荷模式，其中，$i=k-(m-1)$，

$k-(m-2),\cdots,k-1,k,k+1,\cdots,k+(n-1),k+n$。

基于模糊逻辑的预测器主要分两步工作，训练和在线预测。在训练环节，以1min为时间间隔获得的历史负荷数据首先通过低通滤波器以滤除快速变化的随机元素。过滤后的数据用于训练一个具有$2m$个输入和$2n$个输出的基于模糊逻辑的预测器，以产生模式数据库及通过利用数据的一阶差分和二阶差分建立模糊规则库。在经过一定的训练后，模式数据库与模糊规则库与一个控制器连接对负荷变化进行在线预测。

为了产生模式数据库和模糊规则库，首先应该分别定义输入数据和输出数据的模糊隶属函数。值得注意的是，不同的隶属函数，如三角模糊、高斯模糊或者梯形模糊，只要他们覆盖了整个数据区间，均不影响预测的结果。输入域和输出域的区域数不一定相同。为了简化，采用三角模糊隶属函数，并且输出区域的区域数是输入区域的区域数的两倍。

随着模糊逻辑预测器中训练的输入—输出数据对的增加，越来越多的模式将会被识别并储存于数据库中。

一旦模式数据库建立，就能开始工作。当对预测器输入数据［$2m$个数据V_k和A_k，$k=0,-1,\cdots,-(m-1)$］时，通过模糊器首先将数据模糊化，然后通过推理机来比较和匹配模式，当找到一个具有最高或然概率的最大可能匹配模式，一个输出模式将通过重心法解模糊产生。最终，得到$2n$个输出数据V_k和A_k，$k=1,2,\cdots,n$将用于继续预测n个负荷数据，即

$$\hat{L}_{k+1}=\hat{L}_k+V_kT+\frac{1}{2}A_kT^2,k=0,1,\cdots,n-1 \tag{5-55}$$

图5-5所示为上述所提出的模糊逻辑预测器的结构框架。

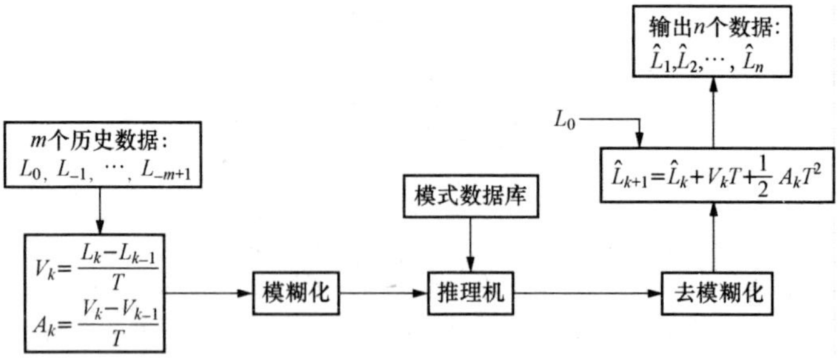

图5-5　模糊逻辑预测器的结构框架

5. 基于自适应神经模糊推理系统的负荷预测模型

自适应神经模糊推理系统是一种将模糊理论与神经网络融合，利用神经网络实现系统模糊逻辑推理的，具有非线性映射和自学习能力，不基于数学模型，能

克服数据处理过程中存在的不确定性和不完备性的系统，其用于负荷预测的非线性建模较为适合。

1985 年，Takagi 和 Sugeno 提出了一种非线性 T - S 模型，即 Sugeno 模糊模型[114]，该模型是一种对有精确输入、输出数据集产生模糊规则推理的系统化方法。它结合模糊逻辑与神经网络二者之优，改善了传统模糊控制设计中须人为调整隶属度函数以减小误差的不足，采用减法聚类算法实现结构学习，采用混合学习算法实现对前提参数和结论参数的调整，自动产生模糊规则。这个系统是最常用的模糊推理模型，其典型模糊推理规则为：if$x=\boldsymbol{A}$ and $y=\boldsymbol{B}$ then $z=f(x, y)$，$\boldsymbol{A}$ 和 $\boldsymbol{B}$ 是前件中的模糊集合，而 $z=f(x, y)$ 是后件中的精确函数。通常，$z=f(x, y)$ 是输入变量 x 和 y 的多项式。如果 $z=f(x, y)$ 是一阶多项式，那么所产生的模糊推理系统即为一阶 Sugeno 模糊模型。下面将对用于电力系统负荷预测的基于一阶 Sugeno 模糊模型的自适应神经模糊推理系统基本模型进行简单介绍。

用于电力系统负荷预测的基于一阶 Sugeno 模糊模型的自适应神经模糊推理系统具有两输入单输出五层网络结构，如图 5 - 6 所示，其中，节点的连线为信号流向，方形节点为带可调参数的节点，圆形节点为不带可调参数的节点。

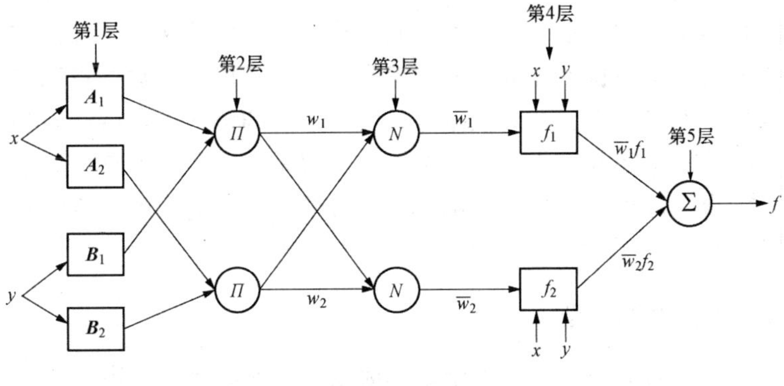

图 5 - 6　两输入自适应神经模糊推理系统结构图

第一层为模糊化层，每个节点均为一个有节点函数的自适应节点，此层的输入为实际负荷的样本数据集，此层的输出为各输入变量 x 或 y 的隶属度，其形式为

$$\begin{cases} O_{1,i}=\mu_{A_i}(x),\ i=1,\ 2 \\ O_{1,j}=\mu_{B_{j-2}}(y),\ j=3,\ 4 \end{cases} \tag{5 - 56}$$

式中：$O_{1,i}$ 和 $O_{1,j}$ 分别为模糊集 $\boldsymbol{A}_i$ 和 $\boldsymbol{B}_{j-2}$ 的隶属度，此处的隶属函数选用高斯型函数

$$\mu(x)=1/(1+|(x-c_i)/a_j|^{2b_i}) \tag{5 - 57}$$

式中：a_i，b_i，c_i 为前提参数。如果选用其他隶属度函数，如三角形函数、梯形

函数、钟形函数等对结果影响差别不是很大。

第二层为积运算层，功能是计算每一条规则的适应度。它的输出是所有输入信号的积，表示规则的激励强度，输出为

$$O_{2,i} = w_i = O_{1,i}O_{1,i+2} = \mu_{A_i}(x)\mu_{B_i}(y), \ i = 1,2 \tag{5-58}$$

第三层为归一化层，对各条规则的适用度进行归一化处理，即计算每条规则的激励强度与所有规则的激励强度之和的比值

$$O_{3,i} = \bar{w}_i = \frac{w_i}{w_1 + w_2}, \ i = 1,2 \tag{5-59}$$

第四层为结论层，每个节点为一个有节点函数的自适应节点，其传递函数为线性，计算出每条规则的输出

$$O_{4,i} = \bar{w}_i f_i = \bar{w}_i(p_i x + q_i y + r_i), \ i = 1,2 \tag{5-60}$$

式中：p_i，q_i，r_i 为对应节点的参数集，称为结论参数。

第五层为去模糊化层，计算所有规则的输出之和，即为各规则的输出值与其激励强度乘积之和，其输出形式为

$$O_s = f = \bar{w}_1 f_1 + \bar{w}_2 f_2 = (w_1 f_1 + w_2 f_2)/(w_1 + w_2) \tag{5-61}$$

至此，用自适应神经模糊推理系统进行负荷预测的模型已经建立。该自适应网络是一个多层前馈网络，各层间的连接权值可通过给定的样本数据自适应调节，所得结构能反映实际系统的模型。其结构学习采用减法聚类算法实现，算法的主要思想是将每个数据点作为可能的聚类中心，并根据各数据点周围的密度计算该点作为中心的可能性。在对数据分类缺乏了解的情况下，减法聚类能快速地估计数据聚类集的个数和中心。网络的参数学习采用混合学习算法以缩短网络的训练时间，混合学习算法包括两个部分：调整前提参数的梯度下降法和调整结论参数的最小二乘估计法。

5.1.3 灰色预测模型

回归分析法、时间序列法、人工神经网络法等预测模型在电力负荷预测研究中已进行了大量的测试、验证与应用，但此类预测模型均需要较大数量的观测数据，预测结果准确性依赖于观测数据所包含信息的完整程度。然而，在实际应用中，可用的观测数据往往有限，输入变量所包含的信息具有不确定性，且难以避免的有所缺失，使得以上传统预测方法无法得到满足，就不能获得准确的预测结果。利用有限的观测数据预测负荷发展变化的趋势，并且希望达到良好的预测效果，建立一种能够克服可用样本数据有限，利用少量数据进行准确预测的负荷预测模型显得十分必要。新兴的灰色系统理论提供了一个理想的解决方案。灰色系统理论主要用于解决负荷预测中样本数据较少，信息不完备的问题[24]。

灰色模型作为以灰色系统理论为基础的动态预测模型，已应用于多种学科的

预测领域。模型建立不需大量样本数据、计算与实现过程简单、可对不确定数据进行规律的探索是灰色模型的三个主要特点。自19世纪80年代以来，基于灰色理论的预测模型因具有良好的预测效果，在负荷预测研究中备受关注。在灰色模型应用的早期研究中，大多数研究主要致力于论证灰色模型在负荷预测中应用的可行性。而在近期研究中，改进灰色模型、提高灰色模型预测性能，成为研究的重点。

在灰色系统理论的应用中，GM（1，1）模型是最为主要的预测模型，已广泛用于解决多种预测问题，并获得了良好的成效。下面将进行简单的介绍。

灰色系统理论认为任何随机过程都是在一定幅值范围，一定时区内变化的灰色量。灰色系统分析实质上是将一些已知的数据序列，通过一定的方法处理，使其由散乱状态转向规律化，然后利用微分方程拟合，并由外延进行预测。其中，已知的数据称为白色，需要预测的数据称为灰色，而处理过程称为白化，也就是对数据序列的随机性弱化。

设原始序列 $\boldsymbol{X}^{(0)}=\{x^{(0)}(1),x^{(0)}(2),\cdots,x^{(0)}(n)\}$，其中，$n$ 为自然数，进行一次累加后生成 $\boldsymbol{X}^{(1)}=\{x^{(1)}(1),x^{(1)}(2),\cdots,x^{(1)}(n)\}$，其中，$x^{(1)}(k)=\sum_{i=1}^{k}x^{(0)}(i)$，$k$ 为自然数且 $k\leqslant n$，建立微分方程为

$$\frac{\mathrm{d}X^{(1)}}{\mathrm{d}t}+aX^{(1)}=u \tag{5-62}$$

利用最小二乘法求解参数 a、u，即

$$\begin{bmatrix}a\\u\end{bmatrix}=(\boldsymbol{B}^{\mathrm{T}}\boldsymbol{B})^{-1}\boldsymbol{B}^{\mathrm{T}}\boldsymbol{Y} \tag{5-63}$$

$$\boldsymbol{B}=\begin{bmatrix}-\frac{1}{2}[x^{(1)}(2)+x^{(1)}(1)] & 1\\ -\frac{1}{2}[x^{(1)}(3)+x^{(1)}(2)] & 1\\ \vdots & \vdots\\ -\frac{1}{2}[x^{(1)}(n)+x^{(1)}(n-1)] & 1\end{bmatrix},\ \boldsymbol{Y}=\begin{bmatrix}x^{(0)}(2)\\x^{(0)}(3)\\\vdots\\x^{(0)}(n)\end{bmatrix}$$

求出模型的时间响应方程

$$\hat{x}^{(1)}(t+1)=\left(x^{(0)}(1)-\frac{u}{a}\right)\mathrm{e}^{-at}+\frac{u}{a},\ t=0,1,2,\cdots \tag{5-64}$$

还原成原始序列的预测模型为

$$\hat{x}^{(0)}(t+1)=(1-\mathrm{e}^{a})\left(x^{(0)}(1)-\frac{u}{a}\right)\mathrm{e}^{-at},\ t=0,1,2,\cdots \tag{5-65}$$

5.1.4 云理论预测模型

母线负荷数据异常是导致母线负荷预测结果不准确的原因之一。导致母线负荷数据异常的原因很多，数据异常现象具有复杂不确定性，尤其是低压母线负荷的分散性进一步增加了复杂不确定性，异常数据检测困难。事实上，母线负荷变化同时具有连续性和不确定性，数据异常具有复杂不确定性，需针对复杂不确定性提出异常数据检测方法，并可用期望、熵、超熵等数学特征刻画母线负荷的复杂不确定性，采用李德毅院士提出的云模型进行修正。

1. 负荷不确定性的数学特征

基于母线负荷变化的不确定性，可采用云模型进行异常数据修正。云模型是用语言值表示某定性概念与其定量表示之间的不确定性转换模型，其数学特征如下。

(1) 期望 Ex 刻画云的重心。由 D 验证法[115]确定多日同时段负荷的近似正态分布后，可利用普适性最强的正态云模型刻画负荷变化规律，由此确定期望曲线方程

$$C_T(x) = e^{-\frac{(x-Ex)^2}{2(En)^2}} \tag{5-66}$$

(2) 熵 En 反映数据分布不确定性和可接受范围，为

$$E_n = \sqrt{\frac{\pi}{2}} \times M_1 \tag{5-67}$$

式中：M_1 为一阶绝对中心距。

(3) 超熵 He 刻画云滴的凝聚度，反映离散程度和云的厚度，为

$$He = \sqrt{M_2 - En^2} \tag{5-68}$$

式中：M_2 为二阶平方距。

2. 异常数据修正的综合云模型

母线负荷曲线以 96 个负荷点为准周期，将 n 天相似日的负荷 $\{L\ (a_t,\ b_t)\}$（其中，a_t 为时刻，b_t 为对应负荷）作为历史数据集 HD，从整体反映负荷准周期性规律，依据 HD 中的数据可挖掘得到修正规则集 $\{A_1 \rightarrow B_1,\ A_2 \rightarrow B_2,\ \cdots,\ A_l \rightarrow B_l\}$，见表 5-1。其中，$A_i$、$B_i$ 分别为 a_t、b_t 论域上的定性概念，可由其数学特征（Ex，En，He）来表征。

表 5-1　修正规则集

时间 A_i	负荷 B_i	时间 A_i	负荷 B_i	时间 A_i	负荷 B_i
下降期 1	中 1	下降期 2	中 3	下降期 3	中 5
低谷期 1	低 1	低谷期 2	低 2	低谷期 3	低 3
上升期 1	中 2	上升期 2	中 4	上升期 3	中 6
高峰期 1	高 1	高峰期 2	高 2	高峰期 3	高 3

修正规则集中的 A_i 和 B_i 分别表示规则前件和后件语言变量的原子概念，通过判定待修正负荷的时刻 a_t 属于前件语言变量中的哪个原子来激活相应规则，令 $\mu=a_t$，方法如下。

由参数 A_1（Ex_1，En_1，He_1），…，A_l（Ex_l，En_l，He_l）分别构造 μ - 条件下正态云发生器 CG_1，CG_2，…，CG_l，将 μ 分别输入云发生器得一系列输出 μ_1，μ_2，…，μ_l，分别反映了 μ - 对 A_1，A_2，…，A_l 的隶属程度。从中找出最大值 μ_{max}，则 $\mu=a_t$ 属于 A_i。说明规则 $A_i \rightarrow B_i$ 最能反映时刻 a_t 的准周期规律，其后件 B_i 相应（Ex_B，En_B，He_B）作为修正信息，可称为历史修正云 B_i，其原理（见图 5-7），其中，CG 为正态云发生器。

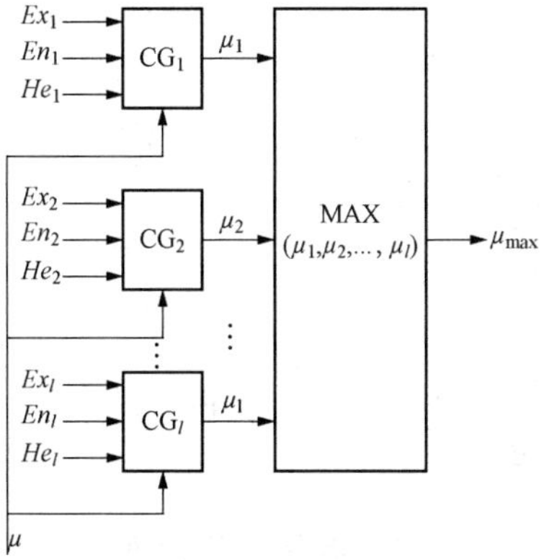

图 5-7 历史修正云推理器

以待修正数据的 n 天相似日同时刻 a_t 的负荷 $L=\{L(i, a_t) \mid i=1, 2, \cdots, n\}$ 作为当前时刻数据集 CD，根据 CD 中的数据分布，用无须确定度信息的逆向云算法算得当前时刻趋势——当前修正云 I_i，该信息既有不确定性又遵循当前时刻数据的分布规律，其算法如下。

（1）$Ex_I=\text{mean}(L)$。

（2）一阶绝对中心距 $M_1=\dfrac{1}{n}\sum_{i=1}^{n}\mid L(i,a_t)-Ex_I \mid$。

（3）二阶平方距 $M_2=\dfrac{1}{n-1}\sum_{i=1}^{n}(L(i,a_t)-Ex_I)^2$。

（4）$E_{n1}=\sqrt{\dfrac{\pi}{2}}\times M_1$。

（5）$He_I=\sqrt{M_2-En_I^2}$。

结合历史修正云 B_i 和当前修正云 I_i，形成综合云修正模型 $S(Ex, En, He)$，有

$$\begin{cases} Ex=\dfrac{Ex_B En_B+Ex_I En_I}{En_B+En_I} \\ En=En_B+En_I \\ He=\dfrac{He_B En_B+He_I En_I}{En_B+En_I} \end{cases} \tag{5-69}$$

基于修正综合云模型 S 所得的修正数据 $L(a_t)$，同时包含了负荷整体特性和当前时刻数据分布规律，具体算法如下。

(1) 产生一个期望为 En，方差为 He 的正态随机数 $En'=\mathrm{NORM}(En, He)$。

(2) 以 Ex 为期望，En' 为方差得到一个正态随机修正数据 $L(a_t)=\mathrm{NORM}(Ex, En')$。

(3) 检验所得修正值 $L(a_t)$ 是否能满足横向连续性和纵向分布规律，计算公式为

$$\begin{cases}\delta(a_t)\in\left[\min\left[\dfrac{L(i,a_t)-L(i,a_{t-1})}{L(i,a_{t-1})}\right],\max\left[\dfrac{L(i,a_t)-L(i,a_{t-1})}{L(i,a_{t-1})}\right]\right]\\ L(a_t)\in\left[\bar{L}(a_t)-\dfrac{S}{\sqrt{n}}t_{\alpha/2}(n-1),\bar{L}(a_t)+\dfrac{S}{\sqrt{n}}t_{\alpha/2}(n-1)\right]\end{cases} \tag{5-70}$$

若不能满足，转向步骤（2）；若满足，将所得修正值 $L(a_t)$ 作为最终的修正结果。

5.1.5 盲数预测模型

未来电力负荷的增长除了与负荷本身性质相关外，往往还包含了经济、政策等因素的不确定性，这些影响电力负荷的不确定性信息具有各种不同的特点和性质，而且其中很多信息往往具有随机性、模糊性、灰色性及未确知性中的两种及两种以上的不确定性，因而这些不确定性信息是盲信息。由此可见，对于电力负荷预测中那些同时具有多种不确定性的盲信息，如果采用单一的不确定性方法进行处理，显然是得不到准确处理的，而采用盲数理论来描述和处理这类盲信息是比较合适的，由此可见，盲数对于描述电力负荷预测，特别是中长期电力负荷预测中那些同时具有多种不确定性特点的信息而言，具有更为合理的理论依据。

电力负荷相关数据变量未来的变化一般同时具有多种不确定性，其正是引起传统比例系数增长预测模型和经典线性回归预测模型等预测模型产生误差的主要原因之一。而盲数理论因其特有的计算分析操作，能对未来环境进行较为详尽的分析，在实践中被证明能有效地分析和处理不确定信息。因此，本节就基于盲数理论的比例系数增长预测模型和基于盲数理论的回归预测模型做简要介绍。

1. 基于盲数理论的比例系数增长电力负荷预测模型

传统比例系数增长预测模型是假定今后的电力负荷与过去有相同的增长比例，用历史数据求出比例系数，按比例预测未来的发展。但对于具有不确定性的对象，其未来实际的增长比例并不总是可能落在过去的增长比例值上，而更应该落在增长比例值附近的某个区域。

基于盲数理论的比例系数增长预测模型以负荷的增长率为待预测变量，通过分析负荷增长率的历史值和其他相关环境因素增长率的历史值，确定未来某段时间负荷增长率的区间范围和相应的置信度，从而预测出相应时间段负荷值的区间

及其置信度。

在中长期电力负荷预测中，由于有效的历史数据数量有限，因此在工程实际中可使用一种增加虚拟增长率[254]的办法来解决负荷增长率区间和其置信度难确定的难题。所谓虚拟增长率，顾名思义，即不是真正的实际相邻年增长率，而是非相邻年间的平均增长率。通过这一方法可以大大增加增长率的个数，从而为确定负荷增长率区间和其置信度提供了极大的便利。例如，在负荷增长率个数增加很多时，可以根据大量增长率聚集的区间确定出负荷增长率的区间，再根据落在该区间上增长率的个数占增长率总个数的比例确定出该置信区间的置信度。

2. 基于盲数理论的电力负荷回归预测模型

基于盲数理论的电力负荷回归预测方法的基本数学模型是

$$y = a_0 + a_1 \widetilde{z}_1 + a_2 \widetilde{z}_2 + \cdots + a_k \widetilde{z}_k + \varepsilon \tag{5-71}$$

式中：a_i（$i=0$，1，…，k）为回归模型的系数；k 为回归模型的次数（k 为自然数）；$\widetilde{z}_i$（$i=1$，2，…，k）为相关变量的盲数表达式，ε 为随机误差。

根据经典的线性回归法，采取最小二乘方法可确定式（5-71）中的模型系数的估计量 a_i，即做离差平方和

$$Q = \sum_{i=1}^{n} (y_i - a_0 - a_1 z_{i1} - a_2 z_{i2} - \cdots - a_k z_{ik})^2 \tag{5-72}$$

使得离差平方和 Q 达到最小，即可以求解得参数 a_i。求解得的参数代回到式（5-71）中。

用盲数来描述相关变量 z_i，可以按照以下步骤进行。

（1）收集相关变量的大量历史数据。

（2）根据收集的数据，寻找相关变量的变化规律。例如，对某电网进行负荷预测时，考虑的相关变量之一为第二产业产值，则根据收集的第二产业年产值的历史数据，绘出第二产业产值年增长率的变化分布图。通过对分布图的分析，得出第二产业产值年增长率的可能分布区间，即 $z_i = \{g_{i,1}, g_{i,2}, \cdots, g_{i,m}\}$（$m$ 为自然数），其中，i 表示第 i 个相关变量，g_{ij}（$j=1$，2，…，m）表示增长率的可能区间。

（3）确定相关变量可能分布区间 g_{ij} 所对应的可信度 α_{ij}。由于 α_{ij} 表示各个因素可能出现的可信程度，从模糊综合评判的角度上来讲，是一个模糊择优问题，即相当于要求得因素论域 z_i 上的模糊子集 $A = \{\alpha_{i1}, \alpha_{i2}, \cdots, \alpha_{im}\}$。$\alpha_{ij}$ 的确定方法有多种，在实际中常用的方法有：德尔菲法、专家调查分析法和判断矩阵分析法等。工程中利用 5.1.5 节第 1 部分提出的增加虚拟增长率的方法也能快速地确定出 α_{ij}。

（4）根据上述计算分析得到的 g_{ij} 及相对应的 α_{ij}，可得到相关变量 z_i 的盲数

表达式为

$$
\begin{aligned}
& f(z_i)=\begin{cases}\alpha_{ij},\ z_i=g_{ij},\ i=1,\ 2,\ \cdots,\ k;\ j=1,\ 2,\ \cdots,\ m\\ 0,\ \text{其他}\end{cases}\\
& g_{ij}\in g(I),\ i=1,\ 2,\ \cdots,\ k;\ j=1,\ 2,\ \cdots,\ m\\
& \sum_{i=1}^{m}\alpha_{ij}\leqslant 1,\ \alpha_{ij}\in[0,\ 1]
\end{aligned}
\tag{5-73}
$$

式中：z_i 为相关变量；k 为相关变量个数；g_{ij} 为第 i 个相关变量的第 j 个取值区间；α_{ij} 为第 i 个相关变量的第 j 个取值区间的可信度值。

将用盲数表示的相关变量 $\widetilde{z}_i(i=1,\ 2,\ \cdots,\ k)$ 代入式（5-71），并根据盲数的运算法则和性质，可得到负荷预测结果，其预测值会出现在 m 个区间 g_1，g_2，…，g_m 上，则 $g_i\in g(I)$（$i=1,\ 2,\ \cdots,\ m$），通过计算亦可以得到负荷落在区间 g_i 内的可信度值 $\alpha_i\in[0,\ 1]$，其中，$\sum_{i=1}^{m}\alpha_i\leqslant 1$，因此，未来负荷预测值的盲数 $f(x)$ 表述为

$$
f(x)=\begin{cases}\alpha_i,\ x=g_i,\ i=1,\ 2,\ \cdots,\ m\\ 0,\ \text{其他}\end{cases}
\tag{5-74}
$$

5.1.6 未确知有理数预测模型

在一般系统中，总有两类因素：一类是状态因素，这是客观的；另一类是行为因素，这是主观的。状态因素是行为因素的客观基础，而行为因素使状态因素得以表现。如果把凡是含有行为因素的系统称作一般系统的话，那么一般系统很多是未确知系统。这是因为就客观事物本身讲是确定的，但对于行为的主体人来说，由于其因条件限制、认识不清，所掌握的数据尚不足以确定事物的真实状态和数量关系等而带来的纯主观的、认识上的不确定性，它既不同于只是针对未来将要发生的事物的随机性，也区别于由于不可能给某事物以明确的定义和评定标准而形成的某域上的模糊性，也不等同于灰色性，从行为主体人掌握的信息数量上讲，它多于灰色信息的信息量，它是客观现实所提供的又一种不确定性。这类系统中的信息表达和处理都可以用未确知有理数这个工具。

把所有单一的负荷预测模型的预测结果（如果结果是点集或区间，可以取预测结果的期望）综合到一起看成一个未确知有理数集 $\mathbf{A}=\{[\min(R_i),\ \max(R_i)],\ \varphi(x)\}(i=1,\ 2,\ \cdots,\ n)$，其中，$\varphi(x)$ 是未来负荷真值的可信度分布密度函数，n 为单一预测模型的个数。如何定义 $\varphi(x)$ 使之具有能区别是否是有效预测值是最关键的问题。把无效预测值和有效预测值对比分析发现：如果 R_i 是无效预测值，则 R_i 是孤立的，在 R_i 的某个领域内 $R_j(j=1,\ 2,\ \cdots$ 且 $j\leqslant n,\ j\neq i)$ 个数为零；若是有效预测值，R_i 不是孤立的，在其领域内会有其他预测模型

的预测值。由此定义 $\varphi(x)$，当 R_i 领域中 R_i 较多，则认为 R_i 的可信度就大，反之 R_i 的可信度就小。具体定义为

$$\varphi(x)=\begin{cases}\sigma_i\Big/\left(\sum_{i=1}^{n}\sigma_i\right),\ x=R_i,\ i=1,2,\cdots,n\\0,\text{其他}\end{cases}\tag{5-75}$$

式中：σ_i 为 R_i 领域中包含 R_j 的个数。

为了使预测结果更合理，可将这个未确知有理数的数学期望 E（$\mathbf{A}$）作为最终的预测值，这样就很好地解决了剔除不合适模型预测值的问题。

$$E(\mathbf{A})=\sum_{i=1}^{n}R_i\varphi(R_i)\tag{5-76}$$

5.2 不确定性理论在智能电网中的应用

电力系统中存在着多种不确定因素，如设备故障的不确定性、电力市场中节点报价参数的不确定性、负荷预测的不确定性等。随着智能电网的发展，电力系统中的不确定因素愈加显著，如需求侧管理技术的采用、分布式电源及电动汽车充电站的接入导致负荷更加难以预测，大规模间歇式可再生能源接入导致的发电不确定性等。相对于设备故障等传统不确定因素，可再生能源发电、电动汽车充放电等新型不确定因素的不确定性程度更大、预测难度更高，对于电力系统的影响也更加明显，极大地降低了电力系统的安全稳定性和经济性。

近年来，越来越多的光伏、风电等可再生能源为主的分布式电源接入电网运行，对于节能减排，发展清洁能源起到了积极有效的作用[36]。但是由于光伏发电、风力发电等受天气因素影响表现出来的随机性、模糊性和间歇性，也对智能电网的故障诊断、智能配电网调度及智能电网规划等带来了负面的影响[5]，本节将从上述几方面讨论不确定性理论在智能电网中的应用。

5.2.1 新能源发电输出功率的不确定性评估

传统电力系统中发电设备由大型、可控的发电机组（水电、火电）占主导地位，机组可以随着负荷的变化而调整输出功率，使系统发电与用电平衡，以维持电力系统稳定。随着风电、太阳能等随机性、不可控新能源在电力系统中的大量接入，电力系统运行的不确定性增大，这造成系统备用容量增加，同时也降低了系统运行的经济性[116]。因此，深入分析新能源发电输出功率的不确定性具有重要的意义。

本节将以风电输出功率为例，分别针对概率理论、模糊理论、随机模糊理论在新能源发电输出功率评估中的应用展开讨论。

1. 风力发电输出功率的概率评估

风具有随机性、波动性、间歇性等显著特征，且风速是风力发电功率的最大影响因素。考虑风电输出功率的随机不确定性，国内外学者建立的风电输出功率随机模型主要分为两大类：一是采用概率密度函数描述风电的统计特性。由于风电功率并不满足常见的概率分布，常见的方法是用威布尔（Weibull）分布函数或 Rayleigh 分布函数拟合风速的分布[117-120]，再利用风电场的风速与功率关系曲线得到风电场功率的概率分布。概率密度函数方法在风速、风功率、风功率预测误差等统计中应用非常广泛[121]。二是采用随机时间序列的分析方法，常用的方法有马尔可夫链模型[122]和自回归移动平均模型[123]。下面简单介绍一种风电机组输出功率的概率评估模型。

假定风速服从 Rayleigh 分布，其概率密度函数（Probabilistic Density Function，PDF）为

$$f_V(V)=\frac{V}{\sigma^2}\exp\left(-\frac{V^2}{2\sigma^2}\right) \tag{5-77}$$

式中：V 为风速；σ 为分布参数。

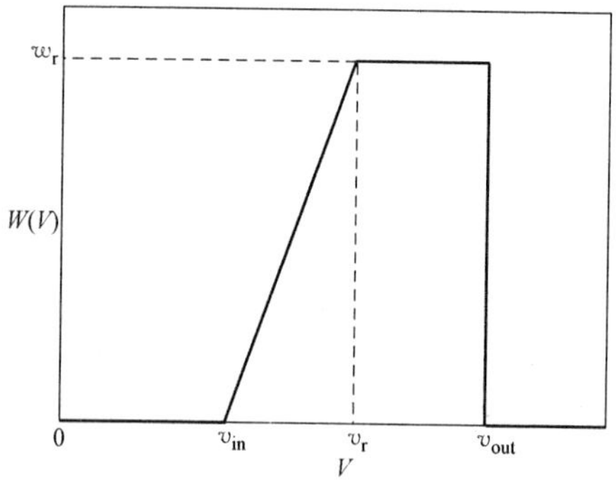

图 5-8　风电功率曲线

风电机组最大输出功率和风速的函数关系可用如图 5-8 所示的功率曲线表示。该曲线可以分为四个部分：当风速低于某一阈值，即切入风速时，风力涡轮机不能被驱动，因此，机组输出功率为 0；当风速大于另一个阈值（切出风速）时，输出功率也将为 0；当风速在切入风速和额定风速之间时，机组输出功率可近似地用风速的线性函数表示；当风速在额定风速和切出风速之间时，输出功率将是一个常数。

因此，功率曲线的数学表达式为

$$W(V)=\begin{cases}0, V<v_{in}, V>v_{out}\\ aV+b, v_{in}\leqslant V\leqslant v_r\\ w_r, v_r<V\leqslant v_{out}\end{cases} \tag{5-78}$$

式中：v_{in}，v_r，v_{out}，w_r 分别为切入风速、额定风速、切出风速和额定功率（额定风速下的输出功率）。系数 a 和 b 的计算式为

$$a=\frac{w_r}{v_r-v_{in}} \tag{5-79}$$

$$b=-\frac{v_{\mathrm{in}}w_{\mathrm{r}}}{v_{\mathrm{r}}-v_{\mathrm{in}}} \tag{5-80}$$

基于式（5-77）～式（5-80），可以得到风电机组输出功率的累积分布函数（Cumulative Distribution Function，CDF）为

当 $W=0$ 时

$$F_W(W)=\int_0^{v_{\mathrm{in}}}f_V(V)\mathrm{d}V+\int_{v_{\mathrm{out}}}^{+\infty}f_V(V)\mathrm{d}V=-\frac{1}{2}\exp\left(-\frac{V^2}{2\sigma^2}\right)\Bigg|_0^{v_{\mathrm{in}}}-\frac{1}{2}\exp\left(-\frac{V^2}{2\sigma^2}\right)\Bigg|_{v_{\mathrm{out}}}^{+\infty}$$
$$=1-\exp\left(-\frac{V_{\mathrm{in}}^2}{2\sigma^2}\right)+\exp\left(-\frac{V_{\mathrm{out}}^2}{2\sigma^2}\right) \tag{5-81}$$

当 $0<W<w_{\mathrm{r}}$ 时

$$F_W(W)=\int_0^{\frac{W-b}{a}}f_V(V)\mathrm{d}V+\int_{v_{\mathrm{out}}}^{+\infty}f_V(V)\mathrm{d}V=1-\exp\left(-\frac{(W-b)^2}{2a^2\sigma^2}\right)+\exp\left(-\frac{V_{\mathrm{out}}^2}{2\sigma^2}\right) \tag{5-82}$$

当 $W=w_{\mathrm{r}}$ 时

$$F_W(W)=\int_0^{+\infty}f_V(V)\mathrm{d}V=1 \tag{5-83}$$

由式（5-82）知，$0<W<w_{\mathrm{r}}$ 时的风电机组输出功率的概率密度函数为

$$f_W(W)=\frac{\mathrm{d}F_W(W)}{\mathrm{d}W}=\frac{W-b}{a^2\sigma^2}\exp\left(-\frac{(W-b)^2}{2a^2\sigma^2}\right) \tag{5-84}$$

当 $W=0$ 时，风电机组出力的概率密度函数为

$$f_W(W)=\left[1-\exp\left(-\frac{V_{\mathrm{in}}^2}{2\sigma^2}\right)+\exp\left(-\frac{V_{\mathrm{out}}^2}{2\sigma^2}\right)\right]\delta(W) \tag{5-85}$$

式中：δ（W）为为了解决风电概率密度函数不连续而引入的 Dirac Delta 函数，Dirac Delta 函数是定义在实数域上且满足下列条件的函数

$$\delta(x)=\begin{cases}+\infty, x=0\\0, x\neq 0\end{cases}\quad 且 \quad\int_{-\infty}^{+\infty}\delta(x)\mathrm{d}x=1 \tag{5-86}$$

当 $W=w_{\mathrm{r}}$ 时

$$f_W(W)=\left[\exp\left(-\frac{V_R^2}{2\sigma^2}\right)-\exp\left(-\frac{V_{\mathrm{out}}^2}{2\sigma^2}\right)\right]\delta(W-w_{\mathrm{r}}) \tag{5-87}$$

在一定情况下，对上述风电机组输出功率的概率密度函数进行数值积分可对风电功率进行预测。

2. 风力发电输出功率的模糊评估

风力发电除了具有随机特性外，实际上，由于排中律的缺失使风电还具有明显的模糊性。风力发电的模糊建模可以分为两类：一是根据历史数据直接对风电输出功率建模；二是将风电的模糊性转化为预测误差的模糊性，将预测值视为确

定的，对误差进行模糊建模。下面将分别举例予以说明。

（1）基于历史数据的风电输出功率的模糊建模。考虑各时段风电场有功输出功率的不确定性，将各时段风电场有功输出功率看作模糊数。模糊建模的关键在于确定模糊变量的隶属函数，隶属函数的确定目前还没有一套成熟有效的方法，基本上是根据试验或者经验来确定。此处选取梯形隶属函数来描述风电场有功输出功率的模糊不确定性。

$$\mu_w(P_j^w)=\begin{cases}0, & P_j^w\leqslant P_{w1} \text{ 或 } P_j^w\geqslant P_{w4}\\ \dfrac{P_j^w-P_{w1}}{P_{w2}-P_{w1}}, & P_{w1}<P_j^w<P_{w2}\\ 1, & P_{w2}\leqslant P_j^w<P_{w3}\\ \dfrac{P_{w4}-P_j^w}{P_{w4}-P_{w3}}, & P_{w3}\leqslant P_j^w<P_{w4}\end{cases} \tag{5-88}$$

式中：μ_w（P_j^w）为对应各时段风电场有功输出功率的隶属函数。$P_{w1}\sim P_{w4}$可以根据预测的各时段风电场平均输出功率 P_{av}^w 来确定

$$P_{wi}=w_iP_{av}^w \tag{5-89}$$

式中：w_i（i=1，2，3，4）为风电场隶属度参数，是决定隶属度函数形状的关键，一般可以由风电场输出功率的历史数据确定。

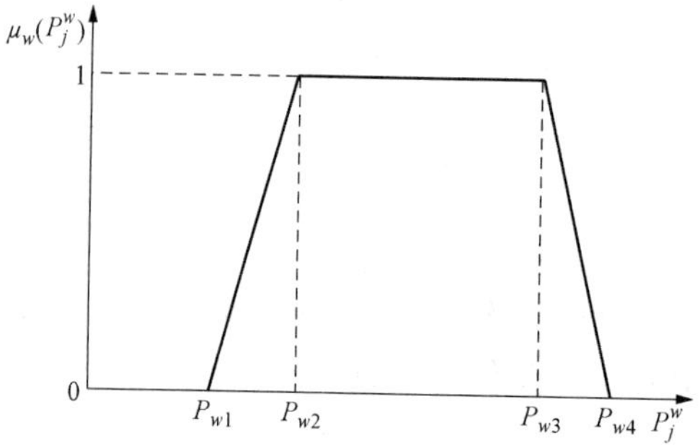

图 5-9　风电场有功输出功率隶属函数

风电场有功输出功率的隶属函数如图 5-9 所示。

（2）风电功率预测误差的模糊建模。定义风电预测误差百分数 ε_w 为

$$\varepsilon_w(\%)=\frac{p'_w-p_w}{p'_w}\times 100\% \tag{5-90}$$

式中：p_w、p'_w 分别为风电实际输出功率和预测数据。

误差可分为实际出力高于预测出力的正误差，和实际输出功率低于预测输出功率的负误差，其隶属度 μ_w 可表示为柯西分布

$$\mu_w=\begin{cases}\dfrac{1}{1+\sigma(\varepsilon_w/E_{w+})^2},\varepsilon_w>0\\ \dfrac{1}{1+\sigma(\varepsilon_w/E_{w-})^2},\varepsilon_w\leqslant 0\end{cases} \tag{5-91}$$

式中：E_{w+}、E_{w-}分别表示正误差和负误差的统计平均值；σ 为权重。根据式（3-30），对 $\varepsilon_w\in\boldsymbol{R}$，预测误差 ξ 的可信性分布函数为

$$\mathrm{Cr}(\xi \leqslant \varepsilon_w)=\begin{cases}1-\dfrac{1}{2[1+\sigma(\varepsilon_w/E_{w+})^2]},\varepsilon_w>0\\ \dfrac{1}{2[1+\sigma(\varepsilon_w/E_{w-})^2]},\varepsilon_w\leqslant 0\end{cases} \tag{5 - 92}$$

可信性分布函数值是指模糊变量ξ取值不大于ε_w的可信性，可类比概率论的概率分布函数。

3. 风力发电出力的随机模糊评估

综合考虑数值天气预报（numerical weather prediction，NWP）和风电功率曲线的不确定性，其中，NWP 给出的预报风速等都是网格形数据，分辨率低，导致预报风速与风轮机毂高度处实际风速之间存在误差。也就是说，同位于一个网格内的两个机组通过 NWP 所得到的预报风速是相同的，但由于网格内位置区别和地形差异，它们的实际风速却并不相同。NWP 预报模式准确度的限制、边界条件的不足、数值计算的缺陷都加剧了其模糊不确定性。另外，风电功率曲线受风速、空气密度、扫风面积和机械状况等诸多因素影响，相同风速所对应的实际风电功率并不相等且分布在较宽的范围内，功率曲线形状受空气密度、安装地点地形、机组机械状况等多重因素影响，存在着较大的随机不确定性。因此，考虑风电功率预测的随机模糊过程中的双重不确定性，可提出一种基于随机模糊理论的风电功率预测方法。

（1）风电功率曲线的随机过程。由于风电功率曲线的不确定性与风速大小、空气密度等多种因素相关。现有研究表明，风速大小不同时，输出功率的概率密度分布函数形状呈现各种形态，且差别较大，此处，以风速大小作为风电功率曲线误差的主要影响因素，以 $\Delta V=0.5$m/s 把风速等分为 50 个风速等级（一般情况下，风电场正常风速均在 25m/s 以下），通过分区拟合的方法分别建立不同风速等级下的风电功率概率分布，再结合风电功率曲线的点估计值，就能求出给定置信水平下的估计区间，刻画出风电功率曲线的波动范围，提高估计可靠性。风电功率曲线不确定估计区间的计算步骤如下：

1）采用比恩法绘制出实测风电功率曲线，这相当于点估计值。

2）进行分区拟合，将所有数据划分到 50 个风速等级中。

3）通过非参数估计法建立各风速等级中功率数据的分布，采用三次样条插值进行曲线拟合，求出各风速等级的功率概率分布函数。

4）根据置信水平求出各风速等级的估计区间边界值及所有的估计区间。

5）将 50 个估计区间上、下限连起来便得到整个风电功率曲线的不确定估计区间。

下面将分别对上述的比恩法、非参数估计和区间估计方法予以简要介绍。

1）比恩法。基于实测数据，常见的风电功率曲线建模方法主要有最大值法[124]、最大概率法[125]及比恩法[126]。其中，比恩法把风速等间隔地分成 M 个区间，叫作风速比恩。如取每比恩的宽度为 0.5m/s，求出分布在各比恩中数据点的风速平均值 $V_{i\mathrm{mean}}$ 和功率平均值 $P_{i\mathrm{mean}}$，共得到 M 个（$V_{i\mathrm{mean}}$，$P_{i\mathrm{mean}}$）数据对，

$$V_{i\mathrm{mean}}=\frac{1}{n_i}\sum_{j=1}^{n_i}V_{ij} \tag{5-93}$$

$$P_{i\mathrm{mean}}=\frac{1}{n_i}\sum_{j=1}^{n_i}P_{ij} \tag{5-94}$$

式中：i 为数据位于第 i 个比恩；n_i 为数据个数；$V_{i\mathrm{mean}}$ 为风速平均值；$P_{i\mathrm{mean}}$ 为功率平均值；V_{ij} 为第 j 个数据的风速值；P_{ij} 为第 j 个数据的功率值。

最后，使用三次样条插值方法将 M 个（$V_{i\mathrm{mean}}$，$P_{i\mathrm{mean}}$）点连起来拟合成一条平滑的曲线，即得到比恩法风电功率曲线。比恩法的模型中涉及所有实测数据，所得出的风电功率曲线误差较小，平滑性较好，模型稳定。

2）非参数估计法。概率密度函数估计问题就是通过样本去估计其概率密度函数，有参数、半参数及非参数估计方法[127]。

参数估计法要求事先假定随机变量的分布形式，再通过样本估计其参数。非参数估计法则无须做任何假设，其函数形式和参数都是未知的，比参数估计法更符合随机变量的真实分布。其优点是，对总体进行估计时，回归函数的形式自由，不依赖样本的分布，适用于非线性、非齐次和对总体分布未知的数据。对于实测风电功率曲线，并没有足够的先验知识可对其分布形式进行假设，因此，采用非参数估计法建立风电功率曲线的概率密度函数，对密度函数进行积分得到概率分布函数更为合适。

核函数回归是非参数回归方法中的一种，它主要采用核密度估计，用某种核函数来表示某一样本对估计密度函数的贡献。核密度估计函数为

$$f(x)=\frac{1}{nh}\sum_{i=1}^{n}K\left(\frac{x-X_i}{h}\right) \tag{5-95}$$

式中：n 为估计样本总数；h 为窗宽；X_i 为样本；K（）为核函数。

核密度估计中，比较重要的两个问题就是核函数和窗宽 h 的选取，这直接决定了密度估计的好坏。

常用的核函数有：指数核函数 $K=\mathrm{e}^{|u|}$、均匀核函数 $K=0.5I$（$|u|\leqslant 1$）和高斯核函数 $K=\frac{1}{\sqrt{2\pi}}\mathrm{e}^{-\frac{u^2}{2}}$。

窗宽是控制估计准确度的重要参数，随着样本容量的增大，一般窗宽会减小。h 太大，估计函数过于平滑，遮盖掉分布的细节特征；h 太小，估计的随机性增强，密度函数不规则，出现较多错误峰值，所以要选择适当的 h 使误差尽量减小。一种常见的方法是采用交叉验证法（cross validation，CV）来选择窗宽，

其基本思路是，对于每个观测点 $x=X_i$，先除去此点，再把剩下的点在 $x=X_i$ 处代入式（5-95）进行核估计，接着选择使 $f(x)$ 积分平方误差最小的窗宽。

3）区间估计法。3.1.4 节已对区间数的定义及区间运算的法则、性质进行了阐述，此处主要就概率区间予以说明。

在确定性点估计基础上，区间估计通过风电功率曲线误差统计得出概率密度函数，运用概率论计算给定置信水平下的估计区间，反映其包含风电功率曲线点估计值的可靠程度，弥补了点估计无法反映误差范围的缺陷。

ξ 为随机变量，概率分布函数用 $F(\xi)$ 表示，$G(q)$ 为 $F(\xi)$ 的反函数，有概率 $\Pr\{\xi\leqslant G(q)\}=q$，则采用区间估计技术建立置信水平为 $1-\alpha$ 的概率估计区间 $[G(\alpha_1),G(\alpha_2)]$，其中，$\alpha_2-\alpha_1=1-\alpha$。若取对称的概率区间，也就是 $\alpha_1=\alpha/2$，$\alpha_2=1-\alpha/2$，则 $1-\alpha$ 概率估计区间为[305]

$$[G(\alpha_1),G(\alpha_2)]=\left[G\left(\frac{\alpha}{2}\right),G\left(1-\frac{\alpha}{2}\right)\right] \tag{5-96}$$

（2）数值天气预报（NWP）的模糊过程。NWP 是在已知边界条件和初值的情况下，通过数值方法对热力学方程和流体力学方程组求解预测未来的风速、空气密度、温度等天气状况。NWP 提供的预报风速为网格形数据，对应于系统特定的分辨率和海拔高度下的区域范围，而并不针对于某个机组所在的具体位置，不能精确反映各个机组轮毂高度处的实际风速。也就是说，同位于一个网格内的两个机组通过 NWP 所得到的预报风速是相同的，但由于网格内位置区别和地形差异，它们的实际风速却并不相同。NWP 预报模式准确度的限制、边界条件的不足、数值计算的缺陷都加剧了其模糊不确定性。

将风速误差处理成模糊变量，实际风速等于预报风速与误差之和，这样从预测风速到实际风速对应一个模糊变量集合。

预报风速与实际风速的相对误差可以表示为

$$\varepsilon=\frac{v-v_{\mathrm{pre}}}{v_{\max}}\times 100\% \tag{5-97}$$

式中：ε 为相对误差，是模糊变量；v_{pre} 和 v 分别为预报风速和实际风速；$v_{\max}$ 为历史最大风速。分母之所以采用历史最大风速而不是预报风速是因为这样可以避免在风速很小甚至近似为零时 ε 变得无穷大。

国外学者经过对大量的数值天气预报数据分析研究表明，可以采用柯西分布表示 NWP 预报风速误差的隶属度函数，

$$\mu=\begin{cases}\dfrac{1}{1+\sigma\left(\dfrac{\varepsilon}{E_+}\right)^2},\varepsilon\geqslant 0\\[2ex] \dfrac{1}{1+\sigma\left(\dfrac{\varepsilon}{E_-}\right)^2},\varepsilon<0\end{cases} \tag{5-98}$$

式中：E_+ 为实际风速高于预报风速的正相对误差统计平均值；E_- 为实际风速低于预报风速的负相对误差的统计平均值；σ 为权重。E_+、E_-、σ 通过历史数据求出。

（3）风电功率预测的随机模糊评估。综上所述，根据 NWP 提供的预报风速等数据，结合风电功率曲线对风电功率进行预测，将此过程描述为从预测风速到实际风速再到风电功率的随机模糊过程，其中包含了双重不确定性。风电功率即为一取随机变量值的模糊变量，符合随机模糊变量的定义，可利用随机模糊理论处理其不确定性。

基于随机模糊理论的风电功率预测计算步骤如下。

1）收集 NWP 预报风速和实际风速等数据，由历史数据得出参数 E_+、E_-、σ 的值。

2）将参数值代入柯西分布得出预报风速到实际风速误差的隶属度函数。

3）通过非参数估计法建立各风速等级下风电功率散点数据的概率分布，采用三次样条插值进行曲线拟合，求出功率概率分布函数。

4）利用随机模拟和随机模糊模拟等算法，在一定概率水平 α 和可信性 β 下，将未来预报风速作为输入，按照式（4-28）得出风电功率期望值，按照式（4-30）和式（4-31）得出风电功率的乐观值和悲观值。

5）将期望值作为风电功率的点预测值，乐观值和悲观值作为风电功率预测区间的上下限。

5.2.2 基于直觉不确定粗糙集的智能电网故障诊断

当前智能电网的组网模式与微网类似，不同于传统的配电网组网模式，其通过分布式电源 DG 的接入，使得系统中存在多个电源点，网络中潮流不再为单一流向，这直接导致了故障电流有多个来源，故障点不一定为电压最低点，传统的继电保护和故障诊断方法不再适用。IEEE 2 次为其制定导向性标准[128]。影响智能电网故障诊断准确性和实时性的主要因素有：①当前故障诊断主要依赖于断路器和继电保护信息，而在微网中这些设备有时会发生拒动或误动；②传统的离散化方法对于电压、电流等连续属性取值边界过于苛刻，无法适应由于分布式电源加入造成的故障信息多样性；③部分故障情况专家库中不存在，也无历史反演记录，导致调度人员无法及时处理；④没有考虑到故障发生的随机性。

考虑到粗糙集对于海量数据的约简能力及其在配电网故障诊断中的良好表现，也可将其引入智能电网故障诊断。基于 3.1.3 节第 8 部分的直觉不确定粗糙集理论，根据智能电网的实际情况，进行分布式故障诊断。

1. 分布式电源对故障诊断影响的机理分析

将一个分布式电源接入保护段线路中，如图 5-10 所示，保护装置安装在电源后。当分布式电源后的配网线路发生短路故障时，分布式电源将向故障点送出短路电流，减少了线路继电保护装置检测到的故障电流值 I_k，从而降低了保护的灵敏度，保护有可能拒动。

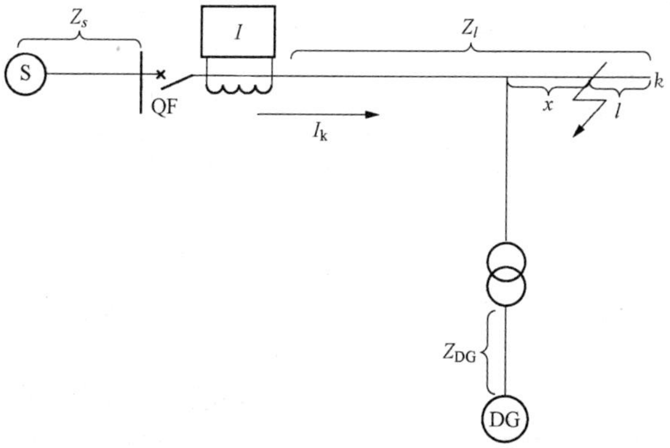

图 5-10 线路故障时分布式发电对保护的影响

Z_s—保护安装处到系统等效电源之间的等效阻抗；Z_l—线路阻抗；Z_{DG}—分布式电源和变压器阻抗；l—故障点距线路末端距离；x—短路点距分布式电源的位置

为了保护本全长线路，带时限电流速断保护在系统最小运行方式下线路末端发生两相短路时，应具有足够的灵敏性，一般用灵敏系数来校验。

假设 $Z_{DG}=\alpha_1 Z_s$，$Z_l=\alpha_2 Z_s$，速断保护整定值 I_{OP1} 按线路末端 k 点两相短路整定。可靠系数取 K_k，过流保护整定值 I_{OP2} 按最大负荷电流整定，根据两相短路和三相短路的关系，按 0.5 倍速断整定值整定。K_{sen} 是线路的灵敏性系数。不含 DG，线路上发生两相短路故障时，速断保护装置检测到的故障电流为 I_{K1}；含 DG 时，线路末端发生两相短路故障时，速断保护装置检测到的故障电流值为 I_{K2}，则有

$$\begin{cases} I_{OP1}=\dfrac{I_{k\min}^{(2)}}{K_{\min}}=\dfrac{\sqrt{3}}{2(1+\alpha_2)Z_s K_{sen}} \\ I_{OP2}=\dfrac{I_{OP1}}{2} \\ I_{K1}=\dfrac{\sqrt{3}}{2[1+\alpha_2(1-l)]Z_s} \\ I_{K2}=\dfrac{\alpha_1}{1+\alpha_1+(1-x-l)\alpha_2}\times\dfrac{\sqrt{3}}{2\left\{x\alpha_2+\dfrac{\alpha_1[1+\alpha_2(1-x-l)]}{1+\alpha_1+(1-x-l)\alpha_2}\right\}} \end{cases} \tag{5-99}$$

假定故障发生在线路末端 $l=0$ 处，线路其他参数 $\alpha_1=2$，$\alpha_2=3$，$Z_s=0.6$，

$K_{sen}=1.3$，当 x 从保护装置处到线路末端时，流过保护的故障电流结果如图 5 - 11 所示。显然，当分布式电源接入配电线路后，使得速断保护的灵敏度降低。当 DG 安制在线路的某些位置时，速断保护无法正常启动，形成速断保护死区，使线路故障不能及时切除。

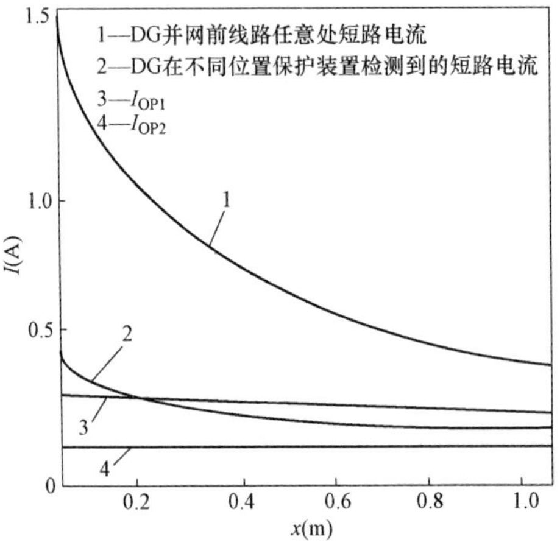

图 5 - 11　DG 位置对保护装置检测到的故障电流的影响

由此可见，对于加入了分布式电源的智能电网，依赖传统的故障诊断方法将造成大量的误报和漏报。考虑到实际的故障诊断中，存在大量的信息不完备或其中存在大量模糊、随机等不确定情况，在 5.2.2 节第 2 部分将提出一种基于直觉不确定粗糙集的智能电网故障诊断系统。

2. 智能电网故障诊断系统构建

对于智能电网的故障诊断条件属性数据，对离散数据和连续数据进行讨论。离散数据主要是由断路器和继电保护设备构成的；连续数据主要是由电流、电压、频率和功率因数构成。

断路器故障率 λ_{Q_i} 可由式（5 - 100）计算

$$\lambda_{Qi}=\lambda_Q+\lambda_L\frac{L}{100}+\lambda \tag{5-100}$$

式中：λ_Q为其自身故障率；λ_L 为线路影响率；L 为线路长度；λ 为母线影响率。λ_Q 仅与其自身有关，可视为一个随机扰动。λ_L 和 λ 与该设备母线、DG、负荷及故障点的电气距离有关，可由专家根据经验给出。由于继电保护装置的可靠性一般低于开关设备，取主保护 λ_{MR}，近后备保护 λ_{SR}，远后备保护 λ_{FR} 中的参数 λ_R 都分别比断路器的参数大 0.3、0.2 和 0.1，则离散属性的直觉不确定隶属度和非隶属度分别描述为

$$\mu_{Di}=\mu_i(\lambda_L,\lambda)+\sigma_i(\lambda_Q,\lambda_R) \tag{5-101}$$

$$\chi_{Di}=\chi_i(\lambda_L,\lambda)+\sigma_i(\lambda_Q,\lambda_R) \tag{5-102}$$

连续数据中，电流量误差主要是由电流互感器测量误差以及系统通信干扰造成的。后者在通常情况下属于随机事件，干扰发生的时刻以及造成的影响都难以预估，可用一个随机扰动表示；而前者主要是由电流测量设备即电流互感器的误差造成的，定义为

$$\Delta I=\frac{KI_2-I_1}{I_1}\times 100\%=\varepsilon+\lambda_{i1}\Phi+\lambda_{i2}I_d \tag{5-103}$$

式中：Φ 为电流互感器磁通；I_d 为短路电流值；$K=I_{1N}/I_{2N}$ 为电流互感器的变比；I_1 和 I_2 为电流互感器的一、二次侧电流实测值，λ_{i1} 和 λ_{i2} 分别为磁通及短路电流的系数，ε 是电流互感器的误差等级，其定义为

$$\varepsilon=\frac{100}{I_1}\times\sqrt{\frac{1}{T}\int_0^T(Ki_2-i_1)^2\mathrm{d}t}\times 100\% \tag{5-104}$$

式中：I_1 为一次侧电流；i_1 和 i_2 为一、二次侧短路电流值；T 为短路电流周期。

在故障情况下，智能电网短路关系描述为

$$\begin{bmatrix}\dot{V}_a\\ \dot{V}_b\\ \dot{V}_c\end{bmatrix}=l\begin{bmatrix}\dot{Z}_{aa} & \dot{Z}_{ab} & \dot{Z}_{ac}\\ \dot{Z}_{ba} & \dot{Z}_{bb} & \dot{Z}_{bc}\\ \dot{Z}_{ca} & \dot{Z}_{cb} & \dot{Z}_{cc}\end{bmatrix}\begin{bmatrix}\dot{I}_a\\ \dot{I}_b\\ \dot{I}_c\end{bmatrix}+\boldsymbol{R}\begin{bmatrix}\dot{I}_{fa}\\ \dot{I}_{fb}\\ \dot{I}_{fc}\end{bmatrix} \tag{5-105}$$

式中：$\dot{I}_{fa}$ 为 A 相短路电流，$\dot{I}_{fa}=\dot{I}_a-\dot{I}_{La}$；$\dot{V}_a$ 为 A 相电压；$\dot{I}_a$ 为 A 相额定电流；$\dot{I}_{La}$ 为 A 相正常运行电流；l 为故障点与测量点距离；R 为故障点对地电阻；$\dot{Z}$ 为线路阻抗矩阵。式（5 - 105）中包含了两个未知变量，分别是故障点与测量点的距离（l）和故障点对地阻抗（R）。不确定量的故障情况下电压和电流方程为

$$\dot{V}_a=(l\dot{Z}+R)\dot{I}_a-R\dot{I}_{La} \tag{5-106}$$

式中：$\dot{V}_a$，$\dot{I}_a$，$\dot{I}_{La}$ 和 $\dot{Z}$ 是已知的，而 l 和 R 为随机变量。由于 $\dot{I}_a\geqslant\dot{I}_{La}$，$R\dot{I}_{La}$ 可以被等同为式（5 - 107）中的 σ_i，而（$l\dot{Z}+R$）$\dot{I}_a$ 可以被看作是一个确定量和一个模糊变量的组合。因此，在故障情况下，智能电网的故障点连续量（以电流为例）的隶属度和非隶属度为

$$\mu_{Ci}=\mu_i(\Delta I)+\mu_i(\dot{I}_a)+\sigma_i(T)+\sigma_i(\dot{I}_{La}) \tag{5-107}$$

$$\chi_{Ci}=\chi_i(\Delta I)+\chi_i(\dot{I}_a)-\sigma_i(T)-\sigma_i(\dot{I}_{La}) \tag{5-108}$$

式中：$\mu_i(\Delta I)$ 和 $\mu_i(\dot{I}_a)$ 是由专家给出的电流量测误差和故障对地电流估值；$\sigma_i(T)$ 和 $\sigma_i(\dot{I}_{La})$ 是系统地传输随机突变及故障对地充电电流随机值。

通过以上分析，可以将系统中的故障诊断条件属性定义为直觉不确定变量

$$\xi(D)=\begin{cases}\mu_{D1}+\sigma_1-\chi_{D1}, D=\omega_1\\ \mu_{D2}+\sigma_2-\chi_{D2}, D=\omega_2\\ \mu_{D3}+\sigma_3-\chi_{D3}, D=\omega_3\\ \mu_{D4}+\sigma_4-\chi_{D4}, D=\omega_4\end{cases} \tag{5-109}$$

式中：μ_i 是由专家给出的诊断变量的直觉模糊隶属函数；σ_i 是一个随机误差；ω_i 是一个由量测传输装置决定的概率分布函数。

在构建了上述智能电网诊断模型的基础上，现在需要讨论其约简算法。根据依赖度与非依赖度的定义可知：$P \Rightarrow Q$ 时，由 Q 导出的直觉不确定分类 U/Q 的正域可能覆盖知识库 $K=\{U, P\}$ 的 $\gamma_P(Q)\times 100\%$的元素，不可能覆盖知识库 $K=\{U, P\}$ 的 $K_P(Q)\times 100\%$的元素；同时，也可以理解为 $\gamma_P(Q)\times 100\%$的对象可能通过知识 P 划入直觉不确定分类 U/Q 的模块中去，$K_P(Q)\times 100\%$的对象不可能通过知识 P 划入直觉不确定分类 U/Q 的模块中去，因此，系数 $\gamma_P(Q)$ 和 $K_P(Q)$ 可以看作 P 和 Q 间的依赖关系和非依赖关系。对于条件属性集 P 来说，决策属性 Q 对于 P 中属性的依赖性越大，说明该属性的重要性就越强，即该属性的独立性就强，反过来，对于 Q 的作用也就越大，那么，它是该被保留的属性；反之，决策属性 Q 对于 P 中属性的非依赖性越大，说明该属性的非重要性就越强，即该属性的独立性就弱，反过来，对于 Q 的作用也就越小，那么它就是该被去掉的属性。其约简流程如图 5-12 所示。

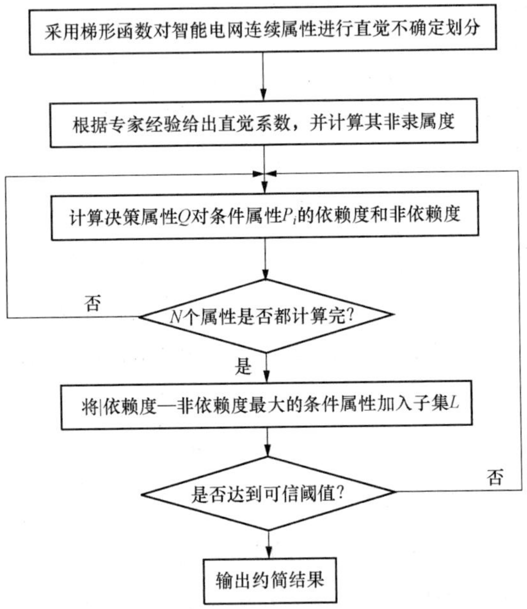

图 5-12 基于直觉不确定粗糙集的约简过程流程图

5.2.3 考虑分布式新能源发电不确定性的智能配电网调度

由于传统配电网中很少接有电源，因此其运行调度主要以考虑无功补偿装置、变压器分接头的无功调度为主，如考虑电容器最大动作次数的配电网日前无功调度[129]。此外，网络重构由于可以通过优化分段开关实现配电网安全经济运行，因此也时常被用于传统配电网的运行调度。在智能配电网中，由于接有分布式新能源发电，可调度资源大大得到丰富，因此智能配电网运行调度的内涵相对于传统配电网得到了大大加强，如传统配电网的不确定性因素主要为负荷的不确定性等，相关研究也主要与负荷不确定性有关。在智能配电网中，由于风电、光伏发电等新能源发电出力具有比较强的不确定性（如风速预测误差可达到40%[4]），同时，冷热电联供单元燃料价格也具有一定程度的不确定性。因此，智能配电网的运行不确定性相比于传统配电网大大增加，使得智能配电网的调度也具有不确定性。

从时间尺度上看，智能配电网不确定性调度可以分为小时级/分钟级不确定性调度和日前不确定调度。其中，智能配电网小时级/分钟级不确定性调度属于短时间尺度的电网静态调度，调度周期一般为 15min 级至 1h 级，通常以最优潮流调度方法[130]和网络重构方法[131]为主，两者的主要区别在于是否考虑网络拓扑结构的优化；配电网日前不确定性调度属于动态调度和长时间尺度调度范畴，其调度周期一般为一天 24h。从是否市场运行的角度看，考虑分布式新能源发电不确定性的日前调度方法总体上可以分为两类：电力市场环境下的配电网日前不确定性调度和传统垂直管理体制下的配电网日前不确定性调度。其中，前者指电力市场环境下，智能配电网向私人自建的分布式电源购买电力需要支付一定的费用，其日前不确定性调度不仅需要考虑网损、电压分布等，还需考虑购电成本、污染物排放量（或成本）；后者指非电力市场环境下，分布式新能源发电归配电网所有，运行调度的目标一般以系统网损为主。

另外，在本书的 5.2.1 节介绍了新能源发电的概率特性和模糊特性，本节将考虑分布式新能源发电的区间分布特性，将其应用于智能配电网的区间调度数学模型的建立。

1. 区间数优化的一般数学模型

区间数优化的一般数学模型如下[132]。

$$\min f(\boldsymbol{X},\boldsymbol{U}) \tag{5-110}$$

$$\text{s.t. } g_i(\boldsymbol{X},\boldsymbol{U}) = [b_i^l, b_i^r],\ i = 1,2,\cdots,n_b \tag{5-111}$$

$$h_i(\boldsymbol{X},\boldsymbol{U}) \leqslant [c_i^l, c_i^r],\ i = 1,2,\cdots,n_c \tag{5-112}$$

式中：$\boldsymbol{U}$ 为决策变量矩阵；$\boldsymbol{X}$ 为区间数输入变量矩阵；$[b_i^l,\ b_i^r]$ 为第 i 个不确定性等式约束的分布区间；$[c_i^l,\ c_i^r]$ 是第 i 个不确定性不等式约束的分布区间。由于矩阵 $\boldsymbol{X}$ 为区间数矩阵，因此目标函数 $f(\boldsymbol{X},\ \boldsymbol{U})$ 实际上也为区间数。

2. 智能配电网区间调度数学模型

智能配电网区间调度方法具体为配电网区间最优潮流方法，该方法以系统网损最优为目标，能够同时考虑风电等可再生新能源发电输出功率和节点负荷的区间分布，以及线路电流限值、电压限值等系统安全运行参数的区间分布。该方法的数学模型具体如下。

（1）目标函数。系统网损为配电网区间最优潮流调度模型的目标函数

$$F_{obj} = \sum_{(i,j)\in N_s} G_{ij}(V_i^2 + V_j^2 - 2V_iV_j\cos\delta_{ij}) \tag{5-113}$$

式中：N_s 为线路首尾节点集合。

由于风电等可再生新能源发电输出功率、节点负荷为区间数形式，故目标函数式（5-113）为网损区间数，即

$$F_{obj} = [F_{obj}^l, F_{obj}^r] \tag{5-114}$$

（2）等式约束。三相平衡系统的有功潮流和无功潮流方程为本智能配电网区间调度模型的等式约束，具体如下

$$p_i^{\text{in}} - V_i\sum_{j\in \boldsymbol{N}_B} V_j(G_{ij}\cos\delta_{ij} + B_{ij}\sin\delta_{ij}) = 0 \tag{5-115}$$

$$Q_i^{\text{in}} - V_i\sum_{j\in \boldsymbol{N}_B} V_j(G_{ij}\sin\delta_{ij} - B_{ij}\cos\delta_{ij}) = 0 \tag{5-116}$$

式中：P_i^{in} 和 Q_i^{in} 分别为节点 i 的有功总注入功率和无功总注入功率；G_{ij} 为节点 i 和节点 j 之间的转移电导；B_{ij} 为节点 i 和节点 j 之间的转移电纳；V_i 和 V_j 分别为节点 i 和节点 j 的电压幅值；δ_{ij} 为节点 i 和节点 j 之间的电压相角差；$\boldsymbol{N}_B$ 为母线集合。

（3）不等式约束。

1）状态变量约束。本模型中，状态变量约束包括线路传输电流约束、节点电压幅值约束、平衡节点功率约束等。上述约束都被处理为区间型约束。

a. 线路传输电流约束。实际运行中，配电线路所能承受最大电流值受温度、线路年龄等多方面因素影响，因此难以得到精确的线路电流限值，但是对线路电流限值的取值区间进行比较准确的计算是比较可行的。因此，采用区间型电流约束，具体为

$$[I_{ij\min}^l, I_{ij\min}^r] \leqslant I_{ij} \leqslant [I_{ij\max}^l, I_{ij\max}^r] \tag{5-117}$$

式中：I_{ij} 为流过线路 ij（首节点为 i，末节点为 j）电流的幅值；$I_{ij\min}^l$ 和 $I_{ij\max}^r$ 分别为线路电流 I_{ij} 的限值区间数的下界和上界。

b. 节点电压幅值约束。类似于区间型电流约束，此处同样将节点电压约束处理为区间型约束

$$[V_{i\min}^l, V_{i\min}^r] \leqslant V_i \leqslant [V_{i\max}^l, V_{i\max}^r] \tag{5-118}$$

式中：$[V_{i\min}^l, V_{i\min}^r]$ 和 $[V_{i\max}^l, V_{i\max}^r]$ 为节点电压 V_i（除平衡节点）的下限区间数和上限区间数。

c. 平衡节点功率约束。

$$\begin{cases} [P_{sw\min}^l, P_{sw\min}^r] \leqslant P_{sw} \leqslant [P_{sw\max}^l, P_{sw\max}^r] \\ [Q_{sw\min}^l, Q_{sw\min}^r] \leqslant Q_{sw} \leqslant [Q_{sw\max}^l, Q_{sw\max}^r] \end{cases} \tag{5-119}$$

式中：$[P^l_{sw\min}, P^r_{sw\min}]$ 和 $[P^l_{sw\max}, P^r_{sw\max}]$ 分别为平衡节点有功功率的下限区间数和上限区间数；$[Q^l_{sw\min}, Q^r_{sw\min}]$ 和 $[Q^l_{sw\max}, Q^r_{sw\max}]$ 分别为平衡节点无功功率的下限区间数和上限区间数。

2）优化变量约束。在智能配电网区间最优潮流模型中，决策变量包括所有分布式电源的功率因数角、分布式可再生新能源发电的有功输出功率、无功补偿装置的无功补偿量、平衡节点电压幅值等，其中无功补偿量为离散决策变量，分布式电源功率因数角、分布式可再生新能源发电的有功输出功率、平衡节点电压幅值为连续决策变量，优化变量约束的具体表达式如下。

a. 功率因数角约束

$$\phi^{DG}_{i\min} \leqslant \phi^{DG}_i \leqslant \phi^{DG}_{i\max} \tag{5-120}$$

式中：ϕ^{DG}_i 是分布式发电单元 i 的功率因数角；$\phi^{DG}_{i\min}$ 和 $\phi^{DG}_{i\max}$ 是 ϕ^{DG}_i 的下限和上限。功率因数角约束反映了分布式发电单元的功率因数可调节范围。

b. 有功输出功率约束

$$P^{DG}_{i\min} \leqslant P^{DG}_i \leqslant P^{DG}_{i\max} \tag{5-121}$$

式中：P^{DG}_i 是分布式发电单元 i 的有功输出功率；$P^{DG}_{i\min}$ 和 $P^{DG}_{i\max}$ 是 P^{DG}_i 的下限和上限。

c. 无功补偿量约束

$$Q^C_{i\min} \leqslant Q^C_i \leqslant Q^C_{i\max} \tag{5-122}$$

式中：Q^C_i 是无功补偿装置 i 的无功补偿量；$Q^C_{i\min}$ 和 $Q^C_{i\max}$ 是 Q^C_i 的下限和上限。

d. 平衡节点电压约束

$$V_{sw\min} \leqslant V_{sw} \leqslant V_{sw\max} \tag{5-123}$$

式中：V_{sw} 是平衡节点的电压幅值；$V_{sw\min}$ 和 $V_{\max}$ 分别是 V_{sw} 的下限和上限。

5.2.4 基于不确定性理论的智能电网规划

随着智能电网的发展，电力系统中的不确定因素愈加显著，如需求侧管理技术的采用、分布式电源及电动汽车充电站的接入导致负荷更加难以预测，大规模间歇式可再生能源接入导致的发电不确定性等。相对于设备故障等传统不确定因素，可再生能源发电、电动汽车充放电等新型不确定因素的不确定性程度更大、预测难度更高，对于电力系统的影响也更加明显，极大地降低了电力系统的安全稳定性和经济性。输电网规划工作是智能电网建设中极为重要的基础性工作，其结果将直接影响到输电网电力投资的大小和未来年电网运行的安全稳定性。为了降低不确定因素对电力系统的影响，有必要从电网规划阶段就开始考虑日益显著的不确定性。电网规划的目标是确定何时、何地、架设何种类型的线路或者变电站，以满足未来年负荷增长和电源发展的要求。因此，在确定如何架线和变电站的过程中，不确定因素对规划结果的影响需要充分考虑。

本节将概率论、模糊集理论、可信性理论、区间理论等不确定性理论应用到输电网规划中，分别讨论考虑各类不确定因素的输电网规划模型。

1. 考虑随机不确定因素的电网规划模型

(1) 随机因素的概率建模。在现有电力市场环境下，电网实际运行会受到很多不确定因素的影响，如电源、负荷和报价信息等，因而在评估输电网规划的经济性时，有必要将这些不确定因素考虑在内。采用概率密度函数来描述这些不确定因素，参数则由历史数据、未来环境的估计值得出。

考虑在自由竞争的市场环境下，发电企业自主参照成本曲线进行发电报价。原材料价格、资源成本等不确定因素都会影响发电机的报价曲线，第 i 台发电机的边际价格曲线为

$$p_i = b_{gi} + m_{gi} g_i \tag{5-124}$$

式中：m_{gi}、b_{gi} 为成本曲线参数；g_i 为发电机有功输出功率。

发电机 i 的报价函数 $C_i(g_i)$ 为

$$C_i(g_i) = \frac{1}{2} m_{gi} g_i^2 + b_{gi} g_i \tag{5-125}$$

假设成本曲线参数 b_{gi} 变化服从正态分布，可描述为

$$b_{gi} \sim N(\mu_{gi}, \sigma_{gi}^2) \tag{5-126}$$

参数 m_{gi} 可视为常数。

(2) 市场环境下基于直流潮流的输电网规划模型。采用直流潮流模型对市场环境下的输电网络进行建模，不考虑有功功率的损耗，追求最大利润的市场模型表示为

$$\min\left\{\sum_{i=1}^{N_g} [C_i(g_i)]\right\} \tag{5-127}$$

$$\sum_{i=1}^{N_g} g_i = \sum_{i=1}^{N_d} d_i \tag{5-128}$$

$$g_{i\min} \leqslant g_i \leqslant g_{i\max} \tag{5-129}$$

$$z_{m\min} \leqslant z_m(g, d) \leqslant z_{m\max} \tag{5-130}$$

式中：g 和 d 为发电机组和负荷节点的向量形式；参数 N_g 为发电机个数；N_d 为负荷个数；m 为线路条数；$g_{i\max}$ 和 $g_{i\min}$ 为发电机 i 的功率容量最大值和最小值；z_m 为线路潮流；$z_{m\max}$ 和 $z_{m\min}$ 为线路 m 功率容量最大值和最小值。

式(5-127) 为目标函数，表示发电成本最小，式(5-128) 为网络平衡方程，式(5-129) 为发电机组容量约束，式(5-130) 为线路输送有功功率的约束条件。

以上模型可看成是带约束的 OPF 最优化问题，通常情况下，可通过构造拉格朗日函数求解上述模型，优化系统变量 $u=(g, d)$。

2. 考虑模糊不确定因素的电网规划模型

当不确定负荷为模糊数表示时，基于本书 3.1.2 节的可信性理论，建立的输电网规划模型为[44]

$$\min v = \sum_{i-j\in\boldsymbol{\Omega}} c_{ij} n_{ij} \tag{5-131}$$

$$\text{s.t.} \quad \boldsymbol{S}\tilde{\boldsymbol{f}} + \tilde{\boldsymbol{g}} = \tilde{\boldsymbol{l}} \tag{5-132}$$

$$\tilde{f}_{ij} - \gamma_{ij}(n_{ij}^0 + n_{ij})(\tilde{\theta}_i - \tilde{\theta}_j) = 0 \tag{5-133}$$

$$\mathrm{Cr}\{|\tilde{f}_{ij}| \leqslant (n_{ij}^0 + n_{ij}) f_{ij\max}\} > \alpha \tag{5-134}$$

$$\boldsymbol{0} \leqslant \tilde{\boldsymbol{g}} \leqslant \boldsymbol{g}_{\max} \tag{5-135}$$

$$0 \leqslant n_{ij} \leqslant \tilde{n}_{ij}, n_{ij} \in Z, \tilde{\theta}_i \text{无界} \tag{5-136}$$

式中：c_{ij}，n_{ij}^0，n_{ij}，$\tilde{n}_{ij}$，γ_{ij}，$f_{ij\max}$分别为支路 $i-j$ 间增加单条线路的投资成本、原有线路的条数、实际增加线路的条数、最多可增加线路的条数、单条线路的导纳和单条线路的有功传输极限；$\tilde{l}$ 为预测得到的由模糊数表示的不确定负荷有功功率列向量；$\boldsymbol{g}_{\max}$为发电机有功输出功率上限列向量；$\tilde{\boldsymbol{f}}$，$\tilde{f}_{ij}$，$\tilde{\boldsymbol{g}}$，$\tilde{\theta}_i$分别为支路模糊有功功率列向量、支路 $i-j$ 间的模糊有功功率、发电机模糊有功输出功率列向量、节点 i 的模糊相角；$\boldsymbol{S}$ 为节点支路关联矩阵；$\boldsymbol{\Omega}$ 和 v 分别为所有可增加线路的支路集合和总投资费用；α 为设定的模糊支路潮流不越限的可信度指标下限值。

与传统的确定性条件下的输电网规划模型相比，新模型中需要额外输入的变量是预测得到的模糊负荷数值 $\tilde{l}$ 和给定的可信度指标 α。新模型的输出变量是模糊负荷下的输电网规划方案，即每条路径的架线条数 n_{ij} 和总的架线费用 v。

模型中，目标函数式（5-131）为线路总投资费用最小。由于模型中的负荷数值为模糊数表示，因此在模型中一些由负荷直接决定的变量也为模糊数表示。式（5-134）为模糊机会约束的形式，此约束要求系统中的模糊支路潮流至少以 α 可信度水平满足不越限的要求。式（5-134）中引入了模糊不确定信息下评价系统性能的新数学指标——可信度，此指标与文献［133］中随机不确定信息下的系统性能评价指标 $\Pr\{|\tilde{f}_{ij}| \leqslant (n_{ij}^0 + n_{ij}) f_{ij\max}\} > \beta$ 相对应。文献［133］中的指标表示随机不确定信息下系统中线路不越限的概率要大于设定的概率数值 β。

3. 基于云理论的电网规划模型

从本书 4.1.4 节介绍内容可知云理论能够方便地对不确定性概念从定性到定量的转换及逆变换，并以云滴和数字特征分别表述其定性和定量概念，这样的表示形式更易于人们直观理解不确定性信息；同时，云理论还考虑到不确定性的两重特性，避免了只考虑单一特性时产生的信息量缺失，应用于实际问题中能够更加贴合真实情况从而得到适应力更强的结果。为适应电力系统不断提高的可靠稳定运行的要求，对电网规划的要求也益提高。考虑规划中出现的各类不确定性信息是大势所趋，可利用云理论综合考虑电网规划中的随机不确定性和模糊不确定性并给出相应数学模型表述。

（1）输电网规划中的不确定性信息。输电网规划中有着种类繁多的不确定性信息，这些不确定性信息往往具有不同的性质和特点，且它们对电网规划产生的影响是交互复合的。下面根据不同属性对不确定性信息进行简要分析。

1）市场环境不确定性。由于国家政策、国民经济发展水平，以及市场主体及其运行机制均具有不确定性，因此直接导致贴现率、设备造价、负荷增长水平、电源分布情况的不确定性，这些因素将直接的对电网规划最为关心的电网投资建设费用、系统潮流产生影响。

2）网络结构不确定性。电网规划中目标网架网络拓扑结构也具有不确定性，同时也受到负荷增长水平、电源分布情况等因素的影响，直接影响节点注入功率（发电输出功率和负荷）和系统潮流。

3）网络状态不确定性。由于设备可用性、环境影响及人为因素，电力系统中的设备故障具有不确定性，因此也会对节点注入功率和系统潮流产生影响。

以上三类不确定性又可以具体体现为负荷增长和变化的不确定性、电源规划的不确定性、系统运行方式的不确定性、投资额及盈利的不确定性、运行风险及评估的不确定性等。电网规划最为关心的问题往往是以规划方案的经济性、可靠性为出发点，而上述各类不确定性中的各个不确定性因素交互穿插，对经济性和可靠性目标产生直接的或间接的影响，因此要对经济性和可靠性指标中的不确定性因素进行处理，方便规划工作的顺利展开。

（2）不确定性信息的云处理。

1）经济性指标的云处理。电网规划的目的是要寻求在满足系统稳定运行的条件下总费用支出最小的网架投资决策方案，方案的经济性是投资决策中的核心问题。水平年单位线路价格是影响线路投资费用的主要因素之一，但是受到水平年经济发展水平、电力建设投资渠道和资金的价值变化等因素的影响，其预测数据必然包含了大量不确定性，而规划人员在考虑线路造价经济性时都是从随机性出发，利用已知数据和参数的可能取值，通过统计原理分析数据取值范围及概率分布方法确定经济评价值，最终得到一个精确数值的投资费用。但是在实际情况中，水平年的真实投资费用不会完全等于规划中得到的预测值，而只是以一个概率分布接近于这个预测值。而云的“轮廓”（见图 5 - 13）与上述描述的不确定投资费用具有相似的特点，即所有的云滴都是在期望曲线附近做随机摆动，因此，用“云”来处理这个问题是合适的。

选取电网规划经济性指标中最为关心的方案线路总造价为经济性指标，其数学表示为

$$Z_i = \sum_{k \in \boldsymbol{N}} \sum_{m \in \boldsymbol{M}_k} C_i L_k m X_{km}, \ i = 1,2,\cdots,n \tag{5-137}$$

式中：$\boldsymbol{N}$ 为系统支路集合；$\boldsymbol{M}_k$ 为支路 k 新增加的回路数集合；C_i 为单位长度新线的评估价格，由于不确定性因素的影响，其取值在其期望曲线附近波动；L_k 为支路 k 上新增线路长度；X_{km}为 0 - 1 变量。

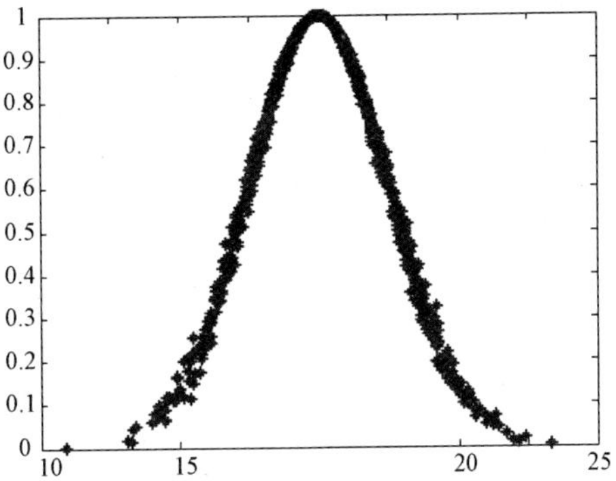

图 5 - 13　云轮廓图

采用不需要确定度信息的逆向云算法，将一定数量的精确线路造价评估值有效地转换为由数字特征表示的定性概念，具体步骤如下。

a. 根据历史数据及评估预测数据，生成以 Ex_C 为期望值，En_C^2 为方差的正态随机数 $C_i = \mathrm{NORM}(Ex_C,\ En_C^2)$。

b. 根据数据计算 Z_i 并选取 Z_i 为样本点，并做归一化处理 $Z'_i = Z_i / Z_{Si}$，其中 $i=1,\ 2,\ \cdots,\ n$。

c. 根据 Z_i 计算样本均值 $\overline{Z} = \dfrac{1}{N}\sum\limits_{i=1}^{n} Z'_i$，一阶样本绝对中心矩 $E_1 = \dfrac{1}{n}\sum\limits_{i=1}^{n} | Z'_i - \overline{Z} |$，样本方差 $S_1^2 = \dfrac{1}{n-1}\sum\limits_{i=1}^{n}(Z'_i - \overline{Z})^2$ 。

d. 计算 $Ex_1 = \overline{Z}$，$En_1 = \sqrt{\dfrac{\pi}{2}} \times E_1$，$He_1 = \sqrt{S_1^2 - En_1^2}$。

e. 输出反映定性概念的数字特征（Ex_1，En_1，He_1）。

2）可靠性指标的云处理。可靠性本身就是一个内涵和外延界限不明确的概念，从人类语言值的角度出发具有明显的亦此亦彼的特性。人们对于“可靠”和“不可靠”的认识和区分也会由于界定的标准不同、主观个体认知程度的差异而产生差别，具有典型的模糊性；而可靠性评估依托的设备状态则是通过统计设备发生故障的频次，根据统计学方法利用概率来衡量其随机性。本书选取供电不足期望作为可靠性指标，其数学表示为

$$EENS = 8760 \times \sum_{r \in \boldsymbol{NL}} P_{lr} \sum_{q,r \in \boldsymbol{F}} APNS_{qri} \prod_{j \in \boldsymbol{h}} P_{qj}, \ i = 1,2,\cdots,n \tag{5-138}$$

式中：$APNS_{qri}$ 为电网在负荷水平为 r、故障状态为 q 时向用户少供的有功功率总值，即所削减的总负荷量，由于不确定性因素的影响，其取值在其期望曲线附

近波动；P_l 为负荷水平 L 发生的概率，此处暂只考虑一种负荷水平，故该值取值恒为 1；P_{qj} 为电网在 q 状态下第 j 台设备的工作状态、故障停运或计划检修停运概率，为简化计算分析过程，本书中暂只考虑线路故障概率。通过选取一定量的可靠性评价抽样点值，采用无须确定度的逆向云算法将这些表征定量特性的抽样点值转换成由数字特征表示的定性概念，具体步骤如下。

a. 生成以历史数据为基础的正态随机数 $APNS_i = \mathrm{NORM}(Ex_{APNS}, En_{APNS}^2)$；其中 Ex_{APNS} 为期望值，En_{APNS}^2 为方差。

b. 计算 $EENS_i$，并选取 $EENS_i$ 为样本点，其中 $i=1, 2, \cdots, n$。

c. 根据 $EENS_i$ 计算这组数据的样本均值 $\overline{EENS} = \frac{1}{N}\sum_{i=1}^{n} EENS_i$，样本绝对值 $E_2 = \frac{1}{N}\sum_{i=1}^{n} |EENS_i - \overline{EENS}|$；样本方差 $S_1^2 = \frac{1}{n}\sum_{i=1}^{n}(EENS_i - \overline{EENS})^2$。

d. 计算 $Ex_2 = \overline{EENS}$，$En_2 = \sqrt{\frac{\pi}{2}} \times E_2$，$He_2 = \sqrt{S_2^2 - En_2^2}$。

e. 输出反映定性概念的数字特征（Ex_2，En_2，He_2）。

（3）包含多不确定信息的多目标函数。传统电网规划中往往只考虑单一的优化目标，这样显然无法满足电网规划对于经济性、可靠性等多方面的复杂要求，亦无法得到同时在经济性和可靠性两方面综合最优越的方案。为了适应未来市场环境下电网稳固发展的需要，在电网规划中综合考虑经济性和可靠性等多个优化目标是目前规划工作中亟须面对的问题。本书在上节处理各类不确定性信息的基础上，综合考虑可靠性和经济性目标，利用正向及逆向云发生器对目标函数中的不确定性信息进行适当定性定量转换，建立易于计算和理解、由云数字特征表示的目标函数形式。

1）目标函数的二维云形态。由前述云的性质中可知，论域 $\boldsymbol{U}$ 可以是一维的也可以是多维的[9]。这个特性为建立多目标模型提供了极大的便利，同时云内部随机性和模糊性的内在关联性可以将经济性和可靠性这对具有矛盾性的指标有机的结合起来并通过不确定度来表示。本小节将上节经云模型处理过的经济性指标和可靠性指标输入二维正态云发生器，取适当云滴数，构造二维综合评价云，过程如图 5-14 所示。

此二维云发生器的输入为已转换成定性表达的经济性和可靠性指标；输出为二维云滴。算法步骤如下。

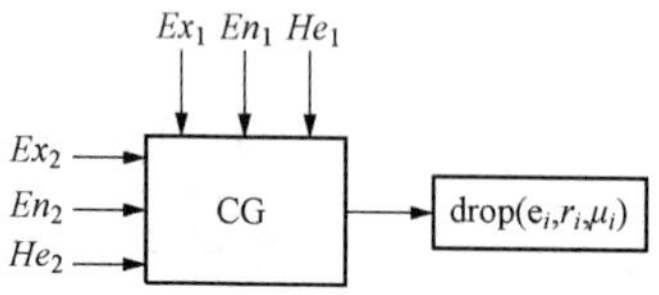

图 5-14　正向二维云发生器

a. 生成一个以（En_1，En_2）为期望值，以（He_1^2，He_2^2）为方差的二维正态随机数（En'_{e_i}，En'_{r_i}）。

b. 生成一个以（Ex_1，Ex_2）为期望值，以

（En'_{e_i}，En'_{r_i}）为方差的二维正态随机数（e_i，r_i）。

c. 计算不确定度 $\mu_i = e^{-\left[\frac{(e_i - Ex_1)}{2Ene'^2_i} + \frac{(r_i - Ex_2)}{2Enr'^2_i}\right]}$。

d. 生成一个云滴（e_i，r_i，μ_i）。

e. 重复上述步骤 a. 到 d.，直到生成 n 个云滴为止。

其中，e_i 表示在论域中以主要包含经济性指标的定性概念所对应的数值；r_i 表示在论域中以主要包含可靠性指标的定性概念所对应的数值；不确定度 μ_i 则表示目标函数的二维云（e_i，r_i）值偏离语言值的程度的量度，而实际上 μ_i 既体现了包含不确定性信息的经济指标和可靠性指标的关联性，也揭示了此两类不确定性信息中随机性和模糊性的内在联系及其复合产生的不确定性。

2）目标函数的定性表示。上节已经将规划目标变换为由云表示的模型，但是为了更加明晰规划目标在现实中的意义并帮助规划人员对目标中各类不确定性信息的直观理解和判断，可以通过改进的逆向云发生器将定量表示的云模型转换为含数字特征的定性表示。

虽然不确定度的 μ_i 为经济性和可靠性指标下表征不确定性的联合分布，但是二维云中（e_i，r_i）的数值依然是在相对相互独立的条件下得到的，从空间图形上看，其数值的取值在各自指向的两个方向上具有相对独立性，而不是有机的结合，经济性和可靠性目标之间的矛盾没有建立起内在联系，无法真实地表示电网规划中不同属性的多种信息对规划方案的影响，这显然与实际情况有所偏离。在输电网规划这类实际问题的求解优化中，必然会由于这个过程中缺失的信息或与实际信息的偏差而使得规划结果受到相应的影响，从而导致最终规划方案的最优性受到质疑。为避免这种情况的发生，根据目标的重要程度，通过加入线性加法器来实现多目标间的有机融合，过程如图 5-15 所示，实现步骤如下。

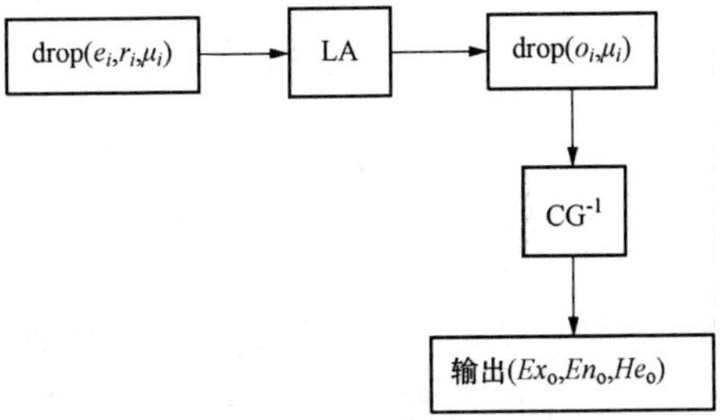

图 5-15 目标函数的定性表示

a. 选取适当的重要度系数 δ_j，$j=1, 2, \cdots, m$，m 对应于目标数量，此处 $m=2$。

b. 求解 $o_i = \delta_1 e_i + \delta_2 \gamma_i$，$i=1, 2, \cdots, n$，将 o_i 和 μ_i 作为逆向云发生器的输入。

c. 求解 o_i 的平均值 $Ex_0 = \mathrm{MEAN}(o_i)$ 和标准差 $En_0 = STDEV(o_i)$。

d. 对每一组（o_i，μ_i），计算 $En'_{oi} = \sqrt{\frac{-(o_i - EX_0)}{2\ln\mu_i}}$。

e. 求解 En'_{oi} 的标准差 $He_0 = \mathrm{STDEV}(En'_{oi})$。

f. 输出（Ex_0，En_0，He_0）。

4. 考虑区间不确定因素的电网规划模型

考虑负荷的区间不确定性，根据负荷预测结果，可以得到未来水平年负荷预测的区间数表示，同时将约束中的其他变量（发电机出力、支路潮流、相角）也表示成区间数，构造了区间负荷下的输电网灵活规划模型[134]

$$\min Z = \sum_{(i,j)\in\boldsymbol{\Omega}} c_{ij} n_{ij} + \gamma \sum_{i\in\boldsymbol{\Omega}_s} r_i + \gamma \sum_{p=1}^{n_l} \sum_{i\in\boldsymbol{\Omega}_s} r_i^p \tag{5-139}$$

式中：$\sum_{(i,j)\in\boldsymbol{\Omega}} c_{ij} n_{ij}$ 为规划方案的总投资成本；$\gamma \sum_{i\in\boldsymbol{\Omega}_s} r_i$ 为正常情况下系统的区间最小切负荷费用；$\gamma \sum_{p=1}^{n_l} \sum_{i\in\boldsymbol{\Omega}_s} r_i^p$ 为网络 $N-1$ 情况下系统的区间最小切负荷费用。

s. t.

$$\begin{cases} \boldsymbol{Sf} + g + \boldsymbol{r} = 1 \\ f_{ij} - b_{ij}(n_{ij}^0 + n_{ij})(\theta_i - \theta_j) = 0 \\ |f_{ij}| \leqslant (n_{ij}^0 + n_{ij}) f_{ij\max} \\ 0 \leqslant g^p \leqslant g_{\max} \\ 0 \leqslant r^p \leqslant l \end{cases} \tag{5-140}$$

$$\begin{cases} \boldsymbol{S}^p \boldsymbol{f}^p + g^p + \boldsymbol{r}^p = 1 \\ f_{ij}^p - b_{ij}(n_{ij}^0 + n_{ij}^p)(\theta_i^p - \theta_j^p) = 0 \\ |f_{ij}^p| \leqslant (n_{ij}^0 + n_{ij}^p) f_{ij\max} \\ 0 \leqslant g^p \leqslant g_{\max} \\ 0 \leqslant r^p \leqslant l \end{cases} \tag{5-141}$$

式中：n_{ij}^0 为节点 i、j 间初始线路的个数；n_{ij} 为节点 i、j 间增加线路的个数；b_{ij} 为节点 i、j 间线路导纳的虚部；c_{ij} 为节点 i、j 间新增线路的投资成本大小；$f_{ij\max}$ 为节点 i、j 间线路可以传输功率的最大值；γ 为系统发生切负荷现象时的惩罚因子；p 表示发生 $N-1$ 故障的线路；l 为区间估计预测得到的负荷的区间值，$l\in[l_{\min},\ l_{\max}]$，$l_{\min}$，$l_{\max}$ 分别为区间负荷的最大值和最小值；$\boldsymbol{f}$ 为正常运行情况下的支路功率列向量；f_{ij} 为节点 i、j 间线路上的功率的区间值表示；g 为发电机出力大小；$\boldsymbol{r}$、$\boldsymbol{r}^p$ 为区间最小切负荷列向量；θ_i，θ_i^p 为节点 i 的相角值；S，S^p 为节点支路关联矩阵；f^p 为第 P 条线路故障时的功率列向量；f_{ij}^p 为节点 i、j 间的功率区间值；n_{ij}^p 为发生线路 $N-1$ 故障时节点 i、j 间增加的线路条数；$\boldsymbol{\Omega}_s$ 为负荷节点的集合；$\boldsymbol{\Omega}$ 为所有待选线路的集合；Z 为总投资费用；n_l 为待选线路的个数。

在求解过程中，为确保系统在正常情况和线路 $N-1$ 情况下的切负荷量为零，需要将切负荷罚因子设为较大的数值。式（5-140）、式（5-141）分别为正常情况下系统的安全约束和线路故障的 $N-1$ 安全约束。

区间模型的目标函数，除了考虑了规划方案的线路投资成本，还加入了各种情况下系统的切负荷费用，从而将输电规划的经济性和系统的可靠性紧密结合起来。

5. 基于盲数的电网规划模型

在电网规划过程中，如果用盲数描述和处理各种不确定性信息，得到的潮流值也将是盲数值。当需要对线路潮流进行过负荷判断时，若线路容量 $\overline{P}$ 为实数，则进行盲数与实数的大小比较。利用本书 4.3.4 节提出的盲数理论，可基于盲数 BM 模型来处理线路过负荷判断，提出基于盲数 BM 模型的电网灵活规划方法[135]。由定义 4.33 知，A 表示线路的盲数潮流，为真盲数；B 表示线路的容量限制 $\overline{P}$，为一个实数。

用盲数 BM 模型进行过负荷判断时，只能得到该线路过负荷的可信度值，无法直接判断线路是否过负荷。因此，可通过定义阈值 r 来确定线路是否过负荷，当 $P(A-B\geqslant 0)>r$ 时，表明线路过负荷；反之，则没有。例如，选取 $r=0.1$，表示当线路的盲数潮流超过线路容量的可信度为 10%时，判该线路过负荷。

在常规的电网优化规划模型的基础上建立的基于盲数 BM 模型进行电网规划的数学模型，其目标函数和约束条件为

$$\min f=\sum_{i\in N_G} b_i \widetilde{P}_{Gi}+\sum_{j\in N_D} C_j l_j Z_j \tag{5-142}$$

$$\text{s.t.}\quad \sum(\widetilde{P}^{n}_{ij}+\widetilde{P}^{0}_{ij})=\widetilde{P}_{Di}-\widetilde{P}_{Gi}, j\in N(i) \tag{5-143}$$

$$P(|\widetilde{P}_{ij}|-|\overline{P}_{ij}|)>0\geqslant r, i,j\in \boldsymbol{L} \tag{5-144}$$

$$\underline{P}_i\leqslant \widetilde{P}_i\leqslant \overline{P}_i, i\in \boldsymbol{N}_G,\boldsymbol{N}_D \tag{5-145}$$

式中：b_i、C_j 分别为电源投资单位费用和输电线路单位建设费用；l_j 为新建线路的长度；Z_j 为 0-1 决策变量；$\widetilde{P}_{Gi}$ 和 $\widetilde{P}_{Di}$ 为盲数，分别表示线路新增潮流和已有潮流；N（i）为包含节点 i 的线路集；$\widetilde{P}_{ij}$ 和 $\overline{P}_{ij}$ 为线路盲数潮流和功率上限；L 为所有线路集；N_G、N_D 分别为发电机集合和负荷集合。

除了本节提到的不确定性电网规划模型外，还有其他考虑不确定因素的输电网规划模型，如考虑灰色不确定性和联系数不确定性的规划模型，在此不再一一赘述。

在考虑灰色不确定因素的模型中，不确定因素以灰色分布函数来表示。规划

过程中首先对灰信息进行确定化处理，得到不确定因素的白化值序列，然后求解若干个确定性信息下的规划模型，最后用GM（1，1）模型来综合评价结果，以得到灰数模型下的电网最优规划方案。

考虑联系数的规划模型中，联系数被用来描述不确定因素。采用基于联系数的输电网规划模型，根据联系数四则运算得到考虑联系数的直流潮流，用来检验规划方案的安全性，可以获得经济性、可靠性和灵活性相互协调的输电网规划方案。

5.3 不确定性理论在电网安全稳定运行中的应用

电力网络是国民经济的重要基础设施，承担着优化资源配置、保障能源安全、满足经济社会发展需求的重要作用。我国电网建设正处于高速发展阶段，“十一五”期间，我国电网呈现出“大机组、高电压、远距离、大容量、新技术”的发展特性。然而，电网在带来巨大经济和社会效益的同时，也给电网的安全可靠运行带来巨大的挑战，例如，电网潮流急剧上升，导致电网经常趋于安全边界运行；信息量及其传递大幅增加，自动化系统管理更为复杂，导致事故风险增大；互联子电网间相互依赖性强，电网中任意脆弱环节（包括一、二次设备）遭受自然或人为攻击时，都可能导致电网发生大面积停电事故。因此，对电网进行安全性评估，保证其安全稳定运行势在必行。

现有电网安全性评估由确定性评估逐步发展为不确定性评估。其中，确定性评估依据 $N-1$ 安全准则，将电网事故看作确定性事件，仅考虑最严重事故风险的影响。该方法原理简单、易于实施，但未区分各事故发生的可能性，所得结果难以反映运行方式、元件故障、负荷波动等不确定性因素的影响程度。不确定性评估综合考虑了事故发生可能性和严重性，有助于理解和认知电网的潜在威胁。

本节分别从影响元件故障率的因素的不确定性入手，对不确定性理论在元件故障率评估、电网运行风险或电网运行可靠性等方面的应用加以讨论。

5.3.1 基于经典概率论的电网运行可靠性评估

在电力系统实际运行过程中，尤其是在系统受到扰动或某些元件退出运行时，系统运行方式、网络结构和运行条件会发生变化，因此传统的可靠性评估无法表征系统此时的安全可靠水平，无法应用于实时调度，进一步保证电网安全、可靠地运行，因此，有必要在传统的发输电系统可靠性评估方法的基础上考虑实时运行条件的变化对元件可靠性模型和故障后果的影响，提出一种基于实时运行状态的电力系统运行可靠性评估方法。

1. 基于实时运行条件的元件时变可靠性模型

(1) 传统的元件可靠性模型。由于传统的规划可靠性评估反映的是系统长期的可靠性水平，因此元件的故障概率和故障率采用长期统计数据的平均值，如图5-16中的虚线所示。但是这样会忽略元件故障信息的时变性，无法解释、评估系统在非正常运行方式下的故障事件。例如，连锁故障，按照传统的元件可靠性模型，连锁故障的发生概率是基于统计平均值的单重故障概率的乘积，数值非常小，应该是百年不遇的事故。但近年来的电网事故记录表明这类故障时常发生，造成理论严重脱离实际。原因在于元件的可靠性建模存在问题，元件的停运概率应该随着系统运行条件的变化而变化，如图5-16中的实线所示。

(2) 基于线路潮流的线路停运概率分析。线路潮流增加会导致线路停运概率增大，主要原因是：①随着线路潮流的增加，输电线路的发热量增加，如果线路长时间处于高温下，线路会逐渐失去机械强度；同时导体在高温时会膨胀，增加线路的弧垂，降低离地的高度。如果线路潮流持续增加，长时间超过线路热稳定极限，那么线路会发热熔断。②当线路潮流大于热稳定极限L_{dz}时，线路的过负荷、过电流保护装置会动作，其动作时限与线路的潮流大小有关。如图5-17所示，潮流L越大，保护动作时间的整定值t越小，采取控制措施成功降低线路潮流到正常值范围的可能性越小，线路跳闸退出运行的概率就越大。

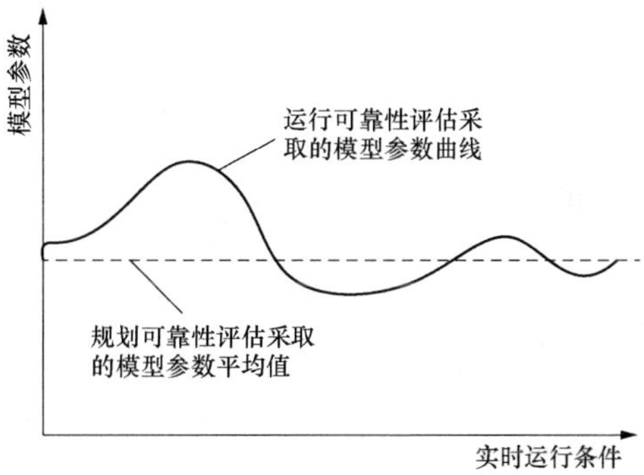

图5-16　可靠性模型参数曲线

但是在实际的线路可靠性数据统计工作中，没有按照潮流的大小分类统计线路的停运概率，无法获得停运概率与潮流的关系表达式。本书根据以下假设条件拟合线路停运概率随潮流变化的曲线$F(L)$，如图5-18所示。

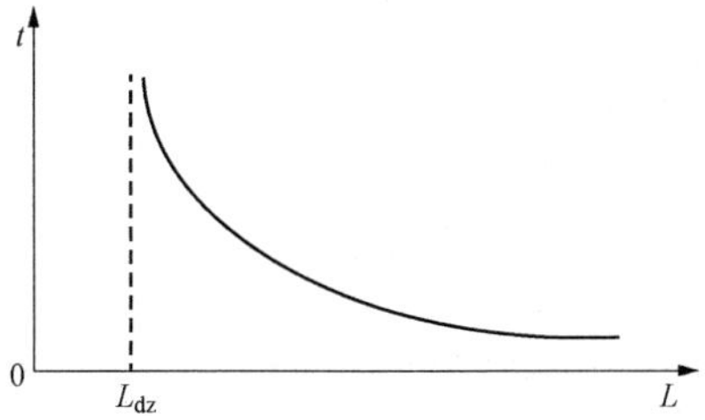

图5-17　反时限过负荷继电器的整定时间特性曲线

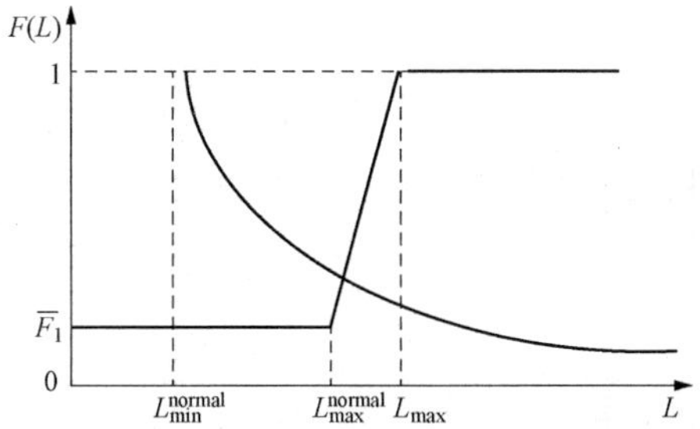

图5-18　线路停运概率随潮流变化的曲线

1）当线路潮流在正常值范围内时，潮流对线路停运概率的影响很小，线路停运概率 F（L）取为线路停运概率统计值 $\overline{F}_1$，则

$$F(L)=\overline{F}_1,\ L_{\min}^{\text{normal}}\leqslant L\leqslant L_{\max}^{\text{normal}} \tag{5-146}$$

式中：$L_{\min}^{\text{normal}}$为线路潮流正常值的下限；$L_{\max}^{\text{normal}}$为线路潮流正常值的上限。

2）当线路潮流大于等于极限值 $L_{\max}$时，线路发热熔断或过负荷保护装置动作，线路停运概率为 1，则

$$F(L)=1,\ L\geqslant L_{\max} \tag{5-147}$$

3）当线路潮流在正常值与极限值之间时，线路熔断或保护装置动作的概率随线路潮流的增加而增大，采用直线拟合线路停运概率，则

$$F(L)=\frac{1-\overline{F}_1}{L_{\max}-L_{\max}^{\text{normal}}}\times L+\frac{\overline{F}_1\times L_{\max}-L_{\max}^{\text{normal}}}{L_{\max}-L_{\max}^{\text{normal}}},\ L_{\max}^{\text{normal}}\leqslant L\leqslant L_{\max} \tag{5-148}$$

（3）基于频率、电压的发电机停运概率分析。当频率、电压升高或降低到保护整定值时，发电机保护装置（低周保护、高周保护、低压保护或过电压保护）动作，并且随着频率、电压越限程度的加深发电机保护的动作时限减小，发电机跳闸退出运行的概率增大。与线路停运概率分析同理，做以下假设。

1）当发电机频率在正常值范围内时，频率对发电机停运概率的影响很小，发电机停运概率 $F(F_G)$ 取为发电机停运概率统计值 $\overline{F}_g$，则

$$F(F_G)=\overline{F}_g,\ F_{G\min}^{\text{normal}}\leqslant F_G\leqslant F_{G\max}^{\text{normal}} \tag{5-149}$$

式中：F_G 为发电机频率正常值；$F_{G\min}^{\text{normal}}$为发电机频率正常值的下限；$F_{G\max}^{\text{normal}}$为发电机频率正常值的上限。

2）当发电机频率越过极限值时，发电机保护装置动作，发电机停运概率为 1，则

$$\begin{cases}F(F_G)=1,\ F_G\geqslant F_{G\max}\\F(F_G)=1,\ F_G\leqslant F_{G\min}\end{cases} \tag{5-150}$$

式中：$F_{G\max}$为发电机频率上限值；$F_{G\min}$为发电机频率下限值。

3）当发电机频率在正常值与极限值之间时，发电机保护装置动作的概率随频率趋近于极限值而增大，采用直线拟合发电机停运概率，则

$$\begin{cases}F(F_G)=\dfrac{1-\overline{F}_g}{F_{G\max}-F_{G\max}^{\text{normal}}}\times F_G+\dfrac{\overline{F}_G\times F_{G\max}-F_{G\max}^{\text{normal}}}{F_{G\max}-F_{G\max}^{\text{normal}}},\ F_{G\max}^{\text{normal}}\leqslant F_G\leqslant F_{G\max}\\[2ex]F(F_G)=\dfrac{\overline{F}_g-1}{F_{G\min}^{\text{normal}}-F_{G\min}}\times F_G+\dfrac{F_{G\min}^{\text{normal}}-\overline{F}_g\times F_{G\min}}{F_{G\min}^{\text{normal}}-F_{G\min}},\ F_{G\min}\leqslant L\leqslant F_{G\min}^{\text{normal}}\end{cases} \tag{5-151}$$

根据以上假设，可以得到发电机停运概率随频率变化的曲线如图 5 - 19 所示。

同理，可以得到发电机停运概率随机端电压 U_G 变化的函数表达式为

$$F(U_G)=\overline{F}_g(U_{G\min}^{\text{normal}}\leqslant U_G\leqslant U_{G\max}^{\text{normal}}) \tag{5 - 152}$$

$$\begin{cases} F(U_G)=\dfrac{1-\overline{F}_g\times U_G}{U_{G\max}-U_{G\max}^{\text{normal}}}+\dfrac{\overline{F}_G\times U_{G\max}-U_{G\max}^{\text{normal}}}{U_{G\max}-U_{G\max}^{\text{normal}}},\ U_{G\max}^{\text{normal}}\leqslant U_G\leqslant U_{G\max} & (5 - 153) \\ F(U_G)=\dfrac{(\overline{F}_g-1)\times U_G}{U_{G\min}^{\text{normal}}-U_{G\min}}+\dfrac{U_{G\min}^{\text{normal}}-\overline{F}_g\times U_{G\min}}{U_{G\min}^{\text{normal}}-U_{G\min}},\ U_{G\min}\leqslant L\leqslant U_{G\min}^{\text{normal}} & (5 - 154) \end{cases}$$

式中：$U_{G\min}^{\text{normal}}$为发电机电压正常值的下限；$U_{G\max}^{\text{normal}}$为发电机电压正常值的上限；$U_{G\max}$为发电机电压上限值；$U_{G\min}$为发电机电压下限值。

发电机停运概率随机端电压变化的曲线如图 5 - 20 所示。

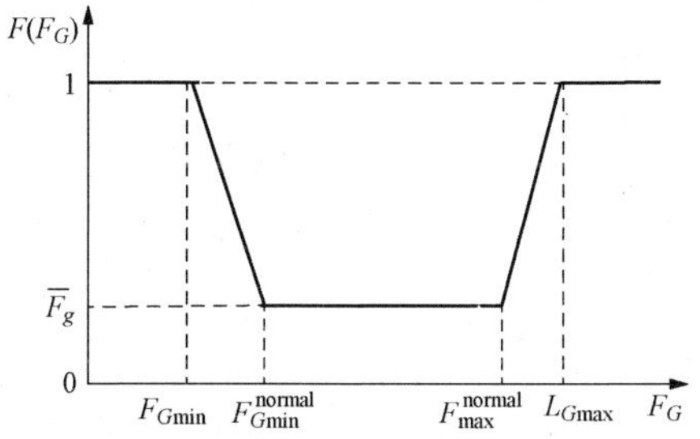

图 5 - 19 发电机停运概率随频率变化的曲线

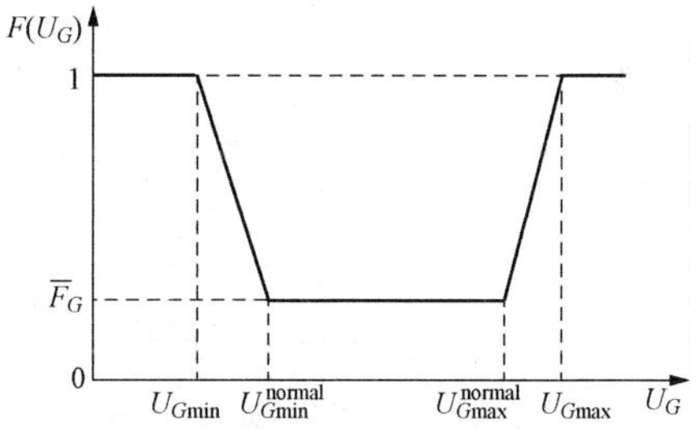

图 5 - 20 发电机停运概率随频率变化的曲线

考虑到发电机停运概率受频率和电压两个因素的影响，其中任何一个因素到达极限值都会导致发电机的停运概率为 1，因此定义发电机停运概率为

$$F_g(F_G,U_G)=\max[F(F_G),F(U_G)] \tag{5 - 155}$$

（4）基于频率、电压的负荷停运概率分析。如果频率、电压降到保护或减载装置的整定值以下，则负荷的自动保护装置或低频、低压减载装置将动作，切掉负荷。

与线路、发电机的停运概率分析同理，负荷停运概率随系统频率 FB 变化的关系为

$$F(F_B)=0\quad(F_B\geqslant F_{B\min}^{\text{normal}}) \tag{5 - 156}$$

$$F(F_B)=1\quad(F_B\leqslant F_{B\min}) \tag{5 - 157}$$

$$F(F_B)=\frac{1}{F_{B\min}-F_{B\min}^{\text{normal}}}\times F_B+\frac{F_{B\min}^{\text{normal}}}{F_{B\min}-F_{B\min}^{\text{normal}}},F_{B\min}\leqslant F_B\leqslant F_{B\min}^{\text{normal}} \tag{5 - 158}$$

式中：$F_{B\min}^{\text{normal}}$是负荷频率正常值的下限值；$F_{B\min}$是系统频率的下限值。

负荷停运概率随系统频率变化的曲线 $F(F_B)$ 如图 5-21 所示。

负荷停运概率与母线电压 U_B 的关系为

$$F(U_B)=0 \quad (U_B \geqslant U_{\text{Bmin}}^{\text{normal}}) \tag{5-159}$$

$$F(U_B)=1 \quad (U_B \leqslant U_{\text{Bmin}}) \tag{5-160}$$

$$F(U_B)=\frac{1}{U_{\text{Bmin}}-U_{\text{Bmin}}^{\text{normal}}}\times U_B+\frac{U_{\text{Bmin}}^{\text{normal}}}{U_{\text{Bmin}}^{\text{normal}}-U_{\text{Bmin}}},U_{\text{Bmin}}\leqslant U_B\leqslant U_{\text{Bmin}}^{\text{normal}} \tag{5-161}$$

式中：$U_{\text{Bmin}}^{\text{normal}}$为母线电压正常值的下限；$U_{\text{Bmin}}$为负荷电压下限值。

负荷停运概率随母线电压变化的曲线 $F(UB)$ 如图 5-22 所示。

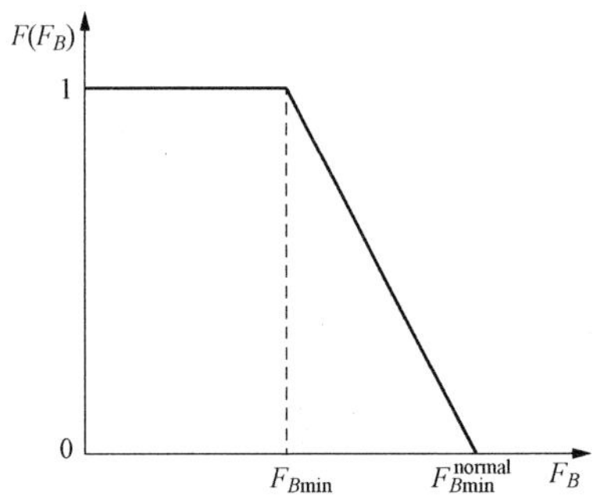

图 5-21 负荷停运概率随频率变化的曲线

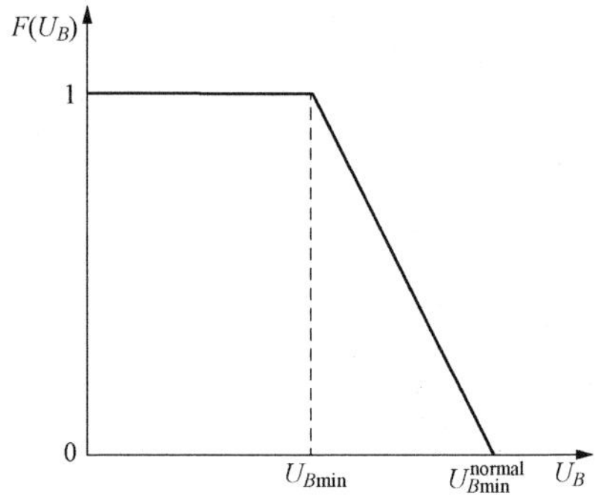

图 5-22 负荷停运概率随母线电压变化的曲线

与发电机停运概率的定义相似，定义负荷停运概率为

$$F(F_B,U_B)=\max[F(F_B),F(U_B)] \tag{5-162}$$

（5）基于实时运行条件的元件时变可靠性模型。如图 5-23 所示，由于运行条件对元件修复率没有影响，因此元件修复率取统计平均值；元件停运率可通过元件停运概率用式（5-163）求出，即

$$F_i=\frac{\lambda_i}{\lambda_i+\mu_i}\Rightarrow\lambda_i=\frac{F_i\mu_i}{1-F_i} \tag{5-163}$$

式中：F_i 元件 i 的停运概率；λ_i 是元件 i 的停运率；μ_i 是元件 i 的修复率。

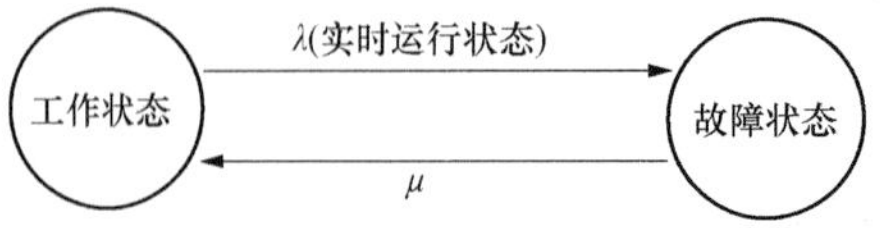

图 5-23 元件时变可靠性模型

考虑到实时运行条件对可靠性模型的影响，因此不难理解实际系统连锁故障频繁发生的原因。按照元件时变可靠性模型的定义，在初始故障发生后，系统的运行条件发生变化，一些元件运行在极限值附近，此时这些元件的停运概率不是统计平均值而是接近于 1，极有可

能发生新的故障。所以连锁故障发生概率是基于实时运行条件的单重停运概率之积，远大于传统可靠性评估方法定义的基于统计平均值的单重故障概率之积。

2. 运行可靠性评估算法的流程

（1）计算在当前运行状态（包括正常运行状态、故障状态、特殊运行方式）下的线路潮流、母线电压、系统频率，并根据基于实时运行条件的元件可靠性模型计算出线路、发电机、负荷的停运概率、停运率、修复率。

（2）依据元件的停运率、修复率，采用蒙特卡罗模拟法形成系统在当前运行状态下可能发生的故障状态。

（3）考虑机组的运行方式、负荷的实时变化、网络结构的变化等当前系统运行条件的影响，对可能发生的故障状态进行后果仿真，分析故障后系统能否正常运行（无元件过载、静态电压安全），以及在元件过载、电压越限的情况下为保证系统正常运行的切负荷代价。

（4）根据评估指标等于概率与后果乘积的定义计算可靠性指标。

5.3.2 基于模糊理论的电网运行可靠性评估

5.3.1 节是以经典概率论为基础，须建立主观的元件故障率模型，不同的模型对结果影响较大，且需要大量样本进行模型和参数的识别。为弥补上述方法的不足，用“模糊性”描述元件故障的不确定属性，依据专家经验建立元件故障的隶属度函数，能区分出电网中“容易”和“不容易”发生故障的支路。下面以一考虑恶劣气候条件的元件停运率的模糊建模展开讨论。

2008 年 1 月，一场大范围的雨雪冰冻灾害袭击了中国南方大部分地区，持续的高强度极端气候条件所造成的冰灾使电网遭受了有史以来最严峻的考验，电力线路多次冰闪跳闸，电力杆塔倒塔、断线事故频有发生。由事故线路的统计数据来看，极端气候条件影响线路故障的主要因素包括风向风速、覆冰厚度、空气温度和湿度等。其中风向风速引起的风载荷和覆冰引起的冰载荷对线路故障的影响是最主要的。

极端气候条件虽然比较少见，但是其导致电力系统元件停运率的急剧增加，从而造成了很大的经济和社会影响。由于恶劣气候引起的输电线路停运率的增加，使得电力系统发生故障的可能性急剧增加，此时电力可靠性评估中若不考虑恶劣气候对电力系统的影响，评估结果将会偏乐观，并将影响电力系统的规划和设计。

1. 线路停运率建模方法

在极端气候条件下，电网架构和拓扑需要满足两个条件：

（1）输电通道不要集中在一起，应根据地形特点进行分散，尽量避开易产生冰灾的地形。

（2）适当提高骨干、战略通道的设计标准，保证电网关键通道的适度冗余。

虽然恶劣冰雪灾害气候不常见，但其对电力系统元件停运率的影响是巨大的，尤其是对输电线路停运率的影响。通常情况下，极端气候条件对输电线路的影响因素主要包括风速风向、覆冰厚度、空气相对湿度和温度等，这些因素之间相互关联影响，其中前两个因素对线路停运率的影响起决定性作用。

1）气候模型。目前，已有较多的文献就气候对电力系统可靠性评估结果的影响做出了相应研究。文献［136］首次提出了包含正常气候和恶劣气候状态的双状态气候模型，文献［137］在双态气候模型的基础上，对于恶劣气候条件下元件能否维修进行了可靠性评估。在 IEEE Std 346—1973[138] 中则把气候分为正常、恶劣和极端恶劣气候这三种状态，不同的状态具有不同的停运率，且状态之间的转移率设为某一确定值，如图 5-24 所示。

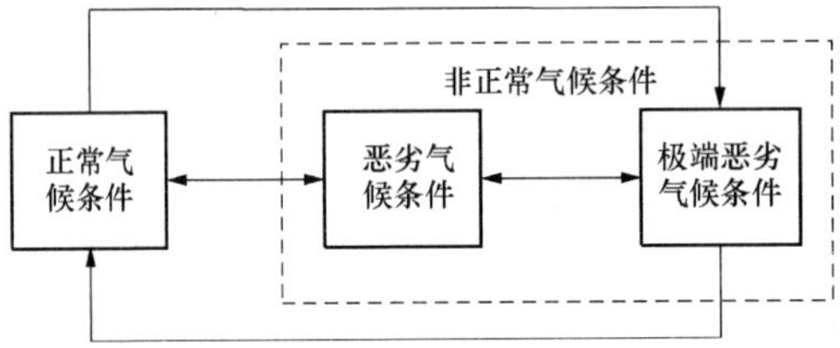

图 5-24　三种状态气候模型

此处根据这三种气候条件所对应的不同参数求解载荷，从而得到三种气候条件下的输电线路停运率。

2）多变量模糊规则和模糊推理。系统的不确定性主要有两种不同的表现形式：随机性和模糊性[139]。随机性的不确定因素（如负荷预测）可用概率模型表述；模糊性是指不服从任何分布而存在于原始数据中的不确定性因素。由于气候条件的恶劣程度可用模糊语言较好地表达，在统计数据缺失的情况下利用输电线路停运率模糊建模是一个较好的选择。

对于与气候条件对应的风载荷和冰载荷，作为数值变量建立隶属度函数。而语言变量，如元件的运行状态良好、系统的鲁棒性强等，由于没有数值论域，如何定义模糊集的隶属度函数便成为问题。语言变量在分析对象时常包含了人的主观因素及经验推断，因此，可把线路潮流水平当作语言变量，当潮流水平超过额定值的 110％时，线路的停运率较大。

由于与线路潮流水平对应的停运率无法得到精确值，在建立模糊规则时，凭借运行经验表述线路潮流水平对停运率的影响；而对于风载荷和冰载荷，则根据历史统计数据进行量化，当两种载荷共同影响线路停运率时，选取受影响较大的隶属度值。

模糊推理系统是建立在模糊集合论、模糊 if-then 规则和模糊推理等基础上的计算框架。在模糊规则的基础上，此处采用 Mamdani 型的模糊推理方法，其模糊推理算法采用极小运算规则定义模糊表达关系，如规则

$$\mathrm{R}: \text{if} \quad x \text{ is } A \text{ then } y \text{ is } B$$

其中，x 为输入变量；A 为推理前件的模糊集合；y 为输出变量（包括数值变量和语言变量，本节选择风力载荷和冰力载荷对应的输出量为数值变量，线路潮流水平对应的输出量为语言变量）；B 为模糊规则的后件。

一个具有单一前件的广义假言推理可以被表述为：①前提 1（事实）：x 是 A'；②前提 2（规则）：如果 x 是 A，则 y 是 B；③后件（结论）：y 是 B'。

Mamdani 的关系生成算法取为 min 运算（∧），推理合成算法取为 max - min 复合运算（∨），u 为隶属度函数

$$u_{B'}(y)=\{\vee[u_{A'}(x)\wedge u_A(x)]\}\wedge u_B(y) \tag{5-164}$$

对于一个简单二输入（x_1，x_2）Mamdani 系统，假设

$$\mathrm{R}_m：\text{if } x_1 \text{ is } A_{1,i} \text{ and } x_2 \text{ is } A_{2,j} \text{ then } y \text{ is } B_m；$$

$$\mathrm{R}_{m-1}：\text{if } x_1 \text{ is } A_{1,i-1} \text{ and } x_2 \text{ is } A_{2,j-1} \text{ then } y \text{ is } B_{m-1}。$$

采用 max - min 合成算法的示意图如图 5 - 25 所示。

3）解模糊化。由模糊推理得到的是模糊输出量，因此，还需要进行去模糊化，转换成精确值，此过程称为解模糊化。解模糊化的方法很多，常用的有最大隶属度法、加权平均法和取中位数法等。

此处采用最大隶属度法解模糊化，即在推理结论的模糊集合中选取隶属度最大的那个元素作为输出量。设模糊推理输出如图 5 - 25 中阴影所示，其隶属度最大的元素 y^* 就是精确化所得的对应精确值，且有

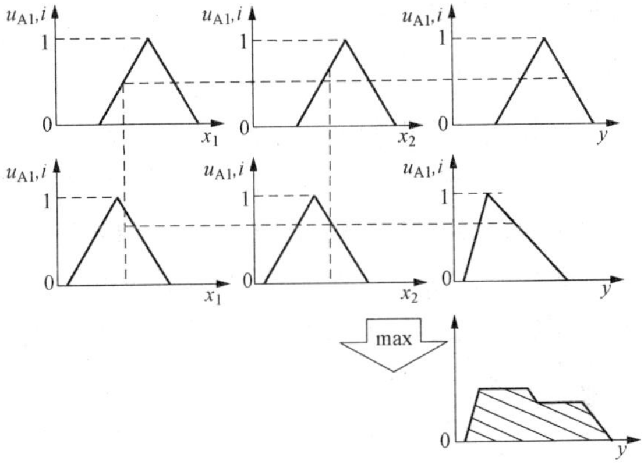

图 5 - 25　Mamdani 方法的模糊推理

$$u_B(y^*)\geqslant u_B(y),y\in \boldsymbol{Y} \tag{5-165}$$

式中：$\boldsymbol{Y}$ 为输出变量的论域。

若仅有 1 个，则选取该值作为控制量，若有多个（数量为 N），且有 $y_1^*\leqslant y_2^*\leqslant\cdots\leqslant y_N^*$，则选取它们的平均值作为控制量，即取

$$y^*=\frac{1}{N}\sum_{i=1}^{N}y_i^* \tag{5-166}$$

2. 气候条件对线路停运率的影响

造成电力供应中断的原因有恶劣气候、设备设计和技术故障、操作失误和人为破坏等。与其他影响因素相比较，恶劣气候状况导致的线路故障量占总故障量

的 33%[140]。而根据加拿大 Alberta 省的统计数据，对于 144kV 线路，平均持续时间为 5.4h 的故障有 33%是由于恶劣气候引起的；对于 240kV 线路，平均持续时间为 2.8h 的故障则有 45%是由于恶劣气候引起的[141]。因此，如何保证在冰灾等极端恶劣气候条件下输电网络的正常工作是一个亟待解决的问题。

另外，考虑与输电线路潮流相依的停运率变化。输电线路具有可逆的热特性，同时潮流越限引起的温升会导致输电线路拉升强度增加。线路温升会引起其机械强度缺失和导线被拉长。而导线被拉长后不可避免地引起下垂，从而增加闪络的风险。由于导线被拉长是一个不可逆的过程，所以此过程是潮流相依的线路停运率的主导因素。

综上所述，输电线路停运率模糊建模的三个需考虑因素为风载荷、冰载荷和线路潮流水平。

(1) 风载荷。根据文献 [142]，对于某段输电线路（x_j，y_j）所承受的载荷与气候强度及距离气候中心的距离相关，为

$$L(x_j,y_j,t)=A\exp\left\{-\frac{1}{2}\left[\frac{x_j-\mu_x(t)}{\sigma_x}\right]^2+\frac{1}{2}\left[\frac{x_j-\mu_y(t)}{\sigma_y}\right]^2\right\} \tag{5-167}$$

式中：A 为气候严重程度；$\mu_x(t)$ 和 $\mu_y(t)$ 分别为随着时间移动的气候中心；σ_x 和 σ_y 为载荷计算的参数，其值与气候影响半径相关。

风速的定义是距离地面 10m 高度，持续时间为 10min 的风行进的平均速度。对于风载荷，气候严重程度参数 A 对应的是风速指标，但是由于气候中心的风速为 0，所以通过增加 1 项表达式模拟风载荷与气候强度及距离气候中心的距离之间的关系为

$$L_w(x_j,y_j,t)=w(t)\begin{bmatrix}A_1\exp\left\{-\frac{1}{2}\left[\frac{x_j-\mu_x(t)}{\sigma_{x1}}\right]^2+\frac{1}{2}\left[\frac{y_j-\mu_y(t)}{\sigma_{y1}}\right]^2\right\}\\ -A_2\exp\left\{-\frac{1}{2}\left[\frac{x_j-\mu_x(t)}{\sigma_{x2}}\right]^2+\frac{1}{2}\left[\frac{y_j-\mu_y(t)}{\sigma_{y2}}\right]^2\right\}\end{bmatrix} \tag{5-168}$$

式中：$w(t)=\sin\beta(t)$，对应于风向指标对输电线路风载荷的影响；$\beta(t)$ 为风向与某段输电线路（x_j，y_j）的夹角；$A_2<A_1$；$\sigma_{x2}<\sigma_{x1}$；$\sigma_{y2}<\sigma_{y1}$。

由此可见，风向与线路垂直 [$\beta(t)=90°$] 时风载荷值最大。

假设在坐标点（x_m，y_m）与（x_n，y_n）之间的某段线路，其承受的极端恶劣气候中心为（μ_x，μ_y），如图 5-26 所示。

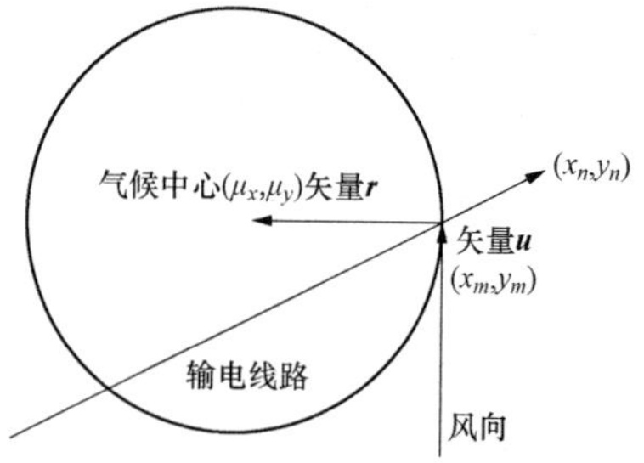

图 5-26 线路段和气候中心示意图

由图 5-26 可知，矢量 r=[(x_m，y_m)，

(μ_x, μ_y)]与 $\boldsymbol{u}=[(x_m, y_m), (x_n, y_n)]$的夹角在 0 到 π 之间变化，由于风向与矢量 $\boldsymbol{r}$ 始终垂直，因此，$\beta(t)$ 在 0 到 π/2 之间变化，可表示为

$$\beta(t)=\begin{cases}\dfrac{\pi}{2}-\alpha & \alpha\leqslant\dfrac{\pi}{2}\\ \alpha-\dfrac{\pi}{2} & \alpha>\dfrac{\pi}{2}\end{cases} \tag{5-169}$$

文献［143］中根据现场和统计经验得到了线路停运率与风载荷及冰载荷之间的确定性离散表达式，考虑到统计值的误差及各段载荷区间的精确性，将每段载荷区间模糊化以表达线路停运率随着载荷及线路潮流水平增加而上升的趋势。因此，定义逻辑变量 E_{WL}表征输电线路的风载荷，其隶属度函数 T_{WL}如图 5-27 所示，且定义为

$$T_{\mathrm{WL}}=\{\leqslant 0.9d_{\mathrm{WL}};约\ 0.95d_{\mathrm{WL}};约\ 1.05d_{\mathrm{WL}};约\ 1.15d_{\mathrm{WL}};约\ 1.35d_{\mathrm{WL}};\geqslant 1.5d_{\mathrm{WL}}\} \tag{5-170}$$

式中：d_{WL}为风载荷的设计值。

同时定义与风载荷相对应的输电线路停运率逻辑变量 $RFR(E_{\mathrm{WL}})$，表征输电线路的停运率大小，单位为次/（h·50km），隶属度函数 $T_{RFR(E_{\mathrm{WL}})}$如图 5-28 所示，且定义为

$$T_{RFR(E_{\mathrm{WL}})}=\{约\ 10^{-5};约\ 8\times10^{-4};约\ 0.005;约\ 0.006;约\ 0.03;\geqslant 0.04\} \tag{5-171}$$

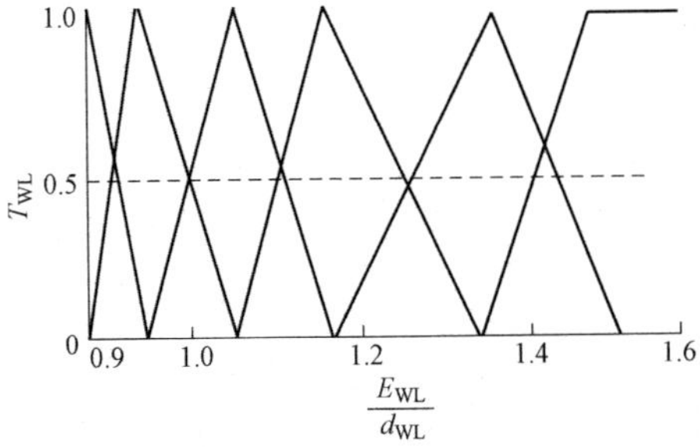

图 5-27 风载荷隶属度函数

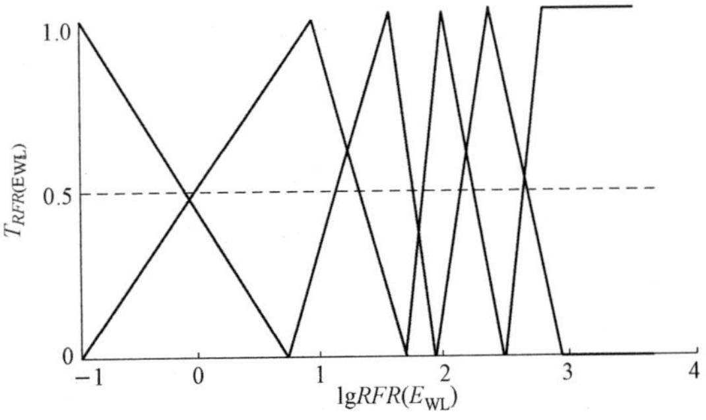

图 5-28 风载荷对应停运率的隶属度函数

通过上述 if-then 规则可以描述风载荷对输电线路停运率的影响，如若 E_{WL}近似为 0.95d_{WL}，则 $RFR(E_{\mathrm{WL}})$ 近似为 4.205；若 E_{WL}近似为 1.05d_{WL}，则 $RFR(E_{\mathrm{WL}})$ 近似为 26.28。

（2）冰载荷。某段输电线路（x_j，y_j）上冰载荷 $L_{\mathrm{I}}(t)$ 不仅与气候强度及距离气候中心的距离相关，同时与气候持续的时间相关，因为输电线路上积冰是一个时间累积的过程。冰载荷 $L_{\mathrm{I}}(t)$ 可表示为关于式（5-172）的积分表达式，其

随时间的变化曲线如图 5 - 29 所示。

$$L_{\mathrm{I}}(x_j, y_j, t)=\int_0^t A_3 \exp\left\{-\frac{1}{2}\left[\frac{x_j-\mu_x(u)}{\sigma_x}\right]^2+\frac{1}{2}\left[\frac{y_j-\mu_y(u)}{\sigma_y}\right]^2\right\}\mathrm{d}u \tag{5 - 172}$$

式中：t_{stop}定义为对于足够小的时间正数 ε，当 t 时段对应的 $L_{\mathrm{I}}(t)$ 等于 $t+\varepsilon$ 时段对应的$L_{\mathrm{I}}(t+\varepsilon)$ 时，可认为 $L_{\mathrm{I}}(t)$ 为此段输电线路上的最大冰载荷，而时段 t 即为积分停止时段，即 t_{stop}。

同样定义逻辑变量 E_{IL}表征输电线路的冰载荷，其隶属度函数 T_{IL}如图 5 - 30 所示，且定义为

$$T_{\mathrm{IL}}=\{\leqslant 0.3d_{\mathrm{IL}};约\ 0.4d_{\mathrm{IL}};约\ 0.7d_{\mathrm{IL}};约\ 0.95d_{\mathrm{IL}};约\ 1.05d_{\mathrm{IL}};约\ 1.15d_{\mathrm{IL}};约\ 1.35d_{\mathrm{IL}};\geqslant 1.5d_{\mathrm{IL}}\} \tag{5 - 173}$$

式中：d_{IL}为冰载荷的设计值。

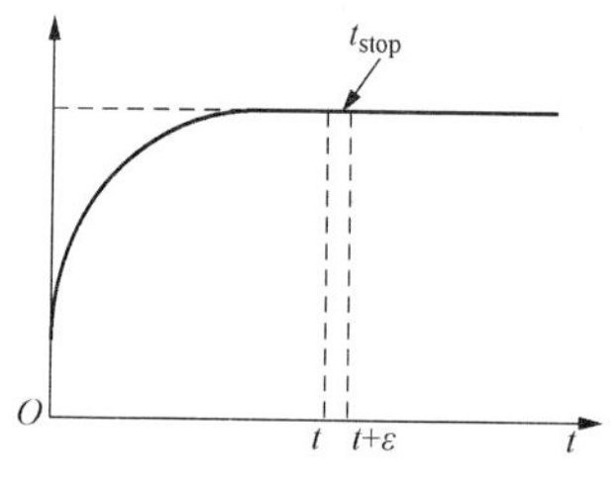

图 5 - 29　冰载荷的累积过程

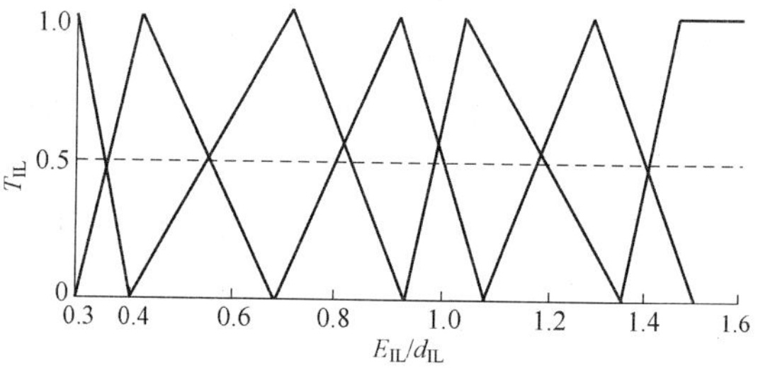

图 5 - 30　冰载荷隶属度函数

同时定义与冰载荷相对应的输电线路停运率逻辑变量 $RFR(E_{\mathrm{IL}})$，表征输电线路的停运率大小，单位为次/(h · 50km)，其隶属度函数 $T_{RFR(E_{\mathrm{IL}})}$ 如图 5 - 31 所示，且定义为

$$T_{RFR(E_{\mathrm{IL}})}=\{约\ 0;约\ 4.5\times 10^{-3};约\ 0.01;约\ 0.015;约\ 0.03;约\ 0.05;约\ 0.07;\geqslant 0.1\} \tag{5 - 174}$$

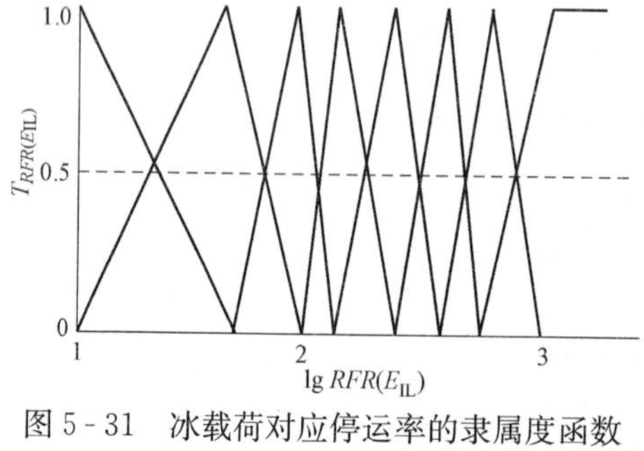

图 5 - 31　冰载荷对应停运率的隶属度函数

通过上述 if - then 规则可以描述冰载荷对输电线路停运率的影响。

对于输电线路停运率的逻辑变量 $RFR(E_{\mathrm{IL}})$ 为 0.1 次/(h · 50km)，可如下解释。

1）由单位次/(h · 50km) 可知 $RFR(E_{\mathrm{IL}})$ 为实时停运率的概念，并没有考虑修复率和修复时间的作用。

其具体意义仅是30km的线路段持续承载大于1.5倍设计值的冰载荷时，将会在$t=1/(0.1\times30/50)=16.7(\mathrm{h})$停运。

2）输电线路承载的冰载荷与设计值之间的比例称为载荷比R_L，不同地域和系统网架结构在冰灾等恶劣气候条件的影响下，载荷比R_L与对应的停运率之间的函数表达式也不同，但是可以按照本节方法修正模糊规则和模糊推理系统，从而计算出更准确的元件停运率。

由上述载荷表达式可知，电网规划中尽量避开易产生冰灾的地形可以改善上述模型中的风载荷和冰载荷函数$L_W()$和$L_I()$；而“提高骨干、战略通道的设计标准”可改变模糊推理系统中的停运率隶属度函数。

（3）输电线路潮流水平。同样，输电线路过载会导致线路的停运，假设线路过载水平在额定值的110%以下时，其停运率较低；当过载水平超过额定值的110%以上时，其停运率迅速增加。对于输电线路潮流水平对其停运率的影响，实际运行中没有充分有效的数据支持停运率建模，但是可以通过模糊规则表示这一关系。

逻辑变量E_{LOL}和RFR（E_{LOL}）分别表征输电线路的过载水平和停运率，其隶属度函数如图5-32所示，且分别为

$$T_{LOL}=\{\leqslant 额定值的110\%;> 额定值的110\%\} \quad (5-175)$$

$$T_{RFR(E_{LOL})}=\{正常停运率值;较高停运率值\} \quad (5-176)$$

其if-then规则可以描述过载水平对输电线路停运率的影响：若$E_{LOL}\leqslant$额定值的110%，则$RFR(E_{LOL})$为正常停运率值；若$E_{LOL}>$额定值的110%，则$RFR(E_{LOL})$为较高停运率值。

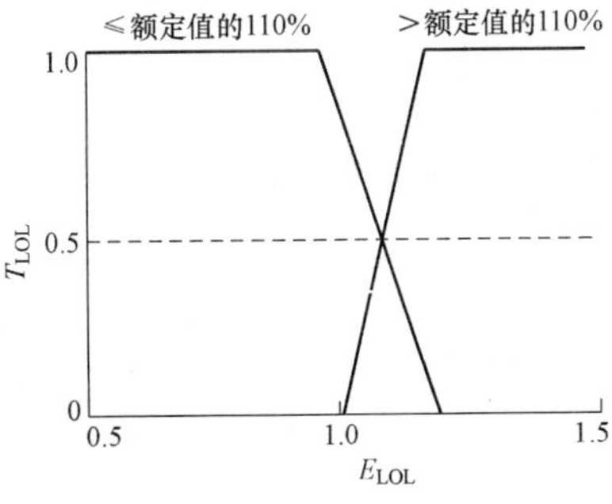

图5-32 线路潮流水平隶属度函数

（4）模糊规则和推理过程。对于多输入变量的模糊推理系统，需要定义独立的模糊推理规则。对于本节输电线路停运率模糊建模，则有$6\times8\times2=96$个独立的模糊推理规则。模糊if-then规则是停运率模糊建模的关键所在，不同的系统运行工况及运行人员的经验判断差异都会改变模糊规则。

由于缺少有效的统计样本，而模糊建模规则可以把运行调度和专家经验表示成模糊数取值范围的隶属度函数。因此，对于线路潮流水平的输入变量做如下假设：当风载荷$\leqslant1.15d_{WL}$且冰载荷$\leqslant0.95d_{IL}$时，此时若线路潮流水平的模糊输入为“>额定值的110%”，则在风载荷、冰载荷对应停运率的基础上乘以2；当风载荷$\geqslant1.35d_{WL}$或冰载荷$\leqslant1.05d_{IL}$时，此时气候条件成为影响线路停运率的主导

因素，因此，不管线路潮流水平的模糊输入处于什么水平，停运率隶属度仍为风载荷及冰载荷对应的停运率。

对于风载荷及冰载荷这两个逻辑变量的隶属度函数，按照以下原则建立模糊推理规则：若这两个输入变量分别对应不同的停运率隶属度，则取停运率较大的隶属度值。

通过上述描述，可以建立如下 if - then 规则表征风载荷、冰载荷和线路潮流水平对输电线路停运率的影响。

规则 1：当风载荷$\leqslant 0.9d_{\mathrm{WL}}$，冰载荷$\leqslant 0.3d_{\mathrm{IL}}$，且线路潮流水平为“$\leqslant$额定值的 110%”时，每 30km 的线路段停运率约为 $10^{-5}\times 8760\times 30/50=0.05256$（次/a）。

规则 2：当风载荷$\leqslant 0.9d_{\mathrm{WL}}$，冰载荷$\leqslant 0.3d_{\mathrm{IL}}$，且线路潮流水平为“$>$额定值的 110%”时，每 30km 的线路段停运率约为 0.10512（次/a）。

……

规则 96：当风载荷$\geqslant 1.5d_{\mathrm{WL}}$，冰载荷$\geqslant 1.5d_{\mathrm{IL}}$，且线路潮流水平为“$>$额定值的 110%”时，每 30km 的线路段停运率约为 525.60（次/a）。

此处以 $E_{\mathrm{WL}}=0.98d_{\mathrm{WL}}$，$E_{\mathrm{IL}}=0.6d_{\mathrm{IL}}$，潮流水平 $E_{\mathrm{LOL}}=102.5\%$为例，8 个模糊规则见表 5 - 2。

表 5 - 2　　模糊 if - then 规则

$\frac{E_{\mathrm{WL}}}{d_{\mathrm{WL}}}$	if $\frac{E_{\mathrm{WL}}}{d_{\mathrm{WL}}}$	E_{LOL}	then 停运率
0.95	0.4	<110%	23.652
0.95	0.4	>110%	47.304
0.95	0.7	<110%	52.560
0.95	0.7	>110%	105.120
1.05	0.4	<110%	26.280
1.05	0.4	>110%	52.560
1.05	0.7	<110%	52.560
1.05	0.7	>110%	105.120

5.3.3　基于随机过程和可信性理论的电网运行可靠性评估

电力系统风险评估是电网运行可靠性评估中的一项重要内容，与电力系统传统可靠性评估提运模型中元件故障率取为长期统计平均值不同，运行风险评估停运模型中的元件故障率应该是能反映元件所处外部环境、运行工况及其变化的时变参数，其对历史数据统计的要求高、严格，使得缺乏样本的问题突出。

样本缺乏问题的解决途径之一就是利用专家经验，即利用调度人员长时间积累的现场经验，以历史统计数据为基本参考值，结合当前天气和运行方式，给出元件故障率大致可能的取值范围。模糊变量（fuzzy variable）是描述这个估计故障率最好的数学工具，其隶属度函数（membership function）还能够给出模糊数取值范围内的各个取值的可能程度比较，从而更充分地利用专家经验。用模糊数描述故障率带来的另一个好处是，利用专家经验给出故障率的可能范围（连续性隶属度函数）比文献［144－145］采用最大似然、线性回归方法估计得到一个确切故障率值的做法更科学。

文献［146］首先将可信性理论引入电力系统研究中，并对其在电力系统运行风险评估领域的应用进行了有益尝试。但其直接把状态概率视为模糊变量的思路可操作性差，因为首先无法用模糊变量描述风险评估时段内瞬时状态概率的变化曲线，其次概率是无量纲的，人工很难估计其可能范围。

为此，本节将以架空线路为例，将其故障率而非状态概率用模糊变量表达，基于随机过程停运模型和 3.1.2 节提出的可信性理论（credibility theory）[67]建立模糊故障率下的元件停运模型，给出缺乏历史统计数据时瞬时状态概率的计算方法，并进而求取风险指标用于运行调度决策。

1. 元件停运的随机过程模型

以架空线路的停运模型为例介绍具体做法。文献［147］给出了综合考虑架空线路原发故障及其二次设备连锁故障停运的马尔可夫过程模型。其简化后的状态空间包括三种状态：0 状态（正常运行）、1 状态（瞬时故障）、N 状态（永久故障）。状态概率方程（福克—普朗克方程）为

$$\begin{cases}\dfrac{\mathrm{d}P_0(t)}{\mathrm{d}t}=-(\lambda_{0\to1}+\lambda_{0\to N})P_0(t)+\mu_{1\to0}P_1(t)+\mu_{N\to0}P_N(t)\\ \dfrac{\mathrm{d}P_1(t)}{\mathrm{d}t}=\lambda_{0\to1}P_0(t)-\mu_{1\to0}P_1(t)\\ \dfrac{\mathrm{d}P_N(t)}{\mathrm{d}t}=\lambda_{0\to N}P_0(t)-\mu_{N\to0}P_N(t)\\ P_0(t)+P_1(t)+P_N(t)=1\end{cases} \tag{5-177}$$

式中：$P_1(t)$ 为 t 时刻处于状态 i 的瞬时概率，$i=0$，1，N；$\lambda_{0\to1}$，$\lambda_{0\to N}$分别为瞬时、永久故障率；$\mu_{1\to0}$，$\mu_{N\to0}$分别为瞬时、永久故障后的修复率。如果给定$\lambda_{0\to1}$，$\lambda_{0\to N}$，$\mu_{1\to0}$，$\mu_{N\to0}$的确切取值，且已知初始 0 时刻各个状态概率分布$[P_0^0 \quad P_1^0 \quad P_N^0]$，则方程（5－177）的解为

$$\begin{cases}P_0(t)=a_0+b_0\mathrm{e}^{x_1t}+c_0\mathrm{e}^{x_2t}\\ P_1(t)=a_1+b_1\mathrm{e}^{x_1t}+c_1\mathrm{e}^{x_2t}\\ P_N(t)=a_N+b_N\mathrm{e}^{x_1t}+c_N\mathrm{e}^{x_2t}\end{cases} \tag{5-178}$$

式中：a_i，b_i，c_i，x_j（$i=0$，1，N；$j=1$，2）都是由故障率、修复率通过基本函数关系求得。所以，瞬时状态概率与故障率参数的函数关系为

$$\begin{cases}P_0(t)=f_0(t,\lambda_{0\to1},\lambda_{0\to N})\\P_1(t)=f_1(t,\lambda_{0\to1},\lambda_{0\to N})\\P_N(t)=f_2(t,\lambda_{0\to1},\lambda_{0\to N})\end{cases}\tag{5-179}$$

另外，可证明微分方程组式（5-177）的特征根恒为实数，所以其解的形式即为式（5-178）。对于其他形式的元件停运随机过程模型，可根据电力系统元件修复率在数值上比故障率大很多的特点，基本上能保证停运模型方程组的特征根为实数。

2. 模糊故障率与模糊状态概率

将故障率 $\lambda_{0\to1}$，$\lambda_{0\to N}$ 视为模糊变量（相互独立），利用人工经验并结合有限的历史统计数据给出其隶属度函数。当方程（5-177）的参数 $\lambda_{0\to1}$，$\lambda_{0\to N}$ 为模糊变量时，其解变量 $P_i(t)$（$i=0$，1，N）亦是模糊变量。附录 A 证明了当参数 $\lambda_{0\to1}$，$\lambda_{0\to N}$ 为模糊变量时，参数是模糊变量的微分方程组（5-177）求出的模糊变量 $P_i(t)$ 的可信性分布，与含模糊变量的函数关系式（5-179）求出的 $P_i(t)$ 的可信性分布一致，即证明了参数是模糊变量的微分方程组解（也是模糊变量）的可信性分布与微分方程组解函数（关于模糊参数的函数）的可信性分布一致。因此，可直接基于式（5-179），采用可信性理论的模糊模拟得到模糊概率值 $P_i(t)$。

概率值 $P_i(t)$ 是模糊变量时，称为模糊概率（fuzzy probability），此类问题又称为“清晰事件—模糊概率”问题。

3. 风险指标及决策

基于式（5-177）所示的架空线路停运模型的全网线路故障的风险指标为

$$R(t)=\sum_{i}^{n}R_i(t)=\sum_{i}^{n}\sum_{s=0,1,N}[P_{is}(t)\cdot S_{is}(t)]\tag{5-180}$$

式中：$P_{is}(t)$ 为第 i 条线路 t 时刻处于状态 s 的概率；$S_{is}(t)$ 为对应的状态严重性指标（线路过载等）；$R_i(t)$ 为第 i 条线路 t 时刻风险指标；n 为全网线路总数目；$s\in\{0,1,N\}$。

当各条线路的故障率 $\lambda_{0\to1}$，$\lambda_{0\to N}$ 为模糊变量时，$P_{is}(t)$，$R_i(t)$ 亦为模糊变量。另外，由于 $P_{i0}(t)$，$P_{i1}(t)$，$P_{iN}(t)$ 都是第 i 条线路故障率 $\lambda_{0\to1}$，$\lambda_{0\to N}$ 的函数，彼此并不独立。但是不同线路的 $\lambda_{0\to1}(\lambda_{0\to N})$ 彼此独立，所以 $R_i(t)$ 与 $R_j(t)$ 彼此独立，$\forall i$，$j=1$，…，n 且 $i\neq j$。

由于相互独立的模糊变量之和（亦为模糊变量）的期望值、乐观/悲观值等于各个模糊变量的期望值、乐观/悲观值之和[8]，所以有

$$E[R(t)] = E[\sum_{i}^{n} R_i(t)] = \sum_{i}^{n} E[R_i(t)] \tag{5-181}$$

$$R(t)_{\sup}(\alpha) = \left[\sum_{i}^{n} R_i(t)\right]_{\sup}(\alpha) = \sum_{i}^{n} R_i(t)_{\sup}(\alpha) \tag{5-182}$$

$$R(t)_{\inf}(\alpha) = \left[\sum_{i}^{n} R_i(t)\right]_{\inf}(\alpha) = \sum_{i}^{n} R_i(t)_{\inf}(\alpha) \tag{5-183}$$

式中：$E()$ 为期望算子；$X_{\sup}(\alpha)$ 为模糊变量 X 的 α 乐观值（optimistic value）；$X_{\inf}(\alpha)$ 为模糊变量 X 的 α 悲观值（pessimistic value）。

风险指标为模糊变量时，基于风险指标的决策模型包括：模糊期望值模型（比较风险指标的期望值）、模糊机会约束规划（比较风险指标的乐观/悲观值）、模糊相关机会规划（比较风险指标的可信性测度）[68]。所以，基于全网风险指标 $R(t)$ 进行调度决策的关键是求出各条线路风险指标 $R_i(t)$ 的期望值、乐观/悲观值，$i=0$，1，n。

5.3.4 基于随机模糊理论的电网运行可靠性评估

同时考虑电力系统运行风险的随机性和模糊性，将元件故障看作随机模糊数，基于 4.1.2 节的随机模糊理论，提出一种电力系统运行风险的评估算法。

第 i 条架空线路发生故障的可能性是随机模糊变量 $\xi_{\mathrm{FOR},i}$，它是一个从可能性空间（$\boldsymbol{\Phi}_i$，$P(\boldsymbol{\Phi})$，P_{osi}）到随机变量集合映射的函数。

由 4.1.2 节第 1 随机模糊变量的定义可得电力系统的运行风险是一个随机模糊变量，即

$$R_{\text{pro-fuz}}[\xi_{\text{FOR}}(\theta)] = \sum_{\theta \in \boldsymbol{\Phi}} [\xi_{\text{FOR}}(\theta) S_{\text{pro-fuz}}(\theta)] \tag{5-184}$$

式中：R 表示电力系统的风险指标；$S_{\text{pro-fuz}}$表示故障发生后系统的严重程度；下标 pro 表示随机性；下标 fuz 表示模糊性。

此处给出 8 种运行风险指标：①线路过负荷风险；②物理母线电压过高风险；③物理母线电压过低风险；④频率过高风险；⑤频率过低风险；⑥失有功负荷的风险；⑦失无功负荷的风险；⑧系统功角失稳风险。

风险指标①～⑤所对应的 $S_{\text{pro-fuz}}(\theta)=(\Delta x/X)^{2m}$，其中，$\Delta x$ 表示线路潮流、母线电压或频率的越限量（如果不越限则为 0）；X 表示线路潮流、母线电压或频率的额定上、下限；$2m$ 用于克服“遮蔽”缺陷[47]。

电力系统运行风险 $R_{\text{pro-fuz}}$的期望值为

$$E_{\text{pro-fuz}}\{R_{\text{pro-fuz}}[\xi_{\text{FOR}}(\theta)]\} = \int_{0}^{+\infty} C_r\{\theta \in \boldsymbol{\Phi} \mid E_{\text{pro}}\{R_{\text{pro}}[\xi_{\text{FOR}}(\theta)]\} \geqslant r\}\,\mathrm{d}r - \int_{-\infty}^{0} C_r\{\theta \in \boldsymbol{\Phi} \mid E_{\text{pro}}\{R_{\text{pro}}[\xi_{\text{FOR}}(\theta)]\} < r\}\,\mathrm{d}r \tag{5-185}$$

$$E_{\text{pro}}\{R_{\text{pro}}[\xi_{\text{FOR}}(\theta)]\}=\int_{0}^{+\infty}P_r\{R_{\text{pro}}[\xi_{\text{FOR}}(\theta)]\geqslant r\}\mathrm{d}r-\int_{-\infty}^{0}P_r\{R_{\text{pro}}[\xi_{\text{FOR}}(\theta)]<r\}\mathrm{d}r \quad (5-186)$$

式中：C_r 为可信性测度；P_r 为概率测度；$\int$ 为 Lebesgue 积分符号。

基于随机模糊理论的电力系统运行风险评估算法如图 5 - 33 所示。

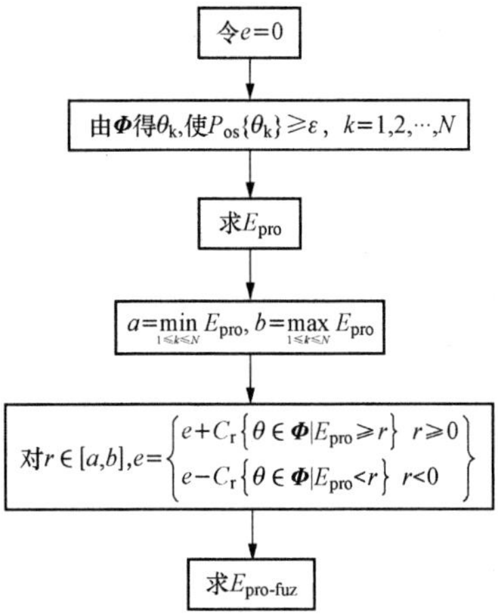

图 5 - 33　基于随机模糊理论的电力系统运行风险评估算法

5.4　不确定性理论在电能质量与优质供电中的应用

根据现有国内外标准[148]-[150]，电能质量主要涉及电压偏差、频率偏差、电压波动与闪变、电力谐波、三相不平衡等长时电能质量扰动问题，以及涌流、电压缺口、电压暂降、电压暂升、电压短时中断等短时电能质量扰动问题。电压暂降是最严重的电能质量扰动，本节主要针对不确定性理论在电压暂降与优质供电领域的应用展开讨论，从电压暂降的不确定性评估、设备电压暂降敏感度不确定性评估几方面予以展开。

5.4.1　考虑系统内不确定因素的电压暂降评估

系统不同发电计划、线路和设备的时变故障率、故障位置等对电压暂降同样有较大影响。用发电机计划描述系统短路水平或强弱程度，用时变故障率描述系统元件时变故障特性，再用本节提出的最大熵方法判定故障位置的随机分布，可进一步提高电压暂降频次的评估准确度。

1. 影响电压暂降的不确定因素

(1) 故障位置。系统元件，尤其是线路的故障受天气条件、地理位置、绝缘体污染、动物接触等多因素影响，有明显的不确定性。实际中，由于历史数据有限或不准确，一般认为线路上故障位置沿线路随机分布，并假设其服从均匀分布、正态分布、指数分布等，即使假设正确，随机模型的参数识别同样需大量样本，但大样本在实际很难获得，同时，如果不考虑元件故障水平和系统运行状态，所得结果很难有代表性和推广价值，因此，本节在本小节提出的最大熵方法的基础上，进一步考虑系统发电计划、元件故障率等不确定因素。

(2) 系统发电计划。系统发电计划对短路容量影响很大，可能会直接影响给定电压水平下电压暂降频次。现有评估方法假设系统发电计划不变，而实际中，系统发电计划总是随季节和负荷水平变化，因此，在评估电压暂降频次时，考虑发电计划变化是很重要的。系统内发电机组的发电状态可用长期、短期发电计划和实时经济调度发电计划描述。机组的电压控制策略、内部序阻抗等对系统正常和故障时的电压也有影响。研究表明，靠近大型发电机组的母线上发生的电压暂降次数少。在电压评估中，为提高准确度可把一年内的长期发电计划按月或周分12种或52种状态，相邻时段相同状态归并后得可能运行状态，以此确定电压暂降域。研究表明，不同发电计划对应的电压暂降域不同，这样的评估结果更符合实际。

为说明方法，假设系统内有5台发电机，以月为时间间隔确定发电计划，表5-3给出月度发电计划，其中，“1”表示机组运行，“0”表示机组停运。合并相邻时段的相同状态（2与3；5与6；8与9），共有9种运行状态。

表5-3　　某系统年度发电计划

发电机	月份											
	1	2	3	4	5	6	7	8	9	10	11	12
G1	0	1	1	0	1	1	1	1	1	1	1	0
G2	1	1	1	1	1	1	0	1	1	0	1	1
G3	1	1	1	1	0	0	1	1	1	0	1	1
G4	1	1	1	1	1	1	1	1	1	1	1	1
G5	1	1	1	0	1	1	1	1	1	1	1	1

根据已确定的9种运行状态，求出被评估母线上同一电压水平所对应的9个电压暂降域后再进行暂降频次评估，最后累计求和得电压暂降频次。

(3) 设备故障率。除元件故障概率外，线路、设备等系统元件的故障率是影响电压暂降的另一重要因素。现有方法认为这些元件故障率在评估期内不变，采用年平均故障率进行评估。而实际中，元件故障率受安装位置、季节、雷击、大风和降雨等影响，不同环境、运行方式、负荷水平、维护检修水平下的故障率均值存在差异，并非固定不变。因此，评估电压暂降频次时应考虑元件故障率时变特性。假设所有元件均处于有效寿命期内，且故障率的变化主要受天气条件影响，可引入天气因子，即根据年度天气统计值，定义不同季节内不良天气的比例，如图 5-34 所示，以此判定 T 时刻的时变故障率 $\lambda(T)$ 为

$$\lambda(T) = W(T)\lambda_\alpha \tag{5-187}$$

$$W(T) = T_\alpha / T_s \tag{5-188}$$

式中：$W(T)$ 为天气因子；λ_α 为统计所得年均故障率；T_α 为某季节内不良天气天数；T_s 为该季节总天数。

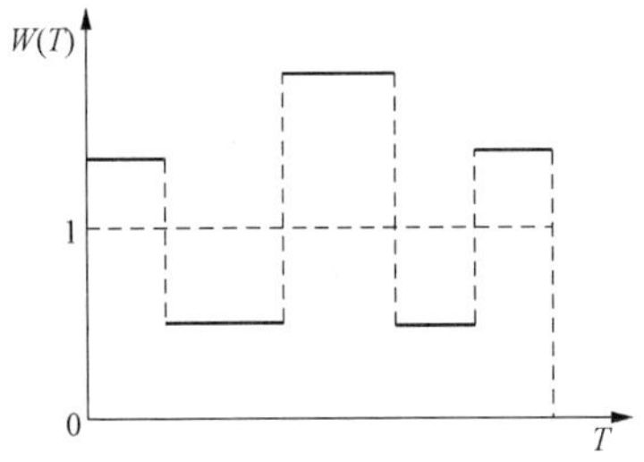

图 5-34　天气因子示意图

2. 考虑系统不确定因素影响的评估方法

系统电压暂降频次取决于不同发电计划对应的系统电压暂降域、元件时变故障率及故障位置等不确定因素。设发电计划以一年 12 个月平均分布（也可能为其他分布），则月电压暂降频次和年电压暂降频次的计算如下。

（1）确定电压暂降域和故障元件数。对于各发电计划模式，根据不同故障类型（单相接地、相间、两相接地及三相故障，分别表示为 $i=1$，2，3，4）和各相（分别用 $j=1$，2，3 表示）分别确定系统电压暂降域，并计算各电压暂降域内线路总长度及母线数。

（2）确定元件故障率。根据天气因子确定时变故障率的分布规律，确定第 M 月元件故障率

$$R_B(M) = \frac{\int_{T_{\text{start}}}^{T_{\text{end}}} \lambda_B(T)\,\mathrm{d}T}{12} \tag{5-189}$$

$$R_L(M) = \frac{\int_{T_{\text{start}}}^{T_{\text{end}}} \lambda_L(T)\,\mathrm{d}T}{12} \tag{5-190}$$

式中：$R_B(M)$ 为第 M 月的母线故障率；$R_L(M)$ 为第 M 月的线路故障率；$\lambda_B(T)$ 为母线时变故障率；$\lambda_L(T)$ 为线路时变故障率；T_{start} 为第 M 月开始时刻；T_{end} 为第 M 月结束时刻。

（3）确定故障随机分布规律。可根据第 5.4.1 节第 1 部分提出的最大熵方法确定线路故障位置的随机分布规律，求出元件故障概率值。

（4）计算电压暂降频次。针对不同发电模式所对应的电压暂降域和各时段内

系统元件故障率和故障分布概率值，分别计算母线和线路故障引起的电压暂降频次。

第 M 月不对称故障（i=1，2，3）引起的给定电压水平下母线 m 上各相（j=1，2，3）发生电压暂降频次总和为

$$VSF(M)_{UF} = \sum_{i=1}^{3}\sum_{j=1}^{3}\left[\sum_{B_{ij}\in \boldsymbol{S}_B} R_{B_{ij}}(M) + \sum_{L_{ij}\in \boldsymbol{S}_L} p_k R_{L_{ij}k}(M)\right] \tag{5-191}$$

式中：$VSF(M)_{UF}$ 为不对称电压暂降总频次；B_{ij}，L_{ij} 分别为第 i 类故障、第 j 相发生电压暂降时所对应的母线和线路；$\boldsymbol{S}_B$，$\boldsymbol{S}_L$ 分别为相应的电压暂降域内母线和线路的全体集合；P_k 为第 k 条线路故障区间随机分布概率值。

第 M 月对称故障（j=4）仅考虑任一相，则发生电压暂降频次为

$$VSF(M)_{BF} = \sum_{B_b\in \boldsymbol{S}_{B_{41}}} R_{B_b}(M) + \sum_{L_l\in \boldsymbol{S}_{L_{41}}} p_k R_{L_l k}(M) \tag{5-192}$$

假设各相电压暂降的概率相等，第 M 月内某一相的暂降频次 VSF_{sp}（M）为

$$VSF_{SP}(M) = \frac{ESF_{UF}(M)}{3} + ESF_{BF}(M) \tag{5-193}$$

全年 12 个月的暂降频次 $TVSF_{SP}$ 为

$$TVSF_{SP} = \sum_{M=1}^{12} VSF_{SP}(M) \tag{5-194}$$

5.4.2 考虑故障阻抗与变压器级联方式的电压暂降评估

现有评估一般假设系统故障为金属性短路，而实际中，不同原因引起的故障阻抗不同。研究证明，考虑故障阻抗后，评估准确度明显提高。本节针对故障阻抗和多级变压器相移特性的客观存在，基于变压器一、二次侧电压相量的变换矩阵、对称分量法和矩阵运算乘法结合律，用级联变压器等效相移矩阵描述变压器对评估结果的影响，用故障阻抗随机模型描述故障过渡阻抗，提出一种能反映故障阻抗和级联变压器影响的暂降评估方法。

1. 故障过渡阻抗随机模型

系统故障时，故障阻抗 Z_g 是指短路电流从一相流到另一相或入地所通过的介质的阻抗，包括电弧阻抗、中间质阻抗、导线与地之间的接触阻抗、杆塔接地阻抗等。相间短路时，故障阻抗主要由电弧阻抗构成。一般输电线路相间短路电弧阻抗初始值为 4～8Ω；输电线路对杆塔放电造成接地短路时，过渡阻抗为 5～7Ω，输电线路经媒介（如树枝）放电造成短路时，过渡阻抗可能上百欧。电弧阻抗值有随机不确定特点，由多因素（如导体截面、相间距离、短路位置、大地导电率等）决定。可假设故障阻抗 Z_g 值为服从正态分布的随机变量，并假设相间及接地短路时，故障阻抗主要由电弧阻抗构成，其值在［5，7］（可以调整）

之间服从正态分布，均值为6，根据3σ原则，方差为1/3，即故障阻抗Z_g服从正态分布$N\sim$（6，1/3），概率密度函数为

$$f(Z_g)=\frac{1}{\sqrt{2\pi\sigma}}\exp\left[-\frac{(Z_g-\mu)^2}{2\sigma^2}\right] \tag{5-195}$$

式中：μ，σ为Z_g的均值、方差。

2. 多级变压器等效相移矩阵

（1）单台变压器相移矩阵。变压器一、二次侧相电压关系为

$$\boldsymbol{U}_{\mathrm{sec}}=\boldsymbol{PAP}^{-1}\boldsymbol{U}_{pri} \tag{5-196}$$

式中：$\boldsymbol{U}_{pri}=[\dot{\boldsymbol{U}}_{\mathrm{a}},\dot{\boldsymbol{U}}_{\mathrm{b}},\dot{\boldsymbol{U}}_{\mathrm{c}}]$为二次侧a、b、c三相电压列向量；$\boldsymbol{U}_{sec}=[\dot{\boldsymbol{U}}_{\mathrm{A}},\dot{\boldsymbol{U}}_{\mathrm{B}},\dot{\boldsymbol{U}}_{\mathrm{C}}]$为一次侧A、B、C三相电压列向量；$\boldsymbol{P}$为对称分量变换矩阵；$\boldsymbol{A}$为变压器类型特征矩阵，这里定义为变压器相移矩阵。

系统短路时，若有零序电流分量通过变压器，$\boldsymbol{A}(1,1)=1$，否则$\boldsymbol{A}(1,1)=0$；$\boldsymbol{P}^{-1}$为$\boldsymbol{P}$的逆矩阵

$$\boldsymbol{P}=\begin{bmatrix}1&1&1\\1&a^2&a\\1&a&a^2\end{bmatrix} \tag{5-197}$$

$$\boldsymbol{P}^{-1}=\frac{1}{3}\begin{bmatrix}1&1&1\\1&a&a^2\\1&a^2&a\end{bmatrix} \tag{5-198}$$

式中：$a=\mathrm{e}^{\mathrm{j}120^\circ}$。

$$\boldsymbol{A}=\begin{bmatrix}\boldsymbol{A}(1,1)&0&0\\0&1\angle\alpha&0\\0&0&1\angle-\alpha\end{bmatrix} \tag{5-199}$$

式中：α为变压器相移角度。

常见变压器联结方式的相移角度及$\boldsymbol{A}$（1，1）值见表5-4。

表5-4　　常用变压器相移角度及A（1，1）取值

联结方式	相移角度	A（1，1）
Y/d11	30°	0
D/y11	−30°	0
Y_0/d11	30°	0
Y/y_0	0°	0
Y_0/y_0	0°	1

（2）多级联变压器等效相移矩阵。当故障点 f 与被评估点 k 之间有多台级联变压器时，如图 5-35 所示，可分级递推求出节点 k 处的各相电压

$$\begin{bmatrix}\dot{U}_{kf}^{a}\\ \dot{U}_{kf}^{b}\\ \dot{U}_{kf}^{c}\end{bmatrix}=(\boldsymbol{PA}_{n}\boldsymbol{P}^{-1})\cdots(\boldsymbol{PA}_{i}\boldsymbol{P}^{-1})\cdots(\boldsymbol{PA}_{1}\boldsymbol{P}^{-1})\begin{bmatrix}\dot{U}_{kf}^{A}\\ \dot{U}_{kf}^{B}\\ \dot{U}_{kf}^{C}\end{bmatrix} \tag{5-200}$$

式中：$\boldsymbol{A}_i(i=1, 2, \cdots, n)$ 为第 i 台变压器相移矩阵；$\dot{U}_{kf}^{a}$，$\dot{U}_{kf}^{b}$，$\dot{U}_{kf}^{c}$ 为考虑变压器相移矩阵后节点 k 的三相电压；$\dot{U}_{kf}^{A}$，$\dot{U}_{kf}^{B}$，$\dot{U}_{kf}^{C}$ 为未考虑变压器相移时节点 k 的三相电压。

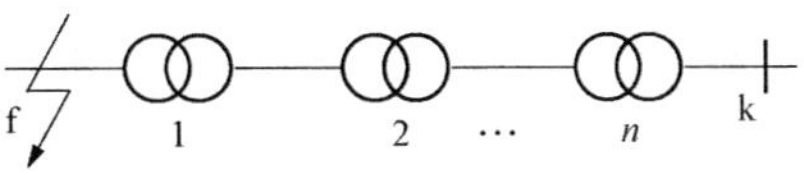

图 5-35 系统变压器级联

根据矩阵乘法结合律及 $\boldsymbol{PP}^{-1}=\boldsymbol{E}$（$\boldsymbol{E}$ 为单位矩阵），式（5-214）可变为

$$\begin{bmatrix}\dot{U}_{kf}^{a}\\ \dot{U}_{kf}^{b}\\ \dot{U}_{kf}^{c}\end{bmatrix}=\boldsymbol{PA}_{n}\boldsymbol{A}_{n-1}\cdots\boldsymbol{A}_{i}\cdots\boldsymbol{A}_{1}\boldsymbol{P}^{-1}\begin{bmatrix}\dot{U}_{kf}^{A}\\ \dot{U}_{kf}^{B}\\ \dot{U}_{kf}^{C}\end{bmatrix} \tag{5-201}$$

根据对称分量变换矩阵，有

$$\begin{bmatrix}\dot{U}_{kf(0)}^{A}\\ \dot{U}_{kf(1)}^{A}\\ \dot{U}_{kf(2)}^{A}\end{bmatrix}=\boldsymbol{P}^{-1}\begin{bmatrix}\dot{U}_{kf}^{A}\\ \dot{U}_{kf}^{B}\\ \dot{U}_{kf}^{C}\end{bmatrix} \tag{5-202}$$

式中：$\dot{U}_{kf(0)}^{A}$，$\dot{U}_{kf(1)}^{A}$，$\dot{U}_{kf(2)}^{A}$ 为未考虑变压器相移时节点 k 处 A 相电压 $\dot{U}_{kf}^{A}$ 的零序、正序、负序分量。结合式（5-199）、式（5-200），有

$$\begin{bmatrix}\dot{U}_{kf}^{a}\\ \dot{U}_{kf}^{b}\\ \dot{U}_{kf}^{c}\end{bmatrix}=\boldsymbol{PA}_{n}\boldsymbol{A}_{n-1}\cdots\boldsymbol{A}_{1}\boldsymbol{P}^{-1}\begin{bmatrix}\dot{U}_{kf}^{A}\\ \dot{U}_{kf}^{B}\\ \dot{U}_{kf}^{C}\end{bmatrix}=\boldsymbol{PA}_{n}\boldsymbol{A}_{n-1}\cdots\boldsymbol{A}_{1}\begin{bmatrix}\dot{U}_{kf(0)}^{A}\\ \dot{U}_{kf(1)}^{A}\\ \dot{U}_{kf(2)}^{A}\end{bmatrix} \tag{5-203}$$

当 f 点与 k 点之间变压器联结方式一致时，可简写为

$$\boldsymbol{U}_{kf}^{abc}=\boldsymbol{PA}^{n}\boldsymbol{U}_{kf(012)}^{A} \tag{5-204}$$

当变压器联结方式不同时，类似式（5-200）并结合式（5-204），可简写为

$$U_{kf}^{abc}=\boldsymbol{PA}*\boldsymbol{U}_{kf(012)}^{A} \tag{5-205}$$

$$\boldsymbol{A}*=\boldsymbol{A}_{n}\boldsymbol{A}_{n-1}\cdots\boldsymbol{A}_{1} \tag{5-206}$$

式中：$\boldsymbol{U}_{kf}^{abc}$ 为考虑变压器相移后，f 点故障时节点 k 的三相电压；$\boldsymbol{U}_{kf(012)}^{A}$ 为未考虑变压器相移时 k 点 A 相电压的零序、正序、负序分量。

把 $\boldsymbol{A}*=\boldsymbol{A}_n\boldsymbol{A}_{n-1}\cdots\boldsymbol{A}_1$ 定义为 f 点与 k 点之间 n 台变压器的等效相移矩阵。因此，只要已知故障点与被评估点间变压器的台数、绕组联结方式，就能求出 $\boldsymbol{A}*$，从而确定 k 点电压暂降幅值。

3. 电压暂降幅值与频次评估模型与过程

（1）电压暂降幅值评估。

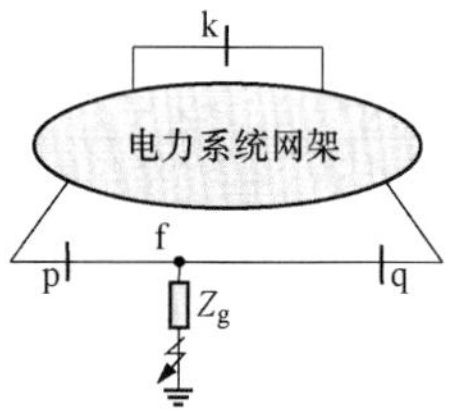

图 5-36　系统网架结构

以图 5-36 系统为例，当线路 p-q 上 f 点发生短路故障，故障阻抗为 Z_g时，节点 k 的各相电压为

$$\begin{bmatrix}\dot{U}_{\mathrm{kf}}^{\mathrm{a}}\\ \dot{U}_{\mathrm{kf}}^{\mathrm{b}}\\ \dot{U}_{\mathrm{kf}}^{\mathrm{c}}\end{bmatrix}=\boldsymbol{P}\boldsymbol{A}_n\boldsymbol{A}_{n-1}\cdots\boldsymbol{A}_1\begin{bmatrix}\dot{U}_{\mathrm{kf(0)}}^{\mathrm{A}}\\ \dot{U}_{\mathrm{kf(1)}}^{\mathrm{A}}\\ \dot{U}_{\mathrm{kf(2)}}^{\mathrm{A}}\end{bmatrix} \tag{5-207}$$

以单相（假设 A 相）接地故障为例，不考虑变压器移相特性时有

$$\begin{bmatrix}\dot{U}_{\mathrm{kf(0)}}^{\mathrm{A}}\\ \dot{U}_{\mathrm{kf(1)}}^{\mathrm{A}}\\ \dot{U}_{\mathrm{kf(2)}}^{\mathrm{A}}\end{bmatrix}=\begin{bmatrix}-Z_{\mathrm{kf}}^{(0)}\dfrac{\dot{V}_{\mathrm{pref}(f)}^{\mathrm{A}}}{Z_{\mathrm{ff}}^{(1)}+Z_{\mathrm{ff}}^{(2)}+Z_{\mathrm{ff}}^{(0)}+3Z_g}\\ \dot{V}_{\mathrm{pref}(k)}^{\mathrm{A}}-Z_{\mathrm{kf}}^{(1)}\dfrac{\dot{V}_{\mathrm{pref}(f)}^{\mathrm{A}}}{Z_{\mathrm{ff}}^{(1)}+Z_{\mathrm{ff}}^{(2)}+Z_{\mathrm{ff}}^{(0)}+3Z_g}\\ -Z_{\mathrm{kf}}^{(2)}\dfrac{\dot{V}_{\mathrm{pref}(f)}^{\mathrm{A}}}{Z_{\mathrm{ff}}^{(1)}+Z_{\mathrm{ff}}^{(2)}+Z_{\mathrm{ff}}^{(0)}+3Z_g}\end{bmatrix} \tag{5-208}$$

式中：$Z_{\mathrm{ff}}^{(1)}$，$Z_{\mathrm{ff}}^{(2)}$，$Z_{\mathrm{ff}}^{(0)}$ 为故障点 f 的正序、负序、零序自阻抗；$Z_{\mathrm{kf}}^{(1)}$、$Z_{\mathrm{kf}}^{(2)}$、$Z_{\mathrm{kf}}^{(0)}$ 为故障点 f 与节点 k 之间的正序、负序、零序转移阻抗；$\dot{V}_{\mathrm{pref}(f)}^{\mathrm{A}}$ 为 f 点 A 相故障前电压。

将式（5-208）代入式（5-207）可得经 n 台变压器后 k 点各相电压暂降幅值。其他类型故障我们不再赘述。不失一般性，当发生不对称故障时，基于上面求得的暂降最严重的相（电压幅值最小的相）为标准，评估电压暂降频次，其原理如下。

（2）电压暂降频次评估原理。若阻抗参数用线路长度表示，确定被评估点相应电压暂降深度对应的电压暂降频次，类似于式（5-189），可根据线路故障率和相应故障发生概率计算

$$\begin{aligned}N_i(U_{\mathrm{low}}\leqslant U_{\mathrm{k}}\leqslant U_{\mathrm{up}})&=\lambda_iP(U_{\mathrm{low}}\leqslant U_{\mathrm{k}}\leqslant U_{\mathrm{up}})\\&=\lambda_iP(L_{\mathrm{low}}<L<L_{\mathrm{up}})=\lambda_i\int_{L_{\mathrm{low}}}^{L_{\mathrm{up}}}f(L)\mathrm{d}L\end{aligned} \tag{5-209}$$

式中：$N_i(U_{\mathrm{low}}\leqslant U_{\mathrm{k}}\leqslant U_{\mathrm{up}})$ 表示第 i 条线路发生故障时，在电压区间 $[U_{\mathrm{low}}, U_{\mathrm{up}}]$ 内节点 k 处电压暂降频次，λ_i 为第 i 条线路的故障率，$i=1, 2, \cdots, n$；

$P(U_{low}\leqslant U_k\leqslant U_{up})$为电压在暂降区间 $[U_{low}, U_{up}]$ 内的概率；$P(L_{low}<L<L_{up})$为故障距离在 $[L_{low}, L_{up}]$ 内的概率；L 为线路归一化长度，$f(L)$ 为线路故障率概率密度函数。

电压暂降区间与故障线路距离归一化长度对应关系如图 5 - 37 所示。

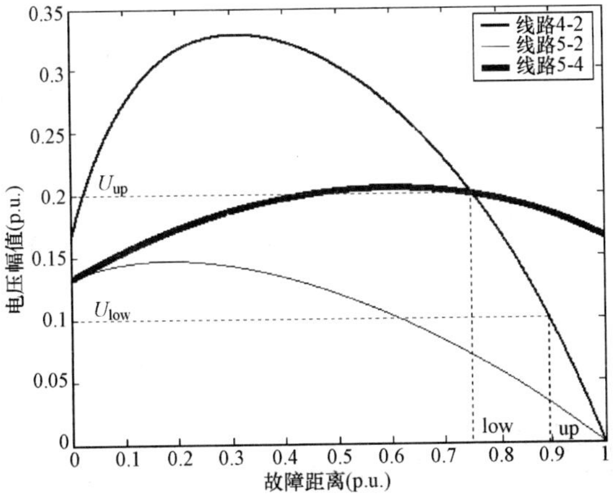

图 5 - 37 电压暂降幅值—故障距离曲线（未计过渡阻抗影响）

通常，线路故障发生概率有多种分布形式，假设服从均匀分布，线路归一化长度为 1，满足可加性原则，有 $f(L)=1$。此时

$$N_i(U_{low}\leqslant U_k\leqslant U_{up})=\lambda_i[L_{up}-L_{low}] \tag{5-210}$$

$$N(U_{low}\leqslant U_k\leqslant U_{up})=\sum_{i=1}^{n}\lambda_i[L_{up}-L_{low}] \tag{5-211}$$

式中：$N(U_{low}\leqslant U_k\leqslant U_{up})$ 表示系统中所有线路故障时，在电压幅值区间 $[U_{low}, U_{up}]$ 内节点 k 处的电压暂降频次。对于其他暂降区间的频次计算类似。

（3）评估过程。电压暂降频次评估流程如图 5 - 38 所示。

5.4.3 考虑用户满意度区间数特性的电压暂降评估

5.4.1～5.4.2 节均考虑系统故障或系统运行方式或级联方式，立脚点均在电网内部，实际上电力系统除包括发电厂和电网，还包括电力用户。用户参与和用户满意是现代智能电网的重要特征。国内外重视电能质量的起因在于给用户造成的损失巨大。电压暂降引起用户抱怨通常以用户能承受的风险大小为测度，不同用户的测度不同且在一定范围内变化，有明显的区间特性。以用户满意度为测度度量电力系统的用户友好性，需从系统网络拓扑、故障类型、变压器级联方式、故障位置、故障概率等因素出发，以用户满意度为约束评估电压暂降。因

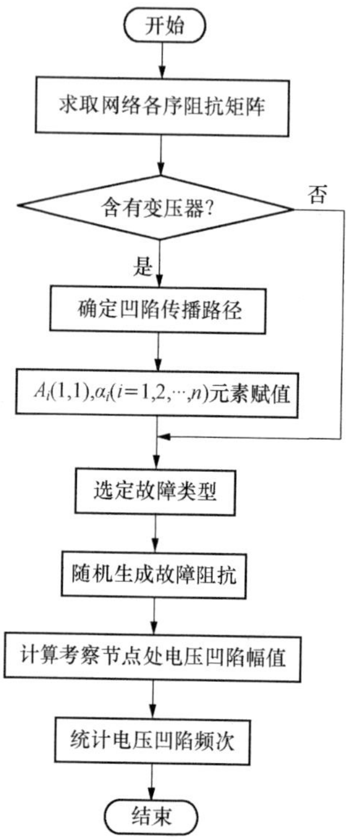

图 5-38　电压暂降频次评估流程

此，本节讨论根据用户满意度区间数评估系统电压暂降频次的方法。

1. 用户满意度及区间特性

随着智能电网概念的提出，电网自愈性、用户参与性、满足用户对电能质量的要求等成了现代电网的基本特征。智能电网概念有深刻的内涵并在不断发展，针对直接面向用户的配电系统，构建用户友好配电系统更具有现实意义。用户友好配电系统的度量指标很多，其中用户满意度是基本指标。从传统意义上看，用户首先需要得到充足的电能，得到所需电力和电量的同时，需有满意的供电可靠性和用电安全性，即用户需要从数量上升到了质量，其中包含的最基本的需要就是用户满意。因此，用户满意度是基本指标。

用户满意度可定义为用户使用电力后能实现自身效用的程度，包括对供电容量、电量、电费，以及用电效率、效用等多方面满意指标。由于价格受多方面影响，容量与电量与售电合同有关，单纯从用户侧电能转换和使用角度看，用户满意度主要表现为用电设备是否达到正常工况。因此，可将用户满意度简单定义为：单位用电时间内用电设备达到和超过其正常工况的用电时间占总用电时间的百分比。

假设用电设备实际总用电时间为 T_t，在该时间段内用电设备正常时间为 T_s，不正常时间为 T_c，$T_t=T_s+T_c$，用 $S\%$表示用户满意度，则

$$S\%=\frac{T_s}{T_s+T_c}\times 100\%=\frac{T_s}{T_t}\times 100\% \tag{5-212}$$

式中：T_c取决于供电系统侧电能质量与用电设备电压耐受能力。

用户电压暂降满意度可根据用户设备正常工作时可接受的最低电压变化上下限值确定为一个区间数。当电压暂降幅值低于最低可接受电压区间下限值时，用户肯定不满意；当电压暂降幅值高于最低可接受电压区间上限值且低于允许的最高电压时，用户满意；当电压幅值处于可接受上下限之间时，用户满意度为区间数。现有研究证明，敏感设备电压耐受曲线一般为矩形，存在不确定区域，如图 5-39 所示。其中，$U_{\max}$、$U_{\min}$、$T_{\max}$、$T_{\min}$为可接受电压幅值及持续时间上限和下限。曲线 1 外部为用户满意区域，曲线 2 内部为用户不满意区域，曲线 1、2 间的用户满意度不确定，为满意度不确定区域。一般短路故障引起的电压暂降，

其持续时间为保护装置允许故障电流通过时间，主要由保护延迟时间和故障清除时间决定。不同电压等级的保护整定时间不一样，且动作时间易受各种因素影响，导致电压暂降持续时间区间范围难以确定。

用户满意度表现为发生电压暂降时，电压幅值大于用户可接受最低电压上限。但图 5-39 中，U-T 平面分为用户满意区域、满意度不确定区域和不满意区域，对满意区域和不满意区域较易评估，关键在于不确定区域的评估，此时，用区间数表示用户满意度更符合实际。区间数是模糊数的一种，能表示在区间内的不确定性。典型敏感用户设备的不确定性范围为：PC 机电压幅值为 0.46～0.63p.u.；PLC 电压幅值为 0.3～0.9p.u.；ASD 电压幅值为 0.59～0.71p.u.。因此，用区间数来表示设备可接受最低电压时，PC、PLC、ASD 的满意度区间数分别为［0.46，0.63］、［0.3，0.9］、［0.59，0.71］。

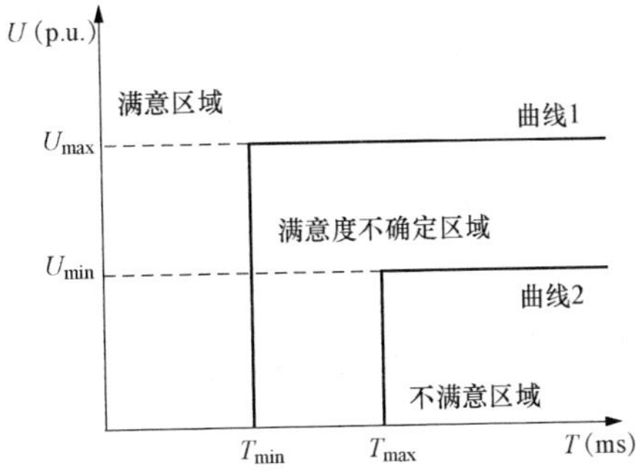

图 5-39　负荷满意度不确定区域

2. 基于满意度区间数的电压暂降评估

图 5-40 为电网结构单线示意图，i 为连接用户敏感设备的母线，目标是评估该母线上导致用户不满意的电压暂降频次。当系统内任意线路 m-n 故障时，故障点 f 到母线 m 的距离为 x，$0\leqslant x\leqslant 1$（标幺值 p.u.），则故障点 f 对母线 i 的互阻抗和自阻抗为

$$Z_{\mathrm{if}}^{k}=(1-x)Z_{\mathrm{im}}^{k}+xZ_{\mathrm{in}}^{k} \tag{5-213}$$

$$Z_{\mathrm{ff}}^{k}=(1-x)^{2}Z_{\mathrm{mm}}^{k}+x^{2}Z_{\mathrm{nn}}^{k}+2x(1-x)Z_{\mathrm{mn}}^{k}+x(1-x)z_{\mathrm{mn}}^{k} \tag{5-214}$$

式中：$k=0$，1，2 分别为零序、正序和负序；Z_{mm}^{k}，Z_{nn}^{k}，Z_{ii}^{k} 为母线 m，n，i 的自阻抗；Z_{im}^{k}，Z_{in}^{k}，Z_{mn}^{k} 为各母线的互阻抗；z_{mn}^{k} 为线路 m-n 的阻抗。

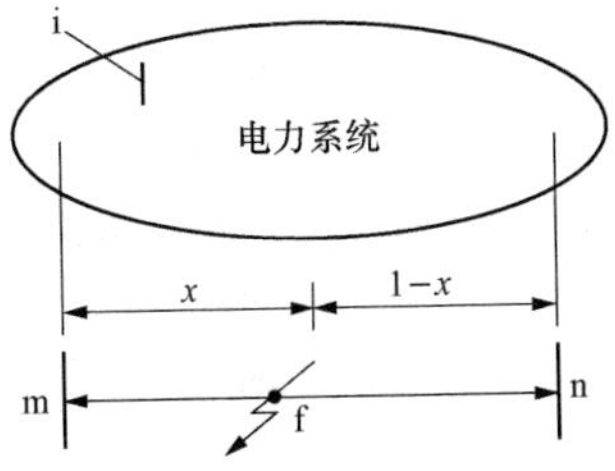

图 5-40　典型电力系统结构

故障点 f 故障前的电压幅值为

$$V_{\mathrm{f}}^{pf}=V_{\mathrm{m}}^{pf}+(V_{\mathrm{n}}^{pf}-V_{\mathrm{m}}^{pf})x \tag{5-215}$$

式中：V_{m}^{pf} 和 V_{n}^{pf} 为母线 m、n 故障前的电压幅值。

以单相接地短路为例，母线 i 的电压幅值与故障点距离的解析式为

$$V_{\mathrm{i}}=V_{\mathrm{i}}^{pf}-\frac{Z_{\mathrm{if}}^{0}+Z_{\mathrm{if}}^{1}+Z_{\mathrm{if}}^{2}}{Z_{\mathrm{ff}}^{0}+Z_{\mathrm{ff}}^{1}+Z_{\mathrm{ff}}^{2}}V_{\mathrm{f}}^{pf} \tag{5-216}$$

其他故障类型不再赘述。根据短路分析结果可得到母线电压暂降幅值的变化范围，并结合用户满意度区间数可评估导致用户不

满意的电压暂降频次区间为

$$N_i = [N_c, N_c + N_u] \tag{5-217}$$

式中：N_i为母线 i 总的电压暂降频次区间；N_c和 N_u分别为发生在不满意区域和满意度不确定区域的电压暂降频次。

3. 用户不满意电压暂降频次解析式算法

（1）临界故障点。系统发生故障后，当母线电压幅值V_i降到用户可接受限值V_{th}时，故障点位置x_{crit}为相应线路的临界故障点，其位置确定等价于求解方程为

$$f(x_{crit}) = V_{th} - V_i = 0 \tag{5-218}$$

由式（5-213）～式（5-216）可知，式（5-218）是关于变量 x 的高阶方程，直接求解较困难。可用牛顿迭代法求解，迭代公式为

$$x_{n+1} = x_n - \frac{f(x_n)}{f^*(x_n)}, n = 0,1,2\cdots \tag{5-219}$$

式中：x_n和x_{n+1}分别为第 n、$n+1$ 次的迭代值，$f^*(x_n)$ 为函数 $f(x_n)$ 的导数。但当函数 $f(x_n)$ 不存在解析式导数时，求解困难，而弦割法可以很好地解决该问题。该方法用差商代替导数，几何意义直观，但收敛阶数低于牛顿迭代法。因此，用迭代算法来求解临界故障点，迭代公式为

$$x_{n+1} = x_n - \frac{x_n - x_{n-1}}{3f(x_n) - 4f\left(\frac{x_n + x_{n-1}}{2}\right) + f(x_{n-1})} f(x_n) \tag{5-220}$$

该迭代算法结合了上述两种迭代算法的特点，既有弦割法的简单直观性，又有牛顿法的快速收敛性。

（2）用户不满意区域。用户不满意区域是指系统故障所引起的电压暂降导致用户不满意的故障区域。不满意区域的确定需找出发生引起用户不满意的故障点所在范围。对确定的用户满意度，可通过故障后电压幅值的解析式确定各故障线路的临界故障点 x_{crit}，包含所有线路临界故障点的区域为该用户不满意区域，其判定方法如下。

1）当电压限值小于在线路首末两端即 $x=0$ 和 $x=1$p. u. 的电压暂降幅值时，该线路在满意区域内。

2）当电压限值大于在 $0 \leqslant x \leqslant 1$p. u. 时的电压暂降幅值的最大值时，该线路在不满意区域内。

3）当电压限值在 $x=0$ 和 $x=1$p. u. 的电压暂降幅值之间时，则线路上有 1 个临界故障点，且线路有一部分在不满意区域内。

4）当电压限值小于在 $0 \leqslant x \leqslant 1$p. u. 时的电压暂降幅值最大值且大于在 $x=0$ 和 $x=1$p. u. 的电压暂降幅值时，则线路上有 2 个临界故障点，且线路有两部分在不满意区域内。

（3）基于不满意区域的电压暂降频次计算。根据用户不满意区域，将各条线路在该区域内的长度与相应的故障率相乘并累加求和，就可以得到用户接入母线的用户不满意的电压暂降频次。假设各线路上故障点服从均匀分布，则母线 i 用户不满意的电压暂降频次为

$$N_i=\sum_{j=1}^{n}\delta_j l_j \tag{5-221}$$

式中：δ_j，l_j 为第 j 条线路故障率和线路处于不满意区域的长度；n 为线路总数。

4. 用户不满意电压暂降频次评估过程

评估母线上用户不满意电压暂降频次的一般过程如图 5-41 所示。

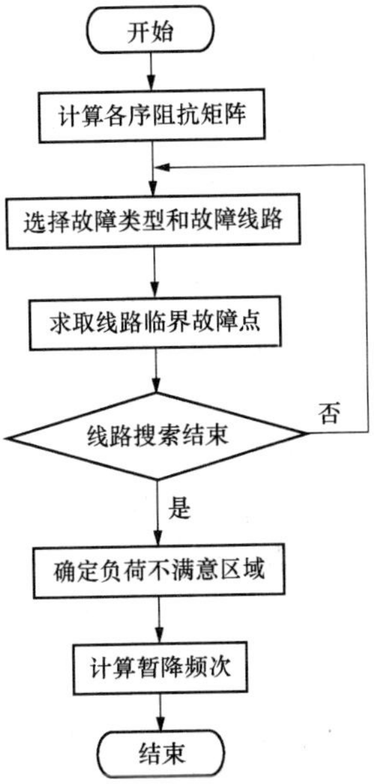

图 5-41 电压暂降频次评估流程

5.4.4 考虑系统元件和保护装置可靠性参数的联系数评估法

1. 现有模型评估法的不足

传统电压暂降评估目标是对给定电压暂降深度和持续时间的年度电压暂降频次进行评估。现有模型评估法（包括临界距离法、故障定位法、解析式法等）在研究影响因素数学属性的基础上建立了可推广的评估模型，以该模型估计系统元件故障概率，用该概率乘以相应系统元件故障率（通常用可靠性参数）确定电压暂降频次。图 5-42 为单端电源供电线路故障引起的母线电压幅值变化情况，当仅考虑电压暂降深度（通常为电压剩余值）时，评估模型为[4]

$$N_r(V_r\in[V_{low},V_{up}])=\sum_{e=1}^{h}\delta_e(l_{up}-l_{low}) \tag{5-222}$$

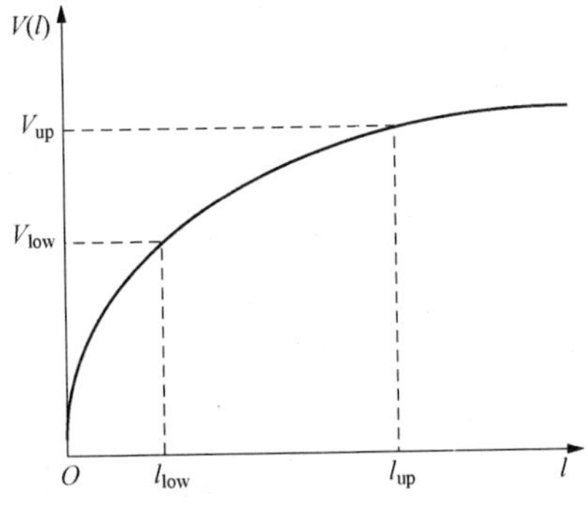

图 5-42 线路故障引起的母线电压变化

式中：N_r（$V_r\in[V_{low},V_{up}]$）为线路故障引起母线 r 的电压幅值 V_r 在 $[V_{low},V_{up}]$ 上变化的电压暂降频次；l_{up}，l_{low} 为 V_r 在 V_{low} 和 V_{up} 时线路上故障点到 r 的距离；h 为系统内的线路数；δ_e 为线路 e 的故障率。

由式（5-222）可知，现有方法至少有以下两方面不足。

（1）仅根据电压暂降幅值对频次进行评估，没有同时考虑暂降持续时间所得到的评估，其结果不能真实反映电压暂降的

严重程度。现有对电压暂降持续时间的研究仅定性认为与暂降幅值独立，取决于保护定值和设备动作时间，更无统一的表示法，实际上不同电压等级电网内的不同设备的保护及开关设备存在差异，这种差异对电压暂降严重程度有很大影响。

(2) 对式 (5-222) 中系统元件故障引起的电压暂降幅值与元件故障率 δ_e 之间的映射关系开展了一定研究，但对 δ_e 本身的研究还很少。实际中，δ_e 对评估结果的影响是不能忽视的。由于电力系统是当今地球上人造的、复杂的动力学系统，元件类型和数量众多，虽理论上 δ_e 可统计得到，但实际中由于记录数据不足、样本数较少或元件运行历史不长等，特别是现代系统元件技术更新很快，可用样本或信息很有限，仅能近似估计，必然引起评估误差。

2. 参数联系数概念与运算准则

(1) 概念与意义。系统元件可靠性受多因素影响，其特性表现为：总体上呈现一定的稳定性，即确定性，可用一确定值表示该确定性；同时，实测统计结果会在确定值附近变化，该变化反映了元件可靠性真实值具有不确定性。因此，元件可靠性真实参数由确定值和变化值两部分构成。类似于由确定性和不确定性构成的不确定性系统，可用联系数来刻画。

定义 5.4: 设 $u=a+bi$，称 u 为 $a+bi$ 型联系数，其中，a、b 为非负实数，a 称为确定数（值），b 称为不确定数（变化值）；i 为不确定变量，其变化范围 $i\in[-1, 1]$，根据具体问题有不同取值和取值方式，有时 i 仅为表示不确定性量的符号。

联系数概念来自于 1989 年学者赵克勤提出的集对分析（Set Pair Analysis, SPA）中的联系度[52]。集对分析的基本思想是：把确定信息与不确定信息统一于一个不确定系统，通过“同”“异”“反”等运算确定该系统内的事物间确定性和不确定性关系。将集对分析思想引入元件可靠性参数真实值的不确定性数学刻画，建立可靠性参数的联系数概念，不仅能把可靠性参数的确定值与变化值联系起来，还能把复杂影响因素统一起来，使参数确定性与不确定性相互联系、渗透、制约和转化，从而更客观地反映其对电压暂降的影响。

(2) 联系数运算准则。设有联系数 $u_1=a_1+b_1i$，$u_2=a_2+b_2i$，$u=a+bi$，基本运算准则如下。

1) 若 $u=u_1+u_2$，则 $a=(a_1+a_2)$，$b=(b_1+b_2)$；加法运算满足交换律和结合律。

2) 若 $u=u_1-u_2$，则 $a=(a_1-a_2)$，$b=(b_1+b_2)$，即两个不确定数之差仍为不确定数，其不确定量为两不确定量之和。

3) 若 $u=u_1\times u_2$，则 $a=(a_1a_2+b_1b_2)$，$b=(a_1b_2+a_2b_1)$，联系数乘法运算满足交换律、结合律及对加法的分配律。

3. 不确定参数联系数表示

(1) 联系数形式与属性。现有模型评估法虽从不同角度建立了评估模型，但这些主要对元件故障概率进行研究，对元件可靠性参数涉及很少。通常，元件可靠性参数假设可统计得到，但实际中，长期记录历史数据很困难，根据历史记录值得到的可靠性参数有两个特点：第一，由于受记录时间限制，仅由局部数据统计整体元件可靠性参数，存在统计误差和样本局限性误差，造成参数不确定性误差；第二，统计参数是对真实值的估计，真实值总在统计均值附近变化，这说明统计均值可体现参数真实值的确定性，在均值附近的变化则能体现参数受各种因素影响的不确定性。因此，实际可靠性参数真实值应包含确定性和不确定性两部分，可表示为联系数

$$\delta = \delta_a + \delta_b i \tag{5-223}$$

式中：δ_a 为可靠性参数平均值，由统计样本平均值确定；δ_b 为不确定变化值，反映受外界因素影响的程度，可用区间估计法确定。

参数估计时，由于估计准确度与样本容量间存在随机不确定性，必然遵循抽样分布和统计理论相关定理。

定义 5.5[151]：假设总体 X 的分布函数 $F(x,\ \theta)$ 中含未知参数 θ，X_1，X_2，…，X_n为总体的一个样本。$\theta_1=\theta_1(X_1,\ X_2,\ \cdots,\ X_n)$ 和 $\theta_2=\theta_2(X_1,\ X_2,\ \cdots,\ X_n)$ 是两个统计量，若对给定概率 $1-\alpha$，$(0<\alpha<1)$，有

$$P\{\theta_1 < \theta < \theta_1\} = 1-\alpha \tag{5-224}$$

则称随机区间（θ_1，θ_2）为参数 θ 的置信度为 $1-\alpha$ 的置信区间；θ_1 和 θ_2 为参数 θ 的置信下限和上限；$1-\alpha$ 为置信度。

(2) 系统元件故障率联系数。典型系统元件——线路的故障率通常指线路在一年内单位长度线路的故障次数。线路故障次数受天气条件、绝缘体污染、动物接触等因素影响，有随机分布特点。根据中心极限定理，假设第 n 年统计所得故障次数为 x_n，若随机变量 x_1，x_2，…，x_n 相互独立且服从相同分布，并有总体期望 $E(x_n)=\mu$ 和方差 $D(x_n)=\Sigma\sigma^2$，样本均值为 $\overline{x}=\dfrac{1}{n}\sum\limits_{d=1}^{n}x_d$，则对任意实数 X 有

$$\lim_{n\to\infty}P\left(\frac{\overline{x}-\mu}{\sigma/\sqrt{n}}\leqslant X\right)=\Phi(X) \tag{5-225}$$

可见，当样本数 n 充分大时，随机变量 $\dfrac{\overline{x}-\mu}{\sigma/\sqrt{n}}$ 近似服从标准正态分布 N（0，1）。由于样本均值 $\overline{x}$ 是 μ 的无偏估计，可取样本函数 $U=\dfrac{\overline{x}-\mu}{\sigma/\sqrt{n}}$，且 U 服从 N（0，1）分布。因此，对给定置信度 $1-\alpha$，使 $P(|U|<u_{1-\frac{\alpha}{2}})=1-\alpha$，即

$$P\left(-u_{1-\frac{\alpha}{2}}<\frac{\bar{x}-\mu}{\sigma/\sqrt{n}}<u_{1-\frac{\alpha}{2}}\right)=1-\alpha \tag{5-226}$$

$$P\left(\bar{x}-u_{1-\frac{\alpha}{2}}\frac{\sigma}{\sqrt{n}}<\mu<\bar{x}+u_{1-\frac{\alpha}{2}}\frac{\sigma}{\sqrt{n}}\right)=1-\alpha \tag{5-227}$$

可得 μ 在置信度为 $1-\alpha$ 时的置信区间为

$$\left(\bar{x}-u_{1-\frac{\alpha}{2}}\frac{\sigma}{\sqrt{n}},\bar{x}+u_{1-\frac{\alpha}{2}}\frac{\sigma}{\sqrt{n}}\right) \tag{5-228}$$

当总体方差 σ^2 未知时，不能直接按式（5-228）进行区间估计，但样本方差 S^2 是 σ^2 的无偏估计，因此可用 S^2 代替 σ^2，则样本函数 $t=\frac{\bar{x}-\mu}{S/\sqrt{n}}$ 服从自由度为 $n-1$ 的 t 分布，即

$$t=\frac{\bar{x}-\mu}{S/\sqrt{n}}-t(n-1) \tag{5-229}$$

类似于式（5-226）～式（5-228），可得 t 分布下总体均值 μ 在置信度为 $1-\alpha$ 时的置信区间

$$\left(\bar{x}-t_{1-\frac{\alpha}{2}}(n-1)\frac{S}{\sqrt{n}},\bar{x}+t_{1-\frac{\alpha}{2}}(n-1)\frac{S}{\sqrt{n}}\right) \tag{5-230}$$

式（5-230）刻画了线路故障率置信区间、样本容量 n 和置信度 $1-\alpha$ 间的关系，这样可在进行不确定性分析时实现对给定样本容量和给定置信度下的线路故障率联系数的不确定变化值估计。根据估计结果，式（5-223）的线路故障率联系数形式为

$$\delta=\delta_a+\delta_b i=\bar{x}+t_{1-\frac{\alpha}{2}}(n-1)\frac{S}{\sqrt{n}}i \tag{5-231}$$

（3）保护设备故障率联系数。线路、变压器、发电机等系统元件的保护装置是清除和隔离系统元件故障的主要手段，其整定值和开关（断路器、重合闸装置）动作时间决定电压暂降持续时间，由于确定开关设备的动作特性确定，因此，保护装置的可靠性是确定电压暂降持续时间引起的电压暂降风险和严重程度的关键。在风险评估中，常用服从二项分布的参数，其概率需作为输入数据，如保护设备故障概率。作为点估计，其概率为

$$p=\frac{y}{m} \tag{5-232}$$

式中：y 为历史统计数据中保护失效事件发生次数；m 是保护装置的总动作次数。

当 m 充分大时，p 接近其真实概率。由于保护设备故障率参数服从二项分布 $B(m,p)$，根据棣莫弗-拉普拉斯定理，对任意实数 Y，有

$$\lim_{m\to\infty} P\left\{\frac{y-mp}{\sqrt{mp(1-p)}}\leqslant Y\right\}=\Phi(Y) \tag{5-233}$$

当 m 充分大时，随机变量（$y-mp$）/$\sqrt{mp(1-p)}$ 近似服从标准正态分布 N（0，1）。根据前面推导，可得与式（5-230）类似的表达式，不同处在于总体方差 σ^2 用二项分布总体方差 p（$1-p$）代替，为

$$\left(\frac{y}{m}-u_{1-\frac{\partial}{2}}\sqrt{p(1-p)/m},\frac{y}{m}+u_{1-\frac{\partial}{2}}\sqrt{p(1-p)/m}\right) \tag{5-234}$$

由于 p 未知，只有当抽样点数充分大（$m\geqslant 30$）时，可用估计值 y/m 作 p 的近似值，则式（5-234）可改写为

$$\left[\frac{y}{m}-u_{1-\frac{\partial}{2}}\sqrt{\frac{y}{m}\left(1-\frac{y}{m}\right)/m},\frac{y}{m}+u_{1-\frac{\partial}{2}}\sqrt{\frac{y}{m}\left(1-\frac{y}{m}\right)/m}\right] \tag{5-235}$$

式（5-235）表征了保护设备故障率置信区间、样本容量 m 和置信度 1-α 三者之间的关系。因此，保护设备故障率的联系数形式为

$$\xi=\xi_a+\xi_b i=\frac{y}{m}+\left[u_{1-\frac{\partial}{2}}\sqrt{\frac{y}{m}\left(1-\frac{y}{m}\right)/m}\right]i \tag{5-236}$$

4. 保护对暂降持续时间的影响

一般由线路短路引起的电压暂降持续时间主要取决于线路保护装置允许故障电流通过的时间。电压暂降持续时间与故障线路保护定值参数、开关动作时间有关，一般可认为其大小等于保护动作清除故障时间。因此，可主要考虑由保护设备动作时间确定的电压暂降持续时间。

系统线路、变压器等元件一般同时配有主保护和后备保护，保护间相互配合，但对电压暂降持续时间的影响不同。图 5-43 中，R1 和 R2 为线路 2-3 的主保护，R3 和 R4 为后备保护。当线路 2-3 上的 A 点发生瞬时性短路故障时，R1 和 R2 设备经保护延迟时间后动作，此时电压暂降持续时间为主保护故障清除时间，即图 5-44 中的 T_1。如果计及主保护动作可靠性，当 R1 和 R2 拒动时，后备保护设备 R3 和 R4 动作并清除故障，相应的电压暂降持续时间为后备保护故障清除时间，即图 5-44 中 T_2。此时，尽管在母线 5 观测到的由同一故障引起的电压暂降幅值不变，但电压暂降持续时间不同。

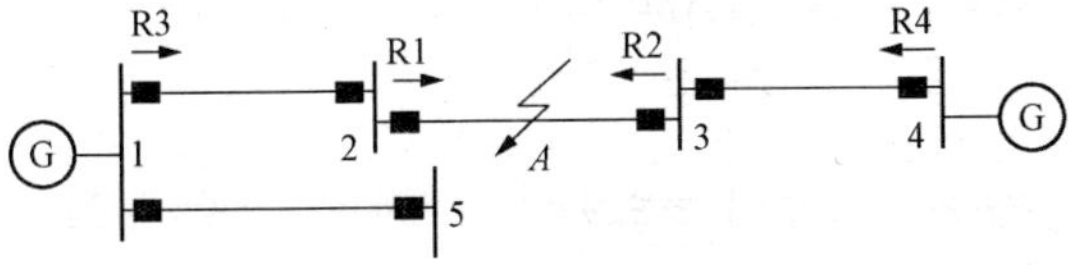

图 5-43 带有保护装置的电力系统

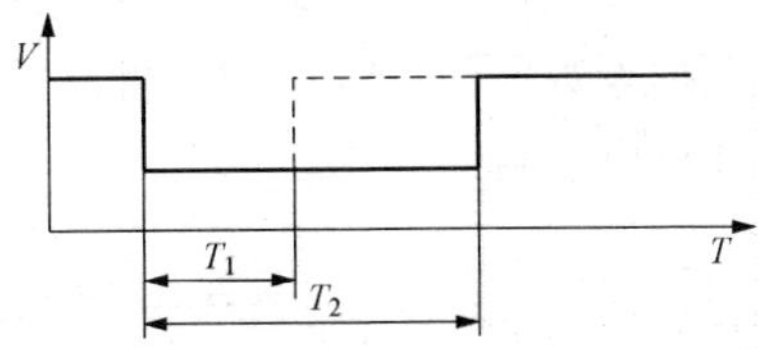

图 5-44 母线 5 的电压暂降特性

5. 电压暂降联系数评估法

由于电压暂降主要由系统内短路故障引起，因此可采用基于节点阻抗矩阵的短路计算法进行分析。该方法对于指定母线的电压暂降不需要复杂的故障仿真，仅需故障计算中通用的节点阻抗矩阵就可评估电压暂降，很大程度上可减少计算量。

同样以类似于图 5-40 的图 5-45 为例，r 为被评估母线，q 和 f 分别为短路故障发生在母线和线路上的情况，目标为评估母线 r 的电压暂降严重程度。

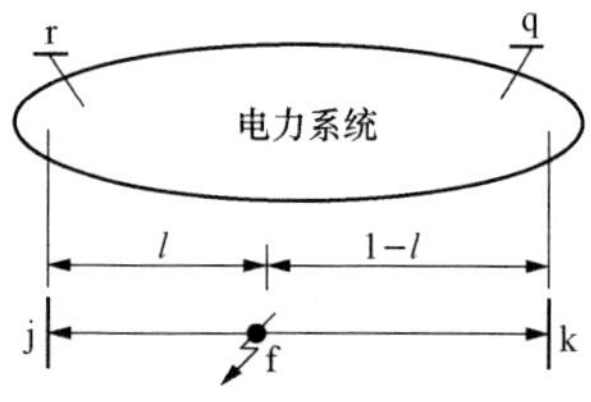

图 5-45 典型电力系统结构图

(1) 母线故障引起的电压暂降幅值。当故障发生在母线 q 上时，r 的电压幅值为

$$V_{\mathrm{r}} = V_{\mathrm{r}}^{pf} - [Z_{\mathrm{rq}}^{ii}] I_{\mathrm{q}}^{ii} \tag{5-237}$$

式中：$ii=0$，1，2 分别表示零序、正序和负序；V_{r}^{pf} 为母线 r 故障前的电压幅值；Z_{rq}^{ii} 母线 r、q 之间的互阻抗；I_{q}^{ii} 为母线 q 的短路电流。

(2) 线路故障引起的电压暂降幅值。当系统内任意线路 j-k 故障时，假设故障点 f 到母线 j 的距离为 l，$0 \leqslant l \leqslant 1$（以线路 j-k 总长度为基准进行归一化后的标幺值，p.u.），则故障点 f 对母线 r 的互阻抗和自阻抗为

$$Z_{\mathrm{rf}}^{ii} = (1-l) Z_{\mathrm{rj}}^{ii} + l Z_{\mathrm{rk}}^{ii} \tag{5-238}$$

$$Z_{ff}^{ii} = (1-l)^2 Z_{\mathrm{jj}}^{ii} + l^2 Z_{\mathrm{kk}}^{ii} + 2l(1-l) Z_{\mathrm{jk}}^{ii} + l(1-l) Z_{\mathrm{jk}}^{ii} \tag{5-239}$$

式中：Z_{jj}^{ii}，Z_{kk}^{ii}，Z_{rr}^{ii} 为母线 j、k、r 的自阻抗；Z_{rj}^{ii}，Z_{rk}^{ii}，Z_{jk}^{ii} 为各母线之间的互阻抗；Z_{jk}^{ii} 为线路 j-k 的阻抗。则母线 r 上的电压幅值解析式为

$$V_{\mathrm{r}} = V_{\mathrm{r}}^{pf} - [Z_{\mathrm{rf}}^{ii}] I_{\mathrm{f}}^{ii} \tag{5-240}$$

式中：I_{f}^{ii} 为故障点 f 的短路电流。

短路电流计算与故障类型有关，以单相接地短路为例，各序故障电流为

$$I_{\mathrm{f}}^{ii} = \frac{V_{\mathrm{f}}^{pf}}{Z_{\mathrm{ff}}^{1} + Z_{\mathrm{ff}}^{2} + Z_{\mathrm{ff}}^{0}} \tag{5-241}$$

式中：V_{f}^{pf} 为故障点 f 故障前电压幅值。限于篇幅，其他故障类型不再赘述。

(3) 电压暂降频次计算。基于故障定位法，由短路分析结果可得各母线电压幅值变化情况，可确定系统电压暂降域。统计暂降域内母线数和故障线路长度，根据参数区间估计所得元件故障率联系数形式，可用式 (5-242) ～式 (5-246) 计算电压暂降频次。

$$N_{\mathrm{buss1}} = \sum_{g=1}^{4} \sum_{e=1}^{h} \delta_B \times N_B \times (1-\xi_B) \tag{5-242}$$

$$N_{\mathrm{buss2}} = \sum_{g=1}^{4} \sum_{e=1}^{h} \delta_B \times N_B \times \xi_B \tag{5-243}$$

$$N_{l1}=\sum_{g=1}^{4}\sum_{e=1}^{h}\delta_L\times L\times(1-\xi_L) \tag{5-244}$$

$$N_{l2}=\sum_{g=1}^{4}\sum_{e=1}^{h}\delta_L\times L\times\xi_L \tag{5-245}$$

$$N_{\text{sum}}=N_{\text{buss1}}+N_{\text{buss2}}+N_{l1}+N_{l2} \tag{5-246}$$

式中：N_{buss1}，N_{buss2}为母线主保护和后备保护动作时的电压暂降频次；N_{l1}，N_{l2}为线路主保护和后备保护动作时的电压暂降频次；N_{sum}为总电压暂降频次；N_B，L分别为暂降域内母线数和线路长度；δ_B，δ_L为母线和线路故障率；ξ_B，ξ_L为母线和线路主保护设备故障率；g为故障类型；h为暂降域内总母线数或线路数；e为暂降域内母线或线路。

(4) 评估步骤与流程。基于上述原理，短路引起的电压暂降频次评估过程如下。

1) 对元件可靠性参数进行区间估计，并表示为联系数$\delta=\delta_a+\delta_b i$形式。

2) 用式(5-237)～式(5-241)进行短路分析，确定系统电压暂降域，统计暂降域内母线数和故障线路长度。

3) 根据式(5-242)～式(5-246)评估母线电压暂降频次并进行不确定性分析，得电压暂降频次统一联系数形式的评估结果。

评估流程如图5-46所示。

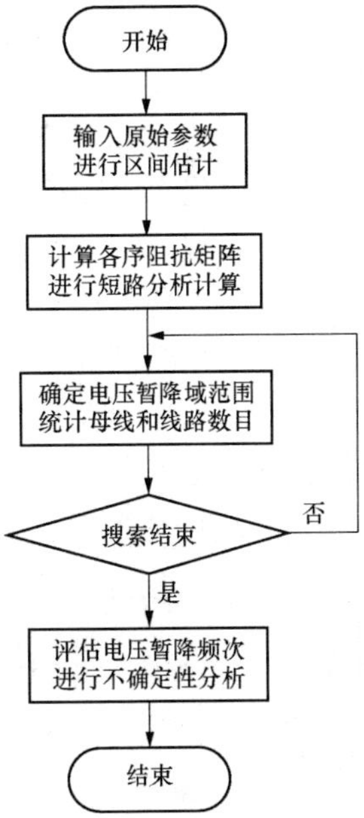

图5-46 电压暂降不确定性评估流程

5.4.5 设备敏感度模糊随机评估

1. 设备敏感度模糊随机变量

第5.4.2节研究了设备电压耐受曲线的随机分布规律。事实上，敏感设备受电压暂降的影响同时还取决于供电系统电压暂降特性（通常考虑电压幅值和持续时间）。供电系统的电压暂降幅值、持续时间、频次等取决于系统结构、运行状态、故障类型、故障率和故障位置等，现有方法主要有临界距离法和电压暂降域法，均把电压暂降当作随机变量，通过概率模型进行评估和预测。对给定水平电压暂降下，设备故障率取决于设备结构、功能、运行状态、负荷水平等。电压暂降发生时，设备运行状态用完全正常、基本正常、不太正常、完全不正常等多值逻辑描述，用模糊变量来表示比较符合实际。在实际评估过程中，敏感设备所接入系统的运行水平和运行方式不能完全确定，即电压暂降严重性指标不能确定，因此，综合考虑电压暂降随机性和设备电压耐受能力模糊性，引入学者 Kwakernaak 提出的模糊随机变量的概念，通过模糊随机变量来定量评估设备敏感度更具有工程应用价值。

模糊随机变量的定义见 4.1.1 节第 1 部分。实际中，确定供电母线上的敏感设备在供电系统内产生的电压暂降作用下的故障概率 $P_{os}\{\xi(\omega)\in\boldsymbol{B}\}$，是系统电压暂降影响因素ω的可测函数，影响因素包括脆弱区域内线路数、母线数、故障位置、故障类型和故障率等；电压暂降是概率空间（$\boldsymbol{\Omega}$，$\boldsymbol{\mathcal{A}}$，P_r）上的随机事件，敏感设备可能出现的多值逻辑状态是一个模糊变量集，电压暂降引起的敏感设备故障是模糊随机事件，其故障概率可用模糊随机变量 ξ 的概率 $P(\xi)$ 表示[65]。

2. 模糊随机评估模型与算法

供电系统发生的电压暂降的特征包括电压暂降幅值、持续时间等，用学者 S. Z. Djokic、J. Desmet 和 G. Vanalrne 等提出的电压暂降严重性指标（severity index）$s(V, T)$ 表示（可分别表示成暂降幅值、持续时间及综合指标）。$s(V, T)$受供电系统的故障位置、故障类型、故障率等因素影响，是随机变量。敏感设备的电压耐受能力 $r(V, T)$ 取决于设备可能的运行状态、结构、功能，以及作用于该设备的暂降幅值、持续时间等因素，基于多值逻辑，设备是否故障是模糊事件，可用模糊变量来表示。因此，电压暂降引起的敏感设备故障事件可表示为 $s>r$ 或 $s-r>0$。根据定义，该事件是模糊随机事件，记为 ξ。评估电压暂降引起的敏感设备故障概率，就是定量评估和预测模糊随机事件 ξ 发生的概率 $P(\xi)$，该概率是模糊随机概率，传统概率法很难求解。

为求解 $P(\xi)$，引入 λ－截集的概念，将模糊随机事件 ξ 转变为普通随机事件 $\zeta_\lambda=s-r_\lambda$，先求出随机事件 ζ_λ 的概率 $P(\zeta_\lambda)$，再根据设备电压耐受能力，对各阈值 λ 的分布规律来求取模糊随机事件的概率 $P(\xi)$。

设敏感设备电压耐受能力 r 为 L-R 型模糊数，对任意阈值（隶属度）λ，设备耐受能力的模糊区间为 $r_\lambda=\{a_\lambda, b_\lambda\}$，假设其服从均匀分布（也可为正态、指数等分布，取决于设备特性等），其概率密度函数为 $g_{r_\lambda}(r)$；假设供电系统电压暂降服从正态分布（也可为其他分布，根据供电系统扰动特性确定），概率密度为 $f(s)$，则随机事件 ζ_λ 的概率为

$$P_\lambda = P(\zeta_\lambda) = P(s > r_\lambda) = \int_{a_\lambda}^{b_\lambda} g_{r_\lambda}(r)\left[\int_r^{+\infty} f(s)\mathrm{d}s\right]\mathrm{d}r \qquad (5-247)$$

式中：$P(\zeta_\lambda)$为模糊随机事件 ζ 的 λ－截集的概率。

当 $f(s)$服从正态分布时，有

$$f(s) = \frac{1}{\sqrt{2\pi}\sigma}\exp\left[-\frac{(s-\mu)^2}{2\sigma^2}\right] \qquad (5-248)$$

式中：σ、μ 为分布参数。

当 g_{r_λ} 服从均匀分布时，有

$$g_{r_\lambda}(r)=\frac{1}{b_\lambda-a_\lambda} \tag{5-249}$$

其中，

$$a_\lambda=m-\alpha(1-\lambda),b_\lambda=m+\beta(1-\lambda)$$

式中：m 为设备耐受能力均值；α、β 为分布参数。

若阈值 λ_i 在（0，1）内均匀分布，λ_i 的取值为（0，1）区间内服从均匀分布的随机数，则设备故障概率为

$$P=P(s-r)\approx\frac{1}{n}\sum_{i=1}^{n}P_{\lambda_i} \tag{5-250}$$

将式（5-249）代入式（5-247）得

$$\begin{aligned}P_{\lambda_i}&=\int_{a_{\lambda i}}^{b_{\lambda_i}}\frac{s-a_{\lambda i}}{b_{\lambda i}-a_{\lambda i}}f(s)\mathrm{d}s+\int_{b_{\lambda i}}^{+\infty}f(s)\mathrm{d}s\\&=\frac{1}{b_{\lambda i}-a_{\lambda i}}\int_{a_{\lambda i}}^{b_{\lambda i}}(s-w)f(s)\mathrm{d}s+\int_{a_{\lambda i}}^{b_{\lambda i}}\frac{w-a_{\lambda i}}{b_{\lambda i}-a_{\lambda i}}f(s)\mathrm{d}s+\int_{b_{\lambda i}}^{+\infty}f(s)\mathrm{d}s\end{aligned} \tag{5-251}$$

将式（5-248）代入式（5-251）得

$$\begin{aligned}P_{\lambda i}=1-\frac{1}{b_{\lambda i}-a_{\lambda i}}\Bigg\{&\left[(b_{\lambda i}-\mu)\Phi\left(\frac{b_{\lambda_i}-\mu}{\sigma}\right)-(a_{\lambda i}-\mu)\Phi\left(\frac{a_{\lambda_i}-\mu}{\sigma}\right)\right]\\&+\frac{\sigma}{\sqrt{2\pi}}\left\{\exp\left[-\frac{(b_{\lambda_i}-\mu)^2}{2\sigma^2}\right]-\exp\left[-\frac{(a_{\lambda_i}-\mu)^2}{2\sigma^2}\right]\right\}\Bigg\}\end{aligned} \tag{5-252}$$

式中：$\Phi()$ 为概率分布函数。

3. 蒙特卡罗模拟

为验证方法的正确性，通过蒙特卡罗随机模拟产生测试样本与评估结果进行比较。当设备电压耐受能力为确定值，系统电压暂降为随机变量 s 时，可用样本 s_i 值直接与耐受能力比较确定设备故障率，此过程即传统随机估计。而实际中，设备电压耐受能力有不确定性，如图 5-47 所示，在 $U-T$ 平面上存在不确定区域（图中 A、B、C 区域），具体设备电压耐受能力用模糊量 r 表示，此时设备故障概率模拟如下。

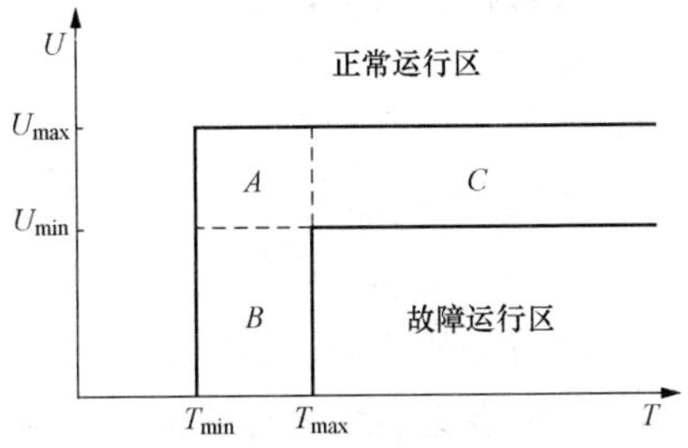

图 5-47　设备电压耐受能力的不确定性区域

（1）当 $s_i\leqslant m$ 时，

$$P_i=P(s_i>r)=\int_0^{L(s_i)}\frac{s_i-a_\lambda}{b_\lambda-a_\lambda}\mathrm{d}\lambda \tag{5-253}$$

（2）当 $s_i>m$ 时，

$$P_i=P(s_i>r)=\int_0^{R(s_i)}\frac{s_i-a_\lambda}{b_\lambda-a_\lambda}\mathrm{d}\lambda+1-R(s_i) \tag{5-254}$$

式中：L（）、R（）为设备耐受能力的左、右线性型参照函数；$L(r)=\max\left\{0,\ 1-\frac{m-r}{\alpha}\right\}$，$r\leqslant m$；$R(r)=\max\left\{0,\ 1-\frac{r-m}{\beta}\right\}$，$r>m$；$a_\lambda$、$b_\lambda$ 由设备耐受能力隶属度（阈值）λ 确定。

对式（5-253）和式（5-254）积分有：

（1）当 $s_i\leqslant m$ 时，

$$\begin{aligned}P_i=P(s_i>r)&=\int_0^{L(s_i)}\frac{s_i-a_\lambda}{b_\lambda-a_\lambda}\mathrm{d}\lambda\\&=\int_0^{L(s_i)}\frac{s_i-[m-\alpha(1-\lambda)]}{m+\beta(1-\lambda)-[m-\alpha(1-\lambda)]}\mathrm{d}\lambda\\&=\frac{m-s_i}{\alpha+\beta}\ln[1-L(s_i)]+\frac{\alpha}{\alpha+\beta}L(s_i)\end{aligned} \tag{5-255}$$

（2）当 $s_i>m$ 时，

$$\begin{aligned}P_i=P(s_i>r)&=\int_0^{R(s_i)}\frac{s_i-a_\lambda}{b_\lambda-a_\lambda}\mathrm{d}\lambda+1-R(s_i)\\&=\int_0^{R(s_i)}\frac{s_i-[m-\alpha(1-\lambda)]}{m+\beta(1-\lambda)-[m-\alpha(1-\lambda)]}\mathrm{d}\lambda+1-R(s_i)\\&=\frac{m-s_i}{\alpha+\beta}\ln[1-R(s_i)]+1-\frac{\beta}{\alpha+\beta}R(s_i)\end{aligned} \tag{5-256}$$

经 n 次模拟得设备故障概率为

$$P\approx\frac{1}{n}\sum_{i=1}^{n}P_i \tag{5-257}$$

4. 模糊随机评估过程

（1）确定实际供电系统的基本信息，用电压暂降域法确定随机选取或特定母线上电压暂降的均值、方差等。

（2）根据现有资料或实测结果确定所选母线上特定敏感设备的电压耐受能力的均值和左、右分布参数等。

（3）在（0，1）内随机产生均匀分布的随机数 λ_i（$i=1$，2，…，N），将该随机数作为阈值。

（4）通过阈值 λ_I 计算设备耐受能力模糊区间 $[a_{\lambda_i},\ b_{\lambda_i}]$ 的左右端点 a_{λ_i} 和 b_{λ_i}。

（5）计算阈值为 λ_i 时对应的故障概率 P_{λ_i}。

（6）根据式（5-251）求设备故障概率 P。

5.4.6 设备敏感度多重不确定性评估

实际供电系统中，电压暂降、设备电压耐受能力和不同环境下设备故障状态等的特征、变化范围、描述方法等是评估设备敏感度的关键和难点，因为这些因素通常不确定，且具有不同不确定性特点和属性，相应的数学刻画方法也不同。不确定性可分：随机性、模糊性、粗糙性、模糊随机性、随机模糊性及多重不确定性等。其中，较熟知的是随机性和模糊性。前者反映因果律缺失引起的内涵不确定，后者反映排中律缺失引起的外延不确定。影响设备敏感度的诸多因素，如电压暂降、设备电压耐受能力、设备运行状态、性能特征等，可按内涵或外延的不确定，用概率论或模糊论进行数学刻画，构造包含多重不确定性的敏感度评估模型。

1. 影响因素多重不确定性

(1) 电压暂降严重程度随机性。正如第四章分析，敏感设备接入处，系统电压暂降严重程度与电网拓扑、运行方式、负荷水平、电压控制策略，以及系统故障位置、故障类型、故障阻抗、保护类型与定值、开关动作特性等有关，常用电压暂降幅值、持续时间等描述，这些特征随系统运行方式、故障特征、保护方式等变化，从而影响电压暂降严重程度。

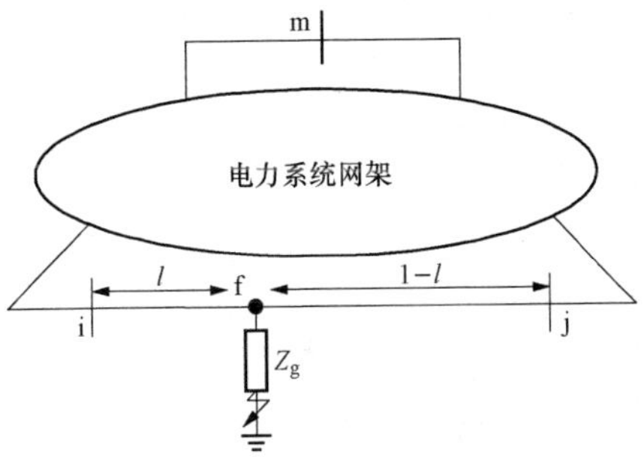

图 5-48 被分析系统结构

对图 5-48 系统，当线路 i—j 上任意位置 f 点处发生三相短路时，敏感设备接入点 m 的电压暂降幅值，即剩余电压值 $U_{r,m}$ 为

$$U_{r,\mathrm{m}} = U_{\mathrm{m}}^{\mathrm{pref}} - [(1-l)Z_{\mathrm{mi}} + lZ_{\mathrm{mj}}] \times U_{\mathrm{f}}^{\mathrm{pref}} / [(1-l)^2 Z_{\mathrm{ii}} + l^2 Z_{\mathrm{jj}} + 2l(1-l)Z_{\mathrm{ij}} + l(1-l)z_{\mathrm{ij}} + Z_g] \quad (5-258)$$

式中：$U_{\mathrm{m}}^{\mathrm{pref}}$，$U_{\mathrm{f}}^{\mathrm{pref}}$ 为故障前 m、f 点电压；l 为线路归一化长度；Z_{ii}，Z_{jj} 为母线 i、j 自阻抗；Z_{mi}、Z_{mj}、Z_{ij} 为 m、i、j 互阻抗；z_{ij} 为线路 i-j 阻抗；Z_{g} 为故障阻抗。

发生非对称故障可用对称分量法分析。对于给定系统，在诸多影响因素中系统故障类型和位置是主要矛盾。由于系统故障是随机的，因此，节点 m 给定幅值 $U_{r,m}$ 的电压暂降事件是随机的，暂降特征有随机性，其随机模型见第 5.4.1 节（最大熵原理）。电压暂降持续时间取决于保护类型、定值及动作特性等，与暂降幅值相互独立，可根据实际情况确定，详细参见第 5.4.5 节（联系数)。基于现有电压暂降严重程度的概念，电压暂降幅值与持续时间是独立随机变量，电压暂降严重程度的随机性可用 2 个独立随机变量的概率密度函数的乘积来描述。

(2) 设备电压耐受能力模糊性。设备电压耐受能力受类型、使用场所、寿命、运行条件、运行维护水平等影响，在电压暂降作用下可能处的运行状态和性能的基本属性缺失排中律，有极强的模糊性，常表现为区间模糊数，即：在相同电压暂降作用下，设备运行状态要么正常、要么不正常。典型的 PLC、ASD、PCACC 等的电压耐受能力见表 5-5，用 VTC 曲线不确定区域的分布规律来评估设备故障率。图 5-49 中，$U_{r,\min}$ 和 $U_{r,\max}$ 为设备电压耐受幅值最小值和最大值(以剩余电压表示)；$T_{\min}$ 和 $T_{\max}$ 为设备耐受持续时间最小值和最大值，电压暂降持续时间通常 10ms～1min。曲线 1 外部区域（$U_r>U_{r,\max}$ 或 $T<T_{\min}$）为设备正常运行域；曲线 2 内部区域（$U_r<U_{r,\min}$ 且 $T>T_{\max}$）为设备故障区域；曲线 1、2 之间为设备运行状态不确定区域（$U_{r,\min}<U_r<U_{r,\max}$ 且 $T_{\min}<T<T_{\max}$，$U_{r,\min}<U_r<U_{r,\max}$ 且 $T>T_{\max}$，以及 $T_{\min}<T<T_{\max}$ 且 $U_r<U_{r,\min}$)。

表 5-5 敏感设备电压耐受能力变化范围

类型	$U_{r,\min}$（%）	$U_{r,\max}$（%）	$T_{\min}$（ms）	$T_{\max}$（ms）
PLC	30	90	20	400
ASD	59	71	15	175
PC	46	63	40	205

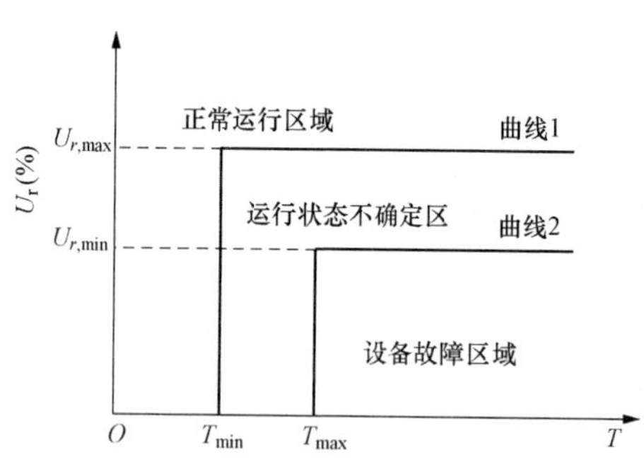

图 5-49 VTC 曲线不确定性区域

当电压暂降发生在设备运行状态不确定区域时，设备耐受能力的不确定性，表现为外延不确定性，因此可用模糊变量描述。

(3) 设备运行状态模糊性。电压暂降作用下，设备运行状态与其电压耐受能力、负荷水平、运行环境等有关，受设备电压耐受能力区间变化影响，设备从正常运行状态到故障状态必定存在从量变到质变的累积和飞跃过程，用离散化思想描述必然存在中间状态，因此，敏感设备的运行状态实际可用多值状态描述，即不是完全的“正常”或“故障”，存在“亦此亦彼”的模糊状态。作者所在课题组通过对 PC 机和交流接触器进行的 5000 多次试验证明了这一点。在电压暂降作用下，敏感设备可能出现正常、部分元件故障、偶尔故障、完全故障等多种状态，造成生产产品质量降低、产量下降、部分产品报废、生产中断、设备损坏等，不同状态下的经济损失程度不同，因此，建立设备运行状态模糊模型是评估的关键之一。

2. 多重不确定性模型建立

（1）电压暂降严重程度随机模型。电压暂降幅值、持续时间是典型电压暂降特征，分别记为 U_r 和 T。为反映严重程度，定义 $U=1-U_r$，其中，U 为电压暂降时电压下降值，并用电压下降值 U 与暂降持续时间 T 刻画电压暂降严重程度，定义为电压暂降严重性指标，记为 $s(U, T)$，简记为 s。显然有：

1）当电压暂降严重性指标中仅含电压下降值时，电压下降越多，电压暂降严重性指标也越大。

2）当电压暂降严重性指标中仅有暂降持续时间时，持续时间越长，电压暂降严重性指标越大。

电压暂降严重性指标随系统故障位置、故障类型、系统元件故障率等随机变化，因此，可用随机变量刻画，并通过电压下降值和暂降持续时间的概率密度函数的乘积刻画其随机分布规律，从而建立电压暂降严重性指标的随机模型。

实际工程中，电压暂降严重性指标的概率密度函数可用最大熵方法确定，其优点是直接根据样本数据求随机变量的概率密度函数，无须主观假设或专家经验，模型与算法见标题 5.4.1 内容。

（2）设备电压耐受能力模糊模型。设备电压耐受能力（包括对电压下降值和暂降持续时间的耐受能力），记为 $x(U, T)$，简记为 x，其隶属函数解析式可用模糊统计法和多项式拟合方法确定，具体步骤如下。

1）确定被评估设备的电压下降值耐受能力和电压暂降持续时间耐受能力的取值范围，得到评估用论域。

2）根据设备电压耐受能力的区间样本数据，建立设备电压下降值耐受能力及暂降持续时间耐受能力的频数分布表。

3）建立设备电压耐受能力的隶属度分布表。

4）Matlab7.0 仿真软件提供的 polyfit() 函数，采用多项式拟合方法确定设备电压耐受能力隶属函数解析式

$$\mu(x) = a_1 x^n + a_2 x^{n-1} + \cdots + a_n x + a_{n+1} \tag{5-259}$$

式中：x 为设备电压耐受能力；n 为多项式阶次，与样本容量有关，实际工程中，n 一般取小于 6 的正整数；a_i（$i=1, 2, \cdots, n+1$）为多项式系数。多项式拟合目标是找出一组多项式系数，使得其能够高准确度地拟合原始隶属度数据。

（3）设备运行状态模糊模型。

1）模糊安全事件隶属函数。模糊安全事件隶属函数在机械结构设计中应用较多。机械结构可靠性中模糊性是固有的，表现为不仅是影响结构可靠性的基本变量存在模糊性（如强度），且结构“安全”与“失效”之间也存在不清晰界限，必然要求用模糊安全事件隶属函数描述结构的工作状态。

模糊安全事件隶属函数定义为：用模糊强度隶属函数在某程度上的安全区的面积与整个隶属函数覆盖区域面积的比值来定义模糊安全事件隶属函数。事实上，该方法揭示了结构工作状态与结构强度及结构所承受应力之间的映射关系。为工程上处理类似模糊变量及相关事件隶属函数提供了一种有效方法。

2）设备故障状态模糊模型。根据模糊安全事件隶属函数的确定原理和方法，可由设备电压耐受能力隶属函数构造设备故障状态隶属函数，从而建立表征设备运行状态的模糊模型。

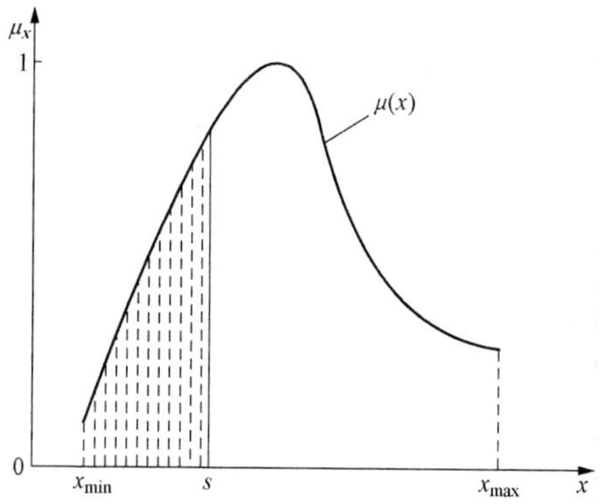

图 5-50　设备电压耐受能力的隶属函数

设备运行状态由电压暂降严重性指标和设备电压耐受能力决定，设备故障判据是电压暂降严重性指标大于设备耐受能力，即为 $s>x$。因此，对任一多项式拟合出的设备电压耐受能力隶属函数 $m(x)$（见图 5-50），当 $s<x_{min}$时，设备运行正常，故障状态隶属度为 0；当 $s>x_{max}$时，设备必然故障，故障状态隶属度为 1。关键在于确定 $x_{min}<x<x_{max}$时设备故障状态隶属函数。

图 5-50 中，区间 $[x_{min}, s]$ 为某种程度上设备故障区，而 $[s, x_{max}]$ 为某种程度上设备安全区，根据模糊安全事件隶属函数确定原理，设备电压耐受能力隶属函数在某种程度上的故障区域面积（介于隶属函数曲线与横轴区间 $[x_{min}, s]$ 之间的面积）与整个隶属函数覆盖区域面积（介于隶属函数曲线与横轴之间的面积，理论上横坐标定义域为 $[0, +\infty]$，考虑到实际设备耐受能力，仅取 $[x_{min}, x_{max}]$）之比值来定义设备故障状态隶属函数。

因此，当 $x_{min}\leqslant s\leqslant x_{max}$时，设备故障状态隶属函数经设备电压耐受能力隶属函数构造后，为

$$\mu_A(s)=\int_{x_{min}}^{s}\mu(x)\mathrm{d}x\Big/\int_{x_{min}}^{x_{max}}\mu(x)\mathrm{d}x \tag{5-260}$$

式中：$m(x)$ 为设备电压耐受能力隶属函数。

由定义可知，理论上电压耐受能力变化范围（0，$+\infty$）内，设备故障状态隶属函数为

$$\mu_A(s)=\begin{cases}0, & 0\leqslant s<x_{\min}\\ \dfrac{\int_{x_{\min}}^{s}\mu(x)\mathrm{d}x}{\int_{x_{\min}}^{x_{\max}}\mu(x)\mathrm{d}x}, & x_{\min}\leqslant s\leqslant x_{\max}\\ 1, & s>x_{\max}\end{cases} \tag{5-261}$$

3. 工程评估模型与过程

（1）工程评估模型。实际工程中，主观假设越少，仅根据可直接观测到信息进行评估的方法越实用。根据建立的多重不确定性模型和模糊事件概率模型，设备电压暂降故障水平评估模型为

$$P(A)=P(s>x)=\int_0^{+\infty}\mu_A(s)f(s)\mathrm{d}s \tag{5-262}$$

式中：$f(s)$ 为电压暂降严重性指标概率密度函数。

由式（5-261）、式（5-262）有

$$P(A)=\frac{\int_{x_{\min}}^{x_{\max}}\int_{x_{\min}}^{s}\mu(x)f(s)\mathrm{d}x\mathrm{d}s}{\int_{x_{\min}}^{x_{\max}}\mu(x)\mathrm{d}x}+\int_{x_{\max}}^{+\infty}f(s)\mathrm{d}s \tag{5-263}$$

当电压下降值和暂降持续时间引起的设备故障事件为独立随机事件时，进一步有

$$P(A)=P_U(A)P_T(A) \tag{5-264}$$

式中：$P_U(A)$，$P_T(A)$ 分别为电压下降值与暂降持续时间引起设备故障的概率。

当电压幅值和暂降持续时间引起的设备故障事件之间存在关联关系，问题将变得复杂，可采用后续章节中的非可加性测度理论进行评估。

（2）评估过程。基于多重不确定性的设备电压暂降故障水平评估过程为：

1）根据被测系统网络结构和参数计算敏感设备电网接入点电压暂降严重性指标，用最大熵原理求严重性指标概率密度函数。

2）获取设备电压耐受能力样本值，用模糊统计法及多项式拟合方法确定电压耐受能力隶属函数，并根据式（5-261）确定设备故障状态隶属函数。

3）结合式（5-263）、式（5-264）评估设备电压暂降故障水平。为不失一般性，这里仍采用通常意义上的设备故障概率作为度量测度。对测度问题的进一步探索见后续章节。

5.4.7 设备失效率区间概率评估

以上讨论的最大熵方法能得出负荷失效的概率，模糊随机法也有一定价值，多重不确定性评估法更符合实际，但是，这些方法所采用的评估指标仍为设备故障或

中断指标，而实际中，敏感设备往往因其非正常运行所造成的损失更大，因此，在评估指标上采用失效率更具有合理性。此外，实际中，样本或资料的不足将导致传统统计分析法不能对设备运行环境或状态进行有效估计。点值概率可度量设备失效可能性，但考虑到已知信息的不足，设备的点值失效率很难得到。基于可靠性原理中的区间概率评估法，用区间概率代替点值概率，能更好地反映实际。

区间概率同时包含清晰事件和模糊概率特性，主要由概率密度函数的模糊性引起，属第二类随机模糊问题。本节对敏感设备电压暂降失效率评估的区间密度函数、区间概率随机变量及其分布函数等进行研究，提出设备失效率区间概率评估方法。

1. 设备电压暂降区间概率评估原理

引入区间概率、区间概率密度函数、区间概率随机变量及分布函数定义。

定义 5.6：n 个实数区间 $[L_i, U_i]$，$i=1, 2, \cdots, n$，若满足：$0 \leqslant L_i \leqslant U_i \leqslant 1$，$i=1, 2, \cdots, n$，则可用来描述概率空间中基本事件相应的概率，称 $[L_i, U_i]$ 为事件的区间概率。

定义 5.7：设 ξ 是随机变量，$f(x)$ 是 ξ 的概率密度函数，$I(x) = [I_1(x), I_2(x)]$ 是 ξ 取值范围的区间值函数，且 $I(x) \geqslant 0$，$f(x) \in I(x)$，则称 $I(x)$ 是 ξ 的区间概率密度函数，简称 IPD(Interval Probability Density) 函数，ξ 为具有区间密度的区间概率随机变量。

由于概率密度函数 $f(x)$ 满足

$$\int_{-\infty}^{+\infty} f(x)\mathrm{d}x = 1 \tag{5-265}$$

如有

$$\begin{cases} \displaystyle\int_{-\infty}^{+\infty} I_1(x)\mathrm{d}x \leqslant 1 \\ \displaystyle\int_{-\infty}^{+\infty} I_2(x)\mathrm{d}x \geqslant 1 \end{cases} \tag{5-266}$$

称 $I(x)$ 为 ξ 上合理的 IPD 函数。

实际中，事件概率值大于 1 没有意义，因而式（5-266）中区间概率应取 1 为上限，即

$$\int_{-\infty}^{+\infty} I_2(x)\mathrm{d}x = 1 \tag{5-267}$$

定义 5.8：设 ξ 是区间概率随机变量，$I(x)$ 是 ξ 上合理的 IPD 函数，假设 ξ 的分布函数可表示为

$$F(x) = Q(\xi < x)$$
$$= \left\{ \int_{-\infty}^{x} f(y)\mathrm{d}y \,|\, f(y) \in I(y), y \in (-\infty, +\infty), \int_{-\infty}^{+\infty} f(y)\mathrm{d}y = 1 \right\} \tag{5-268}$$

$F(x)$ 称为 ξ 的区间值分布函数。为便于区别，概率密度函数和分布函数特指点值函数。

以失效率为敏感度测度函数，考虑了负荷在电压暂降时可能的多种运行状态，能更好地反映电压暂降对负荷造成的影响。负荷电压耐受曲线（voltage tolerance curve，VTC）具有不确定性及矩形特征，如图 5-4 所示，确定 VTC 在不确定性区域内的分布规律是准确评估的关键。在样本数较小，数据不充分，耐受能力概率分布函数不能完全确定的情况下，用区间概率分布函数来描述其分布规律，可获得失效率区间概率值，更具有实际意义。

假设 U、T 分别代表设备电压暂降耐受能力在不确定区域内的电压幅值和持续时间。VTC 区间分布函数可通过求取置信区间来确定。以电压暂降幅值为例，求解具体步骤如下。

（1）根据实测数据，利用最大熵方法，得出电压暂降幅值概率密度函数$u(u)$和分布函数为 $u(u)$。

（2）对任取的 $U_0 \in [U_{\min}, U_{\max}]$，事件 $U \leqslant U_0$（下文用事件 X 表示）发生的概率可看作是 0—1 分布。X 满足

$$X = \begin{cases} 0, \text{若抽取一个样本 } U > U_0 \\ 1, \text{若抽取一个样本 } U \leqslant U_0 \end{cases}$$

则，$X \sim \mathrm{B}(1, u(U_0))$，即 $P(X=1) = u(U_0)$。$u(U_0)$ 根据步骤 1）所述求出，有

$$\overline{F}_u(U_0) = P(U \leqslant U_0) \tag{5-269}$$

（3）由 0—1 分布区间估计方法，可得

$$\frac{|\overline{F}_u(U_0) - F_u(U_0)|}{\sqrt{F_u(U_0)[1 - F_u(U_0)]/n}} < u_{1-\alpha/2} \tag{5-270}$$

式中：n 为样本总数，$\mu_{1-\alpha/2}$ 为置信度 $1-\alpha$ 对应的标准正态分布随机变量取值。由式（5-269）、式（5-270）求解不等式可得 $F_{u1}(U_0) < F_u(U_0) < F_{u2}(U_0)$，则 $[F_{u1}(U_0), F_{u2}(U_0)]$ 为 $F_u(U_0)$ 的 $1-\alpha$ 置信区间。

（4）对 $[U_{\min}, U_{\max}]$ 内每个 U_0 求解，得到设备电压暂降幅值耐受能力区间概率分布函数。由于最大熵方法本身准确度较高，相应置信度可设置较小，获得的区间估计也能够很好覆盖真值。仿真试验表明，置信度为 60%～80%能完全包括真值。

图 5-51 为电压暂降幅值耐受能力区间概率分布函数示意图。由图可知，与点值概率函数不同，$F(U=0.46)$ 表示电压耐受能力曲线出现在 $U\leqslant 0.46$ 区域内的概率为 $[0,\ a]$。由于考虑了试验统计误差，得出的区间值结果比点值更具可信度。同样，$F(U=0.63)$ 表示电压耐受能力曲线出现在 $U\leqslant 0.63$ 区域内的概率为 $[b,\ 1]$。同理可得电压暂降持续时间耐受能力区间概率分布函数。

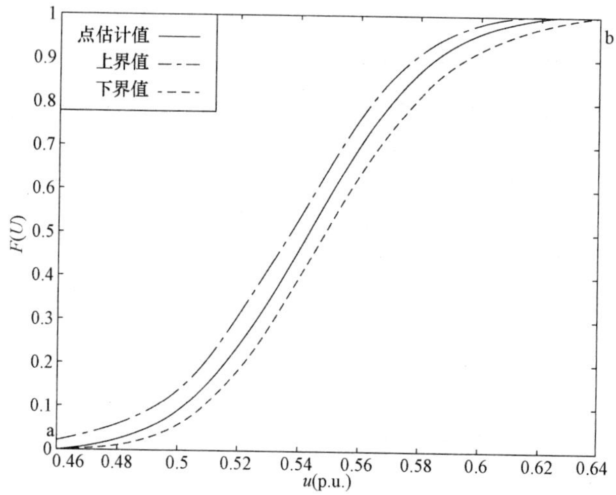

图 5-51 电压暂降幅值耐受能力区间概率分布函数

2. 区间概率评估模型与算法

根据可靠性设计中的应力强度干涉理论，当系统电压暂降严重程度大于设备耐受能力时，设备失效。假设 U 和 T 独立，设备故障概率 p 评估模型为

$$p = p_u p_t \tag{5-271}$$

其中，

$$\begin{aligned} p_u &= \int_{-\infty}^{+\infty} f_{su}(U_s)\left[\int_{-\infty}^{U_s} f_u(U_r)\mathrm{d}U_r\right]\mathrm{d}U_s \\ &= \int_{-\infty}^{+\infty} f_{su}(U)[F_u(U) - F_u(-\infty)]\mathrm{d}U \end{aligned} \tag{5-272}$$

$$\begin{aligned} p_t &= \int_{-\infty}^{+\infty} f_{st}(T_s)\left[\int_{T_s}^{+\infty} f_t(T_r)\mathrm{d}T_r\right]\mathrm{d}T_s \\ &= \int_{-\infty}^{+\infty} f_{st}(T)[F_t(T) - F_t(-\infty)]\mathrm{d}T \end{aligned} \tag{5-273}$$

式中：$f_{su}(U)$ 和 $f_{st}(T)$ 为系统产生电压暂降幅值和持续时间概率密度函数；$f_u(U)$ 和 $f_t(T)$ 为负荷电压暂降幅值耐受能力和持续时间耐受能力概率密度

函数，$F_u(U)$ 和 $F_t(T)$ 为其分布函数。

根据网络拓扑结构、线路故障点分布和故障率等参数，由最大熵原理得出设备供电点电压暂降幅值 U 的概率密度函数 $f_{su}(U)$。电压暂降持续时间主要取决于系统保护的整定值，考虑到保护动作时操作机构动作时间误差的影响，可认为 T 服从参数为（μ_t，σ_t）的正态分布，即

$$f_{st}(T)=\frac{1}{\sqrt{2\pi}\sigma_t}\exp\left[-\frac{(T-\mu_t)^2}{2\sigma_t^2}\right] \tag{5-274}$$

式中：μ_t和σ_t分别为 T 的均值和方差。测试中由 T 的分布范围，根据 3σ 原则可得出μ_t及σ_t的值。

应用以上方法，得出负荷 VTC 区间概率分布函数：

$$\begin{cases}F_u(U)=[F_{u1}(U),F_{u2}(U)]\\ F_t(T)=[F_{t1}(T),F_{t2}(T)]\end{cases} \tag{5-275}$$

结合式（5-44）～式（5-47）及 $f_{su}(U)$，分别得出随机变量 U 和 T 的概率

$$p_u=[\min(p_{u1},p_{u2}),\max(p_{u1},p_{u2})] \tag{5-276}$$

$$p_t=[\min(p_{t1},p_{t2}),\max(p_{t1},p_{t2})] \tag{5-277}$$

其中，

$$p_{u1}=\int_R f_s(u)[F_{u1}(u)-F_{u1}(-\infty)]\mathrm{d}u \tag{5-278}$$

$$p_{u2}=\int_R f_s(u)[F_{u2}(u)-F_{u2}(-\infty)]\mathrm{d}u \tag{5-279}$$

$$p_{t1}=\int_R f_s(t)[F_{t1}(t)-F_{t1}(-\infty)]\mathrm{d}t \tag{5-280}$$

$$p_{t2}=\int_R f_s(t)[F_{t2}(t)-F_{t2}(-\infty)]\mathrm{d}t \tag{5-281}$$

根据区间运算乘法公式，得到负荷失效率区间概率

$$p=[\min(p_{u1},p_{u2})\cdot\min(p_{t1},p_{t2}),\max(p_{u1},p_{u2})\cdot\max(p_{t1},p_{t2})] \tag{5-282}$$

3. 区间概率评估方法

基于上述评估模型和算法，敏感设备电压暂降区间失效率评估过程如图 5-52 所示。

5.4.8 基于云模型的设备敏感度评估

根据李洪兴教授等数学家们的研究，模糊性与随机性之间具有统一性，但如何将其统一起来，并建立可行的方法是困难的问题。李德仁和李德毅两位院士在研究空间数据挖掘的过程中，提出了云模型，该方法不仅可用于自然语言表达和知识发现，同样可用于设备敏感度评估。本节在现有云模型的基础上，提出敏感

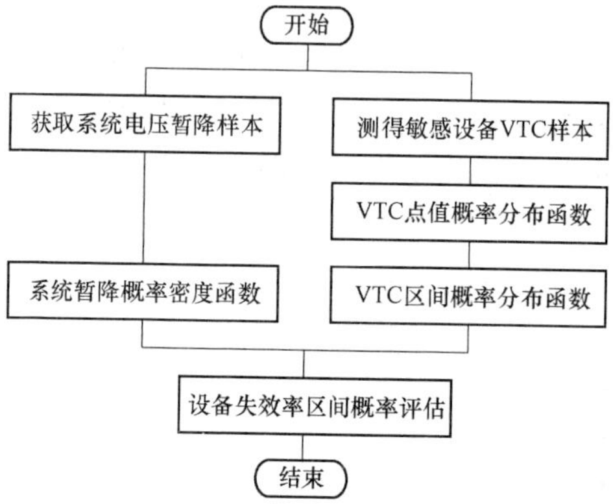

图 5-52 设备失效率区间评估流程

设备电压暂降的云模型评估方法。考虑到设备结构、负荷水平等对敏感度的影响，以及设备从正常到故障、量变到质变的过渡过程，用云模型对敏感设备耐受水平进行建模，通过正态正向云发生器从定性到定量的不确定性转换，得云滴的概率密度函数，用该分布来评估设备在特定电压暂降下的故障率。

云滴是云模型在概率意义下的随机实现，根据正态云发生器算法，所有云滴 x 构成随机变量 X[152]，其期望为 Ex，方差为 En^2+He^2，概率密度函数为

$$f(x)=\int_{-\infty}^{+\infty}\frac{1}{2\pi He\,|y|}\exp\left[-\frac{(x-Ex)^2}{2y^2}-\frac{(y-En)^2}{2He^2}\right]\mathrm{d}y \quad (5-283)$$

该式为无解析形式的概率密度函数，其分布呈“中间多，两头少”的特点。当 $He=0$ 时，云模型就退化为普通的正态函数。对于任意的 x_0，可以通过积分变换 $y=En+t\cdot\sqrt{2}He$ 后采用 Gauss - Hermite 积分求得相应的函数值 $f(x_0)$。

有了 $f(x)$ 后，可以求解它在区间 [a，b] 上的积分

$$I=\int_a^b f(x)\mathrm{d}x \quad (5-284)$$

由于 $f(x)$ 没有明晰的解析形式，可用数值积分的方法求解该积分，下面介绍复化 Simpson 的数值积分方法。先将区间 [a，b] 分成 n 等分，各节点为 $x_k=a+kh$，$k=0$，1，…，n，步长 $h=(b-a)/n$，在每个子区间 [x_k，x_{k+1}] 上采用 Simpson 公式，求得积分近似值 I_k，再用 $I=\sum_{k=0}^{n-1}I_k$ 作为准确积分的近似值。复化 Simpson 公式如式（5-285），其中 $x_k+0.5$ 为区间 [x_k，x_{k+1}] 的中点，I 作为云滴在区间 [a，b] 上的积分。

$$I=\left[f(a)+4\sum_{k=0}^{n-1}f(x_{k+0.5})+2\sum_{k=1}^{n-1}f(x_k)+f(b)\right]\cdot h/6 \quad (5-285)$$

本节将暂降电压幅值和持续时间看作独立变量，分别对其建立云模型，利用上述方法求解其云滴的概率密度函数 $f_U(u)$、$f_T(t)$，然后确定设备在特定暂降特征（u，t）下的故障率 p

$$p=\int_u^{U_{\max}}f_U(u)\mathrm{d}u\int_{T_{\min}}^{t}f_T(t)\mathrm{d}t \quad (5-286)$$

6　不确定性测度在电力系统中的应用

6.1　不确定性测度在电力负荷预测中的应用

电力负荷预测是电力工业中的一项重要工作。准确的电力负荷预测是合理进行电力系统规划、建设、生产、调度及检修的重要依据，可以保证电网安全、经济的运行，提高电力企业的经济和社会效益。然而，电力负荷的波动是一个随机非平稳过程，受诸多自然、社会因素的影响，各种影响因素也是不确定的，因而对其准确预测的难度很大。随着电力市场化改革的不断深入，电力系统中蕴含的各种不确定因素使得决策工作面临着一定程度的风险，而在决策工作中必须考虑电力需求的不确定性。在这种背景下，寻找一种能有效处理不确定性的方法来提高电力负荷的预测准确度具有十分重要的意义。在本书的 5.1 节中已经举例说明了不确定性理论在电力负荷预测中的应用，本节主要针对不确定性测度在电力负荷预测中的应用加以展开论述。

6.1.1　基于概率测度的电力负荷预测

目前，人工神经网络（ANN）理论用于短期负荷预测的研究很多，其突出优点是对大量非结构性、非精确性规律具有自适应功能，具有信息记忆、自主学习、知识推理和优化计算的特点。ANN 具有很强的自学习和复杂的非线性函数拟合能力，很适合于电力负荷预测问题，是在国际上得到认可的实用预测方法之一。然而，利用 ANN 模型所得预测结果为确定性数值，无法确定未来负荷可能的波动范围。实际上，由于电力系统中蕴含了各种不确定性因素，使决策工作必然面临一定程度的风险，如果能够得出概率性负荷预测结果，由一定置信水平下的区间预测结果代替传统的确定性预测结果，则可使电力系统决策人员在进行生产计划、系统安全分析等工作时更好地认识到未来负荷可能存在的不确定性和面临的风险因素，从而及时做出更为合理的决策。因此，有学者提出一种基于概率测度的电力负荷预测模型。对历史负荷预测误差分布特性进行统计分析，对各负荷分区内预测误差的概率密度函数进行建模，得到各时段负荷的概率密度曲线，结合确定性负荷预测结果进行概率性负荷区间预测。

1. 历史负荷预测误差特性的统计

采用神经网络预测模型进行负荷预测，得到的确定性负荷预测结果作为分析样本，选取样本天数为 D，每日时段数为 T，则第 d 日 t 时段点负荷的预测值和实际值分别为 $\widetilde{L}_{dt}$ 和 L_{dt}，得到的负荷预测的相对误差 v_{dt} 为

$$v_{dt}=\frac{\widetilde{L}_{dt}-L_{dt}}{L_{dt}}\times 100\%, t=1\sim T, d=1\sim D \tag{6-1}$$

为获取充分多样本数据，更好地对预测误差的统计特性进行分析，每日选取以 15min 为时间间隔的 96 个时段点的负荷数据作为样本，即 T 取 96。由于不同时段或不同负荷水平下的负荷预测误差波动情况可能有较大差异，因此在对式（6-1）求得的大量预测误差进行统计分析之前，需要对历史负荷样本进行分类：首先，依据样本典型日负荷曲线的峰平谷特性将负荷时段分为谷段、峰段和平段，假设将日负荷时段划分为 M 段；其次，依次对 M 段按负荷值的大小进行等间隔划分，假设所取负荷分类尺度为 ΔL，第 m 段（$m=1\sim M$）的负荷取值范围为（L_{ml}，L_{mh}），则所分区间为

$$D_{mi}=(L_{ml}+(i-1)\Delta L, L_{ml}+i\Delta L), i=1\sim N, m=1\sim M \tag{6-2}$$

$$N=[(L_{mh}-L_{ml})/\Delta L]+1 \tag{6-3}$$

式（6-2）和式（6-3）中：N 为划分区间个数。依据式（6-2）所得划分区间可能出现某些区间负荷样本点过少而不能较好地反映预测误差统计规律的情况，需要制定新的划分标准进行负荷区间的 2 次划分，即依据 D_{mi} 中样本点的个数对 1 次划分的区间进行合并，使合并后新区间内的样本点数目满足要求，样本点数目参考范围为 $[l-a, l+a]$，其中 l 为适当的样本点个数，a 为允许波动范围。二次划分后得到的各时段负荷分区为 $D'_{mj}(j=1\sim W)$，各时段内的负荷层数 W 不一定相同，第 D_{mj} 层样本点个数为 R_{mj}。

2. 概率性负荷区间预测

利用非参数核函数估计的方法对每一负荷分区内预测误差的概率密度函数进行建模，对某一预测误差 v，其概率密度为

$$f_{D_{mj}}(v)=\frac{1}{R_{mj}h}\sum_{r=1}^{R_{mj}}K\left(\frac{v-v_r}{h}\right) \tag{6-4}$$

式中：$K()$ 取正态核函数；$h=1.8\sim 2$。

依次计算负荷分区 D'_{mj} 内每一点的概率密度，采用文献[153]中的三次样条插值法求取该负荷分区预测误差的概率密度函数曲线，得到负荷值概率密度曲线。

对于分析所得负荷值概率密度曲线及确定性的负荷预测值，通过概率性预测

方法得到某一置信水平下的区间估计，从而反映未来负荷的波动范围，以便电力系统决策人员及时做出更合理的决策。

对于给定 α ($0<\alpha<1$)，若任一负荷值 L 满足

$$P(\widetilde{L}_{\min} < L < \widetilde{L}_{\max}) = 1-\alpha \tag{6-5}$$

则称区间 ($\widetilde{L}_{\min}$，$\widetilde{L}_{\max}$) 为 L 的置信水平为 $1-\alpha$ 的置信区间，$\widetilde{L}_{\min}$和$\widetilde{L}_{\max}$分别为置信下限和置信上限，$1-\alpha$ 为置信水平，表明随机区间（$\widetilde{L}_{\min}$，$\widetilde{L}_{\max}$）包含实际负荷值 L 的概率为 $1-\alpha$。

由数理统计知识可知，在进行参数区间估计时，应尽可能使置信区间的长度达到最短。对于分布对称的单峰函数，$\alpha_1=\alpha_2=\alpha/2$ 时，置信区间的长度最短，然而，对于插值法所得非对称负荷值概率密度曲线，由 $\alpha_1=\alpha_2=\alpha/2$ 所确定的置信区间不一定最短，采用试探法确定最短负荷区间。

对 t 时段点的负荷值概率密度曲线，令 $s=\int_{-\infty}^{\infty} f_t(L)\mathrm{d}L=\alpha_2$ 利用试探法寻求最短置信区间的过程可表述为

$$\frac{1}{s}\int_{-\infty}^{L_1} f_t(L)\mathrm{d}L=\alpha_1 \tag{6-6}$$

$$\frac{1}{s}=\int_{L_1}^{L_2} f_t(L)\mathrm{d}L=1-\alpha \tag{6-7}$$

式中：$0<\alpha_1<\alpha<1$，循环求解满足式（6-6）、式（6-7）的（L_1，L_2）数据对，$\Delta L=L_2-L_1$最小时的数据对即为最短负荷预测区间的置信下限和置信上限。

6.1.2 基于模糊测度的电力负荷预测

负荷受多种因素的影响，与诸多影响因素之间是一种多变量、强耦合、严重非线性的关系，且这种关系具有动态性，因而传统方法的预测准确度不高。实际上，在电力系统负荷动态过程中包含大量的随机性和非线性因素，包括温度、降雨量、相对湿度等，几乎不可能建立其精确的数学模型，而实际电力负荷预测常常又必须根据得到的不很确切或模糊的数据进行预报。基于文献[154]，本书提出一种基于模糊神经网络的短期电力负荷预测模型。一方面，神经网络具有并行处理、联想记忆、分布式知识存储、鲁棒性强等特点，尤其是它的自组织、自适应、自学习功能，从而在复杂非线性对象的辨识和控制中得到了广泛的应用；另一方面，模糊系统适用于处理不确定性、不精确性及噪声引起的问题，二者的结合能发挥各自的优势，克服各自的不足，因此模糊逻辑与人工神经网络的结合是提高预报性能的一个富有潜力、最有希望的有效方法。

1. 模糊神经网络

模糊神经网络理论的提出和发展是通过将模糊集理论与人工神经网络理论有

机结合来实现的。模糊系统与神经网络常见的结合方式有：①以与或运算代替神经网络中的 Sigmoid 函数；②神经网络的权值是模糊量；③神经网络的输入为模糊量；④神经网络的输入和权值是模糊量；⑤上述各种形式的复合。此处采用第 3 种，即神经网络的输入为模糊量的方式作为负荷进行预测。在本书的例子中，根据电力系统的具体特点，用线形划分方法，一个输入空间采用不相等的划分，一个输入空间的间隔区间是通过不同的划分得到的。

2. 输入样本的选择

（1）负荷预测的主要因素。负荷预测曲线形状随着工业活动和天气的变化在工作日和休息日呈现出很大的不同。

影响负荷变化的因素是多种多样的，有突发事件、政治影响、天气因素、气候因素、季节交替等。鉴于历史资料对这些因素记录的不完整性，此处主要考虑下面几个因素。

1）温度：低温、中温、高温。

2）季节：用月份来表示，1 月、8 月。

3）星期几（日期）。

只有将那些对负荷的变化影响较大的因素尽量都包含在输入之内，才有可能做出准确的预测。选择实际历史负荷数据仍以清晰量作为网络的部分输入，而选择的模糊输入量为对负荷有较大影响的日工作状态、温度。

而鉴于负荷模式随季节的变化而差异很大，对夏季和冬季分别建立模型预测未来负荷，且除以上所列模糊输入量外，夏季模型中采用了湿度因素，冬季模型中采用了风冷系数（wind - cooling）因素。

（2）负荷影响因素的模糊化。模糊输入量是通过隶属函数转化为模糊量的，隶属函数的设计直接影响到负荷预报的准确度，其原则是：对于那些与输出的因果关系主要是线性的输入，隶属函数个数应选取的少些，非线性越大则应该多设一些隶属函数，此处所用的两种作为网络训练的待模糊化的输入量为日工作状态 G、温度 T。考虑到气温变化和节假日对负荷值的影响，为便于计算，采用三角形的隶属函数。

同时，为体现负荷变化对低温的敏感性，模糊变量 T 的隶属函数形状是不均匀的，在零下温度的范围内较为密集，充分体现低温对负荷变化的明显影响作用。其隶属函数如图 6 - 1 与图 6 - 2 所示。

其中，T 取 7 个模糊语言值：NB（负大），NM（负中），NS（负小），ZE（零），PS（正小），PM（正中），PB（正大）。

然后根据已知的输入输出对应的隶属度，采用“IF…THEN…”的推理方法，建立模糊规则库。

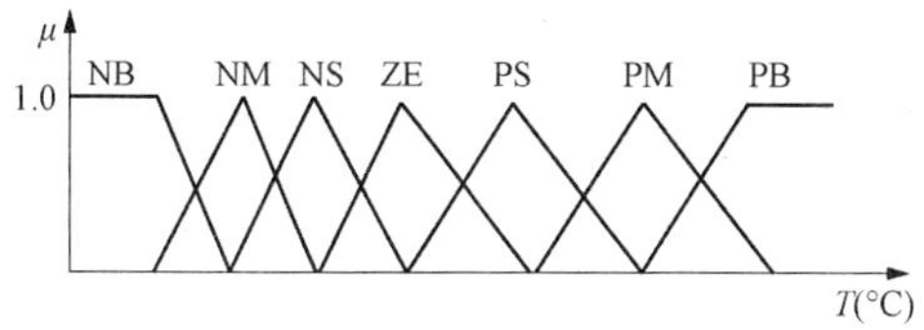

图 6-1 温度函数系数

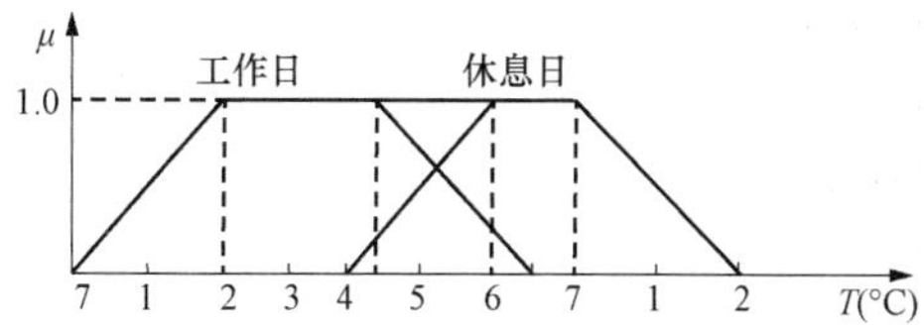

图 6-2 日工作状态隶属函数

(3) 输入输出数据。输入数据：12 个整点负荷数据，3 个代表日温度（T）的隶属度，2 个代表日工作状态的隶属度；对夏季模型还有 1 个代表湿度的隶属度，对冬季模型还有 1 个代表风冷系数的隶属度。

输出数据：12 个整点负荷数据。

(4) 负荷数据的先期处理。电力负荷中存在许多意想不到的干扰，因此负荷历史数据中也许夹杂有一些伪数据。如果不对这些伪数据进行平滑处理，则负荷预测准确度必然会受到一定的影响。此处从使用和预测的方便性出发，利用了一种简单易行的数据先期处理方法。设 $x(t)$ 为数据库中提取的负荷数据，$x_1(t)$、$x_2(t)$分别为前 1 天和前 2 天在 t 时刻的负荷数据。

若$|x_1(t)-x(t)|>k|x_2(t)-x(t)|$，$k\in[20,50]$，则取 $x(t)=[x_1(t)+x_2(t)]/2$。

为了便于预测算法的计算，对平滑处理过的数据进行处理

$$x=\frac{x(t)-\min[x(t)]}{\max[x(t)]-x(t)} \tag{6-8}$$

3. BP 神经网络

在人工神经网络的实际应用中 80%～90%的人工神经网络模型是采用 BP 网络或它的变化形式，BP 网络是前向网络的核心部分。

用于负荷预报的神经网络采用 3 层 BP 神经网络，分为输入层、输出层和隐层，如图 6-3 所示。网络函数为 Sigmoid 函数

$$f(x)=1/(1+e^{-x})$$

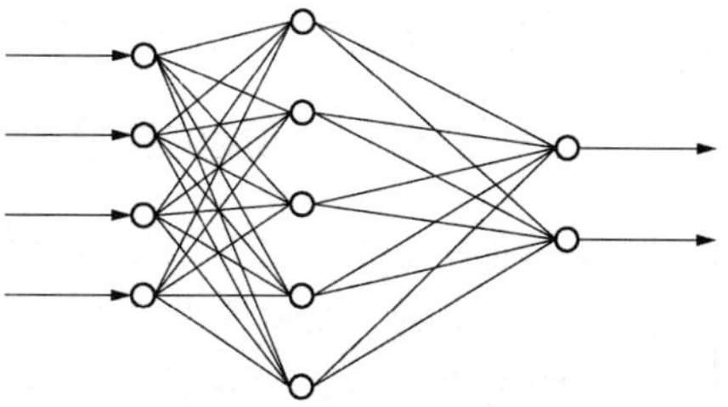

图 6-3 BP 神经网络模型

该算法的学习过程由正向传播和反向传播组成。在正向传播过程中，输入信息从输入层经隐含层逐层处理，并传向输出层。每一层神经元的状态只影响下一层神经元的状态。如果输出层得不到期望的输出，则转入反向传播，将误差信号沿原来的连接通道返回，通过修改各层神经元的权值，使得误差信号最小。为简便起见，指定网络只有一个输出 y，

训练样本号用 p 表示。

第 i 层第 j 个神经元的输出变量用 O_{ij} 表示，由前一层第 j 个神经元到后一层第 i 个神经元的权系数用 W_{ij} 表示，则各神经元输入—输出关系为

$$O_{pi} = f[I_{pi}], I_{pi} = \sum W_{ij} O_{pi} - \theta_i \tag{6 - 9}$$

式中：对输入层 O_{pi} 即为输入变量 x_i；对输出层 O_{pi} 即为输出变量 y；θ_i 为第 i 个神经元的阈值。

定义误差函数 E_p 为期望输出 d_k 与实际输出 y_k 之间误差的平方和

$$E_p = \frac{1}{2} \sum_{k=1}^{n} (d_k - y_k)^2 \tag{6 - 10}$$

为改变网络各个权系数 W_{ij}，使得 E_p 尽可能减小，从而使实际输出值尽量逼近期望输出值。其实质是求误差函数的极小值问题，可采用最陡下降算法，使权系数沿着误差函数的负梯度方向改变。权系数 W_{ij} 的调整量可按下式计算

$$\Delta W_{ij} = -\alpha E_p / W_{ij}, \alpha > 0 \tag{6 - 11}$$

式中：α 为学习步幅，随学习过程而变化。

6.2 不确定性测度在智能电网中的应用

随着智能电网的建设发展，化石能源与环境和经济矛盾的不断加剧，节能减排及开发新能源和可再生能源在世界范围内得到普遍的关注，其中风能和太阳能作为新能源中重要一部分，具有清洁、安全、无污染的特点，并且是取之不尽、用之不竭的。在化石能源逐渐短缺的情况下，选择风能和太阳能作为替代能源是解决能源危机的重要途径之一。在 5.2 节详细阐述了不确定性理论在智能电网中的应用，在此基础上，本节主要针对新能源发电出力的不确定性，将不确定性测度运用于新能源发电出力的刻画中。

6.2.1 基于概率测度的新能源发电出力评估

风力发电和光伏发电是典型的新能源，具有间歇性，二者同时也具有一定的互补性。长期来看，某些季节风能丰富但光能较少，而有些季节风能较少光能却丰富；短期来看，白天光能丰富，夜晚基本没有光能但风能较大。风光互补系统能够在一定程度上弥补单独风力发电或光伏发电的供电不稳定性，但风光发电受天气的影响随机性非常大。近年来，电动汽车在很多国家，尤其是发达国家得到了快速发展，成为今后一段时间内有望明显拉动电力负荷上升的一个重要行业。通过闲置的电动汽车可以在用电高峰期将电能反送到电力系统中。所以，可入网电动汽车也可以被当作储能装置使用。另外，大量电动汽车广泛接入会给电力系

统的安全与经济运行带来显著的不确定性。本小节基于概率测度，定量刻画风电机组出力、光伏发电出力和电力汽车充放电功率的不确定性。

1. 风电机组出力的概率测度

气象站由测风仪测得的日平均风速 $\overline{v}_0$ 要折算到在风机轮毂高度的日平均风速 $\overline{v}$。风速随高度的变化称为风切，通常用如式（6 - 12）的指数函数来描述风切变换

$$\overline{v} = \overline{v}_0 \left(\frac{z}{z_0}\right)^{\alpha} \tag{6 - 12}$$

式中：z 为轮毂高度；z_0 为气象测风仪的高度；α 为地面粗糙度，对开阔地一般取 1/7。

一年中每小时平均风速服从 Weibull 分布，对于一天小的每个小时而言，湍流一般是不能忽略的，相关内容第 3 章亦已述及。湍流指相对短期如 10min 的风速变化。为更准确的分析不同季节不同天气情况下每天各个时间段的风电机组出力，在每天平均风速的基础上考虑湍流风机力的影响是必要的，这较用全年的分布来统计风电机组出力更为合理。湍流的强度为

$$I = \frac{\sigma_v}{v} \tag{6 - 13}$$

式中：σ_v为 10min 或 1h 以上风速的标准差。考虑湍流的风速可粗略表示为服从均值为 $\overline{v}$、标准差为 σ_v的正态分布[2]，其常用全年的服从 Weibull 分布的风速能更准确地模拟某季节一天内的风速变化

$$f(v) = \frac{1}{\sqrt{2\pi}\sigma_v} \mathrm{e}^{\left[-\frac{(v-\overline{v})^2}{2\sigma_v^2}\right]} \tag{6 - 14}$$

风电机组的输出功率和风速的关系常用式分段线性函数表示

$$P(v) = \begin{cases} 0, & v < v_{\mathrm{in}}, v > v_{\mathrm{out}} \\ \dfrac{v - v_{\mathrm{in}}}{v_{\mathrm{r}} - v_{\mathrm{in}}} P_{\mathrm{r}}, & v_{\mathrm{in}} \leqslant v \leqslant v_{\mathrm{r}} \\ P_{\mathrm{r}}, & v_{\mathrm{r}} < v \leqslant v_{\mathrm{out}} \end{cases} \tag{6 - 15}$$

式中：v_{in}，v_{r}，v_{out}和 P_{r}分别为切入风速、额定风速、切出风速和额定功率（额定风速下的输出功率）。在已知 1h 由平均风速的概率密度和风机输出功率函数的情况下，即式（6 - 14）和式（6 - 15）已知的情况下，可用式（6 - 16）和式（6 - 17）求得该小时内风电机组的出力概率密度的平均值与标准差。

$$\mu_{P_{WT}} = E[P(v)] = \int_0^{+\infty} P(v) f(v) \mathrm{d}v = \int_0^{v_{\mathrm{in}}} 0 \times f(v) \mathrm{d}v + \int_{v_{\mathrm{in}}}^{v_{\mathrm{r}}} \frac{v - v_{\mathrm{in}}}{v_{\mathrm{r}} - v_{\mathrm{in}}} P_{\mathrm{r}} \times f(v) \mathrm{d}v + \int_{v_{\mathrm{r}}}^{v_{\mathrm{out}}} P_{\mathrm{r}} \times f(v) \mathrm{d}v + \int_{v_{\mathrm{out}}}^{\infty} 0 \times f(v) \mathrm{d}v \tag{6 - 16}$$

$$\sigma_{P_{WT}} = \sqrt{E\left(P(v) - \mu_{P_{WT}}\right)^2} = \sqrt{\int_0^{+\infty} \left(P(v) - \mu_{P_{WT}}\right)^2 f(v) \mathrm{d}v} \tag{6 - 17}$$

这里介绍原点矩与中心矩的概念。设 X 是随机变量，若 $E(X^j)$（$j=1, 2, \cdots$）存在，则称它为 X 的 j 阶原点矩；若 $E(X^j)$（$j=1, 2, \cdots$）的数学期望存在，则称 $E\{[X-E(X)]^j\}$ 为 X 的 j 阶中心矩，一阶原点矩为变量的均值，二阶中心矩为变量的标准差的平方。用 MATLAB 可求得风电机组出力的 j 阶中心矩 $E\{[P(v)-\mu P_{WT}]^j\}$；三阶和四阶中心矩将在后面点估计算法中用到。

2. 光伏发电出力的概率测度

气象日值数据中的日照时数是一天内不同辐射强度下的累加值，在已知某日日照时数 S 的前提下，全天日照辐射总量 H 如式（6-18）所示，式（6-18）体现了日照时数对每天太阳辐射量的影响。

$$H = H_L\left(a + b\frac{S}{S_L}\right) \tag{6-18}$$

式中：H_L为进入大气层内的太阳辐射强度；a 和 b 为经验系数；S_L为每天日长。

$$S_L = (2/15)W_S \tag{6-19}$$

$$H_L = \tau \times H_0 \tag{6-20}$$

式中：W_S为时角；H_0为地球大气外层的辐射强度；τ 为空气透明系数，$\tau \in [0.4, 0.8]$。采用式（6-23）描述空气透明系数的概率密度函数。

$$W_S = \cos^{-1}(-\tan\varphi \times \tan\delta) \tag{6-21}$$

$$H_0 = (1/\pi) \times G_{SC} \times E_0 \times [\cos\phi \times \cos\delta \times \sin W_S + (\pi/180) \times \sin\phi \times \sin\delta \times W_S] \tag{6-22}$$

$$f(\tau) = c\,\frac{\tau_{\max} - \tau}{\tau_{\max}} e^{\lambda\tau} \tag{6-23}$$

式中：ϕ 为纬度；δ 为太阳赤纬角，一年中每天的太阳赤纬角是一定的，可以通过查万年历的方法得出；$G_{SC}=1.367\text{kW/m}^2$。

3. 电动汽车充放电功率的概率测度

这里以 PHEV60（EPRI）为例进行电动汽车充放电概率密度的研究，该电池的容量为 18kWh，EV 在充电站中进行集中充放电，假设充放电功率恒定，即充满完全放电的电池需要 5 小时。设系统中一共有 n 辆 EV，出勤率为 α。采用文献描述的智能充放电模式建立每小时接入电网进行充放电的数目模型，即每个时间段内期望接入电网进行充放电的 EV 台数服从如式（6-24）所示的正态分布。

$$n_{\text{EV}}(t) = n\,\frac{1}{\sqrt{2\pi}\sigma_t} e\left[-\frac{(t-\mu_{t_0})^2}{2\sigma_t^2}\right] \tag{6-24}$$

式中：μ_{t0}为 EV 接入电力系统的期望时间；σ_t为标准差，指充放电的时间范围。充电的期望时间为 $\mu_{t0}=1$ 即夜间 24：00 到次日 1：00，期望放电时间为 $\mu_{t0}=13$，指第 13 个小时，即 12：00～13：00 这个时间段，令充放电的

时间分布范围均为 $\sigma_t=2$。每个实际时间段内接入电网的 EV 台数可以用泊松分布模拟，为

$$p(n_{\mathrm{EV}})=\frac{\mathrm{e}^{-\lambda_{\mathrm{EV}}}\lambda^{n_{\mathrm{EV}}}}{n_{\mathrm{EV}}!},n_{\mathrm{EV}}=0,1,\cdots \tag{6-25}$$

式中：λ_{EV}为由式（6-24）求得的该时间段内接入的期望值；n_{EV}为可能接入电网的 EV 台数。在得到每个小时接入电力系统的 EV 台数的概率密度函数后，就可以求得该小时 EV 充放电功率的均值、标准差和高阶中心矩。

6.2.2 基于不确定性测度的太阳辐射值预测模型

由于光伏出力受太阳辐射值的影响最大，而且考虑到云是太阳辐射预测时不可忽略的气象因素，因此，本节主要讨论有云天气的太阳辐射值计算模型。目前多采用 Kasten 模型、Nielsen 模型、云遮修正系数模型等，利用一个与云量有关的函数对无云天气的辐射值进行校正。基于文献[155]，此处采用云遮系数模型，见式（6-26）。云对直射和散射的影响机制不同，所以要分别对二者进行分析。对直射而言，随着云量的越大，云层对直射的削减作用就越大，直射就越小；对散射而言，随着云量的增大，散射会越大，但当云量大到一定程度时，云的遮蔽起主要作用，使得散射又会减小。

$$I_c=I_0\times(1-\zeta) \tag{6-26}$$

式中：I_c 为有云天气的太阳辐射值；I_0 为无云天气的太阳辐射值，具体可参照文献[155]；ζ 为对应的云遮系数。

1. 云量的模糊性

云量用成数表示，但其外延是不明确的，由于人们自身认知的差异，对各个云量的定义是各不相同的。若已知云层覆盖率是 25%，不能明确它对应的云量为 2 还是 3。所以，云量是一个模糊变量。对云量的划分不是用一个明确的点，而是具有一定交集的区间。可以用三角隶属函数对云量进行划分，如式（6-27）所示，计算各个云层覆盖率 z 对云量 C_i 的隶属程度，具体划分如图 6-4 所示。

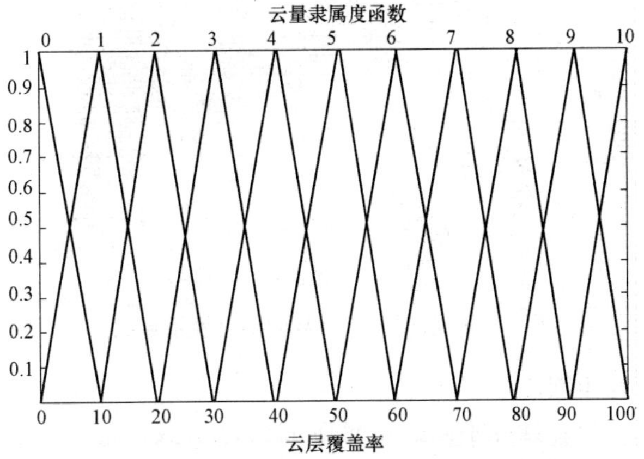

图 6-4 云层覆盖率对云量的隶属度函数图

$$\mu_{C_i} = \frac{10-z}{10}, C_i = 0$$

$$\mu_{C_i} = \begin{cases} \frac{[z-(C_i-1)\times 10]}{10}, z \leqslant 10C_i, 0 < C_i < 10 \\ \frac{[(C_i+1)\times 10 - z]}{10}, z > 10C_i, 0 < C_i < 10 \end{cases} \quad (6-27)$$

$$\mu_{C_i} = \frac{z-90}{10}, C_i = 10$$

每个时刻的云量用隶属度向量 $F(z_k)=(\mu_{C0}(z_k), \mu_{C1}(z_k), \cdots, \mu_{Ci}(z_k), \mu_{C10}(z_k))$ 表示，其中 $\mu_{Ci}(z_k)$ 为云层覆盖率 $z_k(k=1, 2, \cdots, n)$ 对云量 $C_i(i=0, 1, 2, \cdots, 10)$ 的隶属度。这样，根据可信性理论，每个云量 C_i 都与一个可能性空间 $(z, p(z), \mu_{Ci}(z))$ 相对应。

2. 云遮系数的随机性

云遮系数表示云对太阳辐射的削减程度，它具有随机性。云量对应的直射和散射云遮系数分别用 ξ_{1k} 和 ξ_{2k} 表示，云层覆盖率对应的直射和散射云遮系数分别用 g_{1k} 和 g_{2k} 表示。通过对历史数据的计算，直射云遮系数和散射云遮系数的取值范围分别是 [0, 1] 和 [−5, 1]，可以统计得到其概率分布，步骤如下。

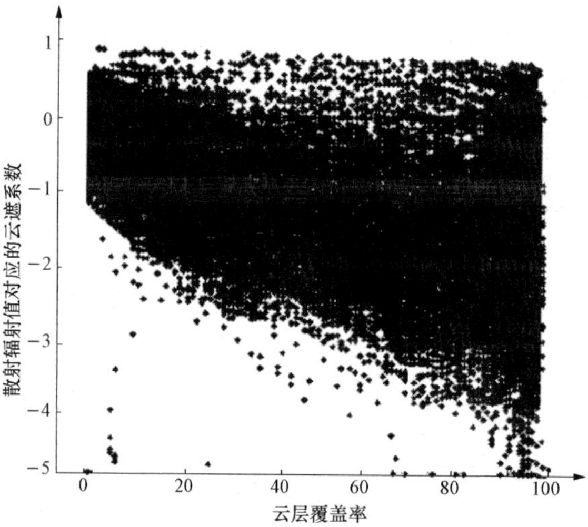

图 6-5　散射云遮系数的随机性示意图

(1) 确定历史数据，采用 2006—2011 年每年 11 月份的数据，利用 REST 修正模型，得到无云天气太阳辐射的计算值，由式 (6-26) 分别计算各个时刻云层覆盖率对应的直射和散射云遮系数，散射云遮系数的计算值如图 6-5 所示。

从图中可以看出，同一云层覆盖率下的云遮系数不是一个确定的值，而是具有离散的概率分布，这样实际云量对应的云遮系数就是随机分布的。

(2) 计算不同云量对应的云遮系数，统计历史数据中实际云量为 $C_j(j=0, 1, \cdots, 10)$ 的数量

$$\widetilde{N}_j = \sum_{m=1}^{n} \mu_{C_j}(s_m) \tag{6-28}$$

式中：s_m为第m个云层覆盖率的实际值；$\mu_{Cj}(s_m)$ 为S_m对云量C_j的隶属度。

(3) 将直射和散射云遮系数按照数值大小分别平均分为$n_1=50$和$n_2=100$个区间，并统计云量实际值为C_j时直射和散射云遮系数落入各个区间的数量$\widetilde{N}_{1jk}$ ($k=1, 2, \cdots, n_1$) 和$\widetilde{N}_{2jk}$ ($k=1, 2, \cdots, n_2$)，即

$$\begin{cases} \widetilde{N}_{1jk} = \sum\limits_{m=1}^{n} \mu_{C_j}(s_m),\text{当 } \xi_{1m} \text{ 落在第} k \text{ 个直射云遮系数区间} \\ \widetilde{N}_{2jk} = \sum\limits_{m=1}^{n} \mu_{C_j}(s_m),\text{当 } \xi_{2m} \text{ 落在第} k \text{ 个直射云遮系数区间} \end{cases} \tag{6-29}$$

也就是说，如果第m个时刻的直射云遮系数ξ_{1m}落在第k个区间内，则数量要加上该时刻的云层覆盖率s_m对云量C_j的隶属度。

(4) 分别计算直射和散射云遮系数分布在各个区间的概率P_{1jk}和P_{2jk}，即

$$\begin{cases} P_{1jk} = \widetilde{N}_{1jk}/\widetilde{N}_j \\ P_{2jk} = \widetilde{N}_{2jk}/\widetilde{N}_j \end{cases} \tag{6-30}$$

这样，实际云量C_j对应的云遮系数ξ_{1k}为随机变量集合。

对于不同云层覆盖率对应的云遮系数g_{1k}和g_{2k}，其统计方法与云量对应的云遮系数相同，只需把上述步骤中的云量改为云层覆盖率即可。可以得出相同的结论，即云层覆盖率对应的云遮系数也是随机变量集合。

3. 基于不确定性测度的太阳辐射值预测模型

(1) 模糊随机模拟算法。

算法 1：模糊模拟算法（求模糊变量的期望值）

1）令$e=0$。

2）分别从Θ中均匀产生θ_k，使得$\mathrm{Pos}\{\theta_k\}>\varepsilon$，令$v_k=\mathrm{Pos}\{\theta_k\}$ ($k=1, 2, \cdots, N$)，ε是一个很小的正数。

3）令$a=\min\limits_{1\leqslant k\leqslant N} E\{f[\xi(\theta_k)]\}$ $b=\max\limits_{1\leqslant k\leqslant N} E\{f[\xi(\theta_k)]\}$。

4）在区间$[a, b]$中产生随机数r。

5）若$r\geqslant 0$，则$e\leftarrow e+Cr\{E[f(\xi)]\geqslant r\}$。

6）若$r<0$，则$e\leftarrow e-Cr\{E[f(\xi)]\leqslant r\}$。

7）重复第4～6步骤共N次。

8）$E[f(\xi)]=a\vee 0+b\wedge 0+e(b-a)/N$。

算法 2：模糊随机模拟算法（求模糊随机变量的期望值）

1）令$e=0$。

2）根据概率测度 Pr 的大小，从样本空间 $\boldsymbol{\Omega}$ 中随机抽取样本 w。

3）$e \leftarrow e+E\{f[\xi(w)]\}$，其中 $E\{f[\xi(w)]\}$ 可以通过模糊模拟得到。

4）重复第 2～3 步骤共 N 次。

5）$E[f(\xi)] \leftarrow e/N$。

（2）非参数回归。相对于参数回归，非参数回归方法的函数形式和参数都是未知的。其优点是，对总体进行估计时，回归函数的形式自由，不依赖样本的分布，适用于非线性、非齐次和对总体分布未知的数据。

1）非参数回归。非参数回归是直接根据训练数据建立模型，利用数据中蕴含的输入输出关系进行预报。样本（X_i，Y_i），$i=1$，2，…，n 独立分布，X 为解释变量，Y 为被解释变量，X 是影响 Y 的一个因素，建立非参数回归模型

$$Y_i = g(X_i) + \varepsilon_i, i = 1,2,\cdots,n \tag{6-31}$$

式中：$g()$ 为回归函数；ε_i 为随机误差项反映的是除 X 外，模型的设定误差和其他影响被解释变量的因素等。

计算 $g(x)$ 得

$$g(x) = \frac{\sum_{i=1}^{n} K\left(\frac{x-X_i}{h}\right) Y_i}{\sum_{i=1}^{n} K\left(\frac{x-X_i}{h}\right)} \tag{6-32}$$

式中：$K()$ 为核函数，用来确定 Y_i 在 $g(x)$ 中的权重；h 为窗宽或光滑参数。

常用的非参数回归的方法有 k-邻近回归，局部多项式回归，核函数回归。

2）核密度估计。核函数回归是非参数回归方法中的一种，它主要采用核密度估计，用某种核函数来表示某一样本对待估计密度函数的贡献。核密度估计函数为

$$f(x) = \frac{1}{nh} \sum_{i=1}^{n} K\left(\frac{x-X_i}{h}\right) \tag{6-33}$$

核密度估计中，比较重要的两个问题就是核函数和窗宽的确定。常用的核函数有指数核函数 $K=\mathrm{e}^{|u|}$、均匀核函数 $K=0.5I(|u|<1)$、高斯核函数 $K=\frac{1}{\sqrt{2\pi}}\mathrm{e}^{-\frac{u^2}{2}}$。此处选用高斯核函数。

窗宽 h 是控制估计准确度的重要参数，随着样本容量的增大，一般窗宽会减小。如果 h 太大，估计函数会太平滑，因此而遮盖分布的细节部分；如果 h 太小，估计的随机性增强，密度函数会不规则，所以要选择适当的 h 使误差尽量小。选择窗宽的方法有：插入法、惩罚函数法、交叉验证法等。交叉验证法（cross validation，CV）的思路是，对每个观测 $x=Xi$，先除去此点，再把剩下的点在 $x=Xi$ 处代入式（6-33）进行核估计，接着选择积分均方误差最小的窗宽

$$ISE(h) = [f_n(x) - f(x)]^2 \tag{6-34}$$

3）区间预测。区间预测指的是预测结果为满足一定概率水平的区间。用核密度估计得到概率密度函数，进一步可得到概率分布函数，再采用非参数回归技术计算预测区间。

直方图可看作概率密度函数的离散表示方式。若用直方图中每个柱形的高度来表示事件发生的概率，则这样的直方图就被称为概率直方图。因此由概率直方图也可以得到预测函数的概率密度分布情况。概率分布函数是概率密度函数的积分，可以由概率直方图累加求和而得到。

ξ 为随机变量，概率分布函数用 $F(\xi)$ 表示，则采用非参数回归技术建立 $1-\alpha$ 概率预测区间 $[G(\alpha_1), G(\alpha_2)]$。$\alpha_2-\alpha_1=1-\alpha$，取对称的概率区间，也就是 $\alpha_1=\alpha/2$，$G(q)$ 为 $F(\xi)$ 的反函数，则有 $Pr\{\xi\leqslant G(q)\}=q$。则 $1-\alpha$ 概率预测区间为

$$[G(\alpha_1),G(\alpha_2)] = \left[G\left(\frac{\alpha}{2}\right),G\left(1-\frac{\alpha}{2}\right)\right] \tag{6-35}$$

（3）云量的随机性。云量具有随机性，若预报的云量为 C_i，实际出现的云量可能为 0～10 的任意值，各个值的概率可以通过如下的步骤得到。

1）统计所研究的时间段内预测云量为 C_i（$i=0$，1，…，10）的数量 N_i。对 N_i 的统计采用直接计数方法，即有一个云量为 C_i 的时刻 N_i 就加 1。

2）在历史数据中，统计云量预测值为 C_i 时实际值为 C_j 的数量 $\widetilde{N}_{ij}$。由于实际云量是用隶属度向量表示的，所以计数方法也与一般情况不同。

$$\widetilde{N}_{ij} = \sum_{k=1}^{n} \mu_{C_i}(y_k)\mu_{Cj}(s_k) \tag{6-36}$$

式中：y_k 为第 k 个预测云量；s_k 为第 k 个实际云层覆盖率；$\mu_{Ci}(y_k)$ 为预测云量对 C_i 的隶属度，此处取值为 1；$\mu_{Cj}(y_k)$ 为云层覆盖率的实际值对云量 Cj 的隶属度。

3）预测云量为 C_i 的情况下实际值为 C_j 的概率为

$$P_{ij} = \widetilde{N}_{ij}/N_i \tag{6-37}$$

这样，从预测云量 C_i 到实际云量 C_j 对应一个随机变量集合。

由 6.2.2 节第 1 部分可知，云量具有模糊性，综合云量的随机性，可以得出云量是一个取模糊值的随机变量，即模糊随机变量。根据求模糊随机变量期望值的模糊随机模拟算法，可以计算各个云量的期望值。

$$i = \begin{cases} j_0, Pr = P_{i0} \\ j_1, Pr = P_{i1} \\ \cdots \\ j_{10}, Pr = P_{i10} \end{cases} \tag{6-38}$$

（4）云遮系数的非参数回归模型。对各个云量期望值对应的云遮系数，可以根据云遮系数的离散概率分布做出其相应的概率直方图。再利用交叉验证法选择合适的窗宽，利用核密度估计法得到其经验概率密度函数。以云量 10 为例，计算得到它的期望值为 69%，对应的直射和散射云遮系数的概率密度函数分别如图 6-6(a)、(b) 所示。可以看出，直方图和曲线变化趋势一致，直方图可以用概率密度曲线来描述。对概率密度函数进行积分，就可以得到概率分布函数 $F(\xi)$ 及其反函数 $G(q)$。由公式可得到云遮系数的预测区间，进而得到太阳辐射的预测区间。

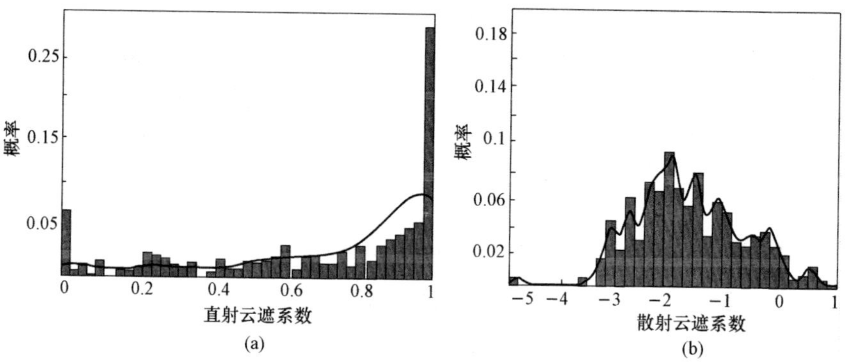

图 6-6　直射和散射云遮系数对应的概率密度函数

（a）直射云遮系数对应的概率密度函数；（b）散射云遮系数对应的概率密度函数

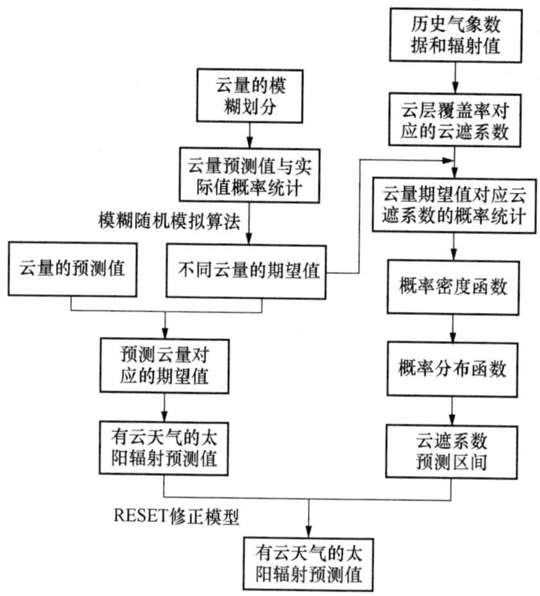

图 6-7　预测流程图

（5）模型的基本思路。模型的预测流程图如图 6-7 所示，具体步骤如下。

1）对云量进行模糊划分，得到云层覆盖率对应的云量实际值，即云量隶属度向量 $F(z_k)$，对比同一时刻的云量预测值和云量实际值，统计得到云量预测值到实际值的随机概率分布 P_{ij}。

2）利用模糊随机模拟算法计算不同云量对应的期望值，根据云量的预测值，选取对应的期望值。

3）计算历史数据中各个时刻的云遮系数 ξ_{1k} 和 ξ_{2k}，得到云遮系数的随机概率分布 P_{1jk} 和 P_{2jk}，利用核密度估计可得其概率密度函数，积分可得概率分布函数及其反函数，从而利用非参数回归得到云遮系数的预测区间。

4）利用 REST 模型计算晴天的太阳辐射值，然后根据预测云量对应的期望值和云遮系数预测区间对其进行修正，最终得到有云天气的辐射值。

6.3 不确定性测度在电网规划运行中的应用

电力系统的根本任务是尽可能经济且而可靠地将电力供给用户，安全、经济、优质、可靠是对电力系统的根本要求。但是，在现代化电力系统功能日臻完善的过程中，系统的结构日益复杂，系统所包含的元件数量越来越多，自动化程度越来越高，而且系统不断向高电压、远距离和大容量方向发展，因此由于系统元件出现的随机故障而引起的系统功能的部分甚至全部丧失，给现代社会的正常生产和生活带来的经济和社会损失越来越巨大。电力系统可靠性研究正是因此而从电力系统规划、设计和运行等实践活动中提出的一项具有巨大经济价值和重大社会意义的前沿性课题，分析结果的准确性对电力系统安全、可靠、经济运行具有深远影响。经过 60 多年的不断努力，电力系统可靠性研究取得了重大发展。目前在一些发达国家，发电系统和配电系统可靠性研究无论在数据统计和系统指标计算等方面有了较为成熟的方法，可靠性评估正逐步成为电力系统规划决策中的常规工作。通过对现有电网的可靠性评估分析，可以给出电网安全风险水平的概率量化评价和薄弱元件、薄弱环节、薄弱区域的有效识别，为提高电网的整体规划和运行水平提供了富有价值的辅助信息和决策参考。

通常情况下，电力系统可靠性评估受网络拓扑、运行方式、系统负荷和元件随机停运及随机修复等诸多因素的影响，具有明显的不确定性[156]，因此，可用“测度”概念进行刻画，基于不确定性测度，评估电力系统可靠性。

6.3.1 基于经典概率测度的电力系统可靠性评估

基于经典概率测度的电力系统可靠性评估最常见的方法是蒙特卡罗仿真。蒙特卡罗仿真又称随机模拟法，其基本思想是：建立相关问题的概率模型或随机过程模型，使其参数为问题所要求的解，然后通过对模型或过程的观察或抽样试验来计算所求参数的统计特征，最后给出所求解的近似值。通常，解的精确度可用估计值的标准误差来表示。蒙特卡罗仿真是一种统计试验方法，其统计的抽样次数与系统规模无关，容易处理各种实际运行控制策略和各种随机分布，所以蒙特卡罗仿真在进行大型复杂电力系统可靠性评估时较为常见。蒙特卡罗仿真按照模拟原理的不同可分为三种类别：状态抽样技术（非序贯蒙特卡罗仿真）[157]、状态转移抽样技术[158]、状态持续时间抽样技术（序贯蒙特卡罗仿真）[159]，6.3.1 节第 1 部分将以序贯蒙特卡罗法在电网可靠性评估中的应用加以说明。

另外，元件可靠性参数受诸多因素的影响具有不确定性，研究参数的不确定性对可靠性评估结果的影响具有重要的学术和工程实用意义。本书将在 6.3.1 节第 2 部分和 6.3.1 节第 3 部分给出经典概率测度在参数不确定性对电网可靠性评估影响中的应用。

1. 基于序贯蒙特卡罗法的电网可靠性评估

在大电网可靠性评估中，序贯蒙特卡罗仿真法是较为广泛的基于概率测度的方法，它不但能给出可靠性指标的期望值估计，而且能够提供逐年可靠性指标样本。此处将分析序贯蒙特卡罗仿真的收敛特性、仿真年数与计算准确度之间的概率不确定性关系，在此基础上，基于逐年可靠性指标样本和非参数核密度估计理论，实现可靠性指标的概率密度估计。

（1）序贯蒙特卡罗仿真的收敛性分析。序贯蒙特卡罗仿真通过模拟系统运行的随机过程实现对可靠性指标的统计计算[1]，为

$$\bar{I}=\frac{1}{T}\int_0^T f(x_t)\mathrm{d}t \tag{6-39}$$

式中：$\bar{I}$ 为可靠性指标期望值的估计量；T 为仿真总时长；x_t 为 t 时刻的系统状态；$f(x_t)$为以系统状态 x_t 为自变量的系统性能测度函数。

由于 x_t 是一个随机变量，故 $f(x_t)$ 是一个随机函数。系统状态 x_t 并非时刻在转移变化，而是在一个系统状态驻留一段时间后，因随机事件的出现而转移到另一系统状态，故系统运行的随机过程是一个离散化过程。

设仿真总时长为 n 年，第 i 年经历的系统状态序列为$\{x_{i1}, x_{i2}, \cdots, x_{iN_i}\}$，则式（6-39）可离散化为

$$\begin{aligned}\bar{I}&=\frac{1}{8760}\sum_{i=1}^{n}\int_{8760(i-1)}^{8760i}f(x_t)\mathrm{d}t\\&=\frac{1}{n}\sum_{i=1}^{n}\frac{1}{8760}\sum_{j=1}^{N_i}f(x_{ij})D(x_{ij})=\frac{1}{n}\sum_{i=1}^{n}I_i\end{aligned} \tag{6-40}$$

式中：$D(x_{ij})$ 为系统状态 x_{ij} 的持续时间；I_i 为第 i 年的可靠性指标。

可见，序贯仿真通过模拟系统 n 年的运行过程，对每一年的系统状态序列进行统计后得到逐年可靠性指标样本$\{I_i \mid i=1, 2, \cdots, n\}$，并用样本均值 $\bar{I}$ 作为期望值 I 的无偏估计量。由大数定律可知，相互独立、相同分布、具有有限数学期望 I 的随机变量序列$\{I_i \mid i=1, 2, \cdots, n\}$，对任何 $\varepsilon>0$，其均值 $\bar{I}$ 满足

$$\lim_{n\to\infty} P\{|\bar{I}-I|<\varepsilon\}=1 \tag{6-41}$$

可见，当$n\to\infty$时，样本均值$\bar{I}$以概率收敛于期望值I。因此，当仿真年数n给定时，样本均值与期望值之间的误差$|\bar{I}-I|$具有概率不确定性关系；而当允许误差给定时，仿真年数n也是一个随机变量。在实际应用中，仿真年数n不能太大，否则计算时间过长；但n也不能太小，否则误差$|\bar{I}-I|$可能超出允许范围。因此，应研究仿真年数n与计算准确度之间的概率相依关系，对两者的相互影响给出量化依据，从而在实际工程应用中实现它们的综合权衡。

根据同分布的中心极限定理，设独立随机变量I_1，I_2，…，I_n服从相同分布，且具有有限的数学期望I及方差σ^2（$0<\sigma<+\infty$），$\bar{I}$为其均值，则有

$$\lim_{n\to\infty} P\left\{\frac{\bar{I}-I}{\sigma/\sqrt{n}}<t_\alpha\right\}=\int_{-\infty}^{t_\alpha}\frac{1}{\sqrt{2\pi}}e^{-\frac{t^2}{2}}dt=\Phi(t_\alpha) \tag{6-42}$$

在n充分大时（$n\geqslant 30$的大样本容量条件下），$\bar{I}$近似服从正态分布$N(0, \sigma^2/n)$，绝对误差$\bar{I}-I$近似服从正态分布$N(0, \sigma^2/n)$。在工程应用中，一般采用方差系数而不是绝对误差作为计算准确度的评价标准

$$\beta=\frac{\sqrt{V(\bar{I})}}{\bar{I}}=\frac{\sigma/\sqrt{n}}{\bar{I}} \tag{6-43}$$

则有

$$\frac{1}{\beta}-\frac{I}{\sigma/\sqrt{n}}=\frac{\bar{I}-I}{\sigma/\sqrt{n}}\sim N(0,1) \tag{6-44}$$

$$P\left\{\left|\frac{1}{\beta}-\frac{I}{\sigma/\sqrt{n}}\right|<t_\alpha\right\}=2\Phi(t_\alpha)-1=\alpha \tag{6-45}$$

因此，在置信水平α下对应给定的仿真年数n时，方差系数β的置信区间为

$$\frac{1}{t_\alpha+\sqrt{n}/(\sigma/I)}\leqslant\beta\leqslant\frac{1}{-t_\alpha+\sqrt{n}/(\sigma/I)} \tag{6-46}$$

在置信水平α下允许的方差系数β给定时，所需仿真年数n的置信区间为

$$\left(\frac{\sigma}{I}\right)^2\left(\frac{1}{\beta}-t_\alpha\right)^2\leqslant n\leqslant\left(\frac{\sigma}{I}\right)^2\left(\frac{1}{\beta}+t_\alpha\right)^2 \tag{6-47}$$

式（6-46）和式（6-47）给出了测度仿真年数n和计算准确度β概率不确定性的置信区间公式。可见，在置信水平α下，可靠性指标标准差α与期望值I的比值σ/I对仿真年数n和计算准确度β概率不确定性影响较大。在其他影响因素不变的条件下，n和β的置信区间宽度随σ/I的增大而扩大，即它们的不确定

性随 σ/I 的增大而增加。因此，在计算准确度 β 给定时，σ/I 在概率意义上决定了序贯仿真收敛过程的快慢；而在仿真年数 n 给定时，σ/I 越大，则序贯仿真的精确度在概率意义上越不准确。

式（6-46）和式（6-47）中，σ/I 实际上是一个未知量，但仿真年数 n 充分大时，可使用样本标准差 $\hat{\sigma}$ 与样本均值 $\bar{I}$ 的比值 $\hat{\sigma}/\bar{I}$ 作为其近似值。

（2）可靠性指标的核密度估计理论。核密度估计理论由 Rosenblatt 首次提出，然后 Parzen 和 Cacoullos 进行了详细论证。非参数核密度估计可完全基于数据驱动实现可靠性指标的概率密度估计，不需要该分布的先验知识和任何概率分布形式的假设，是一种从数据样本本身出发，研究数据分布特征的方法。

设 I_1，I_2，…，I_n 为 n 个年可靠性指标样本，可靠性指标的概率密度函数为 $f(x)$，则 $f(x)$的核密度估计为

$$\hat{f}_h(x)=\frac{1}{nh}\sum_{i=1}^{n}K\left(\frac{x-I_i}{h}\right)=\frac{1}{n}\sum_{i=1}^{n}K_h(x-I_i) \tag{6-48}$$

式中：h 为带宽（窗宽或平滑系数）；n 为样本容量；$K()$ 为核函数，通常选取以 0 为中心的对称单峰概率密度函数，具体见表 6-1。

表 6-1　　常用核函数 $K(u)$

核函数名称	$K(u)$ 形式
均匀（Uniform）	$\frac{1}{2}\ \lvert u\rvert\leqslant 1$
三角（Triangle）	$(1-\lvert u\rvert)\ \lvert u\rvert\leqslant 1$
依潘涅契科夫（Epanechnikov）	$\frac{3}{4}(1-u^2)\ \lvert u\rvert\leqslant 1$
四次（Quartic）	$\frac{15}{16}(1-u^2)^2\ \lvert u\rvert\leqslant 1$
三权（Triweight）	$\frac{35}{32}(1-u^2)^3\ \lvert u\rvert\leqslant 1$
高斯（Gaussian）	$\frac{1}{\sqrt{2\pi}}\exp\left(-\frac{u^2}{2}\right)$

$K()$ 具有以下属性：

1）$\int K(u)\mathrm{d}u=1$；

2）$\int uK(u)\mathrm{d}u=0$；

3）$\int u^2K(u)\mathrm{d}u=\mu_2(K)>0$。

当样本数 $n\to\infty$，带宽 $h\to 0$ 且 $nh\to\infty$时，式（6-48）将以概率收敛于 $f(x)$。

而 $\hat{f}_h(x)$ 将继承核函数 $K()$ 的连续性和可微性，若选用高斯核函数，则 $\hat{f}_h(x)$ 可以进行任意阶微分。由式（6-48）可见，$\hat{f}_h(x)$ 的准确度完全取决于核函数和带宽系数的选择。核函数的选择具有多样性，当带宽给定时，不同核函数对 $\hat{f}_h(x)$ 的影响是等价的，而带宽 h 则对 $\hat{f}_h(x)$ 有重大影响。

式（6-49）和式（6-50）是核密度估计的偏差和方差表达式，即

$$E_{\mathrm{Bias}}(\hat{f}_h)=E[\hat{f}_h(x)-f_h(x)]=\frac{h^2}{2}\mu_2(K)f''(x)+o(h^2) \tag{6-49}$$

$$E_{\mathrm{Var}}(\hat{f}_h)=\frac{1}{nh}\int K^2(u)\mathrm{d}u\ f(x)+o\left(\frac{1}{nh}\right) \tag{6-50}$$

由式（6-49）和式（6-50）可见，带宽 h 的选择不可能使偏差和方差同时减小。若 h 取值过大，则偏差增大，方差降低，使 $\hat{f}_h(x)$ 过平滑，导致 $f(x)$ 的某些结构特征被遮蔽；若 h 取值过小，则偏差减小，方差增大，导致 $\hat{f}_h(x)$ 欠平滑，$\hat{f}_h(x)$ 将会出现较大波动。因此，核密度估计的焦点集中在寻找综合权衡偏差和方差的最优带宽上。

核密度估计 $\hat{f}_h(x)$ 是否是未知密度函数 $f(x)$ 的良好估计，可用式（6-51）的积分均方误差（ISE，记为 E_{ISE}）来衡量[422]。

$$E_{\mathrm{ISE}}(\hat{f}_h)=\int[\hat{f}_h(x)-f(x)]^2\mathrm{d}x \tag{6-51}$$

E_{ISE} 中的 $\hat{f}_h(x)$ 是样本 I_1，I_2，…，I_n 的函数，因此，E_{ISE} 是一个随机变量，求取 E_{ISE} 的期望值则得到平均积分均方误差（MISE，记为 E_{MISE}）

$$\begin{aligned}E_{\mathrm{MISE}}(\hat{f}_h)&=E\left\{\int[\hat{f}_h(x)-f(x)]^2\mathrm{d}x\right\}\\&=\frac{h^4}{4}[\mu_2(K)]^2\int[f''(x)]^2\mathrm{d}x+\frac{1}{nh}R(K)+o\left(\frac{1}{nh}\right)+o(h^4)\end{aligned} \tag{6-52}$$

略去式（6-52）中的 $o(1/nh)$ 和 $o(h^4)$，则得到渐近积分均方误差（AMISE，记为 E_{AMISE}）

$$E_{\mathrm{AMISE}}(\hat{f}_h)=\frac{h^4}{4}[\mu_2(K)]^2\int[f''(x)]^2\mathrm{d}x+\frac{1}{nh}R(K) \tag{6-53}$$

式中：$R(K)$ 为核函数 $K()$ 的平方范数。以式（6-51）～式（6-53）的误差公式为目标函数进行优化运算，所得带宽即为最优带宽。基于不同的误差公式，求取最优带宽的算法也不尽相同。下面简述基于 AMISE 的经验算法 ROT（rule of thumb）。

对式（6-53）求偏导，可得到使 AMISE 取最小值的带宽

$$h_{\mathrm{AMISE}}=\left[\frac{R(K)}{[\mu_2(K)]^2\int[f''(x)]^2\mathrm{d}x}\right]^{\frac{1}{5}}n^{-\frac{1}{5}} \tag{6-54}$$

文献[160]采用高斯核函数将式（6-54）简化为

$$h_{\mathrm{AMISE}}=1.06\sigma n^{-\frac{1}{5}} \tag{6-55}$$

或

$$h_{\mathrm{AMISE}}=1.06\frac{F_{\mathrm{IQR}}}{1.34}n^{-\frac{1}{5}}=0.79F_{\mathrm{IQR}}n^{-\frac{1}{5}} \tag{6-56}$$

式中：σ 和 F_{IQR} 分别为随机变量 x 的标准差和四分位距（IQR）。

文献[160]推荐将系数 1.06 减小为 0.9，并使用式（6-55）、式（6-56）中较小的一项，以实现对双峰概率密度分布的准确估计，即有

$$h_{\mathrm{ROT}}=0.9\min\left(\sigma,\frac{F_{\mathrm{IQR}}}{1.34}\right)n^{-\frac{1}{5}} \tag{6-57}$$

2. 考虑参数不确定时的电网可靠性概率分布计算

（1）参数不确定时电网可靠性概率分布计算的数学模型。元件可靠性参数作为电网可靠性评估模型的基础输入数据，其与作为模型输出结果的电网可靠性条件概率分布之间具有显著的因果关系和强烈的耦合度。参数不确定性对电网可靠性条件概率分布的影响研究需从以下三个层次展开。

1）描述元件可靠性参数的不确定性。现有研究采用概率密度分布、区间数、模糊数、联系数、盲数、证据理论和可信性理论等不确定性分析方法来描述元件可靠性参数的不确定性，由于概率密度分布已经得到长期广泛使用和工程技术人员的理解认可，因此其仍然是描述元件可靠性参数不确定性最有效的方法之一。

2）建立元件可靠性参数与电网可靠性条件概率分布之间的函数关系。文献[49]在元件可靠性参数给定的条件下，采用序贯蒙特卡罗仿真求得电网可靠性指标的逐年样本信息，基于这些逐年样本信息，进一步采用非参数核密度估计实现了可靠性指标条件概率密度分布的近似计算。要评估元件可靠性参数对可靠性指标条件概率分布的影响，需要对元件可靠性参数与可靠性指标的条件概率分布之间的相互关系进行分析。对于一组给定的元件可靠性参数，总有唯一的可靠性指标条件概率分布与之对应，因此可以建立它们之间的函数关系式为

$$f_{Y|X}(y\mid x)=F(X)=F(x_1,x_2,\cdots,x_m) \tag{6-58}$$

式中：X 为描述元件可靠性参数的随机变量所构成的随机向量；m 为随机向量的维数；$f_{Y|X}(y\mid x)$ 为元件可靠性参数 $X=x$ 的条件下可靠性指标的条件概率密度分布。

3）研究参数不确定性通过函数关系向电网可靠性条件概率分布的传播规律，计算参数不确定时电网可靠性指标的概率分布，进而实现电网可靠性概率分布的

参数不确定性分析。由概率论可知，当元件可靠性参数 X 不确定时，对可靠性指标 Y 可采用边缘概率密度分布 $f_Y(y)$ 来完整揭示其随机分布规律

$$f_Y(y)=\int_{-\infty}^{+\infty} f_{Y|X}(y \mid x) f_X(x) \mathrm{d}x \tag{6-59}$$

其期望值为

$$E(Y)=\int_0^{+\infty} y f_Y(y) \mathrm{d}y=\int_0^{+\infty} \int_{-\infty}^{+\infty} y f_{Y|X}(y \mid x) f_X(x) \mathrm{d}x \mathrm{d}y \tag{6-60}$$

式中：$f_X(x)$ 表示随机向量 X 的联合概率密度分布。

（2）双循环蒙特卡罗模拟法。元件可靠性参数是连续随机变量，由于式（6-59）和式（6-60）的多重积分式具有高度计算复杂性而难以直接计算。此时最基础的方法是采用非序贯蒙特卡罗模拟法对连续的元件可靠性参数随机变量进行随机抽样获得确定的离散值，再将其作为序贯蒙特卡罗仿真的基础输入数据对电力系统进行可靠性评估，从而综合计及参数的所有可能取值对可靠性评估的影响，该方法即双循环蒙特卡罗模拟法。

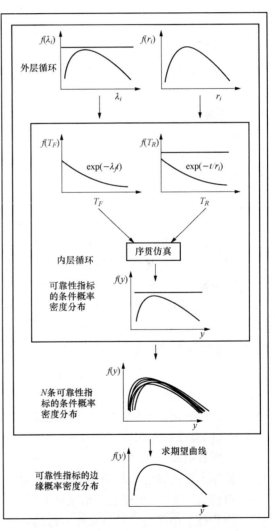

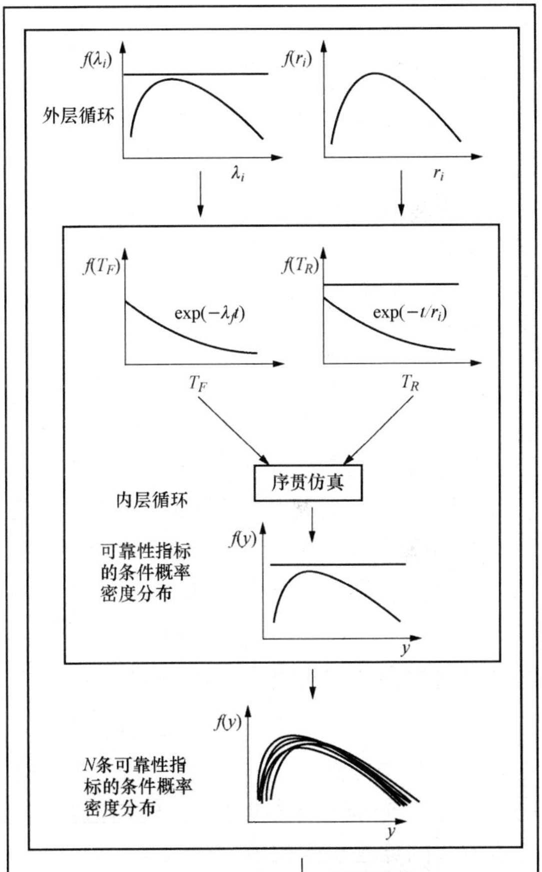

图 6-8 双循环蒙特卡罗模拟法原理图

双循环蒙特卡罗模拟法的具体原理（见图 6-8）。图中 λ_i 和 r_i 分别为第 i 个元件的故障率和平均修复时间，$f(\lambda_i)$ 和 $f(r_i)$ 分别为它们所服从的概率密度分布，T_F 和 T_R 分别为元件的故障前工作时间和故障后修复时间，$f(T_F)$ 和 $f(T_R)$ 分别为它们所服从的指数分布，y 为可靠性指标，$f(y)$ 为其概率分布。外层循环根据元件可靠性参数所属的概率密度分布

对元件可靠性参数进行随机抽样，获得一组确切的参数后将其传入内层循环，内层循环以抽样所得参数为模型输入数据，对电力系统可靠性进行序贯蒙特卡罗仿真，并求取可靠性指标的条件概率密度分布。重复以上双循环过程，直至达到满足计算准确度的总循环次数 N，由此获得 N 条可靠性指标的条件概率密度分布。此时式（6-59）和式（6-60）可用式（6-61）、式（6-62）来近似计算。

$$f_Y(y) \approx \frac{1}{N}\sum_{i=1}^{N} f_{Y|X}(y \mid x_i) \tag{6-61}$$

$$E(Y) \approx \frac{1}{N}\sum_{i=1}^{N} E(y \mid x_i) \tag{6-62}$$

式中：i 为循环次数；x_i 为第 i 次循环元件可靠性参数随机向量 X 的抽样值；$f_{Y|X}(y \mid x_i)$为第 i 次循环所得可靠性指标的条件概率密度分布；$E(y \mid x_i)$为第 i 次循环所得可靠性指标的条件期望值。

在电力系统可靠性的序贯仿真中，可以得到缺供电量指标 ENS 的年样本值，如果仿真 n 年，则由每年的 ENS 指标可构成样本集合 $\boldsymbol{\Omega}_1=(ENS_1, ENS_2, \cdots, ENS_n)$，该样本集合的均值即为期望缺供电量指标 EENS 的近似估计。通过该样本集合计算出的方差系数 β_1 可作为序贯仿真年数 n 是否足够的判据。

$$\beta_1 = \frac{\sqrt{V(\overline{I_1})}}{E(\overline{I_1})} = \frac{\delta_1/\sqrt{n}}{\overline{I_1}} \tag{6-63}$$

式中：$\overline{I_1}$和 δ_1 分别为样本集合 $\boldsymbol{\Omega}_1$ 的均值和标准差；n 为仿真年数。

式（6-63）的评价标准适用于单次序贯仿真，由于双循环蒙特卡罗仿真需进行 N 次序贯仿真，导致上述准确度收敛判据无法直接得以应用，为此可将将 N 次序贯仿真所得的期望缺供电量指标构成一组样本集合 $\boldsymbol{\Omega}_2=(EENS_1, EENS_2, \cdots, EENS_n)$，以该组样本集合的方差系数 β_2 作为双循环蒙特卡罗仿真的循环次数 N 是否足够的判据，如

$$\beta_2 = \frac{\sqrt{V(\overline{I_2})}}{E(\overline{I_2})} = \frac{\delta_2/\sqrt{\mathrm{N}}}{\overline{I_2}} \tag{6-64}$$

式中：$\overline{I_2}$和 δ_2 分别为样本集合 $\boldsymbol{\Omega}_2$ 的均值和标准差；N 为循环次数。

该方法的算法步骤如下：

1）设置计数器 $i=1$。

2）根据元件可靠性参数服从的概率密度分布，对具有不确定性的元件可靠性参数进行随机抽样，可得到一组元件可靠性参数的抽样值 x_i。

3）将步骤 2 中所得元件可靠性参数的抽样值 x_i 作为电网可靠性评估的基础输入数据，进行电力系统可靠性的序贯蒙特卡罗仿真，求得系统可靠性指标的条件概率密度分布 $f_{Y|X}(y \mid x_i)$。

4）计算期望缺供电量指标 EENS 的样本集合 $\boldsymbol{\Omega}_2=（EENS_1，EENS_2，\cdots，EENS_n）$ 的方差系数 β_2，如果 β_2 小于收敛条件，则结束双循环蒙特卡罗仿真，转步骤 5，否则令 $i=i+1$，转步骤 2。

5）利用式（6-23）求取 N 条可靠性指标条件概率密度分布曲线的期望曲线，即可靠性指标的边缘概率密度分布 $f_Y(y)$。

双循环蒙特卡罗仿真的优点在于直观简单，其缺点是为保证计算准确度，循环次数 N 往往会很大，特别是当需要考虑不确定性的元件可靠性参数较多时，该方法将耗费巨大的计算时间，由于计算效率过低而无法在工程实际中得到具体应用。该方法原理简单，模型较为准确，其计算结果可作为一种参考基准，为其他方法正确性和有效性的验证提供基础。

3. 基于模糊数的发输电组合系统可靠性评估

近 10 年来，人们应用概率统计理论，对发输电组合系统的可靠性评估问题进行了广泛的研究，并提出了许多定量评估方法[1]。这些方法的提出，为定量分析系统满足负荷需求的能力提供了有效手段。但应用现有方法进行实际系统可靠性评估时，常常难以得到满意的结果。究其原因在于，现有方法是以负荷数值及元件故障概率等数据准确知道为前提的。但实际系统由于信息收集的不完全或难以获得，这些数据经常是模糊和不精确的，即数据本身存在着不确定性。现有方法因缺乏处理不确定性数据的手段只能将其当作确定数据处理，必然导致计算结果同实际有较大偏差。基于此，可提出一种基于模糊测度的发输电组合系统的可靠性评估方法。

(1) 模糊数及其运算。不确定性数据既可采用随机数表示，也可采用模糊数表示。考虑到很难收集到足够数据来刻划不确定数据本身的统计分布规律，且随机数运算一般工作量远大于模糊数运算，所以，可以采用模糊数来表达不确定数据。

一个模糊数 $\tilde{A}=\{x \mid 0 \leqslant \_{\tilde{A}}(x) \leqslant 1\}$ 可用不同置信水平 T 下的 $\bar{T}$ 截集 $\tilde{A}_{T'}=\{x \mid \_{\tilde{A}}(x) \geqslant T\}$ 的并集来表达

$$\tilde{A}=\bigcup_{T\in[0,1]} T\cdot\tilde{A}_T \qquad (6-65)$$

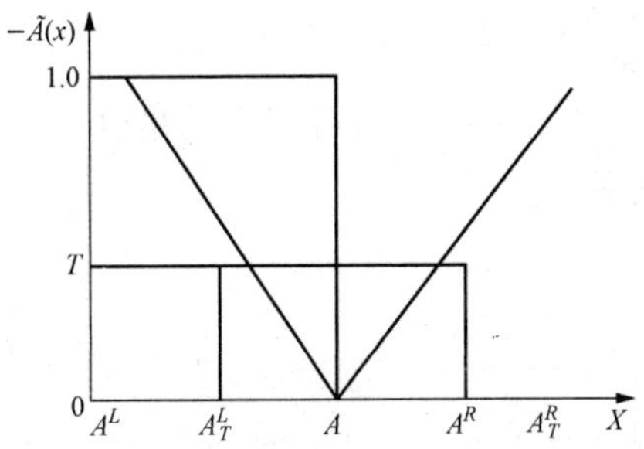

图 6-9　三角模糊数及置信区间

式中：当 $x\in\tilde{A}_{T'}$ 时，$\_{T\cdot\tilde{A}_{T'}}(x)=1$；当 $x\notin\tilde{A}_{T'}$ 时，$\_{T\cdot\tilde{A}_{T'}}(x)=0$；$\_{\tilde{A}}()$ 为模糊数 $\tilde{A}$ 的隶属函数。

$\bar{T}$ 截集 $\tilde{A}_{T'}$ 一般可用一个闭区间数来表示，即 $\tilde{A}_{T'}=[A^L_{T'}，A^R_{T'}]$，故又称其为置信区间。图 6-9 中以三角模糊数为例，表示出了模糊数与置信区间的关系。通常，三角模糊数 $\widetilde{A}$ 可表示为 $\widetilde{A}=(A^L, A, A^R)_T$，$A^L$、$A^R$ 和 A 即为置信水平为 0 和 1 时置信区间的左右边界。

模糊数的运算一般可通过对不同置信水平下置信区间的运算来实现。为此，这里简单介绍一下区间数的运算公式。

设有两个区间数：$\widetilde{A}_{T'}=[A^L_{T'}, A^R_{T'}]$，$\widetilde{B}_{T'}=[B^L_{T'}, B^R_{T'}]$，有

$$\widetilde{A}_{T'}+\widetilde{B}_{T'}=[A^L_{T'}+B^L_{T'}, A^R_{T'}+B^R_{T'}] \tag{6-66}$$

$$\widetilde{A}_{T'}-\widetilde{B}_{T'}=[A^L_{T'}-B^L_{T'}, A^R_{T'}-B^R_{T'}] \tag{6-67}$$

$$k\widetilde{A}_{T'}=\begin{cases}[kA^L_{T'}, kA^R_{T'}]\\ [kA^R_{T'}, kA^L_{T'}]\end{cases} \tag{6-68}$$

$$\widetilde{A}_{T'}\widetilde{B}_{T'}=\begin{bmatrix}A^L_{T'}B^L_{T'} \wedge A^L_{T'}B^R_{T'} \wedge A^R_{T'}B^L_{T'} \wedge A^R_{T'}B^R_{T'}, \\ A^L_{T'}B^L_{T'} \vee A^L_{T'}B^R_{T'} \vee A^R_{T'}B^L_{T'} \vee A^R_{T'}B^R_{T'}\end{bmatrix} \tag{6-69}$$

$$\widetilde{A}_{T'}=\widetilde{B}_{T'}\Leftrightarrow A^L_{T'}=B^L_{T'}, A^R_{T'}=B^R_{T'} \tag{6-70}$$

$$\widetilde{A}_{T'}\leqslant\widetilde{B}_{T'}\Leftrightarrow A^L_{T'}\leqslant B^L_{T'}, A^R_{T'}\leqslant B^R_{T'} \tag{6-71}$$

(2) 模糊可靠性指标的计算。电力系统可靠性指标，可通过对各种运行状态下的系统行为进行模拟而得到。发输电组合系统的运行状态主要取决于系统负荷和元件（发电机、线路及变压器）的状态。对于系统元件，一般有正常和故障两种可能状态，每一状态都有其相应的发生概率。由于元件故障与否通常是确定的，所以元件状态不存在模糊性。但由于存在统计误差，状态概率却是模糊的，这里将其用模糊数表达。对于系统负荷，我们采用一组离散的负荷水平来表达。考虑到无法做到准确预测，每个负荷水平下的负荷数值用模糊数来表达，同样各负荷水平发生的概率也用模糊数表达。

系统每一元件状态和负荷水平确定后，便可组成一个系统状态。假定系统元件故障是相互独立的，对于任一系统状态 t，该状态发生的概率

$$\widetilde{P}_t=\widetilde{r}_t\prod_{l\in \boldsymbol{M}_0}\widetilde{q}_l\prod_{l\in \boldsymbol{M}-\boldsymbol{M}_0}(1-\widetilde{q}_l) \tag{6-72}$$

式中：M_0 为该状态下发生故障的元件集合；M 为系统中所有元件的集合；$\widetilde{q}_l$ 为元件的故障概率；$\widetilde{r}_t$ 为所对应负荷发生的概率。

由此，系统任一种可靠性指标

$$\widetilde{K}=\sum_{t\in \boldsymbol{T}}\widetilde{P}_t\widetilde{K}_t \tag{6-73}$$

式中：$\widetilde{K}_t$ 为系统状态 t 时可靠性指标的取值（因负荷水平是模糊的，故任一状态下的可靠性指标均为模糊数）；T 为系统所有可能运行状态集，T 既可通过枚举

产生，也可通过随机抽样产生；$\widetilde{K}$ 既可以是全系统的可靠性指标，也可以是各节点的可靠性指标。

考虑到系统任一状态下的可靠性指标计算，大多离不开对系统是否缺负荷及缺负荷大小的判断和分析，此处采用最小模糊缺负荷模型进行系统各运行状态的模拟。

6.3.2 基于区间测度的系统可靠性评估

配电系统可靠性评估常见的方法有：故障模式后果分析法（FMEA），最小路法和网络等值法等。这些方法的计算和分析都是建立在元件可靠性原始参数基础上的，实际中，原始参数可能会因为统计资料不足或统计误差及对电网未来运行环境预测不足而具有不确定性。此时若再利用不准确的参数对电力系统进行可靠性定量评估，给出一个确切值，显然是不合理的，因其将会导致评估结果与实际情况有较大的偏差。可靠性原始参数可根据其不确定性用一个数值范围区间而不是用一个数值来表示，如只知道某段线路故障修复要花 3～4h，这时参数取值就不是一个数，只有用区间数来表达才恰当。在工程中，当一个问题原始数据不能精确地知道，而只知道其包含在给定范围内或数据本身就是一个区间而非点值时，即可用区间数学来求解问题解的范围或求取区间解。因此，基于文献[161]，结合区间运算和配网可靠性评估网络等值法的基础上，提出了一种可靠性区间评估方法，并根据实际电力系统的特点采用了一些简化措施，降低了评估的繁杂度，使其能适用于实际配电系统的可靠性分析。

1. 两元件串并联的可靠性区间评估

当元件可靠性参数为区间数时，其串并联可靠性指标计算可转化为如下所示的区间运算。

（1）两元件串联系统，故障率区间指标 $\widetilde{\lambda}=\widetilde{\lambda}_1+\widetilde{\lambda}_2$，停电时间区间 $\widetilde{\mu}=\widetilde{\lambda}_1\widetilde{r}_1+\widetilde{\lambda}_2\widetilde{r}_2$，平均停电持续时间 $\widetilde{r}=\widetilde{\mu}/\widetilde{\lambda}$。

（2）两元件并联系统：故障率区间指标 $\widetilde{\lambda}=\widetilde{\lambda}_1\widetilde{\lambda}_2(\widetilde{r}_1+\widetilde{r}_2)$，停电时间区间 $\widetilde{\mu}=\widetilde{\lambda}_1\widetilde{r}_1\widetilde{\lambda}_2\widetilde{r}_2$，平均停电持续时间 $\widetilde{r}=\widetilde{r}_1\widetilde{r}_2/(\widetilde{r}_1+\widetilde{r}_2)$。

由于区间除法运算存在“不独立性”问题，若直接用上面公式来计算可靠性区间指标，可能会产生过大或过小的结果，为避免这个问题，必须对上述运算进行变换，将并联系统 $\widetilde{r}$ 变换为 $\widetilde{r}=1/(1/\widetilde{r}_1+1/\widetilde{r}_2)$，对于串联系统可用解卷积的方法求取。

实际上，由于区间方程式 $\widetilde{\mu}=\widetilde{\lambda}\widetilde{r}$ 成立，可通过先待定 $\widetilde{r}$ 的区间$[r_{dn}, r_{up}]$，然后把 $\widetilde{r}$ 和 $\widetilde{\lambda}$ 相乘的结果与 $\widetilde{\mu}$ 进行比较求出 r_{dn}，r_{up}（或者解区间方程）。显然此

结果不会造成区间指标过大或过小的评估，而且上述变换避免了区间的乘除，解决了区间运算的不独立性问题。

2. 简单辐射状的配电系统可靠性区间评估与简化

简单辐射状配电系统的典型接线方式如图 6-10 所示，先对其进行区间评估与简化。图 6-10 虚线框 1 和虚线框 2 内分别代表负荷支路和分段开关，N/O 表示联络开关。简单辐射状配电系统由断路器、若干段主馈线、负荷支路、分段开关、联络线及联络开关构成，在进行可靠性评估时，可以把断路器、各馈线段、分段开关分别看成一个节点，如果把负荷支路也当成串在回路中的一个节点元件，则对该类系统进行可靠性评估时图 6-10 可由图 6-11 来等效。此时节点间的连线只表示一种连接关系而不带任何属性，系统所有故障均由各节点属性决定，节点属性包括元件故障率，修复率及各种时间区间数，如隔离开关有操作时间区间数等，不同节点具有不同的属性。图 6-11 中除了负荷节点区间参数需要等效求取外，其他的都为已知，也即可用串并联系统区间评估公式来求此系统的区间指标。下面对负荷支路进行区间简化。

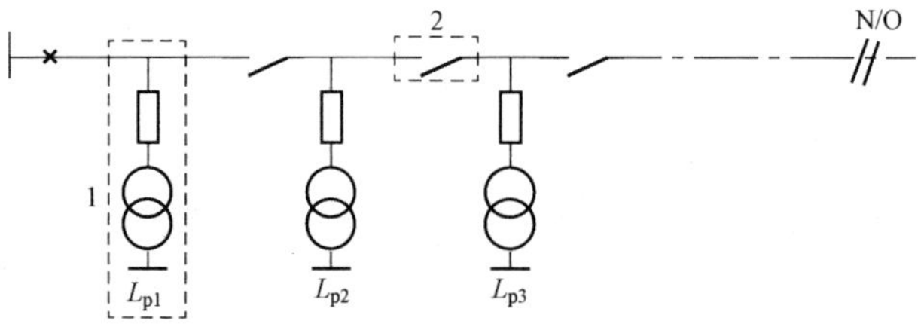

图 6-10 简单辐射状主馈线结构图

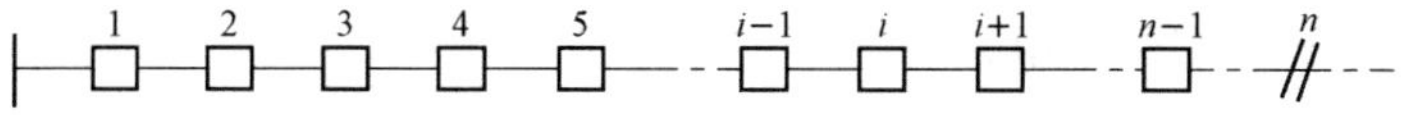

图 6-11 简单辐射状配电系统等效图

负荷支路一般由变压器、负荷支路线和熔断器组成。根据其接线特点分 2 种情况讨论。

(1) 负荷支路 i 首端装有熔断器且可靠工作概率区间为 $\tilde{p}_f$，则负荷支路节点故障率区间为 $\tilde{\lambda}'_i=(1-\tilde{p}_f)(\tilde{\lambda}_{il}+\tilde{\lambda}_{it})$，如果可靠工作概率区间为 1（点区间），则负荷支路故障不影响馈线上其他点的可靠性指标，即 $\tilde{\lambda}'_i=0$。

(2) 负荷支路 i 首端不装设熔断器，相当于 $\tilde{p}_f=0$，则在干线上反映该负荷支路节点对应的可靠性参数为故障率 $\tilde{\lambda}'_i=\tilde{\lambda}_{il}+\tilde{\lambda}_{it}$。从以上分析可知（2）是（1）的特殊情况。同时两种情况下负荷支路等效年停电时间和持续停电时间的区间均相同（因有熔断器，但 $\tilde{p}_f\neq 1$ 时等效节点只是故障频率改变而修复时间不变），故两种情况下负荷支路等效参数区间可统一简化为

$$\tilde{\lambda}'_i=(1-\tilde{p}_f)(\tilde{\lambda}_{il}+\tilde{\lambda}_{it}) \tag{6-74}$$

$$\widetilde{u}'_{\mathrm{i}} = \widetilde{\lambda}'_{\mathrm{il}}\widetilde{r}'_{\mathrm{il}} + \widetilde{\lambda}'_{\mathrm{it}}\widetilde{r}'_{\mathrm{it}} \tag{6-75}$$

$$\widetilde{r}'_{\mathrm{i}} = \widetilde{u}'_{\mathrm{i}}/\widetilde{\lambda}'_{\mathrm{i}} \tag{6-76}$$

式中：$\widetilde{\lambda}'_{\mathrm{il}}$，$\widetilde{r}'_{\mathrm{il}}$分别为负荷支路线路等效故障率（为线路长度与单位长度线路故障率区间数的乘积）和修复时间区间；$\widetilde{\lambda}'_{\mathrm{it}}$，$\widetilde{r}'_{\mathrm{it}}$分别为负荷支路变压器的等效故障率和修复时间区间。

等效后的负荷支路可当成串在图 6-11 中的节点元件来处理，这样简单的辐射状配电系统就表示成了多元件串联系统。在计算负荷点指标时还要考虑其他节点元件包括其他负荷支路，其等效参数区间的影响计算公式为

$$\widetilde{\lambda}_{\mathrm{i}} = \widetilde{\lambda}'_{\mathrm{i}} + \sum_{\substack{\mathrm{j}=1\\ \mathrm{j}\neq i}}^{n}\widetilde{\lambda}'_{\mathrm{j}} \tag{6-77}$$

$$\widetilde{u}_{\mathrm{i}} = \widetilde{u}'_{\mathrm{i}} + \sum_{\substack{\mathrm{j}=1\\ \mathrm{j}\neq \mathrm{i}}}^{n}\widetilde{\lambda}'_{\mathrm{j}}\widetilde{r}'_{\mathrm{ij}} \tag{6-78}$$

$$\widetilde{r}_{\mathrm{i}} = \widetilde{u}_{\mathrm{i}}/\widetilde{\lambda}_{\mathrm{i}} \tag{6-79}$$

式中：$\widetilde{\lambda}_{\mathrm{i}}$，$\widetilde{u}_{\mathrm{i}}$，$\widetilde{r}_{\mathrm{i}}$ 分别为负荷点 i 的故障率、年停电时间、故障修复时间区间指标；$\widetilde{r}'_{\mathrm{ij}}$为负荷点故障时导致负荷点 i 的停电时间区间。

$\widetilde{r}'_{\mathrm{ij}}$反映了其他负荷点或节点元件参数对负荷点 i 的影响且存在关系：当 $i>\mathrm{j}$（按图 6-11 中的节点顺序号）时，若配电系统末端没有联络开关或i、j 间没有分段开关，则 $\widetilde{r}'_{\mathrm{ij}}=\widetilde{r}'_{\mathrm{j}}$，若存在联络开关且 i、j 间有分段开关，则 $\widetilde{r}'_{\mathrm{ij}}$为分段开关操作时间区间；当 $\mathrm{i}<\mathrm{j}$ 时，若 i、j 间有分段开关，则 $\widetilde{r}'_{\mathrm{ij}}$为分段开关操作时间区间，若不存在分段开关，则 $\widetilde{r}'_{\mathrm{ij}}=\widetilde{r}'_{\mathrm{j}}$；当 $\mathrm{i}=\mathrm{j}$ 时，$\widetilde{r}'_{\mathrm{ij}}=0$。

3. 复杂配电系统可靠性的区间评估与简化

复杂配电系统（包括带有开关复杂动作的系统）[162]的可靠性区间评估仍可采用向上和向下 2 个等效过程的网络等值法。文献[163]详细介绍了网络等值法的基本思想和计算过程。而参数不确定的复杂配电系统区间评估关键也在于等效和处理分支馈线，因为只要把它等效成主馈线上的一个节点后，复杂配电系统就变成了简单辐射状的配电系统，就可用简单辐射状系统中的公式来计算区间指标。但由于分支馈线级数较多及区间运算量大，在使用等值法时必须采取必要的区间等值简化。

根据实际电力系统分支馈线的接线特点进行区间等效，可分以下两种情况。

（1）分支馈线首端装设有断路器（一般配网都有）且可靠断开概率区间为 $\widetilde{p}_b$，则分支馈线上有节点元件故障时导致上级馈线停运的概率区间为 $1-\widetilde{p}_b$，该分支馈线对上级馈线的等效节点故障率区间为分支馈线上所有节点的故障率区间之和与区间概率的乘积。而如果断路器不断开，由于断路器配套有隔离开关，当

分支馈线上元件故障时，上级馈线中反映该分支馈线的等效节点修复时间区间为隔离开关操作时间区间 $\widetilde{t}_1$。

(2) 分支馈线首端不设断路器。由于这种情况分支馈线上每个元件故障时都会导致上级馈线停运，在可靠性要求较高的系统特别是在实际的电力系统中分支馈线首端不装设断路器是不可能的。因此对复杂配电系统进行区间等值时，这种情况可以不考虑。

综合上述，求复杂配电系统分支馈线的等效节点故障率区间 $\widetilde{\lambda}_{se}$、年故障时间区间 $\widetilde{u}_{se}$及年故障平均持续时间区间 $\widetilde{r}_{se}$，可以简化为

$$\widetilde{\lambda}_{se}=(1-\widetilde{p}_f)\sum_{k=1}^{n}\widetilde{\lambda}'_k \tag{6-80}$$

$$\widetilde{r}_{se}=\widetilde{t}_1 \tag{6-81}$$

$$\widetilde{u}_{se}=\widetilde{\lambda}_{se}\widetilde{r}_{se} \tag{6-82}$$

式中：$\widetilde{\lambda}'_k$为分支馈线上节点 k 的等效故障率区间（若为负荷点，则是负荷节点等效故障率区间）；$\widetilde{p}_b$为分支馈线首端断路器可靠断开区间概率；$\widetilde{t}_1$ 为分支馈线上与断路器相配套的隔离开关操作时间区间。

简化后的分支馈线等效参数计算公式只是区间的加法和乘法，避免了除法运算，而且在求 $\widetilde{r}_{se}$，$\widetilde{u}_{se}$时相当简单且正确（因为上述简化是基于实际配电系统接线和运行的特点的）。有了分支馈线的等效参数后，就能够很容易用向上和向下等效的思想来求得负荷及系统的可靠性区间指标。

4. 配电系统可靠性区间评估的区间指标计算和评估步骤

配电系统可靠性区间评估的指标公式形式上与普通评估的指标公式[164]相同，不同的是，网络等值时计算负荷支路和分支馈线的等效参数所使用的指标公式中的变量都是区间数所进行的运算，都是区间运算。为使配电系统可靠性区间指标全面，补充一个计算负荷点停电经济损失区间指标

$$\widetilde{I}_{cost}(i)=\sum_{k=1}^{n_i}\widetilde{C}_{ik}(\widetilde{r}_i)\widetilde{\lambda}_i\ \widetilde{L}_{ik} \tag{6-83}$$

式中：$\widetilde{\lambda}_i$，$\widetilde{r}$ 分别为负荷点 i 的故障率和年停电持续时间区间指标；n_i 为负荷点 i 的负荷种类数；$\widetilde{L}_{ik}$为负荷点 i 第 k 类负荷所带的负荷区间；$\sum_{k=1}^{n_i}\widetilde{C}_{ik}(\widetilde{r}_i)$ 为负荷点 i 第 k 类负荷停电时间为 $\widetilde{r}_i$的单位停电经济损失区间值。实际复杂配电系统可靠性区间评估可按下述步骤进行。

(1) 对配电系统元件可靠性原始参数进行分析和处理，得到各元件的可靠性原始区间参数。

(2) 用书中公式计算负荷支路和分支馈线的等效可靠性参数。注意：为了避

免区间运算的阶数，在计算过程中每次只进行 2 个区间数间的运算。

(3) 用向上和向下等效计算可靠性指标的思想来求负荷及系统的可靠性区间指标及停电经济损失区间值。

6.3.3 基于盲数的配电系统可靠性评估

配电网的可靠性受到许多不确定性因素的影响，主要包括：各种元件的运行年限、气候影响、设备污染、地理因素、电力需求变化、误操作、用电管理盲区、继电保护措施不完善或设备陈旧等。影响配电系统可靠性的不确定性信息具有各种不同的特点和性质，而且往往很多信息同时具有随机性、模糊性、灰色性及未确知性等多种不确定性，因此这些不确定性信息属于盲信息。综合考虑以上不确定性对可靠性原始参数的影响，基于文献[165]，运用基于盲数理论的方法处理。盲数所描述和处理的信息至少含有两种不确定性，能够较好地综合描述和处理配电网可靠性评估中所遇到的不确定性信息。

1. *考虑不确定性时配电系统可靠性评估的盲数模型的建立*

设影响配电网可靠性参数的因素集为 $U=(u_1, u_2, \cdots, u_m)$。其中 u_i ($i=1, 2, \cdots, m$) 表示可靠性参数的可能区间，即 $u_i \in g(f)$，可通过对已有信息的分析和整理得到。U 为建立盲数模型提供了区间灰数值，即模型为 m 阶盲数模型。而要得到该盲数模型，还需要 u_i 的可信度值 α_i。由于 α_i 是表示各个因素（区间）可能出现的可信程度，从模糊综合评判角度来讲，是一个模糊择优问题，即相当于求取因素论域 $\boldsymbol{U}$ 上的模糊子集 $\bar{A}=(\alpha_1, \alpha_2, \cdots, \alpha_m)$，其中 α_i 是因素 u_i 对 A 的隶属度，是所求盲数模型的可信度值。$\bar{A}$ 值的确定方法有多种，实际中常用的有专家调查法、判断矩阵分析法和德尔菲（Delphi）法等。本书采用判断矩阵分析法来建立可靠性评估中各设备可靠性参数的盲数模型，构造一个指标因素集对可靠性的相对评价向量矩阵，然后通过所有评价因素两两之间的相互比较来确定判断矩阵，求解得到判断矩阵的最大特征根及其对应的特征向量。这个特征向量就是所要求的盲数模型的可信度。该方法的步骤如下。

(1) 相对评价向量。

(2) 构造判断矩阵。

(3) 确定各区间的可信度。

下面通过建立某设备故障率的盲数模型来具体说明如何利用盲数处理配电网可靠性评估中的不确定性信息。假设通过对设备原始数据分析和处理及对设备未来运行状况预测，得到设备的故障率可能出现在 m 个区间，通过两两因素相比得到判断值；利用判断值构造判断矩阵；进而确定盲数模型的可信度值 α_i。

通过此方法可得串并联系统的盲数形式可靠性模型，设两元件可靠性参数为盲数，其串并联系统可靠性指标的盲数形式可按式（6-84）～式（6-89）计算（其中$\widetilde{\lambda}$，$\widetilde{u}$和$\widetilde{\gamma}$分别是故障率、年停电时间和平均停电持续时间的盲数形式，以下用形如$\widetilde{x}$的记号表示盲数）。

（1）两元件串联系统

$$\widetilde{\lambda}=\widetilde{\lambda}_1+\widetilde{\lambda}_2 \tag{6-84}$$

$$\widetilde{u}=\widetilde{\lambda}_1\widetilde{\gamma}_1+\widetilde{\lambda}_2\widetilde{\gamma}_2 \tag{6-85}$$

$$\widetilde{\gamma}=\widetilde{u}/\widetilde{\lambda} \tag{6-86}$$

（2）两元件并联系统

$$\widetilde{\lambda}=\widetilde{\lambda}_1\widetilde{\lambda}_2(\widetilde{\gamma}_1+\widetilde{\gamma}_2) \tag{6-87}$$

$$\widetilde{u}=\widetilde{\lambda}_1\widetilde{\gamma}_1\widetilde{\lambda}_2\widetilde{\gamma}_2 \tag{6-88}$$

$$\widetilde{\gamma}=1/(1/\widetilde{\gamma}_1+1/\widetilde{\gamma}_2) \tag{6-89}$$

式（6-84）～式（6-89）易推广至多元件串并联系统。

2. 基于盲数的配电系统可靠性评估指标

配电系统可靠性指标是用来定量评估配电系统可靠性的尺度。就电力用户而言，对供电可靠性的满意程度主要用停电的“时间”和“次数”来衡量。

（1）用户平均停电次数 *AITC*（次/户）。*AITC* 是指系统中运行的用户在统计期内的平均停电次数。

$$AITC-1=\frac{\sum \text{每次停电用户数}}{\text{总用户数}} \tag{6-90}$$

盲数形式下的用户平均停电次数为

$$\widetilde{AITC}-1=[\sum_{l=1}^{m}\widetilde{\lambda}_l N_l]/\sum_{l=1}^{m}N_l \tag{6-91}$$

式中：$\widetilde{\lambda}_l$为统计期内负荷点 l 的故障率；N_l 为负荷点 l 的用户数；m 为系统的总负荷点数。

（2）用户平均停电时间 *AIHC*（h/户）。*AIHC* 是指用户在统计期间内的平均停电小时数。

$$\begin{aligned}AITC-1&=\frac{\sum(\text{每户每次停电时间})}{\text{总用户数}}\\&=\frac{\sum(\text{每户每次停电持续时间}\times\text{每次停电用户数})}{\text{总用户数}}\end{aligned}$$

盲数形式下的用户平均停电时间为

$$\widetilde{AITC}-1=[\sum_{l=1}^{m}\widetilde{U}_l N_l]/\sum_{l=1}^{m}N_l \tag{6-92}$$

(3) 供电可靠率 RS（%）。RS 是指在统计期间内，对用户有效供电时间总小时数与统计期间小时数的比值，记作 $RS-1$：

$$RS-1=\left(1-\frac{\text{用户平均停电时间}}{\text{统计期间时间}}\right)\times 100\% \tag{6-93}$$

盲数形式下的供电可靠率指标为

$$\widetilde{RS}-1=\left(1-\frac{\widetilde{AITC}-1}{\text{统计期间时间}}\right)\times 100\% \tag{6-94}$$

此时配电网可靠性的评估指标为盲数形式，为提高可靠性评估指标对实际情况的指导作用，进一步将配电系统的可靠性评估问题转化为对盲数形式可靠性指标的均值求解，利用盲数理论实现考虑不确定性的配电系统可靠性评估。从而可得均值形式的配电网可靠性评估指标

$$\widetilde{AITC}-1=E[\widetilde{AITC}-1] \tag{6-95}$$

$$\widetilde{AIHC}-1=E[\widetilde{AIHC}-1] \tag{6-96}$$

$$\widetilde{RS}-1=E[\widetilde{RS}-1] \tag{6-97}$$

3. 基于盲数的配电系统可靠性评估算法

基于盲数的配电系统可靠性评估的算法步骤如下。

(1) 根据系统元件原始参数的来源情况（通常有多个来源，如不同地区电力部门的统计资料和相关文献等）加以分析，进行适当处理，利用判断矩阵法得到各元件的可靠性原始参数的盲数形式。

(2) 用式（6-90）～式（6-97）计算负荷点可靠性参数。为了避免盲数运算的阶数增长过快，在计算过程中每次只进行两个盲数之间的运算，并对盲数运算按期望值合并进行降阶处理。

(3) 计算盲数形式的配电系统可靠性评估指标，为方便实际应用，可将盲数形式的可靠性评估指标转化为盲数的均值形式。

为避免盲数运算时阶数增长过快、计算烦琐，在运算过程中对盲数运算进行降阶处理。即每次只进行两个盲数的运算，并对计算所得新的盲数进行降阶处理，降阶后，再进行下一次运算。采用“按期望值进行合并”的降阶方法，如 2 个 3 阶盲数 A 和 B 作运算，其结果 σ 的阶数一般为 9 阶，可将其降为如下 3 阶盲数：x_1、x_2、x_3 分别取为 σ 的前 3 个、中间 3 个、后 3 个可能值的期望值（每 3 个值可构成 1 个 3 阶盲数，可取均值），σ_1、σ_2、σ_3 分别对应于 x_1、x_2、x_3，取为 σ 的前 3 个、中间 3 个、后 3 个可信度之和。一般地，m 阶与 n 阶运算所得 $m\times n$ 阶盲数，可采用每 m 或 n 个值“按期望值进行合并”的方法，将其降为 n

阶或m阶盲数。经此处理后，多个盲数进行运算的计算量不超过同样多个实数点值进行运算的计算量的常数倍，该常数与运算次数无关，只依赖于盲数的阶数。

6.3.4 基于联系数的配电系统可靠性评估

考虑到可靠性原始参数的不确定性（由于统计资料的限制或是完全缺乏统计资料的新元件，从而具有不确定性，有时不确定性程度非常大），因此，在此基础上计算出来的任何可靠性指标都具有不确定性。在前面几节提出了基于经典概率测度、区间测度和盲数的电网可靠性评估，本节从联系数的角度，针对配电系统，提出了处理可靠性评估不确定性的一种新方法——联系数方法，即用联系数来表示原始参数和可靠性指标。

1. 可靠性参数的联系数形式及联系数理论

电力设备可靠性原始参数具有两方面的特点：一方面，统计误差存在不确定性；另一方面，具有在某一确定值基础上变化波动的特点，确定值体现了电力设备本身可靠性的确定性一面，变化波动部分则体现了受外界影响的不确定性一面，而工程实际统计得到的电力设备可靠性原始参数却同时反映了确定性和不确定性两方面，表现为确定性与不确定性共存，而且原始参数的不确定性本质上也是指参数在均值左右的变化，只有在特定条件下才取某个确定值。因此，元件k的故障率可用联系数$\widehat{\lambda}_{ku}$（简写$\widehat{\lambda}_{k}$）表示

$$\widehat{\lambda}_{ku}=\lambda_{ka}+\lambda_{kb}i \qquad (6-98)$$

式中：λ_{ka}为元件的平均故障率，为一确定值或平均点值；λ_{kb}为不确定波动故障率，需要与不确定量i（又称差异度或波动程度）一起决定对平均故障率的修正方向和修正数值。

由于可靠性原始参数存在不确定性，因此本书基于联系数分析理论，把可靠性原始参数的确定性与不确定性作为一个整体加以研究，借助对这个整体中确定性与不确定性相互依存、相互联系、相互渗透和在一定条件下相互转化过程的描述、分析，探寻可靠性原始参数不确定性在具体条件下的可靠性评估规律与评估方法。

由前面对电力设备可靠性原始参数的特点分析可知，电力设备可靠性原始参数的故障率和修复时间均可用$u=a+bi$型联系数表示，且故障率和修复时间联系数中确定项与不确定项之间的变化关系，类似于网络计划分析中时间联系数的确定项与不确定项之间的变化关系，故可应用$u=a+bi$型联系数的乘法运算准则。

2. 简单辐射状的配电系统可靠性联系数评估与简化

此处进行的配电系统可靠性不确定性评估，主要是将联系数理论应用于配电

系统的可靠性分析中，用联系数计及可靠性原始参数的不确定性。一方面，用联系数处理原始参数，其优点是不需要假设参数服从任何概率分布，并且能保持数据的完整性，较真实地反映讨论对象；另一方面，用联系数表示可靠性指标值，可以更好地反映系统可靠性的不确定性变化情况。

基于联系数的配电系统可靠性不确定性评估，与传统确定性配电系统可靠性评估方法一样，要从简单辐射状配电系统入手，先对简单辐射状配电系统进行基于联系数的可靠性评估与等效简化，其等效过程参见文献[161]，只是用于等效的节点属性（包括元件故障率、修复率及各种开关的操作时间）是用联系数来表示。因此，对简单辐射状主馈线系统，各负荷节点可靠性指标联系数计算公式同样有

$$\widehat{\lambda}_{\mathrm{i}} = \widehat{\lambda}'_{\mathrm{i}} + \sum_{\mathrm{j}=1,\mathrm{j}\neq \mathrm{i}}^{n} \widehat{\lambda}'_{\mathrm{j}} \tag{6-99}$$

$$\widehat{u}_{\mathrm{i}} = \widehat{u}'_{\mathrm{i}} + \sum_{\mathrm{j}=1,\mathrm{j}\neq \mathrm{i}}^{n} \widehat{\lambda}'_{\mathrm{j}} \widehat{r}'_{\mathrm{ij}} \tag{6-100}$$

$$\widehat{r}'_{\mathrm{i}} = \frac{\widehat{u}'_{\mathrm{i}}}{\widehat{\lambda}'_{\mathrm{i}}} \tag{6-101}$$

式中：$\widehat{\lambda}'_{\mathrm{i}}$，$\widehat{u}_{\mathrm{i}}$和$\widehat{r}_{\mathrm{i}}$分别为负荷点故障率、年停电时间及故障修复时间；$\widehat{\lambda}'_{\mathrm{j}}$为节点 j 的等效故障率；$\widehat{r}'_{\mathrm{ij}}$为求节点 i 时节点 j 故障导致的节点 i 的停运时间，$\widehat{r}'_{\mathrm{ij}}$的取值依赖于系统的结构，其表述见文献[166]。得到了各负荷点对应的可靠性指标联系数后，简单辐射状主馈线系统的可靠性指标联系数就能很容易地获得。

3. 复杂配电系统可靠性的联系数评估

基于联系数的复杂配电系统的可靠性评估仍可采用含向上等效及向下等效两个过程的网络等值法（网络等值法的原理和详细计算步骤见文献[161]）。当计及可靠性原始参数的不确定性用联系数表示时，采用网络等值法等效处理分支馈线可靠性指标的联系数计算公式

$$\widehat{\lambda}_{\mathrm{e}} = (1 - p\,\widehat{b}) \sum_{\mathrm{k}=1}^{n} \widehat{\lambda}'_{\mathrm{k}} \tag{6-102}$$

$$\widehat{r}_{\mathrm{e}} = \widehat{t}_1 \tag{6-103}$$

$$\widehat{u}_{\mathrm{e}} = \widehat{\lambda}_{\mathrm{e}}\, \widehat{r}_{\mathrm{e}} \tag{6-104}$$

式中：$\widehat{\lambda}_{\mathrm{e}}$，$\widehat{r}_{\mathrm{e}}$，$\widehat{u}_{\mathrm{e}}$分别为分支馈线等效节点元件的故障率、故障修复时间及年故障时间联系数；$\widehat{\lambda}'_{\mathrm{k}}$为分支馈线上节点 k 的等效故障率联系数；$p\,\widehat{b}$为分支馈线首端断路器可靠断开的概率联系数；$\widehat{t}_1$为分支馈线上与断路器相配套的隔离开关的操作时间联系数。

由上可知，简化后的分支馈线等效参数计算公式只是联系数的加法和乘法，

且$\widehat{r}_e$和$\widehat{u}_e$计算简单。得到各分支馈线的等效参数后，便很容易运用向上等效和向下等效的原理求得复杂配电系统所有负荷点和整个系统的可靠性指标的联系数形式。基于联系数的配电系统可靠性评估方法与常规可靠性评估方法相比，指标公式形式上相同，区别在于，网络等值时计算负荷支路和分支馈线的等效参数采用本节的公式，公式中的不确定性参数用联系数表示，以联系数运算替代实数运算。在解决电力设备可靠性原始参数不确定性的工程实际问题时，可以采用联系数理论来表示和分析配电系统可靠性原始参数，以及进行不确定性指标评估。

基于联系数的复杂配电系统可靠性评估方法的算法步骤如下。

（1）对配电系统元件的可靠性原始参数进行分析和处理，得到各元件的可靠性原始参数的联系 $u=a+bi$ 的形式（其中，a 为参数平均值，可由历史数据的统计平均值得到；b 为不确定值，可由原始参数的最大值减去平均值得到）。

（2）用上述的公式计算负荷支路和分支馈线的等效可靠性参数。注意：为了避免联系数运算的阶数，在计算过程中每次只进行 2 个联系数之间的运算。

（3）用向上等效和向下等效计算可靠性指标的思想求得负荷及系统的可靠性指标联系数，最后得到的就是集确定性与不确定性为一体的可靠性联系数指标。

6.3.5 基于可信性测度的输电网短期线路检修计划

制定合理的线路检修计划是调度中心运行操作人员的重要任务，也是运行风险研究领域的研究课题之一。中国电网的快速发展对这一问题产生了较为急迫的现场需求。原有完全依靠人工经验安排检修计划的方法受到了很大的挑战，迫切需要能够自动制订合理检修计划的方法和工具。

在现有短期线路检修的研究中，对不确定性的建模仅考虑单重不确定性（如线路强迫停运的随机性），进而检修计划大都是以随机规划为基础建立模型。但是在工业现场所遇到的新问题是：传统架空线路的可靠性统计指标难以表达现场运行中线路故障的可能性，这是由于电力系统不确定性同时包含着随机性和模糊性两方面。只考虑单重不确定性的优化模型是不符合现场实际的，所以难以实用（原始数据难于获取）。因此，需要在短期线路检修计划中对随机模糊双重不确定性同时进行建模，提出基于可信性测度的输电网短期线路检修计划。

1. 问题的提出

面向电力市场、电力规划设计部门、继电保护等方面的电力可靠性研究取得了卓有成效的进展。但对于调度中心所需要的运行风险评估而言，按传统可靠性理论，架空线路强迫停运率 F_{OR} 在同一地区内，同一电压等级的架空线路越长，则 F_{OR} 越大。但是实际调度经验表明，室外架空线路发生故障的可能性受天气等因素影响，有时短线路发生故障的可能性反而会增大[146]。F_{OR} 因时、因景而变化的现象在制订短期线路检修计划时必须要给予考虑。调度人员可以结合天气和运行方式区分出"容易"和"不容易"发生问题的线路（前者的故障概率应大于后者），即线路故障的可能性同时包含了随机性与模糊性。进而全系统的不确定性（风险）是同时包含随机性和模糊性的值，短期线路检修计划应是考虑随机性与模糊性的混合整数优化问题，隶属于应用数学领域中双重不确定优化的研究范畴。

过去在基础数学领域，概率论与模糊论是两个各自独立研究的数学体系，2004 年基础数学界 Liu Baoidgn 完成了可信性理论这一数学分支[167]，使得随机模糊综合评估有了严格的数学基础，可信性理论为随机模糊双重不确定性优化问题的建模、求解奠定了理论基础，从而使得随机模糊双重不确定性优化问题的建模和求解工作能够进行。

从电力信息学的角度，文献[146]侧重于主体（调度中心）对电力系统产生的模糊性与随机性双重不确定性信息进行感知，即侧重于第 1 类认识论意义的信息的获取。而本书则侧重于在处理这些不确定性信息的基础上，"再生"第 2 类认识论意义的信息——制订检修计划，完成主体对于对象（电力系统）的施效，如图 6-12 所示。

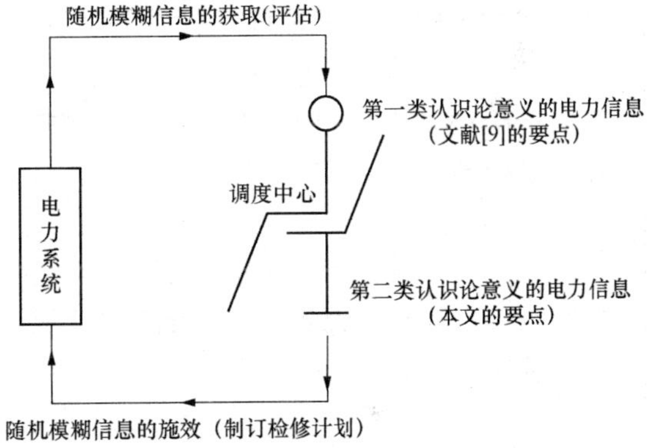

图 6-12 随机模糊信息的获取与施效

2. 利用随机模糊变量期望值进行建模

令第 i 条架空线路发生故障的可能性随机模糊变量 $\xi_{\mathrm{FOR},i}$，这是一个从可能性空间（$\boldsymbol{\Theta}_i$，$P(\boldsymbol{\Theta}_i)$，$P_{\alpha si}$）到随机变量集合的映射。

定义 6.1：令 f：$R^n \to R$ 为测度函数，ξ_i 为定义在可能性空间（$\boldsymbol{\Theta}_i$，$P(\boldsymbol{\Theta}_i)$，$P_{\alpha si}$）（$i=1$，2，…，n）上的随机模糊变量，则 $\xi = f(\xi_1, \xi_2, \cdots, \xi_n)$ 为乘积可能性空间（$\boldsymbol{\Theta}_i$，$P(\boldsymbol{\Theta}_i)$，$P_{\alpha si}$）上的随机模糊变量。

$$\xi(\theta_1, \theta_2, \cdots, \theta_n) = f[\xi_1(\theta_1), \xi_2(\theta_2), \cdots, \xi_n(\theta_n)] \tag{6-105}$$

由定义 6.1 可得电力系统全网的运行风险是随机模糊变量，可利用可信性理论中的随机模糊变量期望值进行建模。

定义 6.2：随机模糊变量 ξ 的期望值为

$$E_{\mathrm{pro\text{-}fuz}}[\xi] = \int_0^{+\infty} Cr\{\theta \in \boldsymbol{\Theta} \mid E_{\mathrm{pro}}[\xi(\theta)] \geqslant r\}\mathrm{d}r$$

$$-\int_{-\infty}^{0} Cr\{\theta \in \boldsymbol{\Theta} \mid E_{\text{pro}}[\xi(\theta)] \leqslant r\}\mathrm{d}r \tag{6-106}$$

其中，

$$E_{\text{pro}}[\xi(\theta)] = \int_{0}^{+\infty} P_r\{E_{\text{pro}}\xi(\theta) \geqslant r\}\mathrm{d}r - \int_{-\infty}^{0} P_r\{E_{\text{pro}}\xi(\theta) \leqslant r\}\mathrm{d}r \tag{6-107}$$

式中：下标 pro 表示随机性；fuz 表示模糊性；E_{pro}是随机变量期望算子；$Cr\{\}$为可信性测度[5]；符号$\int$是 Lebesgue 积分[49]。

定理 6.1 令 a，b 为实数，ξ 和 η 是定义在上的随机模糊变量，则有

$$E_{\text{pro-fuz}}(a\xi + b\eta) = aE_{\text{pro-fuz}}(\xi) + bE_{\text{pro-fuz}}(\eta) \tag{6-108}$$

以检修费用与停电损失费用之和的随机模糊期望值最小为目标函数。检修时间长度以 h 为单位。约束条件包括两类：①与架空线路检修策略相关的约束条件；②与全网随机模糊双重不确定性风险相关的约束条件。根据式（6-105）～式（6-108），建立如下的短期线路检修计划数学模型。

目标函数为

$$\min E_{\text{pro-fuz}}\Big[\sum_{t}\sum_{k=1}^{N} C_{kt}(1 - x_{kt}) + \sum_{t}\psi_{\text{pro-fuz},t}\Big] \tag{6-109}$$

（1）与架空线路检修策略相关的约束条件：对于每种输电线路检修资源 j 的检修资源约束为

$$\sum_{t}\sum_{k} r_{kj}(1 - x_{kt}) \leqslant \beta_{jt} \tag{6-110}$$

对第 r 条路径第 t 周的检修人力资源约束为

$$\sum_{k \in \mathbf{N}_r}(1 - x_{kt}) \leqslant b_r \tag{6-111}$$

由于天气等原因不允许进行线路检修的时段 t（天气预测由气象局的天气预报给出）为

$$x_{kt} = 1 \tag{6-112}$$

检修时间约束为

$$\begin{cases} x_{kt} = 1, t < e_k \text{ 或 } t > l_k + d_k \\ x_{kt} = 0, S_k \leqslant t \leqslant S_k + d_k \\ x_{kt} \in \{0,1\}, e_k \leqslant t \leqslant l_k \\ \sum_{t} x_{kt} = l_k - e_k - d_k, e_k \leqslant t \leqslant l_k \end{cases} \tag{6-113}$$

（2）与全网随机模糊双重不确定性风险相关的约束条件为

$$E_{\text{pro-fuz}}[E_{\text{ENS pro-fuz}}(\xi_{\text{FOR},i})] < \varepsilon_t \tag{6-114}$$

$$\sum_{j\in \boldsymbol{NG}} P_j + \sum_{j\in \boldsymbol{NG}} D_j = \sum_{j\in \boldsymbol{NG}} C_j \tag{6-115}$$

$$A(P+D-C) = T \tag{6-116}$$

$$P_{\min} \leqslant P \leqslant P_{\max} \tag{6-117}$$

$$T \leqslant \widetilde{T}_{\max} \tag{6-118}$$

$$0 \leqslant D \leqslant C \tag{6-119}$$

式（6-109）～式（6-119）中：$\psi_{\text{pro-fuz},t}$为第t小时的停电损失费用的随机模糊变量；$x_{kt}=0$为线路k在第t小时拉闸检修；$x_{kt}=1$为线路k在第t小时合闸正常运行；S_k为第k条线路在第S_k时段开始检修；e_k为第k条线路可开始检修的最早时间段；l_k为第k条线路可开始检修的最迟时间段；d_{kj}为第k条线路的检修持续期，r_{kj}为k条线路检修所需的资源总数；β_{jt}为t小时输电资源j的可用总数；$E_{ENS\ \text{pro-fuz}}$为第t小时的停电电量随机模糊变量；ε_t为可接受的第t小时的停电功率随机模糊期望值水平，由调度中心给出；N_r为r路径上的线路；b_r为r路径上检修人员的检修力量；$P\in R^{\boldsymbol{NG}\times 1}$，$D\in R^{\boldsymbol{NG}\times 1}$，$C\in R^{\boldsymbol{NG}\times 1}$分别为发电机注入有功功率、切负荷量和负荷向量；$T\in R^{\boldsymbol{NL}\times N}$为支路有功潮流向量；$\widetilde{T}_{\max}$为支路有功潮流上限向量；$A\in R^{\boldsymbol{NL}\times 1}$为节点注入有功功率与支路有功功率关系的分布系数矩阵（直流潮流模型）；**NL**为线路数；**NG**、**NC**分别为发电机节点集和负荷节点集。

6.4 不确定性测度在电能质量领域中的应用

电压暂降是最严重的电能质量问题，因此，本节主要以电压暂降为例，说明不确定性测度在电能质量领域中的应用。与电压暂降相关的事件主要有：电压暂降事件、用户侧敏感设备电压耐受事件（设备敏感事件）和两者间的兼容性事件。电压暂降问题的研究重点是电压暂降与设备耐受能力间的兼容性问题。由于兼容性事件至少包含电压暂降事件和用户侧敏感设备电压耐受事件两部分，电压暂降事件和用户侧敏感设备电压耐受事件中涉及大量不确定性因素，必然影响两者间的兼容性事件。本书的5.4节讨论了不确定性理论在电能质量与优质供电中的应用，本节主要就不确定性测度在电能质量领域中的应用加以展开。

6.4.1 电压暂降最大熵评估

故障点法是电压暂降随机评估中一种较为常见的方法，传统故障点法中，线路故障率根据历史数据统计得到。线路上的故障点主要受天气条件、绝缘体污染、动物接触等因素影响，具有随机性，其随机特性大多假设为均匀、正态、指数等分布，不同的分布假设对评估结果影响很大。实际系统中，在故障分布规律未知的前提下，主观假设服从某一分布的依据不够充分，即使可将故障点法与其他方法结合来可提高结果的准确度，但主观假设的不足依然存在。因此，为克服假设系统内线路故障位置随机分布规律的不足，建立客观随机模型是电压暂降评估的关键之一，可提出一种电压暂降最大熵评估方法[52]。

1. 随机变量与约束条件确定

故障点随机分布律可由线路故障区间分布律来表征，以线路发生故障的故障区间为随机变量，对其进行最大熵优化，提取概率分布规律，再根据历史数据评估线路故障引起的电压暂降频次，可克服主观假设的不足。

(1) 故障区间随机变量数确定。在故障区间概率分布函数中，变量个数可根据文献[168]提出的解析法确定。如图 6-13 所示，当线路 k 故障时，评估母线 m 发生电压暂降时的电压幅值 V_m，可假定故障点 f 到母线 i 的距离为 l（根据线路 k 的 i，j 两节点间的线路长度进行归一化后，可取 $0\leqslant l\leqslant 1$），f 点到节点 j 的距离则为 $1-l$，V_m与 l 有关，可表示为 $V_m(l)$。如图 6-14 所示，当 V_m在 V_{low}与 V_{up}间变化时，线路 k 上故障点 f 的位置在 l_{low}与 l_{up}之间。线路按该线路的总长度进行归一化后，假定以 0.1 为电压区间步长划分线路故障距离区间（也可取其他步长）。根据 IEEE 定义，暂降幅值为 0.1～0.9p.u.，因此电压区间可分为 8 个：[0.1，0.2]，[0.2，0.3]，[0.3，0.4]，[0.4，0.5]，[0.5，0.6]，[0.6，0.7]，[0.7，0.8]，[0.8，0.9]。对于辐射形电网而言，电压区间与故障距离 l 区间之间呈现出一一对应的关系，以此可根据评估的电压暂降幅值区间判定线路故障距离区间。

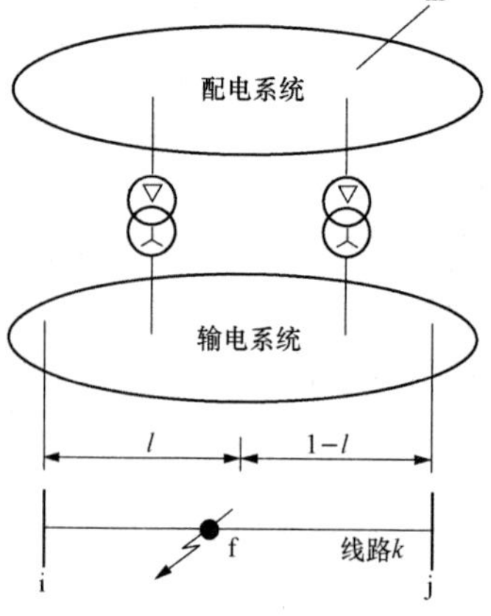

图 6-13 线路 k 上故障点 f 到端点的距离

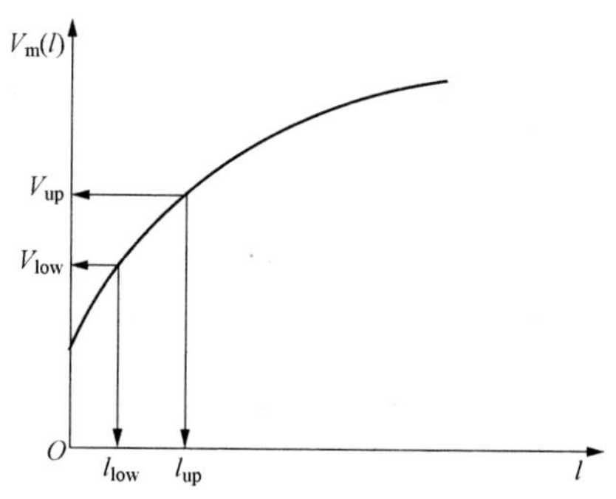

图 6-14 放射形网络中线路故障引起母线 m 的电压 $V_m(l)$

当系统为环网时，母线 m 电压 $V_m(l)$区间可能对应多个故障距离区间。如图 6-15 所示，故障区间依次为[0, 0.014]，[0.014, 0.043]，[0.043, 0.090]，[0.090, 0.183]，[0.183, 0.857]，[0.857, 0.950]和[0.950, 1.000]，以这 7 个区间作为故障区间数，因此可取 7 个随机变量。

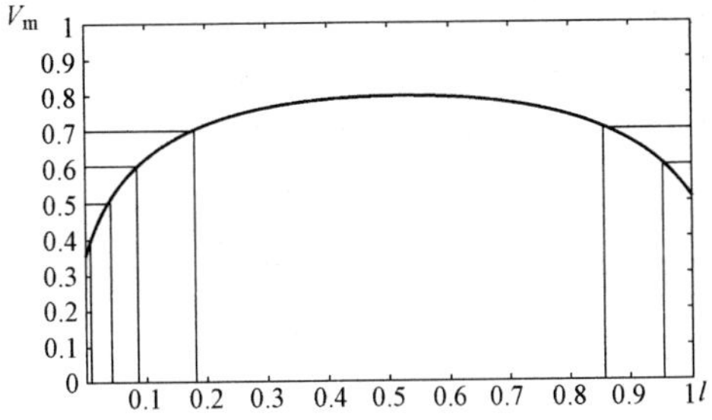

图 6-15 母线 m 的电压图形 $V_m(l)$

（2）最大熵模型的约束条件。文献[169]指出，约束条件对最大熵优化准确度有影响，为此可用统计矩作为约束条件。矩包括原点矩和中心矩，原点矩表征数据集中性，中心矩描述数据分散性，两者均能反映样本数据特征。矩的阶数可根据标准不确定度判定，阶数太高对分布的改善作用不大。仿真证明，当随机变量数小于 4 时，取 1 阶矩；当随机变量数为 4、5、6 时，分别取 2、3、4 阶矩；随机变量再多，选取 5 阶矩已足够。

2. 最大熵评估模型与过程

（1）最大熵评估模型。设 X 为线路故障区间随机变量，概率值为 $P(X)$，最大熵模型为

$$\max H(X_t) = -\sum_{t=1}^{r} P(X_t)\ln P(X_t) \tag{6-120}$$

约束条件为

$$\sum_{t=1}^{r} P(X_t) = 1 \tag{6-121}$$

$$\sum_{t=1}^{r} tP(X_t) = E_1 \tag{6-122}$$

$$\sum_{t=1}^{r} (t-E_1)^h P(X_t) = E_h,\ h = 2,3,4,5;t = 1,2,3,\cdots,r \tag{6-123}$$

式中：X_t为随机变量 X 的可能取值；r 为随机变量数；$P(X_t)$ 为随机变量取 X_t 时的概率值；E_1、E_h分别为线路故障区间样本数据的第 1 阶原点矩和第 h 阶中心矩，其中，h=2，3，4，5；t=1，2，3，…，r。

建立拉格朗日方程，得随机概率

$$P(X_t) = \exp[\lambda_0 + \lambda_1 \times t + \sum_{h=2}^{5} \lambda_h \times (t-E_1)^h] \tag{6-124}$$

式中：$\lambda_0 \sim \lambda_5$是对应约束条件的拉格朗日乘子。

式（5-194）代入式（5-191），得

$$\lambda_0 = -\ln\sum_{t=1}^{r}\exp[\lambda_1\times t+\sum_{h=2}^{5}\lambda_h\times(t-E_1)^h] \tag{6-125}$$

$$\frac{\partial\lambda_0}{\partial\lambda_1} = -\sum_{t=1}^{r}t\exp[\lambda_0+\lambda_1\times t+\sum_{h=2}^{5}\lambda_h\times(t-E_1)^h] \tag{6-126}$$

$$\frac{\partial\lambda_0}{\partial\lambda_h} = -\sum_{t=1}^{r}(t-E_1)^h\exp[\lambda_0+\lambda_1\times t+\sum_{h=2}^{5}\lambda_h\times(t-E_1)^h] \tag{6-127}$$

由式（6-125）～式（6-127）得

$$E_1 = \frac{\sum_{t=1}^{r}t\exp\left[\lambda_1\times t+\sum_{h=2}^{5}\lambda_h\times(t-E_1)^h\right]}{\sum_{t=1}^{r}\exp\left[\lambda_1\times t+\sum_{h=2}^{5}\lambda_h\times(t-E_1)^h\right]} \tag{6-128}$$

$$E_h = \frac{\sum_{t=1}^{r}(t-E_1)^h\exp\left[\lambda_1\times t+\sum_{h=2}^{5}\lambda_h\times(t-E_1)^h\right]}{\sum_{t=1}^{r}\exp\left[\lambda_1\times t+\sum_{h=2}^{5}\lambda_h\times(t-E_1)^h\right]} \tag{6-129}$$

由式（6-125）、式（6-128）和式（6-129）求解关于 λ 的方程组，结果代入式（6-124）求得某故障区间随机变量的离散概率分布值。在放射形网络中，不同母线电压区间与线路故障区间一一对应；而环形网络中，同一电压区间可能对应两个故障区间，需将这些故障区间概率值相加，得电压区间与故障区间之间的对应关系及相关概率值。

重复以上过程得不同电压区间对应的各线路故障概率值。当母线电压在区间 $[V_{\text{low}}, V_{\text{up}}]$ 变化时，用求得的线路故障概率值及统计所得线路故障率，由式（6-129）求母线电压暂降频次。

（2）随机评估过程。基于上述评估模型，线路故障引起的电压暂降频次评估过程为[169]

1）由历史数据统计得各线路故障率。

2）依据母线电压区间确定各线路故障区间，关键是母线电压幅值计算。当发生三相故障时，电压幅值为三相中任一相电压；发生非对称故障时，取暂降最严重相电压。考虑到实际电网中不同电压等级之间变压器连接方式的影响，如图 5-35所示，假设变压器为 Y_0/d-11 接线方式，故障从输电系统传播到配电系统，配电母线正、负序电压分别有 30°、−30°的相角偏移。关于各电压等级之间的级联关系及其对电压暂降的影响在第 5.4.3 节中进一步研究。当线路 k 发生三相对称故障时，母线 m 的电压幅值为

$$V_{\text{mf}} = 1-\frac{(1-l)Z_{\text{mi}}+lZ_{\text{mj}}}{(1-l)^2Z_{\text{ii}}+l^2Z_{\text{jj}}+2l(1-l)Z_{\text{ij}}+l(1-l)z_{\text{ij}}} \tag{6-130}$$

式中：Z_{ii}，Z_{jj} 为节点 i，j 的自阻抗；Z_{mi}，Z_{mj}，Z_{ij} 为节点 m，i，j 相应的互阻抗；

z_{ij}为线路 k 的阻抗。

线路 k 发生非对称故障时，可用对称分量法分析，这里不再赘述。

3）选取最大熵优化模型的约束条件。

4）对各条线路故障区间进行最大熵优化得其离散概率值。

5）用线路故障概率值及相应线路故障率确定母线暂降频次。

评估过程如图 6-16 所示。

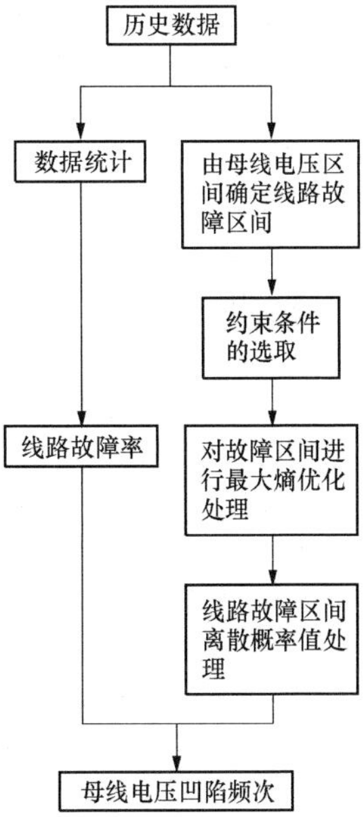

图 6-16 暂降频次最大熵评估流程

6.4.2 基于电压暂降严重程度和最大熵的设备敏感度评估

利用第 6.4.1 节进行电压暂降评估时提出的最大熵方法，假定设备电压耐受事件为随机事件，可用最大熵方法评估设备敏感度。设备敏感度是设备与供电点电压暂降间的兼容性问题，受供电系统运行状态、暂降特征、设备用电特性等影响，一般用设备故障率表示，评估难度大。现有实测法通过实际测量确定设备敏感度，直接、可靠，但随着敏感设备的增加，监测时间和成本随之增加，且不能进行预测；随机法通过随机模型进行评估，有预测性，随机模型的确定是关键。现有随机模型均基于主观假设，在划分设备敏感等级的基础上，假设不同敏感等级的设备的电压耐受曲线（Voltage Tolerance Curve，VTC）服从均匀、正态、指数、负指数等分布。用随机性刻画设备 VTC 曲线的不确定性，但敏感等级划分和概率模型选取有主观性，虽可通过参数估计算法（如矩估计、最大似然估计等）确定参数，但所需样本数多，不同假设对结果影响大。最大熵方法从观测样本出发，无须对概率模型做假设，通过求泛函极值求解概率密度函数，适用于小样本，以此确定 VTC 的概率密度函数可避免主观假设。

在可靠性工程中，风险评估是对故障可能性与严重性的综合度量。故障可能性刻画了发生故障的概率；故障严重性则反映设备受影响的程度大小。现有设备敏感度评估大多从设备故障可能性出发，不能反映设备受电压暂降影响的严重程度。因此，从设备受影响的严重性出发，用电压暂降严重性指标（Severity Index，SI）度量对设备的影响程度更合理。

1. 基本思想与评估原理

（1）建模思想与严重性指标。现有敏感度随机估计方法中，电压暂降特征采用有明确物理意义的暂降幅值、持续时间等作为评估依据，能评估具体设备的故障可能性，但对不同设备受影响的严重程度反映不足。现有随机估计法采用的概率模型靠经验和大量样本统计建立模型，参数估计需要大量样本，在实际中很难实现。从电压暂降和敏感设备受其影响的严重程度来评估设备敏感度能更好地反映设备敏感程度。在评估中，设备 VTC 曲线随机分布规律的确定与参数识别是关键，如何适应小样本是前提。

1948 年学者 C. E. Shannon 提出了信息熵概念并指出，熵可作为对随机不确定性的度量。1957 年学者 E. T. Jaynes 提出了最大熵原理，并指出在所有满足给定约束的概率分布中，用最大熵模型得到的分布规律，是服从所有已知信息的最随机、含主观假设最少的分布规律[94]。这一准则被称为最大熵原理。该原理无须基于大量样本的经验假设，用于确定 VTC 曲线随机分布规律更符合实际。

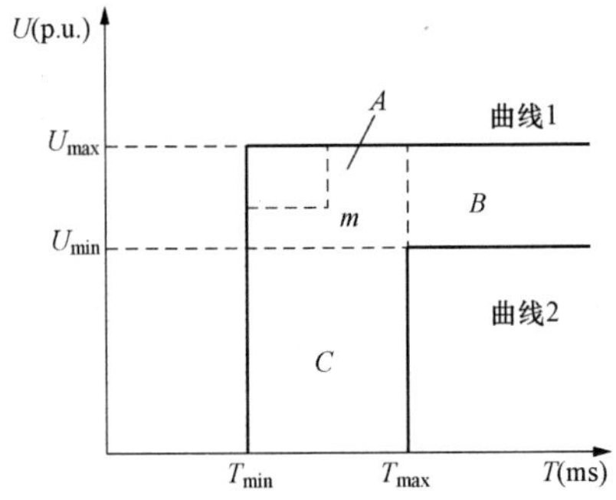

图 6-17　设备电压耐受曲线的不确定区域

试验表明，PLC、PC、ASD 等典型敏感设备的 VTC 曲线一般呈矩形。不同类型设备的敏感特征不同，同类设备在不同环境下的敏感度也存在差异，因此，VTC 曲线在幅值—持续时间平面上存在不确定区域，如图 6-17 所示。

图 6-17 中，T 为电压暂降持续时间；U 为电压幅值；U_{min}和 U_{max}、T_{min}和 T_{max}分别为设备在不确定区域内电压暂降幅值、持续时间的最小值和最大值。曲线 1 的外部区域（$U>U_{max}$或 $T<T_{min}$）是正常运行区域；曲线 2 的内部区域（$U<U_{min}$且 $T>T_{max}$）是故障区域；曲线 1、曲线 2 之间为不确定区域，该区域可分为 A、B、C 等 3 个子区域。典型设备 VTC 曲线边界的变化范围见表 6-2。

表 6-2　　敏感设备电压耐受能力变化范围

类型	电压幅值（p. u.）		持续时间（ms）	
	U_{min}	U_{max}	T_{min}	T_{max}
PLC	0.30	0.90	20	400
ASD	0.59	0.71	15	175
PC	0.46	0.63	40	205

基于严重性指标概念，用电压暂降幅值严重性指标（magnitude severity index，MSI）、持续时间严重性指标（duration severity index，DSI）和严重性综合指标（combined magnitude duration severity index，MDSI）刻画电压暂降严重性，其中 MSI、DSI 取值定义为

$$\gamma_1 = \begin{cases} 0, & T < T_{\min} \\ (T - T_{\min}) \times \left(\dfrac{100}{T_{\max} - T_{\min}}\right), & T_{\min} \leqslant T \leqslant T_{\max} \\ 0, & T > T_{\max} \end{cases} \tag{6-131}$$

$$\gamma_2 = \begin{cases} 0, & U < U_{\max} \\ (U_{\max} - U) \times \left(\dfrac{100}{U_{\max} - U_{\min}}\right), & U_{\min} \leqslant U \leqslant U_{\max} \\ 0, & U > U_{\min} \end{cases} \tag{6-132}$$

式中：γ_1，γ_2为 DSI、MSI 的取值。

图 6-18 给出了基于上述定义的 DSI 变化规律，取值范围为 0～100。MSI 类似。可见，电压暂降持续时间越长，DSI 越大；电压暂降幅值（残余电压）越大，MSI 越小。因此，DSI、MSI 能反映电压暂降严重程度。

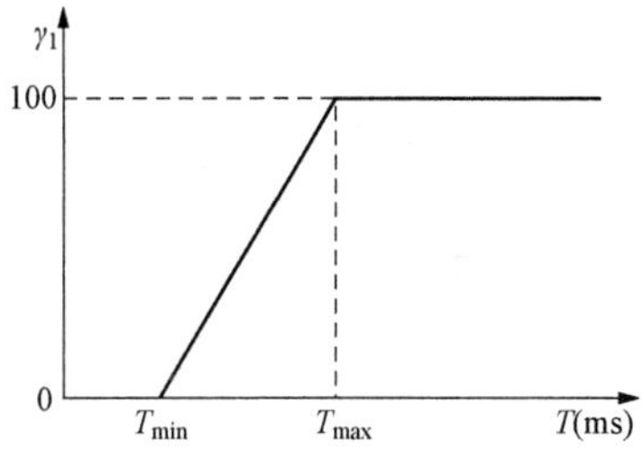

图 6-18　DSI 示意图

引入电压暂降幅值与持续时间严重性综合指标 MDSI，将有具体物理意义的暂降幅值、持续时间等转化为对特定设备的暂降严重性指标，便于建立通用评估模型。MDSI 定义为

$$\gamma = \frac{\gamma_1 \gamma_2}{100} \tag{6-133}$$

式中：γ 为敏感设备电压暂降严重性综合指标 MDSI 的取值。

MDSI 在 0～100 变化。MDSI 值为 0 表示暂降很不严重，设备能正常运行；值为 100 时，表示暂降很严重，设备必然故障；值为 0～100 时，表示暂降严重程度在最小与最大之间。因此，敏感度评估转化为基于严重性指标的设备故障率评估。

(2) 基本原理。类似于第 5.4.1 节，当随机变量 x 连续分布时，其最大熵模型为[390,165]

$$\max \quad H(x) = -\int_R f(x)\ln f(x)\mathrm{d}x \tag{6-134}$$

$$\text{s.t.} \int_R f(x)\mathrm{d}x = 1 \tag{6-135}$$

$$\int_R f(x)g_h(x)\mathrm{d}x = E[g_h(x)],\ h = 1,2,\cdots,n \tag{6-136}$$

式中：$H(x)$ 为随机变量 x 的熵；$f(x)$ 为 x 的概率密度函数；R 为变量 x 的取值边界；$g_h(x)$ 为变量 x 的某种函数；$E[g_h(x)]$ 为 $g_h(x)$ 的数学期望。

最大熵模型求解是泛函条件极值问题。为使熵 $H(x)$ 在满足式 (6-135)、式（6-136）条件下取最大值，根据条件极值问题求解的一般方法，引入拉格朗日乘子 λ_0，λ_1，…，λ_n，构造拉格朗日方程

$$F(x)=H(x)+(\lambda_0+1)\left[\int_R f(x)\mathrm{d}x-1\right]+\sum_{h=1}^{n}\lambda_h\left\{\int_R f(x)g_h(x)\mathrm{d}x-E[g_h(x)]\right\} \tag{6-137}$$

当满足 $\partial F/\partial f=0$ 时，可求得概率密度函数

$$f(x)=\exp\left[\lambda_0+\sum_{h=1}^{n}\lambda_i g_i(x)\right] \tag{6-138}$$

2. 评估模型与算法

（1）敏感设备故障率评估模型。如图 6-17 所示，当电压暂降 m 发生在不确定区域 A 内，该电压暂降对被评估设备的严重性指标 DSI、MSI 假设为 m_1、m_2，则设备故障概率 P 为

$$P=\int_{x_1=0}^{m_1}f(x_1)\mathrm{d}x_1\int_{x_2=0}^{m_2}f(x_2)\mathrm{d}x_2 \tag{6-139}$$

式中：x_1，$f(x_1)$ 是随机变量 DSI 的取值和概率密度函数；x_2，$f(x_2)$ 为随机变量 MSI 的取值和概率密度函数。

当电压暂降发生在 B、C 区域时，式（6-139）中仅包含一个随机变量，可得类似结论。

式（6-139）中，确定概率密度函数是关键。根据最大熵原理和电压暂降严重性指标定义，假设 x 为设备电压暂降严重性指标 SI（DSI 或 MSI）随机变量，其概率密度函数为 $f(x)$，则设备 VTC 曲线概率分布的最大熵模型为

$$\max \quad H(x)=-\int_R f(x)\ln f(x)\mathrm{d}x \tag{6-140}$$

$$\text{s.t.}\int_R f(x)\mathrm{d}x=1 \tag{6-141}$$

$$\int_R xf(x)\mathrm{d}x=E_1 \tag{6-142}$$

$$\int_R (x-E_1)^h f(x)\mathrm{d}x=E_h \tag{6-143}$$

式中：E_1，E_h 为 SI 样本数据的 1 阶原点矩及 h 阶中心矩。

在约束条件中引入原点矩和 h 阶中心矩，以判定给定样本的随机分布规律。这样不需要对分布规律作任何假设，仅根据有限的样本就可客观地求得概率密度函数。

（2）概率密度函数求解方法。在敏感度评估模型中，关键在于概率密度函数的求解。根据求解条件极值问题的一般方法，可引入拉格朗日方程，求解过程如下。

建立拉格朗日方程，求得类似于式（6-138）的概率密度函数

$$f(x)=\exp\left[\lambda_0+\lambda_1 x+\sum_{h=2}^{5}\lambda_h(x-E_1)^h\right] \tag{6-144}$$

式中：$\lambda_0\sim\lambda_5$为对应约束条件的拉格朗日乘子。根据绝对熵差确定矩的阶数。通过大量仿真证明，取 5 阶矩能满足评估准确度要求。

式（6-144）代入式（6-141），得

$$\lambda_0=-\ln\left\{\int_R\exp\left[\lambda_1 x+\sum_{h=2}^{5}\lambda_h(x-E_1)^h\right]\mathrm{d}x\right\} \tag{6-145}$$

$$\frac{\partial\lambda_0}{\partial\lambda_1}=-\int_R x\exp\left[\lambda_0+\lambda_1 x+\sum_{h=2}^{5}\lambda_h(x-E_1)^h\right]\mathrm{d}x \tag{6-146}$$

$$\frac{\partial\lambda_0}{\partial\lambda_h}=-\int_R(x-E_1)^h\exp\left[\lambda_0+\lambda_1 x+\sum_{h=2}^{5}\lambda_h(x-E_1)^h\right]\mathrm{d}x \tag{6-147}$$

由式（6-145）～式(6-147）得

$$E_1=\frac{\int_R x\exp\left[\lambda_1 x+\sum_{h=2}^{5}\lambda_h(x-E_1)^h\right]\mathrm{d}x}{\int_R\exp\left[\lambda_1 x+\sum_{h=2}^{5}\lambda_h(x-E_1)^h\right]\mathrm{d}x} \tag{6-148}$$

$$E_h=\frac{\int_R(x-E_1)^h\exp\left[\lambda_1 x+\sum_{h=2}^{5}\lambda_h(x-E_1)^h\right]\mathrm{d}x}{\int_R\exp\left[\lambda_1 x+\sum_{h=2}^{5}\lambda_h(x-E_1)^h\right]\mathrm{d}x} \tag{6-149}$$

由式（6-145）、式（6-148）、式（6-149）求解关于 λ 的方程组，结果代入式（6-144）得 $f(x)$。

（3）评估流程。基于最大熵原理的设备敏感度评估流程如图 6-19 所示。

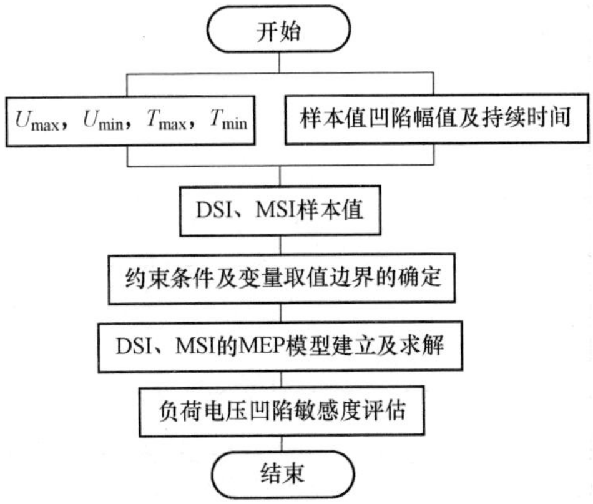

图 6-19　设备敏感度最大熵评估流程

附　　录

本书部分字母发音

大写	小写	英文注音	国际音标注音	中文注音
Ω	ω	omega	[o'miga]	欧米伽
Σ	σ	sigma	[`sigma]	西格玛
Π	π	pi	[pai]	派
E	ε	epsilon	[ep`silon]	伊普西龙
A	α	alpha	[a：lf]	阿尔法
B	β	beta	[bet]	贝塔
Γ	r	gamma	[ga：m]	伽马
Δ	δ	delta	[delt]	德尔塔
Z	ζ	zeta	[zat]	截塔
H	η	eta	[eit]	艾塔
Θ	θ	thet	[θit]	西塔
I	ι	iot	[aiot]	约塔
K	κ	kappa	[kap]	卡帕
Λ	λ	lambda	[lambd]	兰布达
M	μ	mu	[mju]	缪
N	v	nu	[nju]	纽
Ξ	ξ	xi	[ksi]	克西
O	o	omicron	[omik'ron]	奥密克戎
P	ρ	rho	[rou]	肉
T	τ	tau	[tau]	套
Υ	υ	upsilon	[jup`silon]	宇普西龙
Φ	φ	phi	[fai]	佛爱
X	χ	chi	[phai]	西
Ψ	ψ	psi	[psai]	普西

参 考 文 献

[1] 刘宝碇，彭锦．不确定性理论教程［M］. 北京：清华大学出版社，2005.
[2] Paul R. Halmos. Measure theory [M]. NewYork: Spring - Verlag New York Inc., 1974.
[3] 康重庆，夏清，刘梅．电力系统负荷预测［M］. 北京：中国电力出版社，2007.
[4] 杨秀媛，肖洋，陈树勇．风电场风速和发电功率预测研究［J］. 中国电机工程学报，2005，25（11）：1-5.
[5] Hong Y, Luo Y. Optimal VAR control considering wind farms using probabilistic load-flow and gray-based genetic algorithms [J]. IEEE Transactions on Power Delivery, 2009, 24 (3): 1441-1449.
[6] 肖湘宁．电能质量分析与控制［M］. 北京：中国电力出版社，2004.
[7] 康重庆，夏清，徐玮．电力系统不确定性分析［M］. 北京：科学出版社，2011.
[8] Shannon C E. A mathematical theory of communication [J]. The Bell System Technical Journal, 1948, 27: 379-423.
[9] Simon, Herbert. A behavioral model of rational choice [J]. The Quarterly Journal of Economics, 1955, 69 (1): 99-118.
[10] Kwakernaak H. Fuzzy random variables Ⅱ: algorithms and examples for the discrete case [J]. Information Science, 1978, (17): 253-278.
[11] 李洪兴．不确定性系统的统一性［J］. 工程数学学报，2007，24（1）：1-21.
[12] 邓文丽，郑祖康．区间数据任意阶原点矩的估计［J］. 应用概率统计，2006，22（4）：419-428.
[13] Dorr D S. Point of utilization power quality study results [J]. IEEE Transactions on Industry Applications, 1995, 31 (4): 658-666.
[14] Conrad L, Little K, Grigg C. Predicting and preventing problems associated with remote fault-clearing voltage dips [J]. IEEE Transactions on Industry Applications, 1991, 27 (1): 167-172.
[15] Lamoree J, Mueller D, Vinett P, et al. Voltage sag analysis case studies [J]. IEEE Transactions on Industry Applications, 1994, 30 (4): 1083-1089.
[16] Milanovic J V, Gupta C P. Probabilistic assessment of financial losses due to interruptions and voltage sags - part Ⅰ: the methodology [J]. IEEE Transactions on Power Delivery, 2006, 21 (2): 918-924.
[17] Lu C N, Shen C C. Estimation of sensitive equipment disruptions due to voltage sags [J]. IEEE Transactions on Power Delivery, 2007, 22 (2): 1132-1137.
[18] Kermanshahi B, Iwamiya H. Up to year 2020 load forecasting using neural nets [J]. International Journal of Electrical Power & Energy Systems, 2002, 24 (9): 789-797.
[19] Papalexopoulos A D, Hesterberg T C. A regression-based approach to short-term sys-

tem load forecasting [J]. IEEE Transactions on Power Systems, 1990, 5 (4): 1535 - 1547.

[20] Fan J Y, McDonald J D. A real - time implementation of short - term load forecasting for distribution power systems [J]. IEEE Transactions on Power Systems, 1994, 9 (2): 988 - 994.

[21] Niu D X, Shi H F, Wu D. Short - term load forecasting using bayesian neural networks learned by hybrid Monte Carlo algorithm [J]. Applied Soft Computing, 2012, 12 (6): 1822 - 1827.

[22] Che J X, Wang J Z, Wang G F. An adaptive fuzzy combination model based on self - organizing map and support vector regression for electric load forecasting [J]. Energy, 2012, 37: 657 - 664.

[23] Rahman S, Hazim O. Generalized knowledge - based short - term load forecasting technique [J]. IEEE Transactions on Power Systems, 1993, 8 (2): 508 - 514.

[24] 邓聚龙．灰理论基础 [M]. 武汉：华中科技大学出版社，2002.

[25] 陈华友．组合预测方法有效性理论及其应用 [M]. 北京：科学出版社，2007.

[26] 侯慧．应对灾变的电力安全风险评估与应急处置体系 [D]. 武汉：华中科技大学，2009.

[27] Task Force on Understanding, Prediction, Mitigation, and Restoration of Cascading Failures of the IEEE PES CAMS. Risk assessment of cascading outages: methodologies and challenges [J]. IEEE Transactions on Power Systems, 2012, 27 (2): 631 - 641.

[28] 李文沅．电力系统风险评估模型、方法和应用 [M]. 北京：科学出版社，2006.

[29] 方再根．计算机模拟与蒙特卡罗方法 [M]. 北京：北京工业学院出版社，1988.

[30] Satish J R, Ramchander K, Joydeep M. Identification of chains of events leading to catastrophic failures of power systems [C]. IEEE International Symposium on Circuits and Systems, Kobe, Japan, May 23 - 26, 2005, 5: 4187 - 4190.

[31] Wang H Y, Thorp J S. Optimal locations for protection system enhancement: a simulation of cascading outages [J]. IEEE Transaction on Power Delivery, 2001, 16 (4): 528 - 533.

[32] 许婧，白晓民，徐得超．基于复杂事件处理技术的连锁故障诊断 [J]. 电力系统自动化，2011，35 (3)：5 - 8.

[33] 徐丙垠，李天友，薛永端．智能配电网与配电自动化 [J]. 电力系统自动化，2013，33 (17)：38 - 41.

[34] Villanueva D, Pazos J L, Feijóo A. Probabilistic load flow including wind power generation [J]. IEEE Transactions on Power Systems, 2011, 26 (3): 1659 - 1667.

[35] Zangeneh A, Jadid S. Fuzzy multiobjective model for distributed generation expansion planning in uncertain environment [J]. European Transactions on Electrical Power, 2011, 21 (1): 129 - 141.

[36] 林少伯，韩民晓，赵国鹏，等．基于随机预测误差的分布式光伏配网储能系统容量配置方法 [J]. 中国电机工程学报，2013，33 (4)：25 - 33.

[37] Urbina M, Li Z. A fuzzy optimization approach to PV/battery scheduling with uncertainty

in PV generation [C]. Inv Proc. of the 38th North American Power Symposium, Carbondale, 2006, 561 - 566.

[38] Kajihara H H. Quality power for electronics [J]. Electro - Technology, Noverber 1968, 82 (5): 46 - 52.

[39] Yao S J, Song Y H, Zhang L Z, et al. Wavelet transform and neural networks for short-term electrical load forecasting [J]. Energy Conversion and Management, 2000, 41 (18): 1975 - 1988.

[40] Pai P F, Hong W C. Forecasting regional electricity load based on recurrent support vector machines with genetic algorithms [J]. Electric Power Systems Research, 2005, 74 (3): 417 - 425.

[41] 肖智，叶世杰. 短期电力负荷预测的粗糙集方法 [J]. 系统工程学报，2009，24 (2): 143 - 148.

[42] 宋毅，王成山. 一种电力系统连锁故障的概率风险评估方法 [J]. 中国电机工程学报，2009，29 (4): 27 - 33.

[43] 张国华，段满银，张建华，等. 基于证据理论和效用理论的电力系统风险评估 [J]. 电力系统自动化，2009，33 (23): 1 - 4.

[44] 武鹏，程浩忠，刑洁，等. 基于可信性理论的输电网规划 [J]. 电力系统自动化，2009，33 (12): 22 - 26.

[45] 冯永青，吴文传，张伯明，等. 基于可信性理论的输电网短期线路检修计划 [J]. 中国电机工程学报，2007，27 (4): 65 - 71.

[46] Jian Pu, McCalley J D, Stern H, et al. A bayesian approach for short - term transmission line thermal overload risk assessment [J]. IEEE Transactions on Power Delivery, 2002, 17 (3): 770 - 778.

[47] 冯永青，吴文传，孙宏斌，等. 现代能量控制中心的运行风险评估研究初探 [J]. 中国电机工程学报，2005，25 (13): 73 - 79.

[48] Miki T. Consideration of uncertainty factors in search for high risk events of power systems caused by natural disasters [J]. WSEAS Transactions on Power Systems, 2008, 3 (3): 76 - 81.

[49] 欧几里得. 几何原本 [M]. 燕晓东译. 北京：人民日报出版社，2008.

[50] [日] 河田敬义 著. 集合、拓扑、测度 [M]. 赖英华译. 上海：上海科学技术出版社，1961.

[51] Stockman D R. Uniform measures on inverse limit spaces [J]. Applicable Analysis, 2009, 88 (2): 293 - 299.

[52] 肖先勇，马超，李勇. 线路故障引起电压凹陷的频次最大熵评估 [J]. 中国电机工程学报，2009，29 (1): 87 - 93.

[53] Momoh J A, Ma X W, Tomsovic K. Overview and literature survey of fuzzy set theory in power systems [J]. IEEE Transactions on Power Systems, 1995, 10 (3): 1676 - 1690.

[54] Atanassov K. Intuitionistic fuzzy sets [J]. Fuzzy Sets and Systems, 1986, 20 (1): 87 - 96.

[55] Atanassov K, Gargov G. Interval valued intuitionistic fuzzy sets [J]. Fuzzy Sets and Systems, 1989, 31 (3): 343 - 349.
[56] Lambert T G, Alves da Silva A P, Borges da Silva L E, et al. Data mining into a control center database via rough set technique [C]. Procession of the International Conference on Intelligent System Application to Power Systems, Korean, 1997: 246 - 250.
[57] 束洪春，孙向飞，司大军．电力变压器故障诊断专家系统知识库建立和维护的粗糙集方法 [J]. 中国电机工程学报，2002，22 (2)：31 - 35.
[58] 束洪春，孙向飞，司大军．基于粗糙集理论的配电网故障诊断研究 [J]. 中国电机工程学报，2001，21 (10)：73 - 77.
[59] 张琦，曹绍杰．用于暂态稳定评估的人工神经网络输入空间压缩方法 [J]. 电力系统自动化，2001，25 (2)：32 - 35.
[60] Shu H C, Sun X F, Si D J. Study of fuzzy controller for voltage and reactive power in substation using rough set theory [C]. IEEE International Conference on Power System Technology, Piscataway, 2002.
[61] 廖志伟，孙雅明．基于数据挖掘模型的高压输电线系统故障诊断 [J]. 电力系统自动化，2001，25 (15)：15 - 19.
[62] Pawlak Z. Rough sets in theoretical aspects of reasoning about data [M]. Kluwer Netherlands, 1991.
[63] 曾黄麟．粗糙集理论及其应用 [M]. 重庆：重庆大学出版社，1996.
[64] Slowinski R. Intelligent decision support: handbook of applications and advances of the rough set theory [M]. MA. USA: Kluwer Academic Publishers, 1992.
[65] Slowinski R and Vanderpooten D. A generalized definition of rough approximations based on similarity [J]. IEEE Transactions on Knowledge and Data Engineering, 2000, 12 (2): 331 - 336.
[66] Pawlak Z. Rough sets [J]. International Journal of Information and Computer Sciences, 1982, 11 (5): 341 - 356.
[67] Liu B. Uncertainty theory: an introduction to its axiomatic foundations [M]. Berlin: Springer - Verlag, 2004.
[68] Liu B. Theory and practice of uncertain programming [M]. Heidelberg: Physica - Verlag, 2002.
[69] Peng T M, Hubele N F, Karady G G. Advancement in the application of neural networks for short - term load forecasting [J]. IEEE Transactions on Power Systems, 1992, 7 (1): 250 - 257.
[70] 万玉成．基于未确知性的预测与决策方法及其应用研究 [D]. 南京：东南大学，2004.
[71] Choquet G. Theory of capacity [J]. Annales De L' institute Fourier, 1953, 5: 131 - 295.
[72] Shafer G. A mathematical theory of evidence [M]. Princeton: Princeton University Press, 1976.
[73] Sugeno M . Theory of fuzzy integral and its application [D]. Tokyo: Tokyo Institute of

Technology，1974.

[74] Wang Z Y. The autocontinuity of set function and the fuzzy integral [J]. Journal of Mathematical Analysis and applications，1984，99 (1)：195 - 218.

[75] 赵汝怀 . 模糊积分 [J]. 数学研究与评论，1981，2：55 - 72.

[76] 杨庆季 . Fuzzy 测度空间上的泛积分 [J]. 模糊数学，1985，(3)：107 - 114.

[77] Gareia F S，Alvarez P G. Two families of fuzzy integrals [J]. Fuzzy Sets and Systems，1986，18：67 - 81.

[78] Wu C X，Wang S L，Song S J. Generalized triangle norms and generalized fuzzy integrals [M]. Proc. of Sino - Japan Sympo. On Fuzzy Sets and Systems，Beijing：International Academic Press，1990.

[79] Wang Z Y，Klir G J. Fuzzy measure theory [M]. New York：Plenum Press，1992.

[80] Wang Z Y，Klir G J. Generalized measure theory [M]. New York：Springer Science & Business Media，2008.

[81] 哈明虎，杨兰珍，吴从炘 . 广义模糊集值测度引论 [M]. 北京：科学出版社，2009.

[82] Zadeh L A. Fuzzy sets as a basis for a theory of possibility [J]. Fuzzy Sets and Systems，1978，(1)：3 - 28.

[83] Qiao Z. On fuzzy measure and fuzzy integral on fuzzy set [J]. Fuzzy Sets and Systems，1990，37：77 - 92.

[84] Auma nn R J. Integrals of set - valued function [J]. J. Math. Anal. Appl.，1965，12：1 - 12.

[85] Datko R. Measurability properties of set - valued mappings in a Banach space [J]. SIAMJ. Control，1970，8：226 - 238.

[86] Hiai F，Umegaki H. Integrals，conditional expectations，and martingales of multivalued functions [J]. Journal of Multivariate Analysis，1977，7 (1)：149 - 182.

[87] 薛小平 . 抽象空间中取值的函数、级数、测度与积分 [D]. 哈尔滨：哈尔滨工业大学，1991.

[88] Chateauneuf A，Kast R. Conditioning capacities and Choquet integrals：the role of comonotony [J]. Theory and Decision，2001，51：367 - 386.

[89] Artstein Z. Set - valued measures [J]. Transactions of the American Mathematical Society，1972，165：103 - 125.

[90] Hiai F. Radon - Nikodym theorems for set - valued measures [J]. Journal of Multivariate Analysis，1978，8 (1)：96 - 118.

[91] 肖先勇，王希宝，薛丽丽，等 . 敏感负荷电压凹陷敏感度的随机估计方法 [J]. 电网技术，2007，31 (22)：30 - 33.

[92] Bonatto B D，Niimura T，Dommel H W. A fuzzy logic application to represent load sensitivity to voltage sags [C]. 8th International Conference on Harmonics and Quality of Power，1998.

[93] 陈武，苟剑，肖先勇 . 敏感设备电压凹陷敏感度的随机—模糊评估方法 [J]. 电网技术，2009，33 (6)：39 - 44.

[94] Jaynes E T. Information theory and statistical mechanics [J]. The Physics Review, 1957, 106 (4): 620-630.
[95] 王福菊．基于双重不确定性并网光伏发电极限容量计算研究 [D]. 华北电力大学, 2012.
[96] De Luca A, Termini S. A definition of a nonprobabilistic entropy in the setting of fuzzy sets theory [J]. Information and control, 1972, 20 (4): 301-312.
[97] Pal N R, Pal S K. Higher order fuzzy entropy and hybrid entropy of a set [J]. Information Sciences, 1992, 61 (3): 211-231.
[98] 史玉峰，史文中，靳奉祥．GIS空间数据不确定性的混合熵模型研究 [J]. 武汉大学学报, 2006, 31 (1): 82-85.
[99] 孙永厚，周洪彪，黄美发，等．几何产品测量不确定度的混合熵评定方法 [J]. 机械设计与研究, 2008, 24 (4): 67-68.
[100] 刘艳芳，兰泽英，刘洋，等．基于混合熵模型的遥感分类不确定性的多尺度评价方法研究 [J]. 测绘学报, 2009, 38 (1): 82-87.
[101] 汪培庄．模糊集合论及其应用 [M]. 上海：上海科学技术出版社, 1983.
[102] Mcneill D, Freiberger P. Fuzzy Logic [M]. New York: Simon and Schuster, 1993.
[103] Medasani S, Kim J, Krishnapuram R. An overview of membership function generation techniques for pattern recognition [J]. International Journal of Approximate Reasoning, 1998, 19: 391-417.
[104] Gupta C P, Milanovic J V. Probabilistic assessment of equipment trips due to voltage sags [J]. IEEE Transactions on power delivery, 2006, 21 (2): 711-718.
[105] Xiao X N, Tao S, Bi T S, et al. Study on distribution reliability considering voltage sags and acceptable indices [J]. IEEE Transactions on Power Delivery, 2007, 22 (2): 1003-1008.
[106] Peng J T, Chien C F, Tseng T L B. Rough set theory for data mining for fault diagnosis on distribution feeder [J]. IEE Proceedings-Generation, Transmission and Distribution, 2004, 151 (6): 689-697.
[107] Gu X P, Tso S K. Applying rough-set concept to neural-network-based transient-stability classification of power systems [C]. International Conference on Advances in Power System Control, Operation and Management, APSCOM-00, IET, 2001, 2: 400-404.
[108] 刘同明．数据挖掘技术及其应用 [M]. 北京：国防工业出版社, 2001.
[109] 哈明虎，吴从炘．模糊测度与模糊积分理论 [M]. 北京：科学出版社, 1998.
[110] Gaines B R, Kohout L J. Possible automata [J]. Proc. Int. Symp. On Multiple-Valued Logic, Uncertainty of Indiana, Bloomington, 1975: 183-196.
[111] 佟欣．基于可能性理论的模糊可靠性设计 [D]. 大连：大连理工大学, 2004.
[112] 孙洪波，徐国禹，秦翼鸿．模糊理论在电力负荷预测中的应用 [J]. 重庆大学学报, 1994, 17 (1): 18-22.
[113] 于九如，杨泽华．模糊线性回归及其应用实例 [J]. 系统工程理论与实践, 1995, 15 (4): 32-37.

[114] Takagi T，Sugeno M. Fuzzy identification of systems and its applications to modeling and control [J]. IEEE transactions on systems，man，and cybernetics，1985，SMC - 15 (1)：116 - 132.

[115] 白杰华，宋向东．总体正态性检测——W 检验法的改进 [J]. 辽宁工程技术大学学报：自然科学版，2013，32 (3)：413 - 416.

[116] Bouffard F，Galiana F D. Stochastic security for operations planning with significant wind power generation [J]. IEEE Transactions on Power Systems，2008，23 (2)：306 - 316.

[117] Lun I Y F，Lam J C. A study of Weibull parameters using long - term wind observations [J]. Renewable energy，2000，20 (2)：145 - 153.

[118] Celik A N. Assessing the suitability of wind speed probabilty distribution functions based on wind power density [J]. Renewable Energy，2003，28 (10)：1563 - 1574.

[119] Hetzer J，David C Y，Bhattarai K. An economic dispatch model incorporating wind power [J]. IEEE Transactions on energy conversion，2008，23 (2)：603 - 611.

[120] Celik A N. A statistical analysis of wind power density based on the Weibull and Rayleigh models at the southern region of Turkey [J]. Renewable energy，2004，29 (4)：593 - 604.

[121] Bludszuweit H，Domínguez - Navarro J A，Llombart A. Statistical analysis of wind power forecast error [J]. IEEE Transactions on Power Systems，2008，23 (3)：983 - 991.

[122] Papaefthymiou G，Klockl B. MCMC for wind power simulation [J]. IEEE transactions on energy conversion，2008，23 (1)：234 - 240.

[123] Chen P，Pedersen T，Bak - Jensen B，et al. ARIMA - based time series model of stochastic wind power generation [J]. IEEE Transactions on Power Systems，2010，25 (2)：667 - 676.

[124] Rauh A，Anahua E，Barth S，et al. Phenomenological response theory to predict power output [C]. Wind Energy：Proceedings of the Euromech Colloquium，Berlin：Springer，2007：153 - 158.

[125] 范高锋，王伟胜，刘纯，等．基于人工神经网络的风电功率预测 [J]. 中国电机工程学报，2008，28 (34)：118 - 123.

[126] 李远．基于风能资源特征的风电机组优化选型方法研究 [D]. 北京：华北电力大学，2008.

[127] Krzyzak A，Walk H. A distribution - free theory of nonparametric regression [M]. New York：Springer - Verlag，2002.

[128] IEEE Recommended Practice for Utility Interface of Photovoltaic (PV) systems，IEEE Std. 929 - 2000，Jan.，2000.

[129] 王秀丽，李正文，胡泽春．高压配电网无功/电压的日分段综合优化控制 [J]. 电力系统自动化，2006，30 (7)：5 - 9.

[130] Jabr R A，Pal B C. Intermittent wind generation in optimal power flow dispatching [J]. IET Generation，Transmission & Distribution，2009，3 (1)：66 - 74.

[131] Hong Y Y，Lin F J，Hsu F Y. Enhanced particle swarm optimization - based feeder

reconfiguration considering uncertain large photovoltaic powers and demands [J]. International Journal of Photoenergy, 2014, (2014): 1-10.

[132] 姜潮. 基于区间的不确定性优化理论与算法 [D]. 长沙: 湖南大学, 2008.

[133] 杨宁, 文福拴. 基于机会约束规划的输电系统规划方法 [J]. 电力系统自动化, 2004, 28 (14): 23-27.

[134] Silva I J, Rider M J, Romero R, et al. Transmission network expansion planning considering uncertainty in demand [J]. IEEE transactions on Power Systems, 2006, 21 (4): 1565-1573.

[135] 程浩忠, 朱海峰, 王建民. 基于盲数 BM 模型的电网灵活规划方法 [J]. 上海交通大学学报, 2003, 37 (9): 1347-1350.

[136] Gaver D P, Montmeat F E, Patton A D. Power system reliability I-measures of reliability and methods of calculation [J]. IEEE Transactions on Power Apparatus and Systems, 1964, 83 (7): 727-737.

[137] 陈永进, 任震, 黄雯莹. 考虑天气变化的可靠性评估模型与分析 [J]. 电力系统自动化, 2004, 28 (21): 17-21.

[138] IEEE Std. 346-1973. Terms for reporting and analyzing outages of electrical transmission and distribution facilities and interruptions to customer service. 1973.

[139] 雷秀仁, 任震, 陈碧云, 等. 电力系统可靠性评估的不确定性数学模型探讨 [J]. 电力自动化设备, 2005, 25 (11): 11-15.

[140] Shen B, Koval D, Shen S. Modelling extreme-weather-related transmission line outages [C]. IEEE Canadian Conference on Electrical and Computer Engineering, 1999: 1271-1276.

[141] Chowdhury A A, Koval D O. Deregulated transmission system reliability planning criteria based on historical equipment performance data [J]. IEEE Transactions on Industry Applications, 2001, 37 (1): 204-211.

[142] Brostrom E, Ahlberg J, Soder L. Modelling of ice storms and their impact applied to a part of the Swedish transmission network [C]. Power Tech, IEEE Lausanne. 2007: 1593-1598.

[143] Broström E, Söder L. Modelling of ice storms for power transmission reliability calculations [C]. Proceedings of the 15th Power Systems Computation Conference, Liège, Belgium, August 22-26, 2005.

[144] 杨莳百, 戴景宸, 孙启宏. 电力系统可靠性分析基础及应用 [M]. 北京: 水利电力出版社, 1986.

[145] 李文沅. 电力系统风险评估: 模型、方法和应用 [M]. 北京: 科学出版社, 2006.

[146] 冯永青, 吴文传, 张伯明, 等. 基于可信性理论的电力系统运行风险评估 (二) 理论基础 [J]. 电力系统自动化, 2006, 30 (2): 11-15.

[147] 周孝信, 郭剑波, 孙元章. 大型互联电网运行可靠性基础研究 (Ⅱ) [M]. 北京: 清华大学出版社, 2008.

[148] 林海雪. 电压电流频率和电能质量国家标准应用手册 [M]. 北京：中国电力出版社，2001.

[149] 全国电压电流等级和频率标准化技术委员会，欧盟—亚洲电能质量项目中国合作组. 电能质量国家标准应用指南 [M]. 北京：中国电力出版社，2009.

[150] 李世林，刘军成. 电能质量国家标准应用手册 [M]. 北京：中国标准出版社，2007.

[151] Juarez E E，Hernandez A. An analytical approach for stochastic assessment of balanced and unbalanced voltage sags in large systems [J]. IEEE Transactions on Power Delivery，2006，21 (3)：1493 - 1500.

[152] 李德毅，杜鹢. 不确定性人工智能 [M]. 北京：国防工业出版社，2005.

[153] IEEE Committee. The IEEE reliability test system - 1996 [J]. IEEE Trans on Power Systems，1999，14 (3)：1010 - 1020.

[154] 邵莹，高中文. 基于模糊集理论的短期电力负荷预测 [J]. 信息技术，2005，(5)：18 - 23.

[155] Binato S，De Oliveira G C，De Araújo J L. A greedy randomized adaptive search procedure for transmission expansion planning [J]. IEEE Transactions on Power Systems，2001，16 (2)：247 - 253.

[156] Ding Y，Wang P. Reliability and price risk assessment of a restructured power system with hybrid market structure [J]. IEEE Transactions on Power Systems，2007，21 (1)：108 - 116.

[157] 别朝红，王锡凡. 蒙特卡罗法在评估电力系统可靠性中的应用 [J]. 电力系统自动化，1997，21 (6)：68 - 75.

[158] Billinton R，Li W. System state transition sampling method for composite system reliability evaluation [J]. IEEE Transactions on Power Systems，1993，8 (3)：761 - 770.

[159] Ubeda J R，Allan R N. Reliability assessment of composite hydrothermal generation and transmission systems using sequential simulation [J]. IEE Proceedings of Generation，Transmission and Distribution，1994，141 (4)：257 - 262.

[160] 王成山，王守相. 基于区间算法的配电网三相潮流计算及算例分析 [J]. 中国电机工程学报，2002，22 (3)：58 - 62.

[161] 任震，万官泉，黄雯莹. 参数不确定的配电系统可靠性区间评估 [J]. 中国电机工程学报，2003，23 (12)：68 - 73.

[162] 万国成，任震. 主馈线分段开关的设置研究 [J]. 中国电机工程学报，2003，23 (4)：124 - 127.

[163] 武娟. 配电系统可靠性评估的模型和算法 [D]. 广州：华南理工大学，2001.

[164] Billinton R，Jonnavithula S. A test system for teaching overall power system reliability assessment [J]. IEEE Transactions on Power Systems，1996，11 (4)：1670 - 1676.

[165] 赵书强，王海巍. 基于盲数的配电系统可靠性评估 [J]. 电力系统保护与控制，2011，39 (16)：7 - 12.

[166] Bansal R C. Bibliography on the fuzzy set theory applications in power systems (1994 - 2001) [J]. IEEE Transactions on Power Systems，2003，18 (4)：1291 - 1299.

[167] 冯永青，张伯明，吴文传，等．电力市场发电机组检修计划的快速算法 [J]. 电力系统自动化，2004，28 (16)：41 - 44.

[168] Bollen M. H. J.，Tayjasanant T.，Yalcinkaya，G.，Assessment of the number of voltage sags experienced by a large industrial customer [J]. IEEE Transactions on Industry Applications，1997，33 (6)：1465 - 1471.

[169] Srikanth M，Kwsavan H K，Roe P H. Probability，density function estimation using the minmax measure [J]，IEEE Transactions on Systems，Man，and Cybernetics - Part C：Applications and Review，2000，30 (1)：77 - 83.

[170] Miranda V. Fuzzy reliability analysis of power systems [C]. Proceedings of the 12th Power Systems Computation Conference，Dresden. 1996：558 - 566.

[171] 武鹏，程浩忠，邢洁．区间不确定信息下电力系统安全性的快速评估算法 [J]. 电力系统自动化，2008，32 (9)：30 - 33.

[172] Romero R，Monticelli A，Garcia A，et al. Test systems and mathematical models for transmission network expansion planning [J]. IEEE Proceedings - Generation，Transmission and Distribution，2002，149 (1)：27 - 36.

[173] Milanovic J V，Gnativ R，Chow K W M. The influence of loading conditions and network topology on voltage sags [C]. Harmonics and Quality of Power，2000. Proceedings. Ninth International Conference on. IEEE，2000，2：757 - 762.

[174] HalilčevićSS，Gubina F，Gubina A F. The uniform fuzzy index of power system security [J]. International Transactions on Electrical Energy Systems，2010，20 (6)：785 - 799.

[175] Belmudes F，Ernst D，Wehenkel L. Cross - entropy based rare - event simulation for the identification of dangerous events in power systems [C]. Probabilistic Methods Applied to Power Systems，2008. PMAPS'08. Proceedings of the 10th International Conference on. IEEE，2008：1 - 7.

[176] Li W Y，Zhou J Q，Xie K G，et al. Power system risk assessment using a hybrid method of fuzzy set and Monte Carlo simulation [J]. IEEE Transactions on Power Systems，2008，23 (2)：336 - 343.

[177] 张焰．电网规划中的模糊可靠性评估方法 [J]. 中国电机工程学报，2000，20 (11)：77 - 80.

[178] 肖先勇，马超，杨洪耕，等．用电压暂降严重程度和最大熵评估负荷电压暂降敏感度 [J]. 中国电机工程学报，2009，29 (31)：115 - 121.